“十二五”普通高等教育本科国家级规划教材

国 家 级 精 品 课 程 教 材

面 向 21 世 纪 课 程 教 材

21世纪高等学校机械设计制造
及其自动化专业系列教材

获国家级优秀教学成果奖二等奖

获全国高等学校机电类专业优秀教材一等奖

机械工程控制基础

（第八版·新形态教材）

杨叔子　杨克冲
吴　波　熊良才　编著

华中科技大学出版社
中国·武汉

图书在版编目(CIP)数据

机械工程控制基础/杨叔子等编著.—8版.—武汉:华中科技大学出版社,2023.2(2024.7重印)
ISBN 978-7-5680-8088-0

Ⅰ.①机… Ⅱ.①杨… Ⅲ.①机械工程-控制系统-高等学校-教材 Ⅳ.①TH-39

中国版本图书馆CIP数据核字(2022)第114023号

机械工程控制基础(第八版)
Jixie Gongcheng Kongzhi Jichu(Di-ba Ban)

杨叔子 杨克冲 吴 波 熊良才 编著

策划编辑:俞道凯
责任编辑:姚同梅
封面设计:原色设计
责任校对:吴 晗
责任监印:周治超
出版发行:华中科技大学出版社(中国·武汉) 电话:(027)81321913
武汉市东湖新技术开发区华工科技园 邮编:430223
录 排:武汉市洪山区佳年华文印部
印 刷:武汉科源印刷设计有限公司
开 本:710mm×1000mm 1/16
印 张:21.25
字 数:443千字
版 次:2024年7月第8版第4次印刷
定 价:59.80元

内容简介

本书的第一、二、三版曾荣获国家级优秀教学成果二等奖和全国高等学校机电类专业优秀教材一等奖；第四版被列入国家面向21世纪课程教材和国家“九五”重点教材；第五版被定为“普通高等教育‘十五’国家级规划教材”“普通高等教育‘十一五’国家级规划教材”，以此教材为重要支撑的课程被评为国家级精品课程；第六版被定为“‘十二五’普通高等教育本科国家级规划教材”。

本书内容包括机械工程控制的基本概念、系统的数学模型、时间响应分析、频率特性分析、系统的稳定性、系统的性能指标与校正、非线性系统、线性离散系统及系统辨识等。为使读者对系统设计有一个完整的了解，本书连续地、系统地、循序渐进地结合各章的内容介绍了数控直线运动工作台的设计示例。

本书力求在讲清机械工程控制的基本概念的前提下，更多地结合机械工程实际，为帮助读者领悟与学会应用控制理论来解决机械工程的实际问题奠定必要的基础。

本书可供机械工程类专业，特别是机械设计制造及其自动化专业的本科、成教、函授、夜大学生作为教材使用，也可供有关教师、研究生与工程技术人员参考。

本书提供了大量数字资源，可通过扫描相应二维码下载。二维码资源内容包括每章的学习要点、习题参考答案与题解、主要章节的讲解视频等。同时，本书还以二维码链接形式提供了在线自测题、仿真实验，以及在MATLAB环境下运行的解题示例等其他资料，供读者参考。

另外，作者还为本书制作了ppt教学课件，任课教师若需要，可与本书编辑联系。联系方式为E-mail：ydkhappy@163.com。

21 世纪高等学校
机械设计制造及其自动化专业系列教材

"中心藏之,何日忘之",在新中国成立 60 周年之际,时隔"21 世纪高等学校机械设计制造及其自动化专业系列教材"出版 9 年之后,再次为此系列教材写序时,《诗经》中的这两句诗又一次涌上心头。衷心感谢作者们的辛勤写作,感谢多年来读者对这套系列教材的支持与信任,感谢为这套系列教材出版与完善做出过努力的所有朋友们。

追思世纪交替之际,华中科技大学出版社在众多院士和专家的支持与指导下,根据 1998 年教育部颁布的新的普通高等学校专业目录,紧密结合"机械类专业人才培养方案体系改革的研究与实践"和"工程制图与机械基础系列课程教学内容和课程体系改革研究与实践"两个重大教学改革成果,约请全国 20 多所院校数十位长期从事教学和教学改革工作的教师,经多年辛勤劳动编写了"21 世纪高等学校机械设计制造及其自动化专业系列教材"。这套系列教材共出版了 20 多本,涵盖了机械设计制造及其自动化专业的所有主要专业基础课程和部分专业方向选修课程,是一套改革力度比较大的教材,集中反映了华中科技大学和国内众多兄弟院校在改革机械工程类人才培养模式和课程内容体系方面所取得的成果。

这套系列教材出版发行 9 年来,已被全国数百所院校采用,受到了教师和学生的广泛欢迎。目前,已有 13 本列入普通高等教育"十一五"国家级规划教材,多本获国家级、省部级奖励。其中的一些教材(如《机械工程控制基础》《机电传动控制》《机械制造技术基础》等)已成为同类教材的佼佼者。更难得的是,"21 世纪高等学校机械设计制造及其自动化专业系列教材"也已成为一个著名的丛书品牌。9 年前为这套教材作序的时候,我希望这套教材能加强各兄弟院校在教学改革方面的交流与合作,对机械工程类专业人才培养质量的提高起到积极的促进作用,现在看来,这一目标很好地达到了,让人倍感欣慰。

李白讲得十分正确:“人非尧舜,谁能尽善?”我始终认为,金无足赤,人无完人,文无完文,书无完书。尽管这套系列教材取得了可喜的成绩,但毫无疑问,这套书中,某本书中,这样或那样的错误、不妥、疏漏与不足,必然会存在。何况形势总在不断地发展,更需要进一步完善,与时俱进,奋发前进。较之9年前,机械工程学科有了很大的变化和发展,为了满足当前机械工程类专业人才培养的需要,华中科技大学出版社在教育部高等学校机械学科教学指导委员会的指导下,对这套系列教材进行了全面修订,并在原基础上进一步拓展,在全国范围内约请了一大批知名专家,力争组织最好的作者队伍,有计划地更新和丰富“21世纪高等学校机械设计制造及其自动化专业系列教材”。此次修订可谓非常必要,十分及时,修订工作也极为认真。

“得时后代超前代,识路前贤励后贤。”这套系列教材能取得今天的成绩,是众多机械工程教育工作者和出版工作者共同努力的结果。我深信,对于这次计划进行修订的教材,编写者一定能在继承已出版教材优点的基础上,结合高等教育的深入推进与本门课程的教学发展形势,广泛听取使用者的意见与建议,将教材凝练为精品;对于这次新拓展的教材,编写者也一定能吸收和发展同类教材的优点,结合自身的特色,写成高质量的教材,以适应“提高教育质量”这一要求。是的,我一贯认为我们的事业是集体的,我们深信前贤、后贤一定能一起将我们的事业推向新的高度!

尽管这套系列教材正开始全面的修订,但真理不会穷尽,认识绝无终结,进步没有止境。“嘤其鸣矣,求其友声”,我们衷心希望同行专家和读者继续不吝赐教,及时批评指正。

是为之序。

中国科学院院士　杨叔子

2009.9.9

21世纪高等学校
机械设计制造及其自动化专业系列教材

总序二

制造业是立国之本，兴国之器，强国之基。当今世界正处于以数字化、网络化、智能化为主要特征的第四次工业革命的起点，世界各大强国无不把发展制造业作为占据全球产业链和价值链高端位置的重要抓手，并先后提出了各自的制造业国家发展战略。我国要实现加快建设制造强国、发展先进制造业的战略目标，就迫切需要培养、造就一大批具有科学、工程和人文素养，具备机械设计制造基础知识，以及创新意识和国际视野，拥有研究开发能力、工程实践能力、团队协作能力，能在机械制造领域从事科学研究、技术研发和科技管理等工作的高级工程技术人才。我们只有培养出一大批能够引领产业发展、转型升级和创造新兴业态的创新人才，才能在国际竞争与合作中占据主动地位，提升核心竞争力。

自从人类社会进入信息时代以来，随着工程科学知识更新速度加快，高等工程教育面临着学校教授的课程内容远远落后于工程实际需求的窘境。目前工业互联网、大数据及人工智能等技术正与制造业加速融合，机械工程学科在与电子技术、控制技术及计算机技术深度融合的基础上还需要积极应对制造业正在向数字化、网络化、智能化方向发展的现实。为此，国内外高校纷纷推出了各项改革措施，实行以学生为中心的教学改革，突出多学科集成、跨学科学习、课程群教学、基于项目的主动学习的特点，以培养能够引领未来产业和社会发展的领导型工程人才。我国作为高等工程教育大国，积极应对新一轮科技革命与产业变革，在教育部推进下，基于"复旦共识""天大行动"和"北京指南"，各高校积极开展新工科建设，取得了一系列成果。

国家"十四五"规划纲要提出要建设高质量的教育体系。而高质量的教育体系，离不开高质量的课程和高质量的教材。2020年9月，教育部召开了在我国教育和教材发展史上具有重要意义的首届全国教材工作会议。近年来,包括华中科技大学在内的众多高校的机械工程专业结合自身的办学特色,引入先进的教育理念,在专业建设、人才培养模式、教学内容、教学方法、课程建设等方面积极开展教学改革,取得了较好的效果,建设了一大批优质课程。为了将这些优秀的教学改革经验和教学内容推广给全国高校,华中科技大学出版社联合华中科技大学在内的一批高校,在"21世纪高等学校机械设计制造及其自动化专业系列教材"的基础上,再次组织修订和编写了一批教材,以支持我国机械工程专业的人才培养。具体如下:

(1)根据机械工程学科基础课程的边界再设计,结合未来工程发展方向修订、整合一批经典教材,包括将画法几何及机械制图、机械原理、机械设计整合为机械设计理论与方法系列教材等。

(2)面向制造业的发展变革趋势,积极引入工业互联网及云计算与大数据、人工智能技术,并与机械工程专业相关课程融合,新编写智能制造、机器人学、数字孪生技术等教材,以开阔学生视野。

(3)以学生的计算分析能力和问题解决能力、跨学科知识运用能力、创新(创业)能力培养为导向,建设机械工程学科概论、机电创新决策与设计等相关课程教材,培养创新引领型工程技术人才。

同时,为了促进国际工程教育交流,我们也规划了部分英文版教材。这些教材不仅可以用于留学生教育,也可以满足国际化人才培养需求。

需要指出的是,随着以学生为中心的教学改革的深入,借助日益发展的信息技术,教学组织形式日益多样化;本套教材将通过互联网链接丰富多彩的教学资源,把各位专家的成果展现给各位读者,与各位同仁交流,促进机械工程专业教学改革的发展。

随着制造业的发展、技术的进步,社会对机械工程专业人才的培养还会提出更高的要求;信息技术与教育的结合,科研成果对教学的反哺,也会促进教学模式的变革。希望各位专家同仁提出宝贵意见,以使教材内容不断完善提高;也希望通过本套教材在高校的推广使用,促进我国机械工程教育教学质量的提升,为实现高等教育的内涵式发展贡献一份力量。

中国科学院院士 丁汉

2021年8月

编辑絮语

“中心藏之，何日忘之。”《机械工程控制基础》（以下简称《机控》）面世已38载，历经7次修订、近百次印刷，现即将出版第八版。然而，《机控》的第一编著者、中科院院士、华中科技大学教授杨叔子先生却已驾鹤仙去。杨先生的离世令我们痛心、痛惜、痛悼！

杨先生是一位资深的机械工程领域专家和有远见卓识的科学家、教育家。从“机械工程控制基础”课程的设置和《机控》教材的出版亦能略见一二。

回首《机控》的成书和不断完善的历程，往事历历在目。20世纪80年代初，杨叔子教授高瞻远瞩，及时地看到现代科学技术的发展趋势，敏锐地认识到将控制理论应用于传统的机械工程领域的重要性，在国内率先为机械专业本科生开设了“机械工程控制基础”这门课程。当时没有教材，缺乏参考书，几位任课教师边教学边编写讲义，进行了艰苦的课程开创工作。两年后，他们将讲义整理、改写，交付给出版社，以期正式出版。当时已临近春节寒假，要赶春季开学之需，时间特别紧迫，加上作者和编辑都是初次接触出版工作，缺乏工作经验，困难不少。但我们在杨教授的感召与带领下，采取流水作业方式，打通作者撰写与编辑加工各环节，团结协作，群策群力，按时保质地于1984年完成了这一国内首本机械工程领域该课程的本科生教材的出版工作。教材一出版即受到国内众多高校的欢迎，得到有关教师及其他读者的肯定。很多读者还在使用过程中不断针对本教材提出一些建设性的意见和建议。正是这些读者的信任和支持，《机控》得以多次再版，得到广泛认可，并获得多次省部级、国家级各种奖励。

在《机控》的一版再版工作过程中，通过与杨叔子教授的亲密合作，我们深深地感受到杨教授的人格魅力：他是一个人格完满、境界崇高的人。他为人善良纯真，对人真诚热情，才华横溢、幽默风趣且平易近人，总是充分肯定别人的工作，一贯认为“事业是集体的，成绩是大家的”。这一点仅从杨先生亲自撰写的《机控》第一至第七版前言中便可清楚看到。第八版修订期间，老人家虽已缠绵病榻，仍坚持口述，充分肯定所有为《机控》作出贡献的工作人员，强调“一切成就属于集体”。另有一小事可以说明杨教授著书与治学一样严谨、认真、精益求精。当编辑发现了某处公式推演的错漏之处，杨教授特别关注，一再询问编辑是如何发现内容上的错误的，难道是读懂内容推演出来的？当编辑回复是利用上下文逻辑关系、公式推导的层级递进关系等编辑工作技巧发现问题的时候，杨教授大加赞赏，反复向其他作者介绍并推广应用这些技巧。正是这样的严谨与认真，使得这本书的质量得以保证。这种工作作风潜移默化影响着团队的所有人。

“首先要学会做人，同时必须学会做事；以做事体现与升华做人，以做人统率与激活做事。”杨叔子教授就是那种“学高为师，德高为范”的大先生！

值此《机控》第八版出版之际，回忆在《机控》成书与成长的过程中体味到的杨叔子先生做人做事的点滴，深深地感动。我们唯有学习与发扬杨先生留给我们的精神与风格，继续做好先生未尽的事业，以告慰先生！

编辑　黎秋萍

2022.11

第八版前言

“装点此关山，今朝更好看”，在以习近平新时代中国特色社会主义思想为指引的中国，华丽且壮美的画卷正铺展开来，科学技术飞速发展，教育教学改革如火如荼，本书第八版也即将问世。

本书自1984年3月第一版问世，至今已经38年，一直深受读者的欢迎，已印刷88次，销售78万册。我们再次衷心感谢兄弟院校有关教师与学生及所有读者的信任与支持，衷心感谢出版社与有关领导部门及有关同志的关心与鼓励。

回首38年的巨大变迁与发展，往事历历如潮。正如本书第一版前言所述：“由于现代科学技术的迅速发展，将控制理论应用于机械工程的重要性日益明显，这就导致了‘机械工程控制论’这门学科的产生与发展。实际上，这门学科既是一门广义的系统动力学，又是一种合乎唯物辩证法的方法论，它对启迪与发展人们的思维与智力有很大的作用。作为一门课程，它是机械工程类专业，特别是机电工程类专业的重要理论基础之一。”从第一版到第八版，本书随同我国建设、教育发展、教学改革的前进而前进。实践是检验真理的唯一标准。38年的实践证明，“机械工程控制论”这门学科在促进机械工程的发展与培养机械工程人才，特别是机电一体化人才方面发挥了非同一般的作用，这使作者不胜感慨与欣喜。

本书第七版问世已经五年，科学技术(特别是信息技术)的突飞猛进，教育教学改革的全面发展与不断深入，对本书提出了新的要求，因此，本书应予修订。为此，作者全面研究了本书的内容与写法，进一步完善，特别是加强了数字资源的融入，即以纸质教材为载体、以教材上各章节处的二维码为媒介，形成纸质教材与数字服务相融合的新形态教材。主要情况如下：

(1) 主要章节增加相关内容的讲解视频，读者可通过二维码链接在线学习。

(2) 每一章之后增加“本章学习要点”的二维码链接，包括每章内容提要、基本要求及重难点等。

(3) 每章习题后增加“本章习题参考答案与题解”的二维码链接。

(4) 前6章增加“在线自测”练习的二维码链接，以便读者随时了解自己对基本概念的理解和掌握情况。

(5) 第2章到第9章有关MATLAB建模与分析的内容从纸质教材中删除，作为延伸学习内容在各章中通过二维码链接给出。

(6) 第4章原表4.2.1从纸质教材中删除，通过二维码链接给出。

(7) 第3章、第4章和第6章增加了仿真实验的二维码链接，可以在线完成一阶系统的时间响应、二阶系统的时间响应、Nyquist图绘制、Bode图绘制、串联校正、

PID 校正等仿真实验。

(8)近年来,国家大力推进课程思政,强调全面提升课程教材铸魂育人功能。这让我想起我们 2003 年在《高等工程教育研究》发表的“专业课中大有人文”一文,该文阐述了本教材中所蕴含的机械工程控制中的人文启示。因此,第 1 章中增加了该文及其讲课视频的二维码链接,作为延伸学习内容提供给读者。

(9) 除上述外,还对原书个别表述及个别印刷错误做了修改。

此次修订充分听取了读者的意见,特别是使用本书的许多高等学校教师的意见。我们也充分吸取过去多年的教学经验,特别是吴波教授、熊良才副教授、胡友民教授、易朋兴教授等近几年的教学经验。在我们共同讨论的基础上,吴波教授承担了全书的统稿工作,熊良才副教授和吴波教授承担了全部的数字资源的整理工作。需要特别说明的是,鉴于年事已高及目前的健康情况,这个前言是在我与吴波教授讨论的基础上,由吴波教授执笔成文的。也由此,本书后续版本我不再作为主编,完全交给吴波、熊良才及其他更年轻的同志。我相信,事业后继有人!

本书 1984 年 3 月问世,1987 年、1993 年、2001 年、2004 年、2011 年和 2017 年已总共做了六次修订,现以第八版付印。饮水必应思源!本版付印,我们丝毫没有忘记以不同方式、不同程度参与过本书工作的教师与朋友,他们的劳动与智慧仍凝聚在第八版中。是的,没有过去,就没有现在,要承认历史,要尊重历史,往事如金。我们感谢刘经燕、王治藩、梅志坚、谢月云、桂修文同志,感谢熊有伦院士、胡庆超教授、师汉民教授,感谢西安交通大学陈康宁教授,特别是已故的阳含和教授,感谢一切有关的同志!我们还应感谢华中科技大学出版社以及有关同事,特别是黎秋萍、徐正达、俞道凯、姚同梅同志!是的,我们一贯认为,我们的事业是集体的,一切成就属于集体。

正如前述,本书经历了 38 个春秋,加上本次修订,已完成了七次修订。然而,真理不可穷尽,认识不会终结,进步无有止境,比之形势对我们的要求更有差距。我真心地再次重复:人孰无过?思孰无误?书孰无讹?何况,作者水平有限,知识有限,精力有限,而客观的发展是无穷尽的,书中的错误与不妥必然难免。“嘤其鸣矣,求其友声。”殷切期望广大读者,特别是兄弟学校的教师与学生,拨冗相助,不吝指教,我们不胜感激!

杨叔子(口述)
吴　波(整理)
2022.6.8

第一至七版前言

第七版前言

社会主义建设事业滚滚向前，全国人民正在为实现“两个一百年”的奋斗目标，实现中华民族伟大复兴的中国梦而奋斗。为适应建设与科学发展对人才的需求，以及高等学校教育教学改革蓬勃发展，本书第七版也即将付印。

从1984年3月第一版问世至今，本书一直深受读者的欢迎，已印刷69次，销售60余万册。在以往多次获奖的基础上，2014年本书又被确认为“‘十二五’普通高等教育本科国家级规划教材”。我们再次衷心感谢兄弟院校有关教师与学生及所有读者的信任与支持，衷心感谢出版社与有关领导部门及有关同志的关心与鼓励。

本书问世已经30余年。三十而立，本书正当而立之年，前程似锦。正如本书第一版前言所述：“由于现代科学技术的迅速发展，将控制理论应用于机械工程的重要性日益明显，这就导致了‘机械工程控制论’这门学科的产生与发展。实际上，这门学科既是一门广义的系统动力学，又是一种合乎唯物辩证法的方法论，它对启迪与发展人们的思维与智力有很大的作用。作为一门课程，它是机械工程类专业，特别是机电工程类专业的重要理论基础之一。”这是32年前出版本书的初衷与期望。从第一版、第二版、第三版、第四版、第五版、第六版到第七版，本书随同我国建设、教育发展、教学改革的前进而前进。实践是检验真理的唯一标准。32年的实践证明，“机械工程控制论”这门学科在促进机械工程的发展与培养机械工程人才，特别是机电一体化人才中发挥了非同一般的作用，这使作者不胜感慨与欣喜。本书第六版问世已经五年，科学技术（特别是信息技术中的互联网技术）的突飞猛进，教育教学改革的全面发展与不断深入，对本书提出了新的要求，因此，本书应予修订。为此，作者全面研究了本书的内容与写法，增加了新的内容，进一步完善了某些论述，对相关部分做了增、删、改。主要情况如下：

(1) 第六版问世五年来，科学技术飞速发展。党的十八届五中全会召开，改革步伐加快。国民经济转型，促进与推动了科技创新，并为机械制造业的发展带来了前所未有的机遇。因此，对第一章绪论做了相应的修改。

(2) 对第6章的6.3.1节“相位超前校正”做了较大的修改，以便读者能更好地理解。

(3) 对第9章“系统辨识初步”做了大的改动，删去了较深的数学阐述，加强了系统辨识的基础知识。

(4) 全书中发现个别印刷错误，此次亦做了改正。

此次修订充分听取了读者的意见，特别是使用本书的许多高等学校教师的意见。我们也充分吸取过去多年的教学经验，特别是吴波教授、熊良才博士近几年的教学经验。在杨克冲教授、吴波教授、熊良才博士与我共同讨论的基础上，杨克冲教授、吴波教授承担了全书的统稿工作，熊良才博士承担了第六章和第九章的修订执笔工作。

本书第七版可与《机械工程控制基础学习辅导与题解》(修订本)配套使用。同时,我们还提供了二维码资源,可通过在本书封底扫码下载。

本书1984年3月问世,1987年、1993年、2001年、2004年与2011年已总共做了五次修订,现以第七版付印。饮水思源!本版付印,我们丝毫没有忘记以不同方式、不同程度参与过本书工作的教师与朋友,他们的劳动与智慧仍凝聚在第七版中。是的,没有过去,就没有现在,要承认历史,要尊重历史,往事如金。我们感谢刘经燕、王治藩、梅志坚、谢月云、桂修文同志,感谢熊有伦院士、胡庆超教授、师汉民教授,感谢西安交通大学陈康宁教授,特别是已故的阳含和教授,感谢一切有关的同志!我们还应感谢华中科技大学出版社以及有关同事,特别是老编辑黎秋萍、徐正达同志!是的,我们一贯认为,我们的事业是集体的,一切成就属于集体。

正如前述,本书经历了32个春秋,加上本次修订,已完成了六次修订,然而,真理不可穷尽,认识不会终结,进步无有止境,比之形势对我们的要求更有差距。我真心地再次重复:人孰无过?思孰无误?书孰无讹?何况,作者水平有限,知识有限,精力有限,而客观的发展是无穷尽的,书中的错误与不妥必然难免。“嘤其鸣矣,求其友声。”殷切期望广大读者,特别是兄弟学校的教师与学生,拨冗相助,不吝指教,我们不胜感激!

杨叔子

2017.4.19

第六版前言

新年伊始,为本书新的一版写这一前言,不禁心潮澎湃。

从1984年3月第一版问世至今,本书一直深受读者的欢迎,已印刷51次,销售41万余册。在以往多次获奖的基础上,2005年以本书为重要支撑的课程荣获国家级精品课程。这一切,我们再次衷心感谢兄弟院校有关教师与学生及所有读者的信任与支持,衷心感谢出版社与有关领导部门及有关同志的关心与鼓励。

本书问世已经27年。沉思27年的巨大变迁与发展,往事历历如潮翻涌。正如本书第一版前言所述:“由于现代科学技术的迅速发展,将控制理论应用于机械工程的重要性日益明显,这就导致了‘机械工程控制论’这门学科的产生与发展。实际上,这门学科既是一门广义的系统动力学,又是一种合乎唯物辩证法的方法论,它对启迪与发展人们的思维与智力有很大的作用。作为一门课程,它是机械工程类专业,特别是机电工程类专业的重要理论基础之一。”这是27年前出版本书的初衷与期望。一版、二版、三版、四版、五版、六版,本书随同我国建设、教育发展、教学改革的前进而前进。实践是检验真理的唯一标准,27年的实践证明:“机械工程控制论”这门学科在促进机械工程的发展以及培养机械工程人才,特别是机电一体化人才中发挥了非同一般的作用。这使作者不胜感慨与欣喜。

考虑到本书第五版问世已经五年,科学技术(特别是信息技术)的突飞猛进,教育教学改革的全面发展与不断深入,尤其是本书被定为“普通高等教育‘十一五’国家级规划教材”,进而提出的要求,特别是随着《国家中长期教育改革和发展规划纲要》的颁布,国家再一次明确提出,要以提高教育质量作为高等教育的核心任务，这对教学提出了更高的要求。因此，本书应予修订。为此，作者全面研究了本书内容与写法，增加了新的内容，进一步完善了某些论述，对相关部分作了增、删、改。主要情况如下：

(1) 从第1章至第6章、第8章与第9章均增加了一个设计示例，自始至终，以数控直线运动工作台位置控制系统为例，从系统建模、系统分析、稳定性判定、系统校正、离散系统(数字化系统)到系统辨识均以此例展开，帮助读者学习系统设计的完整的初步知识。

(2) 根据这几年的教学实践，对全书的习题作了增、删与改写。

(3) 全书对有关的重要名词第一次出现时，在其后面的括号内注明其英文，以有助于读者阅读文献。

(4) 除上述外，还对原书的部分内容作了增、删与修改。

此次修改，充分听取了读者的意见，特别是使用本书的许多高等学校教师的意见。同时，参考了美国、加拿大一些著名大学近两年关于"控制工程"的最新教材。在这方面，特别感谢加拿大安大略理工大学机械工程学院副院长、教授张丹博士的支持与帮助。我们也充分汲取过去多年的教学经验，特别是吴波教授、熊良才博士近几年的教学经验，在杨克冲教授、吴波教授、熊良才博士与我共同讨论的基础上，分工执笔：杨克冲教授负责了全书的统稿工作；熊良才博士、吴波教授负责设计例题的编写；熊良才博士还负责全书习题的增、删与改写。本书的电子版与《机械工程控制基础学习辅导与题解》的修订版也将陆续出版。

本书1984年3月问世，1987年、1993年、2002年、2005年和2010年已作了五次修改，现以第六版付印。饮水思源！本版付印，我们丝毫没有忘记以不同形式、不同程度参与过本书工作的教师与朋友，他们的劳动与智慧仍凝聚在第六版中。是的，没有过去，就没有现在，要承认历史，要尊重历史。我们感谢，感谢刘经燕、谢月云、梅志坚、王治藩、桂修文同志，感谢熊有伦院士、胡庆超教授、师汉民教授，感谢西安交通大学陈康宁教授，特别是已故的阳含和教授，感谢一切有关的同志！我们还应感谢华中科技大学出版社及有关同事！是的，我们一贯认为，我们的事业是集体的，一切成就属于集体。

正如前述，本书已作了五次修改，现以第六版付印。然而，真理不可穷尽，认识不会终结，我真心地重复第三版前言中的真情：人孰无过？思孰无误？书孰无错？文孰无讹？何况，限于作者水平、精力、时间等因素，书中的错误与不妥难免。"嘤其鸣矣，求其友声。"殷切期望广大读者，特别是兄弟院校的教师与学生，拨冗相助，不吝指教，我们将不胜感谢。

历史又进入了一个新的年代，"千门万户曈曈日，总把新桃换旧符。"

与时俱进，谨为之前言。

杨叔子

2011年元旦

于华中科技大学

第五版前言

国庆55周年前两天，我来写本教材第五版的前言，心潮难平。百啭千声任舞飞，万般红紫斗芳菲。我国在“三个代表”重要思想指引下，中国特色社会主义建设事业蓬勃发展，神州大地欣欣向荣。在景色这么美好的神州，本书第五版即将问世了。

2002年1月本书第四版问世以来，再次受到兄弟院校与有关读者的信任、欢迎与支持。追思1984年3月的第一版，抚今即将付印的第五版，本书已印刷35次，销售25万册。沉思20年的巨大变迁与发展，往事历历如潮翻涌。正如本书第一版前言所述：“由于现代科学技术的迅速发展，将控制理论应用于机械工程的重要性日益明显，这就导致了‘机械工程控制论’这门学科的产生与发展。实际上，这门学科既是一门广义的系统动力学，又是一种合乎唯物辩证法的方法论，它对启迪与发展人们的思维与智力有很大的作用。作为一门课程，它是机械工程类专业，特别是机电工程类专业的重要理论基础之一。”这是20年前出版本书的初衷和期望。一版、二版、三版、四版、五版，本书随同我国建设、教育发展、教学改革的前进而前进。实践是检验真理的唯一标准，20年的实践证明：“机械工程控制论”这门学科在促进机械工程的发展以及在培养机械工程人才，特别是机电一体化人才中发挥了非同一般的作用。这使作者不胜感慨和欣喜。

制造业是“永远不落的太阳”，是现代文明的支柱之一；它既占有基础地位，又处于前沿关键；既古老，又年轻；它是工业的主体，是国民经济的基础。在制造业中，特别值得提出的是机械制造业，也就是机械工业，它是制造业的基础与核心。在今天，信息技术尽管如此迅猛发展，高新科技尽管日新月异，但仍然改变不了制造业、机械制造业的基础地位。因此，发展机械制造业是发展国民经济、发展生产力的一项关键性的、基础性的战略措施。本书第五版的问世也正是为适应教学改革进一步发展的趋势，满足培养我国现代化建设机械工程高级人才的需要。

考虑到本书第四版问世已3年，教育教学改革的进一步发展与深入，尤其本书被定为“普通高等教育‘十五’国家级重点教材”和“面向21世纪课程教材”，以及由此而提出的要求，从而应予修订。为此，全面研究了本书内容与写法，增加了新的内容，完善了某些重要论述，对相关部分作了增、删、改。主要情况如下：

(1) 增加第二章2.6节“系统的状态空间模型”，以适应非线性、时变和多输入多输出系统分析的需要，更重要的是使用计算机进行系统的建模和分析这类迫切的需要。

(2) 增加第二章2.7节“数学模型的MATLAB描述”。MATLAB是美国MathWorks公司于20世纪80年代中期推出的高性能数值计算软件，现在已发展成为适合多学科的功能强大的科技应用软件。MATLAB的控制系统工具箱，主要处理以传递函数为主要特征的经典控制和以状态空间为主要特征的现代控制中的问题。该工具箱为控制系统的建模、分析和设计提供了一个较为完整的解决方案。增加这一节，使读者对应用这一软件有初步的了解。

(3) 从第三章至第九章，各章均增加了一节利用MATLAB解题的示例，以帮助读者学习如何利用MATLAB进行系统的建模、分析和设计的初步知识。

(4) 由于本版应用了MATLAB软件，因此，原书的第十章“控制系统的计算机辅助分析”也就没有必要了，予以删除。但考虑到其中的动态仿真工具SIMULINK的应用仍然十分广泛，故予以保留，但仅作为本书的附录。

(5) 对原书中一些论述不十分妥切乃至不当之处作了修改。

此次修订，充分听取了读者的意见，特别是使用本书的许多高等学校教师的意见。同时，充分汲取过去多年的教学经验，特别是吴波教授、熊良才博士近年的教学经验，在杨克冲教授、吴波教授、熊良才博士与我共同讨论的基础上，分工执笔：杨克冲教授负责了主要的统稿工作，花了大量的时间，并执笔了“系统的状态空间模型”一节；吴波教授、熊良才博士负责编写了有关MATLAB内容和教材电子版本。本版、电子版与《机械工程控制基础学习辅导与题解》(修订本)将同时付印。由于大家工作都高度繁忙，本版的主要工作未能完全落在吴波教授与熊良才博士肩上，未能实现“第四版序言”中的愿望，这是一大遗憾。

本书从1984年3月问世，1987年、1993年、2002年和2004年已作了四次修改，现以第五版付印。饮水必应思源！本版付印，我们丝毫没有忘记以不同形式不同程度参与本书工作的教师与朋友，他们的劳动与智慧仍凝聚在第五版中。是的，没有过去，就没有现在，要承认历史，要尊重历史。我们感谢，感谢刘经燕、谢月云、梅志坚、王治藩、桂修文同志，感谢熊有伦院士、胡庆超教授、师汉民教授，感谢西安交通大学陈康宁教授，特别感谢已故的阳含和教授，感谢一切有关的同志们！我们还应感谢华中科技大学出版社及有关同事！是的，我们一贯认为，我们的事业是集体的，一切成就属于集体。

本书经过了20个春秋，有了可喜的进步，然而，真理不可穷尽，认识不会终结，进步无有止境，比之形势对我们的要求更有差距。我们真心地重复第三版前言中的真情：人孰无过？思孰无误？书孰无错？文孰无讹？何况，作者水平有限，知识有限，精力有限，书中的错误与不妥必然难免。“嘤其鸣矣，求其友声。”殷切期望广大读者，特别是兄弟院校的教师与学生，拨冗相助，不吝指教，我们仍将不胜感激。在中秋月圆之日，“但愿人长久，千里共婵娟。”

谨为之前言，聊达心情于万一。

杨叔子

2004年9月28日甲申中秋于华中科技大学

第四版前言

千年之交，百年之替，蛇年之初，新春之始，祖国社会主义建设事业高潮滚滚向前，高等学校教育教学改革蓬勃发展，本书第四版也即将付印。

1993年1月第三版问世以来，本书再次受到兄弟院校师生与有关读者的信任、欢迎与支持。追思1984年3月的第一版，抚今即将付印的第四版，本书已印刷26次，销售17万册；在以往获奖的基础上，1996年再次获得机械工业部优秀教材一等奖，1997年获国家级优秀教学成果二等奖，1998年获湖北省科技进步二等奖。沉思17年的巨大变迁与发展，往事历历如潮翻涌，不胜感慨，更不禁欣喜。

是的，唐代有位著名的诗人，叫陈子昂，处在初唐向盛唐发展的时代，写了一首脍炙人口的名诗《登幽州台歌》：“前不见古人，后不见来者；念天地之悠悠，独怆然而涕下。”前进中会有曲折与支流，发展中总有困难与黑暗，这一名诗中没有反映当时社会发展的主流，即唐代正在蓬勃向上，过多、过重地看见了反面。我想,在今天,在我们的国家,正应该把他这首诗改一下,改成:"前既见古人,后更见来者;看大江之滔滔,喜奔腾而东下。"大江东去,总有泥沙俱下,鱼龙混杂,沉渣泛起,曲折险阻,然而都为势不可挡的大浪所淘尽。大江后浪催前浪。

正是这样,本书的一版、二版、三版、四版,随同我国工业建设的前进而前进。而且,参加第四版编写的教师,除我与杨克冲教授外,都是新参加编写工作的,但也是本书的长期使用者,这就是吴波、熊良才等同志,他们正承担着"机械工程控制基础"的教学与研究工作,承担了本版编写的重要工作。还应讲明的是,在本版付印后,即将有本版的电子版本出版,并可以上网,这一工作主要由吴波教授负责指导年轻同志完成。另外,如同前三版出版时一样,本版也有供教师备课与教学用的参考资料,且同本版一起出版,以利于本书的使用。这一参考资料也是由吴波、熊良才等同志完成的。事业后继有人。我相信,待本书第五版时,吴波教授等应该正式成为本书主要编写者了。

我们绝不会忘记过去。没有过去,就没有现在。先后参加本书第一、二、三版编写的刘经燕、梅志坚、王治藩同志及参加有关工作的桂修文同志,已先后离开了我校,有的在广东,有的在英国、美国,然而仍情系本书,关心本书,支持本书,我们为之衷心感谢!为本书的完善做了出色工作的谢月云同志也已退休,我们也要衷心感谢!有些同志虽然没有参加本版的编写工作,但其劳动成果却凝化在本版的有关内容中。这是历史,也是现实,都是事实,应该承认,应该铭记,应该尊重。还有,我校熊有伦院士、胡庆超教授、师汉民教授,特别是已故的西安交通大学阳含和教授,他们对本书的成书与出版,做出过巨大的贡献,我们深深感谢他们!对凡为本书的出版与完善而做过努力的朋友,对华中科技大学出版社及有关同事,对一切的真挚关心、有力支持、积极鼓励,我们一贯是:"中心藏之,何日忘之?!"我们一贯认为我们的事业是集体的。

考虑到本书第三版出版已八年,科学技术(特别是信息科技)的突飞猛进,教育教学改革的全面发展与不断深入,尤其是本书被定为"普通高等教育'九五'国家级重点教材"和"面向 21 世纪课程教材",以及由此而提出的要求,因此,本书应予修订,即对有关部分作了增、删、改。此次修订,充分汲取了这八年来的教学经验,在杨克冲、吴波、熊良才三位同志与我共同讨论的基础上,分工执笔:第一、七、八章由杨克冲同志执笔,其中,武汉理工大学赵燕参加了第八章的编写工作;第二、三、四、五、六、九章由吴波同志执笔;第十章由熊良才同志执笔,并编写程序;全书由吴波、杨克冲同志统稿与初步定稿,由我与吴波同志最后定稿。本版变动情况如下:(1)第七章、第八章为新增加的;(2)第一、二、三、四、五、六、九章做了一些增、删、改,主要是删;(3)第十章由原附录改写而来,增加了非线性控制系统的计算机辅助分析,所有程序均改为 C 语言程序;(4)原有各章习题均作了增、删、改。此外,如前所述,本版付印后,本版的电子版本即将付印,而供教师使用的参考资料将与本版一起付印。

在此,还应指出,华中科技大学出版社机电一体化系列教材的《机电工程控制基础》编写组为本书第四版提供了许多很好的素材,极大地充实了本版的内容,在此表示真挚的谢意!

本版由西安交通大学陈康宁教授主审,他提出了许多宝贵的意见与建议,有力地保证了本版的质量,在此表示由衷的谢意!

尽管本书已做了三次修改,现以第四版付印。然而,真理不可穷尽,认识不会终结,我真心地重复第三版前言中的真情:人孰无过?思孰无误?书孰无错?文孰无讹?何况,作者水平有限,知识有限,精力有限,时间有限,书中的错误与不妥必然难免。"嘤其鸣矣,求其友声。"殷切期望广大读者，特别是兄弟院校的教师与学生，拨冗相助，不吝指教，我们将不胜感谢。

饮水思源，谨成前言。

杨叔子

2001年2月4日(立春)于华中科技大学

(华中科技大学由原华中理工大学、原同济医科大学、原武汉城建学院于2000年5月26日合并组建而成)

第三版前言

“中心藏之，何日忘之”，在我执笔写第三版前言之际，《诗经》中的这两句诗自然涌上心头。我们要再次衷心感谢兄弟院校有关教师与学生以及所有读者的信任与支持，衷心感谢出版社与有关领导部门以及有关同志的关心与鼓励。本书自1984年3月初版与1988年6月再版以来，11次印刷，发行近9万册，仍然供不应求；而且还于1990年获中南地区高校出版社优秀图书一等奖，1992年获国家机械电子工业部优秀教材一等奖。这一切，特别是各方面给我们提出的宝贵意见，是对我们的真挚关心、有力支持与巨大鼓舞。饮水怎能不思其源?!

考虑到本书修订再版后的这段时间里科学技术的发展与我们的科研进展，我们感到书中的某些部分应作增、删与修改。因此，在杨克冲、刘经燕、谢月云、桂修文4位同志与我共同进行讨论的基础上，由杨克冲同志执笔进行修改，并由杨克冲同志与我一起最后定稿。主要修改情况如下：(1)对第一、二、四、五、七章作了一些增、删；(2)对各章均作了少量修改；(3)对习题作了一些增、删与修订，并对原内部出版的题解作了相应修改。

我应指出，杨克冲同志不仅在本次修改中承担了全部执笔修改任务，做了许多有创见的工作，而且在本书的成书与完善过程中做出了出色的贡献，从一定角度上讲，没有他的努力，就没有本书的第二版、第三版。还应指出，刘经燕同志自始至终参加了本书的成书与完善工作，提供了大量教学实践所反映的情况与由此而产生的重要意见；谢月云同志、桂修文同志近几年承担本课教学工作，他们两位对本书的完善十分关心，并积极参与，为本书的完善做出了重要的贡献；还有，远在英国的王治藩同志与调往广州的梅志坚同志，他们对本书的成书与完善所起的重要作用，我们也是不能忘怀的。对于在本书成书前后，对成书做出了巨大贡献的我校胡庆超、熊有伦与师汉民教授，在此，再次表示衷心的感谢。

在本书第三版问世时，我们深深怀念已故的西安交通大学阳含和教授，永远铭记他在“机械工程控制”学科的建立上所作的开拓性贡献，永远感激他在我国机械控制工程研究学会的创立上所起的巨大作用，永远珍惜他在本书成书与完善中所给予的宝贵指导与他对作者们的殷切期望。

尽管本书已作了两次修改，以第三版出现，然而，人孰无过？书孰无错？何况，作者水平有限，精力有限，时间有限，书中的错误与不妥在所难免。“嘤其鸣矣，求其友声。”殷切希望广大读者拨冗相助，不吝指教，我们仍将不胜感激。

杨叔子

1993年1月于华中理工大学

第二版前言

本书自 1984 年 3 月初版发行后，蒙全国四十余所高等院校有关专业采用，两次印发近三万册，仍然供不应求，这使我们受到很大的鼓舞。不少兄弟院校的有关教师乃至学生，就本书的系统、内容、习题等方面提出了许多宝贵意见，这使我们获得极深的教益。特别是，西安交通大学、天津大学、浙江大学、北京机械工业管理学院、成都科技大学、湖南大学、武汉工学院、武汉工业大学、长沙国防科技大学、中国人民解放军信息工程学院、太原重型机械学院等高校的机械工程系的有关教师，对本书的编写工作与本书出版后的使用情况一直十分关心。在此，我们谨向一切有关同志致以衷心的感谢！

根据三年来的教学实践与本门学科的发展情况，我们原拟对本书作一次重大的修改，但由于时间紧迫，愿望难以实现，只能有重点地做了较大的修改，主要情况如下：

(1)对书中涉及的某些基本概念与知识，如反馈、闭环、动态特性、传递函数、时间响应的组成等，做了更深入的分析与论述；

(2)对一些在目前所起作用不大的内容，如 Nichols 图、Nichols 图线等，予以删除；

(3)在附录中增加了计算机数字仿真实例。

至于原书中一些论述不十分妥切乃至不当之处，自然作了修改。

本书的修改是在原有编者加上谢月云、梅志坚同志的集体讨论的基础上，由杨克冲同志主要执笔，由杨叔子同志最后定稿的。本书附录在杨克冲、刘经燕同志参加下，主要由梅志坚同志执笔，并由杨叔子、杨克冲同志定稿。修改后的本书，错误与不妥仍在所难免，编者仍切望读者不吝指教，以利于编者的提高，以利于本书的下一次修改工作。

编　者

1987 年 12 月于华中工学院

第一版前言

本书是为高等院校的机械工程类专业，特别是机械制造工程类专业的“机械工程控制基础”(或称“控制工程基础”)这门课编写的教材。

由于现代科学技术的迅速发展，将控制理论应用于机械工程的重要性日益明显，这就导致了“机械工程控制论”这门学科的产生与发展。实际上，这门学科既是一门广义的系统动力学，又是一种合乎唯物辩证法的方法论，它对启迪与发展人们的思维与智力有很大的作用。作为一门课程，它是机械工程类专业，特别是机电工程类专业的重要理论基础之一。

本书作为一门技术基础课的教材，力求在阐明机械工程控制论的基本概念、基本知识与基本方法的基础上，紧密结合机械工程实际，特别是结合机械制造工程实际，以便沟通与加强数理基础与专业知识之间的联系。

本书着重阐述了经典控制理论，特别是其中的频域法，即在系统的传递函数的基础上，着重阐述了系统的频率特性及应用。同时，考虑到系统数学模型的重要性与实际系统的复杂性，特地编写了"系统辨识"一章。在这章中，除了详细介绍了经典控制理论中的系统辨识方法以外，还以相当篇幅介绍了现代控制理论的系统辨识中的差分模型与数理统计学的时间序列中的 ARMA 模型。本书吸收了我院有关同志与编者在教学与科研中的成果。本书不包括数学基础部分(例如"积分变换")，因为这些数学基础已见诸我国统编的工程数学教材。本书的教学时数为 40～60 学时。

本书是在我院 1982 年为机械制造工艺与设备专业编写的《机械工程控制基础》(讲义)的基础上改写的。我们对原讲义的体系、内容与论述方法作了不少变动与修改。原讲义是由杨叔子、胡庆超、杨克冲、刘经燕同志集体讨论，分工执笔写成的，胡庆超同志承担了大部分的编写工作。本书是由杨叔子、杨克冲、刘经燕、王治藩同志集体讨论，分工执笔写成的(第一章由杨叔子同志执笔，第二、七章由王治藩同志执笔，第三、四章由刘经燕同志执笔，第五、六章由杨克冲同志执笔)，最后由杨叔子、杨克冲两位同志定稿。实际上，本书是我院有关同志的集体劳动成果，胡庆超、师汉民、熊有伦等同志在开设与改进本门课程中，在本书的成书过程中，都付出了辛勤的劳动。编者对这些同志表示衷心的感谢。

值得提出的是，1983 年 7 月举行的有 16 所高等院校参加的中南地区高校机械工程控制研究会对本书的编写起了很大的鼓励与促进作用。编者对这次会议的与会者，特别是对武汉工学院的宋尔涛同志、容一鸣同志，深表感谢。还应提出，在开设本门课程中，我们得到西安交通大学阳含和、王馨等同志多方面的帮助，得到我院自动控制系费奇、邓聚龙等同志的许多帮助。在原讲义的编写中，我们主要参考了哈尔滨工业大学李友善同志的《自动控制原理》(上册)一书与西安交通大学阳含和同志、清华大学张伯鹏同志为他们本校有关专业编写的《控制工程基础》的讲义初稿。在此一并深表感谢。

限于编者的水平，加上本课程是新开设的课程，许多问题还有待探讨，因此，本书中的谬误与不妥之处在所难免。编者切望读者不吝指教，提出批评建议，我们由衷地欢迎与感激。

编　者

1984 年 2 月于华中工学院

主要符号说明

符号	说明
m	质量
c	黏性阻尼系数
k	弹簧刚度
R	电阻
C	电容
L	电感
K	增益或放大系数
$f(t)$	外力
$\mathrm{L}[\cdot]$	Laplace 变换
$\mathrm{F}[\cdot]$	Fourier 变换
$x_{\mathrm{i}}(t)$	输入(激励)
$X_{\mathrm{i}}(s)$	$\mathrm{L}[x_{\mathrm{i}}(t)]$
$x_{\mathrm{o}}(t)$	输出(响应)
$X_{\mathrm{o}}(s)$	$\mathrm{L}[x_{\mathrm{o}}(t)]$
$X_{\mathrm{i}}(\mathrm{j}\omega)$	$\mathrm{F}[x_{\mathrm{i}}(t)]$
$X_{\mathrm{o}}(\mathrm{j}\omega)$	$\mathrm{F}[x_{\mathrm{o}}(t)]$
$\delta(t)$	单位脉冲函数
$u(t)$	单位阶跃函数
$r(t)$	单位斜坡函数
$w(t)$	单位脉冲响应函数
$G(s)$	传递函数或前向通道传递函数
$G(\mathrm{j}\omega)$	频率特性
$H(s)$	反馈回路传递函数
$H(\mathrm{j}\omega)$	反馈回路频率特性
$B(s)$	闭环系统反馈信号
$G_{\mathrm{K}}(s)$	系统的开环传递函数
$G_{\mathrm{B}}(s)$	系统的闭环传递函数
$G_{\mathrm{K}}(\mathrm{j}\omega)$	系统的开环频率特性
$G_{\mathrm{B}}(\mathrm{j}\omega)$	系统的闭环频率特性
$n(t)$	干扰信号
$N(s)$	$\mathrm{L}[n(t)]$
n	单独使用时一般表示转速
ω	角速度
T	时间常数或时间
τ	延迟时间或时间
ω_{n}	无阻尼固有频率
ω_{d}	有阻尼固有频率
ω_{T}	转角频率
ω_{g}	相位穿越频率
ω_{c}	幅值穿越频率或剪切频率
ω_{b}	截止频率
ω_{r}	谐振频率
ξ	阻尼比
M_{r}	相对谐振峰值
M_{p}	超调量
K_{g}	增益裕度
γ	相位裕度
u	一般表示电压
i	一般表示电流
$\varepsilon(t)$	偏差
$E(s)$	$\mathrm{L}[\varepsilon(t)]$
$e(t)$	误差
$E_1(s)$	$\mathrm{L}[e(t)]$
φ,θ	一般表示相位
$x^*(t)$	$x(t)$ 采样后的时间序列
f_{s}	采样频率
$\mathrm{Z}[\cdot]$	Z 变换
$X(z)$	$\mathrm{Z}[x(t)]$
$G(z)$	离散系统的传递函数(或称脉冲传递函数)

目 录

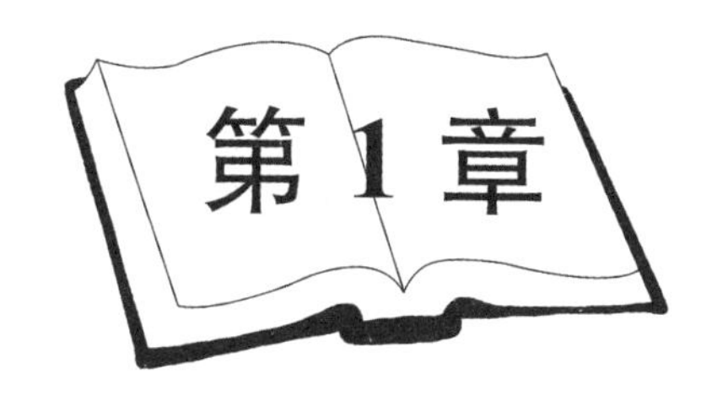

第1章 绪论

制造业是“永远不落的太阳”，是现代文明的支柱之一；它既占有基础地位，又处于前沿关键，既古老，又年轻；它是工业的主体，是国民经济持续发展的基础。甚至可以讲，没有“制造”，就没有人类。恩格斯在《自然辩证法》中讲得对：“直立和劳动创造了人类，而劳动是从制造工具开始的。”的确，可形象地讲：人，人类文明是从制造第一把石刀开始的。毛泽东在《贺新郎·读史》一词中一开始就写道：“人猿相揖别，只几个石头磨过，小儿时节。”可以说，人类创造了制造、工具制造，同时，制造、工具制造也创造了人类。

在制造业中，特别值得提出的是机械制造业，它是制造业的基础与核心。机械是复杂的工具。在今天，信息科技尽管如此迅猛发展，高新科技尽管日新月异，但仍然改变不了制造业、机械制造业的基础地位。机械制造业是日用工具、生产设备、生活资料、科技手段、国防装备等的来源及其进步的依托，是社会现代化的动力源之一。马克思在《资本论》中有段名言，至今仍熠熠生辉：“大工业必须掌握它特有的生产资料，即机器的本身，必须用机器生产机器。这样，大工业才建立起与自己相适应的技术基础，才得以自立。”生产机器的机器，我国称为“机床”，英文称为“machine tool”（机器工具），有道理；德文称为“werkzeugmaschine”（工具机器），更有道理。可以说，没有制造业，没有机械制造业，就没有工业。因此，发展机械制造业是发展国民经济、发展生产力的一项关键性的、基础性的战略措施。为了更快更好地发展机械制造业，必须研究机械制造技术发展的现状、特点与动向。

当前，机械制造技术发展的一个明显而主要的动向是它越来越广泛而紧密地同信息科技交融，越来越广泛而深刻地引入控制理论。尽管从历史的发展上看这还是初步的，从技术的总体上看这还是局部的，但从发展的现状与前途上看，这却是最活跃、最富有生命力的，因而机械制造技术的发展是极为迅速的。

为什么控制理论刚一进入机械制造领域，机械制造技术一同信息技术交融，就表现得如此富有生命力，并获得了引人注目的进展呢？从根本上讲，其原因是，当代生产与科学技术的发展同这个领域内人们的传统思想方法与由此所采用的认识、分析与解决问题的方式之间发生了尖锐的矛盾，而控制理论以它本身固有的辩证方法顺应了广大机械制造工作者渴望冲破形而上学的思想方法的桎梏，推动这一领域的生产与学科向前发展的愿望。在信息科技高度发展的现代，机械制造技术同信息技术相互交融,控制理论更显出强大的生命力。

控制理论不仅是一门极为重要的学科,而且也是科学方法论之一。控制理论在工程技术领域中体现为工程控制论,在同机械工业相应的机械工程领域中体现为机械工程控制论。机械工程控制论是一门新兴学科,大量的问题,从概念到方法,从定义到公式,从理论的应用到经验的总结,都亟须进一步探讨。本书主要涉及经典控制理论的主要内容及其应用,同时也介绍现代控制理论的初步知识。

1.1 机械工程控制论的研究对象与任务

1.1节
讲课视频

工程控制论实质上研究的是工程技术中广义系统的动力学问题。具体地说,它研究的是工程技术中的广义系统在一定的外界条件(即输入或激励,包括外加控制与外加干扰)作用下,从系统的一定的初始状态出发,所经历的由其内部的固有特性(即由系统的结构与参数所决定的特性)所决定的整个动态历程;研究这一系统及其输入、输出三者之间的动态关系。

现考察一个我们十分熟悉的例子。图 1.1.1 与图 1.1.2 分别表示同一个质量-阻尼-弹簧单自由度系统在输入不同时的情况。图中,m、c、k 分别表示质块质量、黏性阻尼系数、弹簧刚度。对图1.1.1所示的系统而言,质块受外力 $f(t)$ 的作用,质块位移为 $y(t)$,系统的动力学方程为

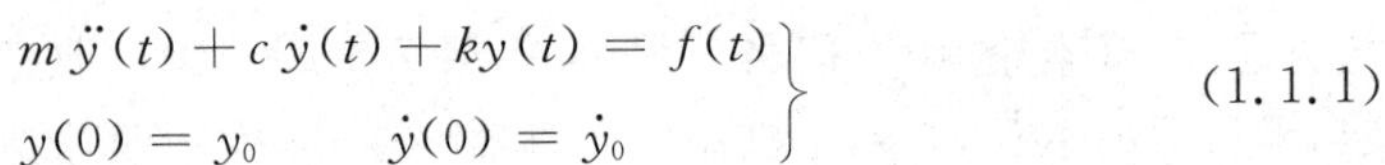

$$\left.\begin{aligned} m\ddot{y}(t)+c\dot{y}(t)+ky(t)&=f(t)\\ y(0)=y_0 \qquad \dot{y}(0)&=\dot{y}_0\end{aligned}\right\} \tag{1.1.1}$$

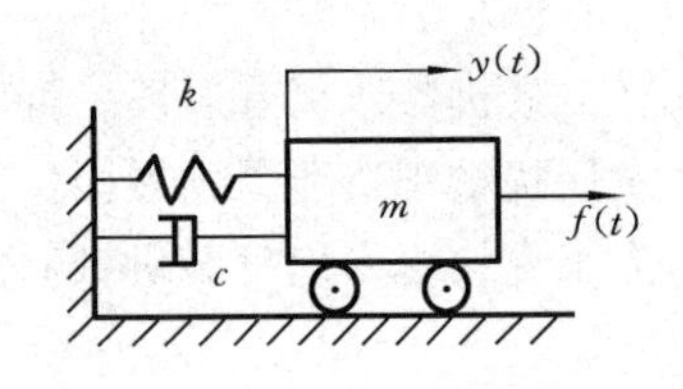

图 1.1.1 质量-阻尼-弹簧单自由度系统(一)

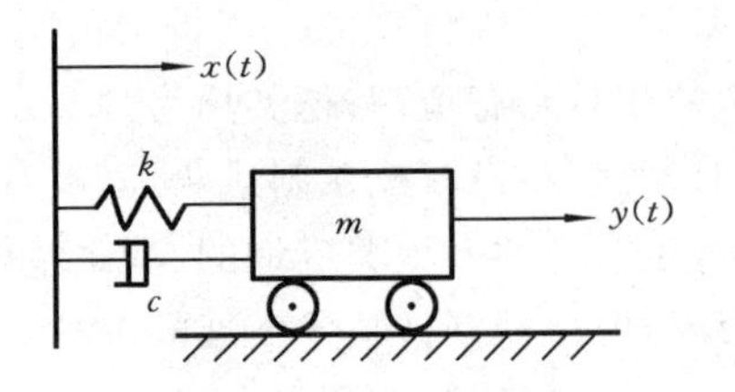

图 1.1.2 质量-阻尼-弹簧单自由度系统(二)

对图 1.1.2 所示的系统而言,支座受位移 $x(t)$ 的作用,质块位移为 $y(t)$,系统的动力学方程为

$$\left.\begin{aligned} m\ddot{y}(t)+c\dot{y}(t)+ky(t)&=c\dot{x}(t)+kx(t)\\ y(0)=y_0 \qquad \dot{y}(0)&=\dot{y}_0\end{aligned}\right\} \tag{1.1.2}$$

令 $p=\mathrm{d}/\mathrm{d}t$,则方程(1.1.1)和方程(1.1.2)分别化为

$$(mp^2+cp+k)y(t)=f(t) \tag{1.1.3}$$

和

$$(mp^2+cp+k)y(t)=(cp+k)x(t) \tag{1.1.4}$$

mp^2+cp+k 为方程(1.1.3)与方程(1.1.4)左边的算子,它由系统本身的结构与参数所决定,反映了与外界无关的系统本身的固有特性。

1与 $cp+k$ 分别为方程(1.1.3)与方程(1.1.4)右边的算子,它反映了系统与外界之间的关系。毫无疑问,系统本身的结构与参数一般是要影响这一算子的,亦即系统发生改变,这一算子一般也会发生改变。

$y(0)$ 与 $\dot{y}(0)$ 分别为质块的初位移与初速度,这就是在输入作用于系统之前系统的初始状态。显然,此系统在任何瞬间的状态均完全可以由质块的位移 $y(t)$ 与速度 $\dot{y}(t)$ 这两个变动着的状态(即状态变量)在此瞬间的取值来刻画。因为 $y(t)$ 在此瞬间的取值代表了位移的情况,$\dot{y}(t)$ 在此瞬间的取值代表了 $y(t)$ 在此瞬间的变化趋势(速度)的情况,从而在系统已确定的情况下,这两个状态变量就描绘了此系统的动态历程。

在上例中,$f(t)$ 与 $x(t)$ 称为系统的输入(或激励),$y(t)$ 称为系统的输出(或系统对输入的响应)。显然,$y(t)$(它就是微分方程的解)是由系统的初始状态、系统的固有特性、系统与输入之间的关系以及输入所决定的,也可以说它代表了系统在一定外界条件下的动态历程,因为知道 $y(t)$,就知道 $\dot{y}(t)$,就知道 $y(t)$ 与 $\dot{y}(t)$ 在任何瞬时的取值。在这里需强调一下,对于上例中的系统,仅知道 $y(t)$ 在某一瞬时的取值,还不足以刻画系统在此瞬时的状态。

对上例,需研究的问题可归纳为以下三类:

第一类,当系统参数(即 m、c、k)与输入 $f(t)$、$x(t)$ 已知时,求输出 $y(t)$,这个问题属理论力学中动力学的研究范畴;

第二类,当系统参数(即 m、c、k)与输出 $y(t)$ 已知时,求输入 $f(t)$、$x(t)$;

第三类,当系统的输入 $f(t)$、$x(t)$ 与输出 $y(t)$ 已知时,求系统的 m、c、k。

对于一般线性系统,其动力学方程可用高阶线性微分方程表示如下:

$$\left.\begin{aligned}&a_n y^{(n)}+a_{n-1}y^{(n-1)}+\cdots+a_1\dot{y}+a_0 y\\&=b_m x^{(m)}+b_{m-1}x^{(m-1)}+\cdots+b_1\dot{x}+b_0 x\\&y(0)=y_0\qquad \dot{y}(0)=\dot{y}_0\\&\vdots\\&y^{(n-1)}(0)=y_0{}^{(n-1)}\end{aligned}\right\}\tag{1.1.5}$$

方程(1.1.5)左边的算子可写为 $a_n p^n+a_{n-1}p^{n-1}+\cdots+a_1 p+a_0$,它反映了系统本身的固有特性;

方程(1.1.5)右边的算子可写为 $b_m p^m+b_{m-1}p^{m-1}+\cdots+b_1 p+b_0$,它反映了系统与外界之间的关系;

$y(0),\dot{y}(0),\cdots,y^{(n-1)}(0)$ 为系统在受外界作用前的初始状态,$y(t),\dot{y}(t),\cdots,y^{(n-1)}(t)$ 为刻画系统动态历程的状态变量;

$y(t)$ 为系统的输出,$x(t)$ 为系统的输入。

在此应指出:系统的初始状态也可视为一种特殊的输入或激励,即"初始输入"或

"初始激励"。其实,输入的结果就是改变系统的状态,并使系统的状态不断改变,这是力学中所讲的强迫运动;而当系统的初始状态不为零时,即使无输入,系统的状态也会不断改变,这是力学中所讲的自由运动。所谓系统的状态为零,就是指系统处于平衡位置,系统的状态不会改变。从使系统的状态不断发生改变这点来看,将系统的初始状态视为"初始输入"是十分合理的。

由上面的简单介绍可知,工程控制论所要研究的问题在机械制造领域中是极为广泛的。例如,在现代测试技术中,应充分注意到,某一仪器调整到什么状态方能保证在给定的外界条件下,获得精确的测量结果。在这里,调整到一定状态的仪器本身是系统,外界条件是输入,测量结果是输出。显然,这里所研究的问题是系统及其输入、输出三者之间的动态关系。又例如,在机床数控技术中所要解决的问题是,数控机床接收指令后,机床的有关运动应符合要求,这仍然是前述三者之间的动态关系问题。

正如前述,所研究的系统是广义系统。这个系统可大可小,可繁可简,甚至可"实"可"虚",完全由研究的需要而定。譬如说,当研究某一产业集团(甚至包括现在所谓的"虚拟企业"或"企业动态联盟")或某一机器制造厂应如何调整产品生产以适应市场变化的需要时,此集团或此厂就是一个广义系统,市场情况是输入,产品生产情况是输出;当研究此集团或此厂的某台机床在切削加工过程中的动力学问题时,切削加工过程本身是一广义系统;当研究此台机床所加工的工件的某些质量指标时,这一工件本身可作为一广义系统;而当研究此台机床的操作者在加工过程中的作用时,操作者本身或操作者的思维等则可作为一广义系统。

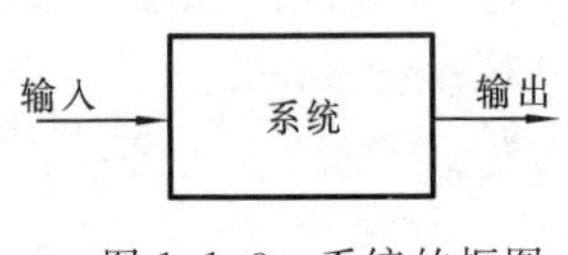

图 1.1.3　系统的框图

由以上分析可知,就系统(system)及其输入(input)、输出(output)三者之间的动态关系而言(见图 1.1.3),工程控制论(包括机械工程控制论)所研究的问题大致可归纳为如下五种:

(1) 当系统已定、输入(或激励)已知时,求出系统的输出(或响应),并通过输出来研究系统本身的有关问题,此即系统分析问题;

(2) 当系统已定时,确定输入,且所确定的输入应使得输出尽可能符合给定的最佳要求,此即最优控制问题;

(3) 当输入已知时,确定系统,且所确定的系统应使得输出尽可能符合给定的最佳要求,此即最优设计问题;

(4) 当输出已知时,确定系统,以识别输入或输入中的有关信息,此即滤波与预测问题;

(5) 当输入与输出均已知时,求出系统的结构与参数,建立系统的数学模型,此即系统识别或称系统辨识问题。

本书主要是以经典控制理论来研究问题(1);同时,本书也以适当篇幅来研究问题(5)。因为系统的数学模型是研究系统的极为重要的基础与前提,而对工程技术中的大量系统，主要只能用试验方法(包括观测方法)获得系统的输入与输出，然后建立数学模型来进行研究。“系统辨识”就是解决这一问题的。请读者注意，虽然本书所研究的系统主要是线性定常系统，而线性定常系统又是最为基本的，但应强调非线性系统的重要性。非线性科学是关于非线性系统的科学，是关于体系总体本质的一门新学科，它更着眼于总体、过程和演化。因此，透过这扇窗户，看到的将是与Newton、Einstein所创建的决定性的、简单的模式不同的世界，是一个演化的、开放的、复杂的世界，是一幅更接近真实的世界图景。非线性科学不仅在认识论上有着深刻的哲学意义，在解决基本问题时也有着重大的科学意义。因此，本书还以适当篇幅介绍非线性系统某些最基础的知识。由于微电子技术、计算机技术、网络化技术的迅速发展，计算机作为信号处理的工具以及作为控制手段在控制系统中的应用范围不断迅速扩大。这种计算机控制的系统是一类离散控制系统，是数字控制系统。数字化技术是信息化技术的核心，也是先进制造技术的核心，如同所有数字化技术一样将得到愈来愈广泛的应用，可以说它前途无量。因此，本书也以适当篇幅介绍离散系统。为适应使用计算机进行系统的建模和分析等的需要，本书还以少量篇幅介绍现代控制理论的初步知识。

1.2 系统及其模型

1.2.1 系统

学会以“系统”的观点认识、分析、处理客观对象，是科学技术发展的需要，也是人类在认识论与方法论上的一大进步。随着生产的发展，生产工具、生产设备、产品与工程结构均变得愈来愈复杂，这种复杂性主要表现在其内部各组成部分之间，它们与外界环境之间的联系变得愈来愈密切，以至于其中某部分的一些变化可能会引起一连串的响应而波及全局，即“牵一发而动全身”。在这种情况下，孤立地研究各个部分已不能满足要求，而必须将有关的部分联系起来，作为一个有机的整体加以认识、分析与处理。这个有机的整体称为“系统”。我们所研究的“系统”就是由相互联系、相互作用的若干部分构成的，而且有一定的目的或一定的运动规律的一个整体。其实，在自然界、社会上或工程中，存在着也只存在着各式各样的系统，任何一个系统莫不处于同外界(即同其他系统)相互联系之中，也莫不处于运动之中。系统由于其内部相应的机制，又由于其同外界相互的作用，就会有相应的行为、响应或输出。外界对系统的作用和系统对外界的作用，分别以“输入”及“输出”表示。一般的系统可以用图1.1.3表示。

组成系统的各个部分可以是元件，也可以是下一级的系统，后者称为“子系统”；而整个系统又可以是上一层系统的子系统。必须注意，一个系统的特性并不能看成是组成它的元件或子系统的特性的简单总和。比起元件或子系统的特性来，系统特性要复杂得多，丰富得多。要了解一个系统，不仅需要知道组成它的各个部分，而且

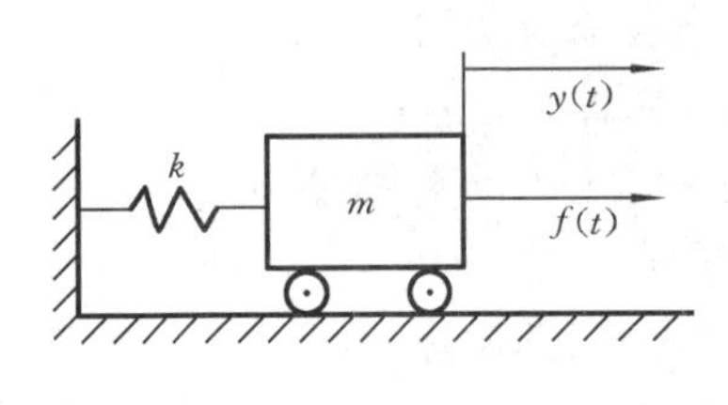

图 1.2.1 m-k 简单系统

必须了解各部分之间的关系以及它们所组成的系统。为说明这一点，以图 1.2.1 所示的简单系统为例。这一系统由两个元件——质块与弹簧——组成，m表示质块的质量，k表示弹簧的刚度。若孤立地考察这两个元件，其特性均十分简单：质块的加速度$\ddot{y}(t)$与受到的力成正比，即 Newton 第二定律；假定弹簧是线性的，弹簧的变形$y(t)$与受到的力成正比，即 Hooke 定律。可是两者构成如图 1.2.1 所示的系统以后，质块受外力$f(t)$的作用，质块位移为$y(t)$，系统的动力学方程为

$$\left.\begin{aligned} &m\ddot{y}(t)+ky(t)=f(t)\\ &y(0)=y_0 \qquad \dot{y}(0)=\dot{y}_0 \end{aligned}\right\} \tag{1.2.1}$$

这一动力学方程表现出来的性质却比两个元件各自的性质复杂得多。例如，系统在一个初始位移y_0或初始速度$\dot{y}_0$的作用下，会开始做"简谐振动"，即质块按照正弦或余弦规律做往复运动，这是由于质块与弹簧两者结合在一个系统中相互作用而造成的，分别研究两个元件，无论如何也得不出这一结论。

1.2.2 机械系统

以实现一定的机械运动、承受一定的机械载荷为目的，由机械元件组成的系统称为机械系统。这是一类广泛存在的系统，例如各种工作机械、机床、动力设备、交通运输工具以及某些工程结构等均是机械系统。

机械系统的输入与输出，往往又分别称为"激励"(excitation)与"响应"。机械系统的"激励"一般是指外界对系统的作用，如作用在系统上的力，即载荷等，而"响应"则一般是系统的变形或位移等。

一个系统的激励，如果是人为地、有意识地加上去的，往往又称为"控制"，而如果该激励是因偶然因素而产生，一般无法完全人为控制，则称为"扰动"(disturbance)。

1.2.3 静态模型与动态模型

模型是研究系统、认识系统与描述系统、分析系统的一种工具。这里所说的"模型"(model)，是指一种用数学方法所描述的抽象的理论模型，用来表达一个系统内部各部分之间，或系统与其外部环境之间的关系，故又称为"数学模型"。

图 1.2.2(a)表示一台机器放在隔振垫上。将机器简化为一刚性质块，设其质量为m。设质块在铅直方向的位移为$x(t)$，从静态平衡位置开始计算质块的位移。作用在质块上的外力记为$F(t)$，而隔振垫对机器的支反力记为$N(t)$，取机器为脱离体，按 Newton 第二定律，有

$$m\ddot{x}(t)=F(t)-N(t) \tag{1.2.2}$$

一般而言，隔振垫的支反力$N(t)$与机器移动的位移$x(t)$及速度$\dot{x}(t)$有关，即

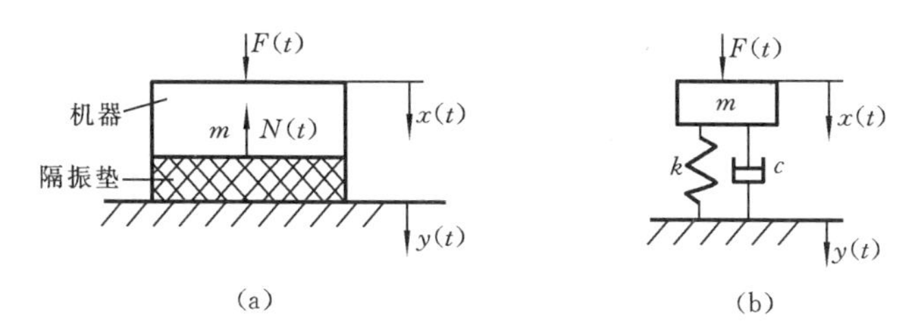

图 1.2.2 机器与隔振垫系统

$$N(t)=f(x,\dot{x})$$

$f(x,\dot{x})$ 一般为非线性函数，但当 x、$\dot{x}$ 均较小时，可按 Taylor 级数展开，且仅取其一次项，则有

$$N=f(0,0)+\left.\frac{\partial f(x,\dot{x})}{\partial x}\right|_{\substack{x=0\\ \dot{x}=0}}x+\left.\frac{\partial f(x,\dot{x})}{\partial \dot{x}}\right|_{\substack{x=0\\ \dot{x}=0}}\dot{x}+\cdots \tag{1.2.3}$$

记

$$\frac{\partial f(0,0)}{\partial x}=k \qquad \frac{\partial f(0,0)}{\partial \dot{x}}=c \tag{1.2.4}$$

而 $f(0,0)$ 表示一恒力，鉴于此恒力对系统运动变化规律无影响，故可将式(1.2.3)写成

$$N=kx+c\dot{x}$$

此式右边两项分别表示一个弹性力与一个黏性阻尼力，代回式(1.2.2)，即得到运动方程

$$m\ddot{x}(t)+c\dot{x}(t)+kx(t)=F(t) \tag{1.2.5}$$

结果为一个二阶常系数线性非齐次常微分方程，其中 $F(t)$ 是激励，$x(t)$ 是响应。它是图1.2.2(a)所示系统的一个数学模型，该系统可近似地以图 1.2.2(b)表示，亦即可用前述图1.1.1及式(1.1.1)表示(即以一弹簧和阻尼器近似代表隔振垫的作用)。

此模型以作用在机器上的力 $F(t)$ 作为激励，机器的振动位移 $x(t)$ 作为响应。有时需要分析在地基振动位移 $y(t)$ 的激励下，通过隔振垫传到机器上的位移 $x(t)$。在这种情况下，应该以 $y(t)$ 为激励，而以 $x(t)$ 为响应，取机器为脱离体，按 Newton 第二定律，得

$$c[\dot{y}(t)-\dot{x}(t)]+k[y(t)-x(t)]=m\ddot{x}(t)$$

整理，得

$$m\ddot{x}(t)+c\dot{x}(t)+kx(t)=c\dot{y}(t)+ky(t)$$

此式即为其数学模型，亦即前述图 1.1.2 所示系统的模型。

式(1.2.5)为系统的动态模型，当系统运动很慢时，即

$$\dot{x}\approx 0 \quad \ddot{x}\approx 0$$

于是式(1.2.5)简化为

$$x(t)\approx F(t)/k \tag{1.2.6}$$

这是系统的静态模型，即 Hooke 定律，这相当于载荷 $F(t)$ 作用在弹簧上，引起变形 $x(t)$，可看作一弹簧秤模型。

静态模型反映系统在恒定载荷或缓变载荷作用下或在系统平衡状态下的特性，

而动态模型则用于研究系统在迅变载荷作用下或在系统不平衡状态下的特性。这两类模型有很大不同,后者在形式上比前者要复杂得多,内涵要丰富得多。静态模型的系统现时输出仅由其现时输入所决定,而动态模型的系统现时输出还要受其以前输入的历史的影响。静态模型一般以代数公式描述,而动态模型则需要以微分方程,或其离散形式——差分方程来描述。总之,与静态模型比较,动态模型是描绘系统的动态历程的,并具有十分奇怪的特性,对此,学完本课程后才会有更深切的体会。

1.3 反　　馈

1.3节
讲课视频

反馈(feedback)是机械工程控制论中一个最基本、最重要的概念,是工程系统的动态模型或许多动态系统的一大特点。一个系统的输出,部分或全部地被反过来用于控制系统的输入,称为系统的反馈。系统之所以有动态历程,系统及其输入、输出之间之所以有动态关系,就是由于系统本身有着信息的反馈。其实,广而言之,反馈在自然界、人类社会、人的本身、工程等方面,无不存在。

1.3.1 机械工程中的反馈控制

以数控机床工作台的驱动系统(即进给系统)为例。一种简单的控制方案是根据控制装置发出的一定频率和数量的指令脉冲驱动步进电动机,以控制工作台或刀架的移动量,而对工作台或刀架的实际移动量不做检测,其工作原理如图 1.3.1(a)所

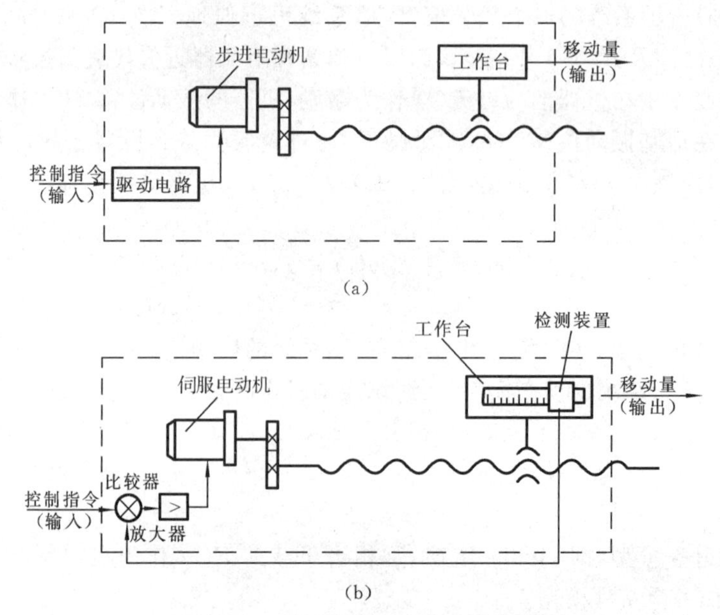

图 1.3.1　数控机床工作台的驱动系统

示。这种控制方式简单，但问题是，从驱动电路到工作台这整个“传递链”中的任一环的误差均会影响工作台的移动精度或定位精度。为了提高控制精度，采用图 1.3.1(b)所示的反馈控制，以检测装置随时测定工作台的实际位置(即其输出信息)，然后将反馈送回输入端，与控制指令做比较；再根据由比较所得出的工作台实际位置与目的位置之间的误差决定控制动作，达到消除误差的目的。

图 1.3.1(a)所示的系统称为开环系统，图 1.3.1(b)所示的系统则称为闭环系统。

图 1.3.2 所示为一个径向静压轴承薄膜反馈式控制系统，图 1.3.2(a)是系统结构示意图，图 1.3.2(b)是系统方框图。主轴受到载荷 W 时，将产生偏移 e，使轴承下油腔压力 p_2 增大，轴承上油腔压力 p_1 减小，这样，与之相通的薄膜反馈机构的下油腔压力亦随之增大，上油腔压力则随之减小，使薄膜向上凸起，产生变形 δ，因此薄膜下半部高压油输入轴承的通道扩大，液阻下降，从而使轴承下部压力增大。而基于与此相反的理由，轴承上半部压力减小，于是轴承下半部油腔产生反作用力，与载荷相平衡，以减小偏移量 e，甚至完全消除偏移量 e，即达到“无穷大”的支承刚度。

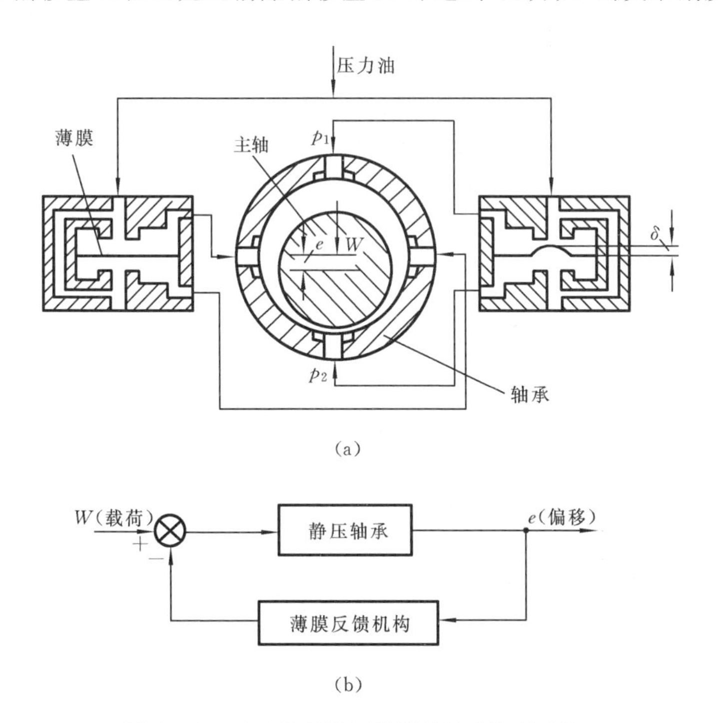

图 1.3.2 径向静压轴承薄膜反馈式控制系统

以上只是为了说明方便，才将各因素间影响的因果关系按一定的顺序描述，但不应该将此过程想象为先由载荷引起一个偏移量 e，然后薄膜反馈机构中的薄膜产生一个向上的凸度 δ，而后者又引起轴承上、下油腔的压力差 Δp，将轴颈推回原处，这才消除偏移量 e。事实上，整个过程几乎是同时进行的，即当载荷 $W(t)$ 波动时，所有的参量 e、p_1、p_2、Δp、δ 等均在相互影响、相互制约而几乎同时变化。载荷 $W(t)$ 的任何波动,都会引起原有平衡关系的破坏,造成控制器(即反馈机构)中薄膜的凸度变化,而后者立即改变轴承中上、下油腔的压力差,使之在新的条件下达到新的平衡。这又是一个典型的动态过程,此过程只有以动态模型才能有效地加以描述。

1.3.2 机械系统的内在反馈

工程技术领域越来越多地采用了自动控制系统。在这种系统中,往往有着“反馈控制”,正如以上两例中的反馈,均是为达到一定的控制目的而有意设计的。事实上,除了上述人为的反馈以外,机械系统中还广泛地存在着各种自然形成的反馈,称为“内在反馈”。内在反馈反映系统内部各参数之间互为因果的内在联系,这对系统的动态性能有非常重要的影响,而且往往很难加以控制。因此,分析和处理系统中的内反馈问题,往往成为机械系统动态特性研究中的关键问题。

如前所述,系统就是按一定的规律联系在一起的元素的集合。联系的实质就是信息的传输与交换。系统之所以处于运动状态,就是因为元素之间有着联系,有着信息的传输与交换,就是因为反映系统情况的状态变量之间有着联系,有着信息传输与交换。正是这些信息的传输与交换,才使状态变量发生变化,从而形成系统的动态历程,形成系统及其输入、输出三者之间的动态关系。这正是“外因是变化的条件,内因是变化的根据,外因通过内因而起作用”这一唯物辩证观点的体现。系统本身这些信息的传输与交换,即系统的“内在反馈”,就是系统处于运动状态的内因。

以图 1.1.1 所示的单自由度系统为例,将方程(1.1.1)中的第一式改写为如下三种形式:

$$ky(t) = f(t) - m\ddot{y}(t) - c\dot{y}(t) \tag{1.3.1}$$

$$c\dot{y}(t) = f(t) - m\ddot{y}(t) - ky(t) \tag{1.3.2}$$

$$m\ddot{y}(t) = f(t) - c\dot{y}(t) - ky(t) \tag{1.3.3}$$

并分别按以上三式作出能表示系统本身信息传输与交换的方框图(见图 1.3.3)。

图 1.3.3(a)表示式(1.3.1)。$f(t)$ 作用在弹簧上,弹簧产生位移 $y(t)$;而 $y(t)$ 又使质块与阻尼器运动,产生惯性力 $-m\ddot{y}(t)$ 与阻尼力 $-c\dot{y}(t)$,它们反馈作用到弹簧上,使弹簧位移产生相应的变化。这里,质块对位移 $y(t)$ 起着二阶微分反馈的作用,阻尼器则起着一阶微分反馈的作用。这种信息传输与交换反复循环,使系统处于运动状态。图 1.3.3(b)与图1.3.3(c)分别表示式(1.3.2)与式(1.3.3)。对它们也可做类似的分析。显然,微分方程中输出函数及其导函数项之间的关系就是系统状态变量间的反馈关系。

若将方程(1.1.1)改写为状态方程,即一阶微分方程组,则可进一步阐明反馈的物理本质。

若令 $y_1 = y, y_2 = \dot{y}_1 = \dot{y}$,则方程(1.1.1)可化为

$$\left.\begin{aligned} \dot{y}_1 &= y_2 \\ \dot{y}_2 &= -\frac{k}{m}y_1 - \frac{c}{m}y_2 + \frac{f}{m} \end{aligned}\right\} \tag{1.3.4}$$

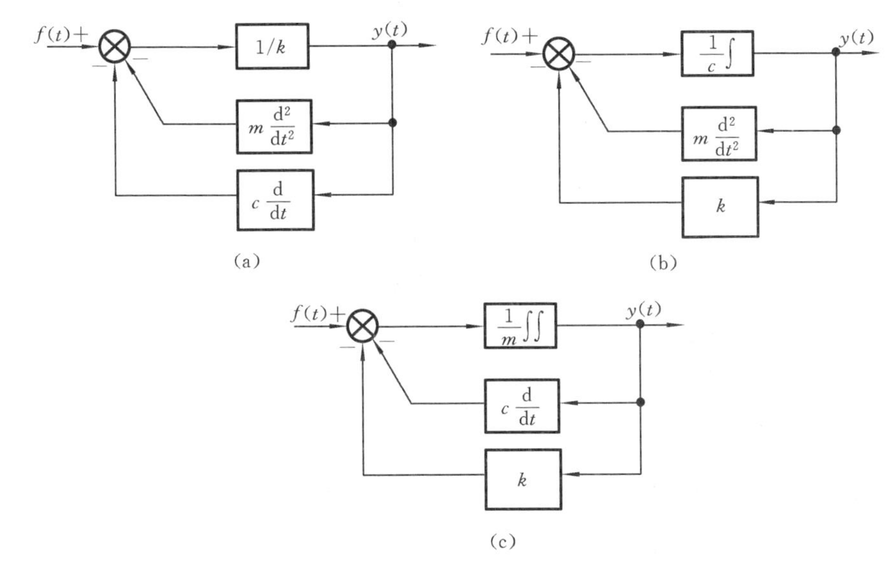

图 1.3.3 系统本身信息传输与交换

将式(1.3.4)改写为如下矩阵形式：

$$\begin{bmatrix} \dot{y}_1 \\ \dot{y}_2 \end{bmatrix} = \begin{bmatrix} 0 & 1 \\ -\dfrac{k}{m} & -\dfrac{c}{m} \end{bmatrix} \begin{bmatrix} y_1 \\ y_2 \end{bmatrix} + \begin{bmatrix} 0 \\ \dfrac{1}{m} \end{bmatrix} f \tag{1.3.5}$$

如令 $\boldsymbol{Y} = \begin{bmatrix} y_1 \\ y_2 \end{bmatrix}$ $\quad \dot{\boldsymbol{Y}} = \begin{bmatrix} \dot{y}_1 \\ \dot{y}_2 \end{bmatrix}$ $\quad \boldsymbol{A} = \begin{bmatrix} 0 & 1 \\ -\dfrac{k}{m} & -\dfrac{c}{m} \end{bmatrix}$ $\quad \boldsymbol{B} = \begin{bmatrix} 0 \\ \dfrac{1}{m} \end{bmatrix}$

则式(1.3.5)表示为

$$\dot{\boldsymbol{Y}} = \boldsymbol{AY} + \boldsymbol{B}f \tag{1.3.6}$$

式(1.3.6)就是现代控制理论中的状态方程(状态方程将在 2.6 节介绍)，y_1、y_2(即位移、速度)这两个状态变量用来刻画系统的动态情况。

现将状态方程表示为方框图 1.3.4。从图中可清楚看出：对输出 y_1 而言，y_2 就是输入；对 y_2 而言，y_1 通过 k/m 这一环节而作为输入之一。这就是 y_1 与 y_2 间信息的交互作用。另外，y_2 通过 c/m 这一环节而作为其自身的输入之一，这就是 y_2 自身信息的交互作用。这些都是反馈。在这一单自由度系统中，这种信息交换过程是以能量为载体，并伴随着能量过程的。y_1 与 y_2 的交互作用就是弹簧所具有的位能 $\dfrac{1}{2}ky_1^2$ 与质块所具有的动能 $\dfrac{1}{2}my_2^2$ 之间的相互转换；y_2 本身的交互作用就是阻尼消耗能量的过程。如图 1.3.4 所示，质块受力 f 这一输入的作用，产生加速度 f/m 这一输出，经过瞬间的积分，产生速度 y_2，改变质块所具有的动能。这时，y_2 一方面将经过瞬间积分，引起位移 y_1，改变弹簧所具有的位能，另一方面由于阻尼的作用直接引起能量的消耗。这

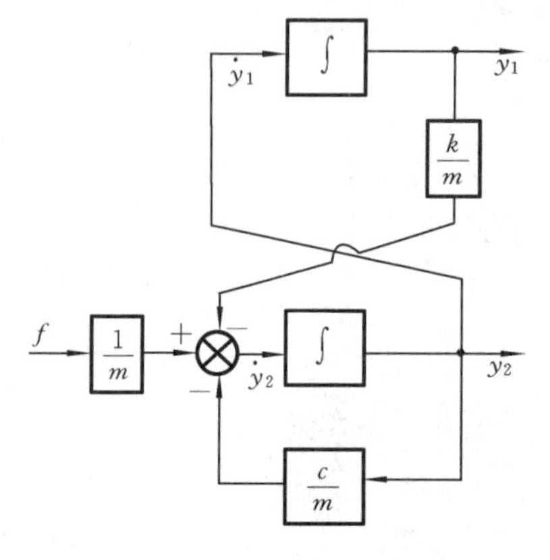

图 1.3.4　系统状态方程的方框图

两方面又都有反馈作用,因为它们会改变质块的加速度,改变质块的动能。如果没有外力的作用,没有能量的输入,y_1、y_2 将不断减小,形成减幅振荡这种动态历程。

状态方程的矩阵 $\boldsymbol{A}$ 表达了系统的结构与参数,表达了系统的固有特性。矩阵 $\boldsymbol{A}$ 的主对角元素反映了状态变量本身的交互作用情况,非主对角元素反映了状态变量之间的交互作用情况。

综上所述,反馈是工程控制论中一个具有关键作用的概念,也可以说,它是研究广义系统动力学的基本立足点。控制论的中心思想就是"反馈控制"。其实,"反馈控制"这一概念早在 1868 年就由 J. C. Maxwell 在《论调速器》(*On Governors*)一文中提出来了。控制论的创始人 N. Wiener 为了纪念这篇论文,选择了"cybernetics"一词来命名这一利用反馈进行控制以期达到一定"目的"的研究领域。因为调速器的拉丁语为 governor,而 governor 又是从希腊语"κυβερυητηξ"错误地引申而来的,实际上后者的拉丁语为"cybernetics",原意为"掌舵人",现在都译为"控制论"。

显然,一个系统的动力学方程可以写成微分方程,这一事实就揭示了系统本身状态变量之间的联系,也就体现了系统本身存在着反馈;而微分方程的解就体现了由系统本身反馈的存在与外界对系统的作用的存在而决定的系统的动态历程。可以说,系统的微分方程是系统本身的反馈与外界对系统的作用这两者的一种数学体现形式;系统的动态历程是这两者存在的结果。表示系统本身固有特性的微分方程左边的算子就表示系统本身的反馈情况,是系统这一客观事物处于运动状态的内因。由上述可知,反馈、动态历程与微分方程三者是紧密相连的。在以后有关章节中,还可以看到反馈在自动控制系统中极为重要的作用。可以说,一切有着变化的运动中都存在着反馈,即有着动态历程时,就存在着反馈。

1.4　系统的分类及对控制系统的基本要求

1.4 节
讲课视频

1.4.1　系统的分类

为研究、分析或综合问题方便起见,可对有关系统从不同角度加以分类。

1. 对广义系统,可按反馈情况分类

(1) 开环系统(open-loop system)。当一个系统以所需的方框图表示而没有反馈回路时,称之为开环系统。对自动控制系统而言,在方框图中,开环系统没有任何一个环节的输入受到系统输出的反馈作用。例如,图 1.3.1(a)所示的数控机床进给系统(其方框图为图 1.4.1),在此系统中,输入装置、控制装置、驱动装置和工作台这四个环节的输入的变化自然会影响工作台位置即系统的输出。但是,系统的输出并不能反过来影响任一环节的输入,因为这里没有任何反馈回路。

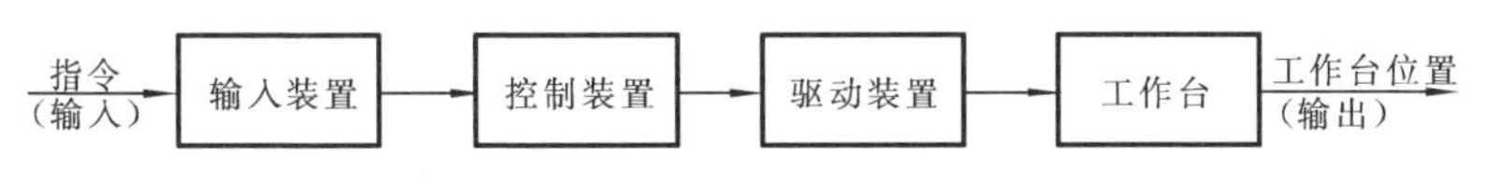

图 1.4.1 机床开环控制系统

(2) 闭环系统(closed-loop system)。当一个系统以所需的方框图表示而存在反馈回路时,称之为闭环系统。对自动控制系统而言,在方框图中,闭环系统任何一个环节的输入都可以受到系统输出的反馈作用。控制装置的输入受到输出的反馈作用时,该系统就称为全闭环系统,或简称为闭环系统。例如,图 1.3.1(b)所示的数控机床进给系统(其方框图为图 1.4.2),系统的输出通过由检测装置构成的反馈回路后,也成为控制装置的输入之一。显然,系统的输出同控制装置的输入有交互作用,因而影响到驱动装置与工作台的输入。

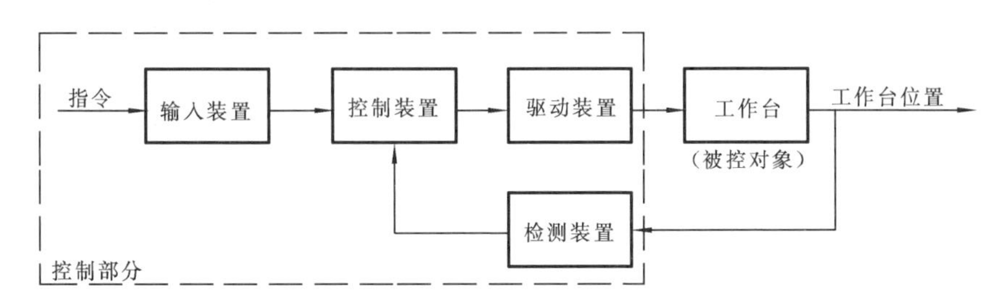

图 1.4.2 机床闭环控制系统

2. 对自动控制系统,还可按输出变化规律分类

(1) 自动调节系统。自动调节系统是指在外界干扰作用下,系统的输出仍能基本保持为常量的系统。如图 1.4.3 所示的恒温调节系统,室温为其输出。当恒温室受到某种干扰,室温偏离给定值时,热敏元件将发生作用,接通电路,开动调温装置,直到室温回到给定值为止。显然,这类系统是闭环系统,其输入即为与输出给定值相应的某物理量,在恒温调节系统中是热敏元件的调整状态。

(2) 随动系统。随动系统是指在外界条件作用下,系统的输出能相应于输入在广阔范围内按任意规律变化的系统。例如,炮瞄雷达系统就是随动系统。飞机的位置是输入,高射炮的指向是输出,高射炮的指向随飞机位置的变动而变动。又如,电液伺服电动机、液压仿形刀架等都是这类系统。

(3) 程序控制系统。程序控制系统是指在外界条件作用下,系统的输出按预定程序变化的系统。例如,图1.3.1(a)、(b)所示的数控机床进给系统就是程序控制系统。显然,程序控制系统可以是开环系统,也可以是闭环系统。

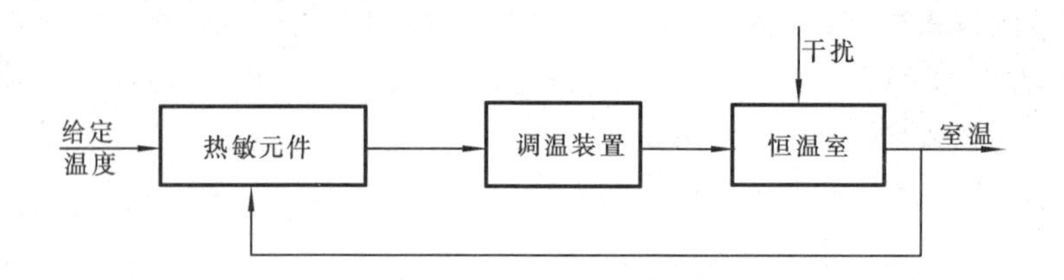

图 1.4.3　恒温调节系统

此外,控制系统还可以按系统中的信号类型分为连续控制系统和离散控制系统,按系统的性质分为线性控制系统和非线性控制系统,按系统中参数的变化情况分为定常控制系统和时变控制系统,按被控量分为位移控制系统、温度控制系统、速度控制系统、力控制系统,等等。

由上述可知,一个闭环控制系统主要由控制部分和被控部分组成。控制部分的功能是接收指令信号和被控部分的反馈信号,并对被控部分发出控制信号。被控部分的功能则是接收控制信号,发出反馈信号,并在控制信号的作用下实现被控运动。

图 1.4.4 是一个典型闭环控制系统的框图。该系统的控制部分由以下几个环节组成。

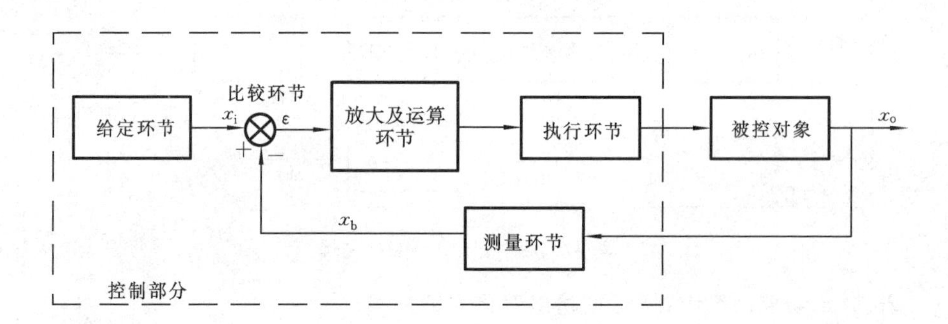

图 1.4.4　闭环控制系统

① 给定环节。它是给出输入信号的环节,用于确定被控对象的“目标值”(或称给定值),给定环节可以用各种形式(电量、非电量、数字量、模拟量等)发出信号。例如,数控机床进给系统的输入装置就是给定环节。

② 测量环节。它用于测量被控变量,并将被控变量转换为便于传送的另一物理量(一般为电量)。例如,用电位计将机械转角转换为电压信号,用测速电动机将转速转换成电压信号,用光栅测量装置将直线位移转换成数字信号等。前述例中的工作台位置检测装置、热敏元件等,均为这类环节。一般说来,测量环节是非电量的电测量环节。

③ 比较环节。在这个环节中,将输入信号 x_i 与测量环节发出来的有关被控变量 x_o 的反馈量 x_b 相比较,得到一个小功率的偏差信号 ε,$\varepsilon = x_i - x_b$。如幅值比较、相位

比较、位移比较等。偏差信号是比较环节的输出。

④ 放大及运算环节。为了实现控制,要对偏差信号做必要的校正,然后进行功率放大,以便推动执行环节。常用的放大类型有电流放大、电气-液压放大等。

⑤ 执行环节。它接收放大环节送来的控制信号,驱动被控对象按照预期的规律运行。执行环节一般是一个有源的功率放大装置,工作中要进行能量转换。例如,把电能通过直流电动机转换成机械能,驱动被控对象做机械运动。前述例中的工作台驱动装置、调温装置等,都属这类环节。

给定环节、测量环节、比较环节、校正放大环节和执行环节一起,组成了这一控制系统的控制部分,目的是对被控对象(即被控部分)实现控制。当然,有的装置可兼有两个环节的作用。

闭环控制系统的特点是,利用输入信息与反馈至输入处的信息这两者之间的偏差对系统的输出进行控制,使被控对象按一定的规律运动。显然,这里的反馈作用就是力图减小反馈信息与输入信息之间的偏差,以期尽可能获得所希望的输出。因为只要偏差存在,系统的输出就要受到校正。偏差越大,校正作用越强;偏差越小,校正作用越弱,直至偏差趋于最小值。这就是闭环自动控制系统中的反馈控制作用。

其实,正如前文所述,在自然界,在人类社会,在人的本身,在日常生活中,就存在着大量的自动控制系统。人就是一个极其复杂而又极其完备的自动控制系统:以体温作为输出,人就是一个自动调节系统;以人追捕某一对象的行动为输出,人就是一个随动系统;以人按计划办事的行动为输出,人就是一个程序控制系统。人的触觉、听觉、嗅觉和味觉等感觉器官都是检测装置,人的大脑是中枢控制装置,人的有关器官是执行装置,人的神经系统传输信息,起着联系各装置的回路作用。以人作为一个自动控制系统,执行装置的有关器官一般也是被控对象。

应指出,控制论的创始人 N. Wiener 通过大量研究发现,机器系统、生命系统乃至社会与经济系统,都存在一个共同的、本质的特点:它们都通过信息的传输、处理与反馈来进行控制。正如前述,这就是控制论的中心思想。N. Wiener 就是以《控制论——或关于在动物和机器中控制和通信的科学》(*Cybernetics: or Control and Communication in the Animal and the Machine*)来命名他在 1948 年出版的创立控制论的名著的。

1.4.2 对控制系统的基本要求

评价一个控制系统的好坏,其指标是多种多样的,但对控制系统的基本要求(即控制系统所需的基本性能)一般可归纳为稳定性、快速性和准确性。

(1) 系统的稳定性。由于系统存在着惯性,当系统的各个参数分配不当时,系统将会发生振荡,以至越来越远离平衡位置而失去工作能力。稳定性就是指系统抵抗动态过程振荡倾向和系统能够恢复平衡状态的能力。输出量偏离平衡状态后应该随着时间的延长而收敛,并且最后回到初始的平衡状态。稳定性是系统工作的必要条件。

(2) 响应的快速性。这是在系统稳定的前提下提出的。快速性是指当系统输出量与给定的输入量之间产生偏差时,消除这种偏差的快慢程度。

(3) 响应的准确性。这是衡量系统工作性能的重要指标,是指在调整过程结束后输出量与给定的输入量之间的偏差程度。这一偏差也称为静态精度,例如,数控机床精度越高,则表明其控制系统的响应准确性也越高,从而加工精度也越高。

由于被控对象的具体情况不同,因此各种系统对稳、快、准的要求各有侧重。例如,随动系统对响应快速性要求较高,而自动调整系统对稳定性要求较高。

1.5 机械制造的发展与控制理论的应用

人、人类文明是从制造第一把石刀开始的。与此同时,也就开始了“制造工艺过程”,开始了对制造工艺过程的“控制”。对劳动着的猿人而言,手是执行装置,用以操作生产工具——石刀,感觉器官是检测装置,感受着制造过程中的各种信息,人脑是中枢控制装置,对所获得的信息进行分析、比较,做出判断、决策,如图 1.5.1 所示。由此可见,即使在极为原始的制造工艺过程中,也已经有了执行、检测、控制诸环节,它们构成一个闭环的“制造工艺过程”控制系统。

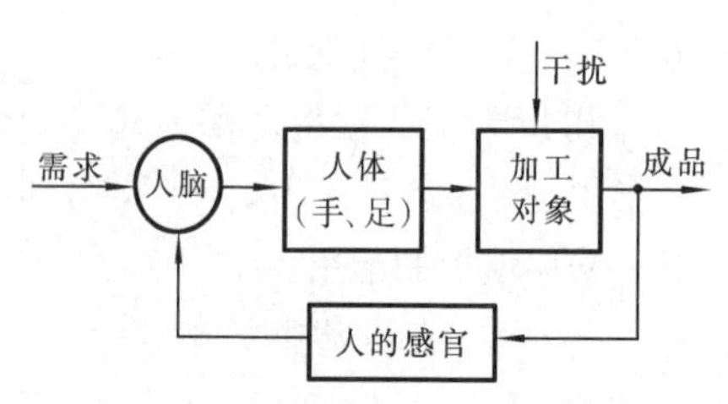

图 1.5.1 原始制造工艺过程的类似闭环系统

制造工艺不断发展过程的一个显著特点是,人逐步从对制造过程诸环节的直接参与中解脱出来,也就是,首先从加工(执行)中,其次从检测中,最后从直接的控制中解脱出来。促进这一解脱过程的,首先是材料、能源动力和信息科学的发展、进步与革命。伴随这一解脱过程的,是制造赖以进行的基础由本能与经验逐步转移到理性与科学上来。就是说,制造过程发展的历史也是人们对制造过程规律性的认识逐步深化的历史。“实践没有止境,创新也没有止境。”制造也正在从制造技术向制造科学发展。这一历史发展的主要线索是:对制造过程从片面的、局部的认识发展到系统的认识;对制造过程的每一环节从只作为一个孤立的环节来认识发展到作为一个大系统中的子系统来认识,从静态的、定性的认识发展到动态的、定量的认识。而在这一发展过程中,材料、能源动力和信息科学的每一次革新,都曾或多或少地并且不可忽视地促进制造过程、制造工艺、制造技术,尤其是制造思维朝着系统化、自动化、集成化、信息化乃至智能化方向迈进(智能制造),促进制造的发展与变革,并逐步解放人的体力/脑力劳动和挖掘人的聪明才智,使人更有机会与精力来驾驭制造。

下面以切削加工的制造过程为例来回顾这一发展过程。

材料的发展、冶铜炼铁的发明、金属工具的出现,使得工具与加工对象之间的相互作用强度剧增,人手直接作为执行装置已难以使金属工具充分发挥作用,难以承受如此强度的作用,因而产生了机构、机器。这样,人脑所做的判断与决策才得以很好地实现。人操作机器加工的类似闭环系统如图 1.5.2 所示。机构、机器与加工对象之间的相互作用强度剧增,因而加工过程的动态特性更多地表现了出来。

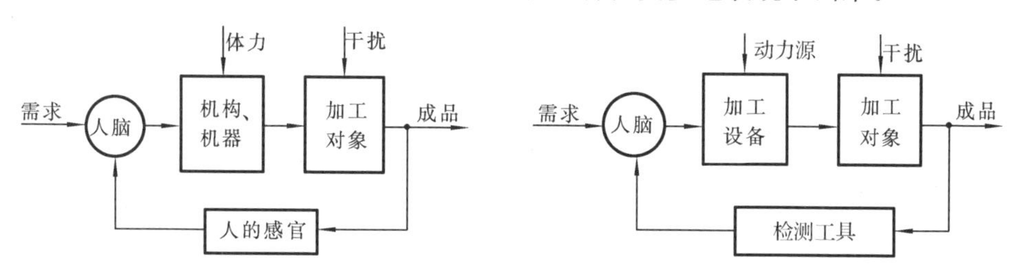

图 1.5.2 人操作机器加工的类似闭环系统　　图 1.5.3 检测加入后的类似闭环系统

能源与动力机械的发展,直接解放了人的体力,加快了机器的工作速度,加大了机器工作的强度,使其达到了以人的体力作为动力源时无可比拟的程度。尤其是蒸汽机的发明、电力的应用、能源的革命,带来了加工设备/机床的飞速发展,使制造能力、制造质量和制造效率得到极大提高。与此同时,出现了各种检测工具,以取代人的直接的感觉器官。检测加入后的类似闭环系统如图 1.5.3 所示。

工具的发展、机床的发展、加工方法的发展,进一步暴露出加工过程中一系列有待于研究的问题,而生产的发展水平也为研究这些问题提供了可能的技术手段。例如,切削过程中的切削力、切削热、刀具磨损,以及机床零件部件的变形、振动、磨损等现象和问题,都要求得到解释和解决。

1769 年与 1775 年英国先后制造出在直径加工误差为 10 mm 与 1 mm 的汽缸镗床,1789 年英国 Rumford 对加工炮身的切削过程中的切削力与切削热进行探讨,此后人们对切削过程及其装备进行了大量的试验研究与理论分析,积累了丰富的资料,在此基础上建立了金属切削加工这门学科。可是,20 世纪 50 年代以前,这些试验与分析基本上是属于静态的、孤立因素的、定性的和非随机性的,因此,不能完善地解释、解决切削过程中的许多现象与问题。

刀具材料与机床结构的进一步发展,产品质量的进一步提高,使切削过程的动态特性问题更为突出了。电气技术、电子技术、自动检测装置,以及液压、电气随动技术与其他先进技术相继应用于切削加工领域,部分地取代了人的控制作用,形成了自动化生产方式。自动化装置加入后的闭环系统如图 1.5.4 所示。这时,一系列的系统动力学问题突出地摆在面前:切削过程是否稳定?检测结果是否可靠?机床特性与切削过程特性之间有什么关系?机床热变形的规律如何?刀具在高温高速下的真实工作状况如何?砂轮究竟怎样进行磨削?……以切削过程的自激振动为例,从 20 世纪 40 年代至今,人们已对其进行了大

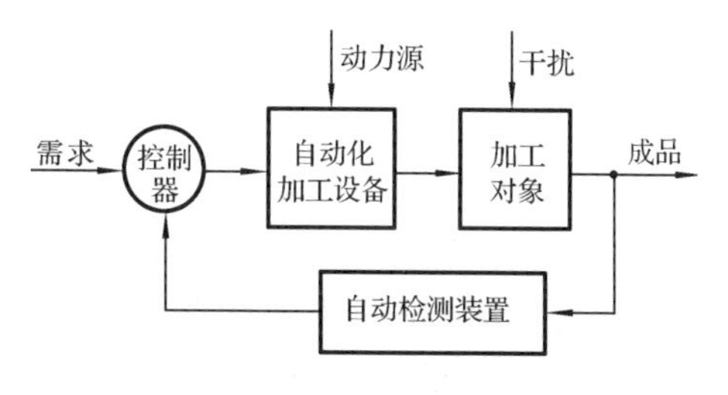

图 1.5.4 自动化装置加入后的闭环系统

量的试验研究与理论分析,提出了自激振动的多种机理,建立了不少数学模型,研究了各种消振措施。但是,目前还远未建立起合乎实际的切削过程的动态模型,自激振动问题也没得到根本解决。

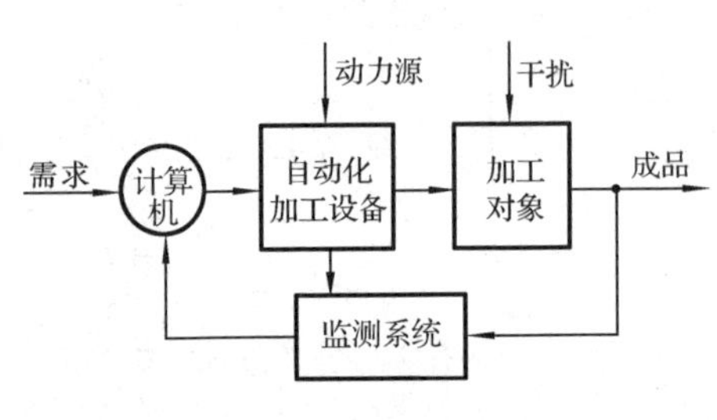

图 1.5.5 计算机控制的闭环系统

微电子技术(特别是数字计算机技术,尤其是微型计算机、高性能计算机技术)的发展,给人们提供了强大的技术手段。数字计算机及其网络的出现,是技术领域最富有革命意义的事件,它导致人类社会产生了极为深刻的变革,对制造更是如此。计算机开始取代人而参与对加工过程的控制,图 1.5.5 所示为计算机控制的闭环系统。这时不仅要求整个系统稳定,而且要求整个加工过程实现所预期的最优指标。这样一来,控制就涉及每个环节与整个系统的动态性能问题。于是,将控制理论与计算机技术结合起来研究每个环节与整个系统就必不可少了。对一台设备如此,对一条生产线如此,对整个生产过程更是如此。控制理论、计算机技术,特别是内涵更为广泛的信息技术,同机械制造技术相结合,还赋予有关设备以不同程度的"人工智能";数控机床不仅可以按程序加工,而且还可根据加工情况自行调整结构与参数,进行适应控制;生产线不仅可以完全自动,而且还可以根据供销情况自行调整产品,进行"柔性生产"。对制造过程或制造系统的"全信息"(包括设备状态信息、制造过程信息、制造环境信息乃至订单信息和客户要求与市场反馈信息等)监测系统也因此得以发展。

应指出,上面所讲的只是加工过程。其实,正如 1.1 节中所分析的那样,对产品生产而言,广义系统动力学还应该包括整个生产的组织与管理,因为整个生产组织与管理同生产过程一起,组成了一个不可分割的制造系统。这样的系统还可能是通过计算机网络组织起来的所谓的虚拟企业或企业动态联盟,是一个道道地地的动态系统,现代制造工艺的概念正是建立在研究这样一个系统的动态观点之基础上的。这正是用控制理论来研究机械制造领域中的问题的极为重要的一个方面,乃至是具有决定性意义的一个方面。目前,高技术中的计算机集成制造、网络化制造、虚拟制造和智能制造的研究,正是现代制造工艺概念的集中反映,也是控制理论的重大进展,但这已远远超出本书的研究范围。

目前,在机械制造领域中应用控制理论最为活跃的有以下几个主要方面。

(1) 在机械制造过程自动化方面。现代生产向机械制造过程的自动化提出了越来越多、越来越高的要求:一是所采用的生产设备与控制系统越来越复杂;二是所要求的技术经济指标越来越高。这就必然导致"自动化"与"最优化""可靠性"的结合,从而使得机械制造过程的自动化技术从一般的自动机床、自动生产线发展到数控机床、多微计算机控制设备、柔性自动生产线、无人化车间,乃至设计、制造、管理一体化的计算机集成制造系统(CIMS)。可以预期,伴随着制造理论、计算机网络技术和智能技术以及管理科学的发展，它还将发展到网络环境下的智能制造系统，包括网络化的制造系统的组织与控制，当然也包括智能机器人、智能机床，以及其中的智能控制，乃至于全球化制造。

(2) 在对加工过程的研究方面。现代生产一方面是生产效率越来越高，例如，高速切削(磨削)、强力切削(磨削)、高速空程等日益获得广泛应用；另一方面是加工质量特别是加工精度越来越高，0.1 μm 精度级、0.01 μm 精度级乃至纳米(nm)精度级加工的相继出现，使加工过程中的“动态效应”不容忽视。这就要求把加工过程如实地作为一个动态系统加以研究。

(3) 在产品与设备的设计方面。同上述两点密切相关，正已突破而且还在不断突破以往的经验设计、试凑设计、类比设计的束缚，在充分考虑产品与设备的动态特性的条件下，密切结合其工作过程，探索建立它们的数学模型，采用计算机及其网络进行优化设计，甚至采用人机交互对话的亦即人机信息相互反馈的人工智能专家系统进行设计。

(4) 在动态过程或参数的测试方面。以往的测量一般是建立在静态基础上的(特别是几何量的测量)，而现在以控制理论作为基础与以信息技术作为手段的动态测试技术发展十分迅速。动态误差、动态位移、振动、噪声、动态力与动态温度等动态物理量的测量，从基本概念、测试方法、测试手段到测试数据的处理方法无不同控制理论息息相关。

总之，控制理论、计算机技术，尤其是信息技术，同机械制造技术的结合，始终将人作为制造的主体，充分发挥人在制造各方面的主动性与创造性，创新科技，驾驭科技，将促使机械制造领域中的构思、研究、试验、设计、制造、诊断、监控、维修、组织、销售、服务、回收、管理等各个方面发生巨大的乃至根本性的变化，目前的这种变化还只是开始不久而已。

1.6 控制理论发展的简单回顾

1.6.1 我国古代自动控制系统方面的成就

经典控制理论肇端于1788年J. Watt的蒸汽机离心调速器(一个自动调节系统)所带来的离心调速问题，这是一个典型的机械动力学问题。西方国家一般认为，1868年J. C. Maxwell在伦敦皇家协会论文集(*Proceedings of the Royal Society of London*)第16卷上发表的《论调速器》是首次论述自动控制的论文，然而，我国在自动控制方面的发明比西方早几个世纪甚至十几个世纪。

以1027年宋代燕肃所造的指南车(见图1.6.1)为例。其中，中心大平轮(大齿轮)装在车辕上的一个立轴上，左、右附足立子轮是附装在左、右足轮(车轮)内侧的齿轮，左、右小平轮是传动齿轮。车辕则装在车轴中间的一个短立足上。木仙人装在中心大平轮立轴(中心贯心轮)的最上端的位置,假定其正指向南方。当车向右转弯时,辕的前端向右移,辕的后端必向左移,竹绳使左小平轮与中心大平轮和左附足立子轮啮合(注意此时右小平轮被提起)。左足轮与左附足立子轮转动左小平轮和中心大平轮,如图 1.6.1(a)所示,使中心大平轮逆时针转动,其转角恰能抵消车向右转弯的影响,从而使木仙人所指的方向不变。当车左转弯时与前述同理。根据自动控制理论分析,这是一个开环的顺馈控制系统(关于这一点将在 6.6 节顺馈校正中讨论)。

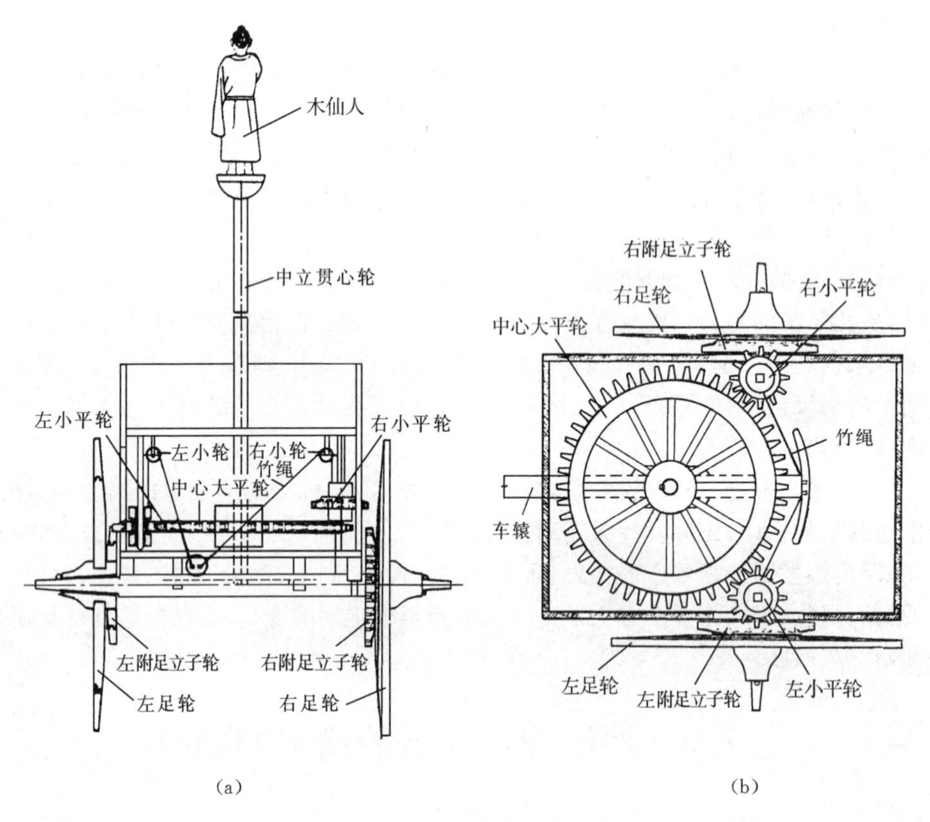

图 1.6.1　我国古代的指南车

在此,不介绍东汉张衡所研制成功的候风地动仪(这是一个极为巧妙的监测地震的大型仪器,我国现已成功地复制出来了),而来介绍水运仪象台。水运仪象台的发明也能充分说明我国古代在自动控制方面的杰出创造。公元 1086—1089 年苏颂和韩公廉制成了一座水运仪象台。该装置是用水作为动力来转动一个枢轮,而后者必须做恒速回转(400 r/d)以驱动浑象和浑仪两个齿轮系。水运仪象台的齿轮传动系统和枢轮转速恒定系统分别如图 1.6.2(a)、(b)所示。水运仪象台利用了张衡的铜壶滴漏原理。滴漏的最后一个壶(平水壶)内的水平面总保持恒定不变,这样,在同一时间内,由平水壶下边出水口流出的水量就能保持恒值。流出的水注入枢轮轮辐上的受水壶，当积水到达一定的重量时，格叉因压力增大而下降，经过天条及天衡使天关被提上升，使枢轮顺时针旋转。转过一个受水壶后，格叉处所受的压力去除，关舌和格叉等受枢衡、枢权的影响又行上升，同时经过天条及天衡又使天关下落，下一个轮辐上的受水壶被阻住。这样，因漏水量的等时性而得到枢轮转动的等时性（即 400 r/d）。从自动控制理论角度分析，显然，该装置是一个利用误差来进行控制、具有负反馈的自动调整系统。它比 J. Watt 的蒸汽机离心调速器要早近 700 年。

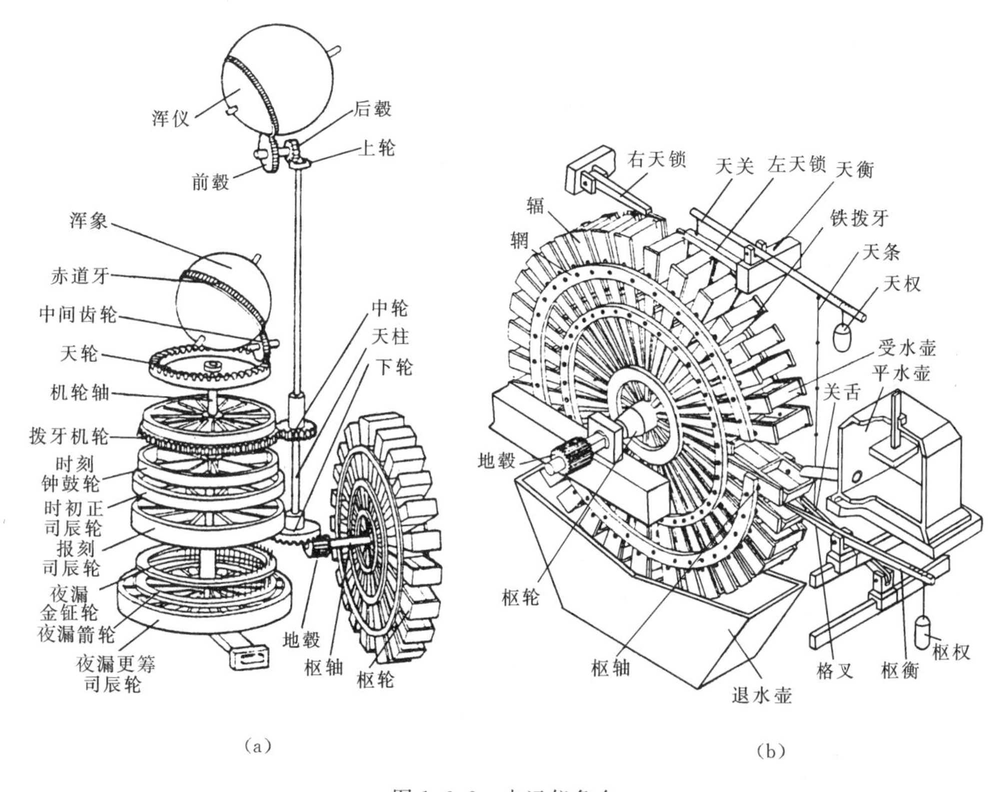

图 1.6.2 水运仪象台

这些杰出的创造绝非偶然。因为在过去几千年的历史里，我国人民在科学、技术上有不少极有价值的发现、发明与创造，而且时间上都要比别的国家更早。英国学者 Joseph Needham（1900—1995）博士在其巨著《中国的科学与文明》（*Science and Civilization in China*）中公正而充分地揭示了这一事实。自动调整、自动控制等方面的课题，是人类的生产及与其相联系的科学技术进步到一定阶段时必然会遇到的问题。由于我国古代在天文、数学、水利、机械等科学技术方面都有突出的成就，发明和使用自动调整系统，就很自然了。

1.6.2 控制理论的形成及其发展

19 世纪，欧洲的工业革命促进了自动控制技术的发展，也促进了经典控制理论逐步形成。E. J. Routh与 И. А. Выщнеградский 分别于 1877 年与 1884 年提出了有关线性系统稳定性的判据,使自动控制技术前进了一大步。1923 年,Heaviside 提出设计系统的算子法。1932 年,H. Nyquist研制出电子管振荡器,同时提出了著名的 Nyquist 稳定性判据;此后,H. W. Bode 总结出了负反馈放大器;第二次世界大战期间,美国 MIT 伺服机构实验室等对以往的自动调节器与反馈放大器做了总结,提出了反馈控制的数学基础;与此同时,随动系统在军事部门中迅速发展。1945 年,第一本经典控制理论的著作《伺服机构的基础理论》(*Fundamental Theory of Servomechanisms*)出版。1948 年,N. Wiener 出版了著名的《控制论》,形成了完整的经典控制理论。1948 年,W. R. Evans 提出了根轨迹法,进一步充实了经典控制理论,应用该方法能简便地寻找特征方程的根。

20 世纪 50 年代,随动系统理论的应用从军事领域逐步转向民用品的生产领域,控制理论得到进一步应用。例如,在化工、炼油、冶金等部门,实现了对过程的控制,解决了压力、温度、流量与化学成分的控制问题。在 20 世纪 50 年代初期,我国学者钱学森从控制论这一总题目中,把已为当时科学技术与工程实践所证明了的部分分离出来,创立了"工程控制论"这门学科,并于 1954 年出版了《工程控制论》这一名著,这一创新对推动控制理论的应用起了很大的作用。

20 世纪 50 年代及其以前的控制理论属于经典或古典控制理论。它是以调速器与伺服机构为基础的自动调节原理的进一步提高,主要是在复域(特别是频域)内利用传递函数(或频率特性)来研究与解决单输入单输出线性系统的稳定性、响应快速性与响应准确性的问题。这也是本书要着重阐明的问题,属于 1.1 节归纳的五个方面问题中的问题(1)。

在 20 世纪 50 年代末与 60 年代初,一方面由于空间技术的发展与军事工业的需要,对自动控制系统的要求越来越高,另一方面由于电子计算机技术日趋成熟,产生了现代控制理论。这是一个重大的创新。它主要是在时域内利用状态空间分析来研究与解决多输入多输出系统的最优控制问题;它成功地解决了导弹、航空、航天的制导等方面的问题,并逐步用于民用工业生产。在这里,关键问题有二:一是对某一过程或系统能否建立一个反映该过程或系统的动态数学模型,二是对此模型能否提供有效的算法与程序。

在现代控制理论发展中,特别应当提到三位学者的重大贡献:1956 年,苏联的 Л. С. Понтрягин 提出了极大值原理;1957 年,美国的 R. I. Bellman 提出了动态规划方法;1960 年,美国的 R. E. Kalman 提出了 Kalman 滤波理论。他们的工作对现代控制理论的建立有着特别重要的作用。

应指出的是,现代控制理论的基本工具是状态空间理论,这一理论是从分析力学中引申过来的,而"分析力学"这一被力学工作者称为经典力学的力学学科是在 19 世纪初期为研究机械运动而发展起来的。由此看来,现代控制理论的基础与发展也是同机械工程密切相关的。而且,机械工程科技人员学习经典控制理论与现代控制理论，自然也是题中应有之义了。

目前，现代控制理论如同经典控制理论一样，在机械工程的相当大的范围内获得了广泛的应用。在机械制造领域中应用控制理论最为活跃的也正是1.5节所述的几个主要方面。由于数字计算机技术的迅速发展，网络化技术的日益进步，控制理论、控制系统、控制技术、控制元件以及有关的高新科技等诸多方面也有着飞跃进展，这势必深深影响机械工程的发展，并不断改变其面貌。

1.6.3 机械工程控制未来的发展

控制系统未来发展的目标是具有广泛的柔性(适应性)与高水平自治，实现人工智能。两种系统的思想正在通过不同的发展途径接近或达到这一目标，如图1.6.3所示。由图可知，其中一种系统的思想是人类使用的工具，从最初的手动工具，发展到动力工具，再到今天的工业机器人，其中包括单机自动化的数控机床与多台机床组成的刚性自动生产线。今天的工业机器人已广泛应用于自动生产线，其感知是相当自治的，例如即刻编程，通常已不需要进一步的干预。但是，由于传感器的局限，这些机器人系统还缺乏适应工作环境变化的柔性。先进的机器人系统正努力通过增加传感器的反馈，来适应任务的要求。未来的发展及其研究的范围集中在人工智能、传感器集成、计算机视觉和离线CAD/CAM编程上，这样将使系统更加万能和经济。从图1.6.3还可知，另一种系统的思想从延伸工具，发展到单向操纵器，机械的主从操纵器，再到可编程控制系统。而今天的控制系统已应用数字计算机作为控制器，即已发展到数字控制系统。控制系统逐步引入人工智能，从而具有柔性与自治等特点。在监控研究方面，人机界面与计算机数据管理正趋向于减轻操作器负担和提高操作器效率。

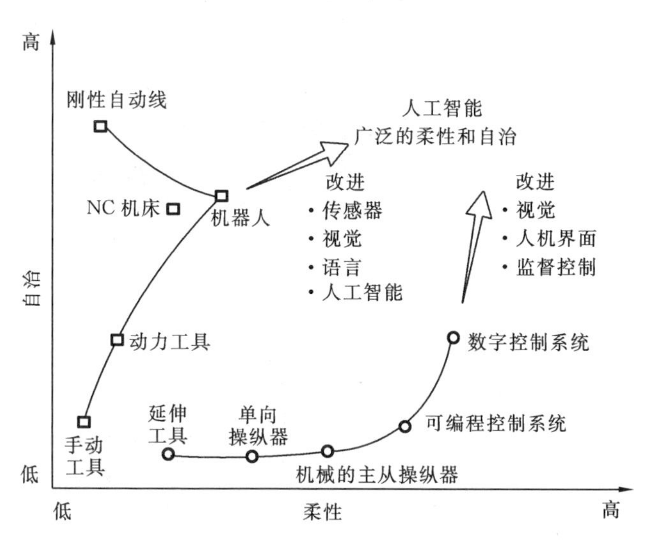

图1.6.3 机械工程控制未来的发展

对机器人和控制系统的研究还针对减少工具消耗和扩大应用领域,包括改善通信方法和使用高级程序语言。

通过技术减轻人类的劳动,进而代替人的操作,这一过程从史前时代开始,正在进入一个新的时期。工业革命加大了技术改革的步幅,直到最近的成果,主要还是在生产中减轻人类的劳动强度。当前的计算机技术革命,同样地引起了重大的社会变革,扩大了信息的聚集与信息处理的能力,以计算机扩展、延伸达到人类的智力。

控制系统的使用已实现:①提高生产力;②改善设备或系统的性能。自动化可以提高生产力和获得高质量的产品。所谓自动化是指自动操作或过程、设备或系统的自动控制,我们用自动控制的机器与过程,可靠地生产产品并保证高的精度。现在要求灵活(柔性)、顾客化生产,因而需要柔性自动化,更多地使用机器人。

自动控制的理论、实践与应用,其发展前景是广阔的、令人激动的,因而学习它是非常有用的工程训练。通过学习我们能更快地了解、应用这门学科的知识。

1.7 设计示例:数控直线运动工作台位置控制系统

从本章开始,本书将连续地、系统地、循序渐进地结合各章的内容介绍数控直线运动工作台的设计方法,使读者对系统的设计有一个较为完整的了解。

精密数控直线运动工作台,如数控坐标镗床、数控坐标钻床、激光加工机床等,广泛地用于对坐标尺寸精度有极高要求的工件的加工,图 1.7.1 为将要介绍的全闭环的数控直线运动工作台位置控制系统示意图。其工作原理是:系统发出控制指令,通过给定环节、比较环节与放大环节,驱动伺服电动机转动,通过一对齿轮带动滚珠丝杠旋转,丝杠则通过滚珠推动螺母,继而推动与螺母固定的工作台轴向移动。检测装置光栅尺随时测定工作台的实际位置(即输出的信息),然后反馈送回输入端,与控制指令比较,再根据工作台的实际位置与目标位置之间的误差,决定控制动作,达到消除误差的目的。这种全闭环的控制可以达到很高的精度。

数控直线运动工作台,从运动的自由度这一角度来看也可称为一维数控直线工作台,其结构具有一定的代表性。在数控机床中,为了实现一定规律的平面或空间运

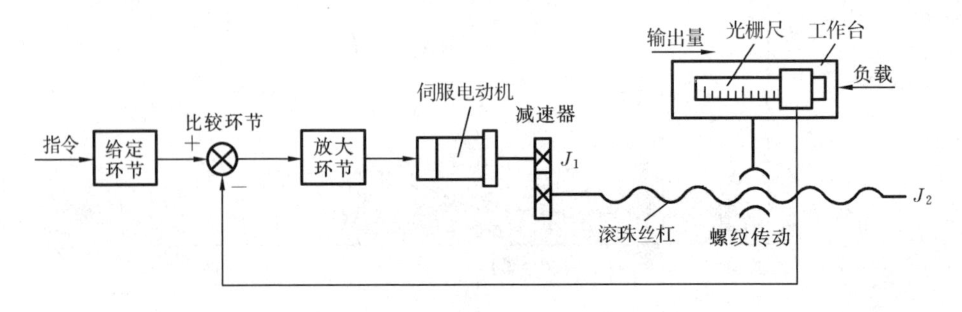

图 1.7.1 数控直线运动工作台位置控制系统示意图

动，往往采用几个不同方向的一维直线工作台与旋转工作台相互组合，构成多维数控工作台，以实现复杂曲面的加工。下一章将详细讨论其数学模型。

1.8　本课程的特点与学习方法

本课程是一门比较抽象的技术基础课。它不能限于专业技术，仅研究专业技术问题，而必须同时概括工程实践，紧密结合专业实际。本课程以数学、物理及有关学科为理论基础，以机械工程中有关系统的动力学为其抽象、概括与研究的对象，通过运用信息的传递、处理与反馈进行控制这一正确的思维方法与观点，在数理基础课程与专业课程之间架起一座桥梁，将两者紧密结合起来。

同理论力学、机械原理、电工学等技术基础课程相比较，本课程显得更抽象、更概括，涉及的范围更为广泛，实际上本课程概括了这些基础课程的有关内容。读者学习后，将会清楚地了解到这一点。确实，本课程几乎要涉及机械工程类专业学生在学习本课程前所学的全部数学知识，特别是复变函数和积分变换；要用到该专业学生所接触过的有关动力学知识，特别是机械振动理论与交流电路理论。因此，在学习本课程前，读者应有良好的数学、力学、电学的基础，有一定的机械工程（包括机械制造）方面的专业知识，还要有一些其他学科领域的知识。应指出的是，在学习本课程时，不必过分追求数学论证上的严密性，但一定要充分注意到物理概念的明晰性与数学结论的准确性。

应指出，控制理论不仅是一门重要的学科，而且是一门卓越的方法论。它提出、思考、分析与解决问题的思想方法是符合唯物辩证法的，符合现代物理学前沿领域中的成就的；它承认所研究的对象是一个“系统”，即所研究对象的各个部分或环节都是相互联系、相互作用的；它承认系统在不断地“运动”，即在不断地经历着“动态历程”；它承认产生运动的根据是“内因”（即系统的状态变量及其相互间的联系，即由这些所体现的有关信息的传输、处理与反馈而对系统起的控制作用，即系统本身的固有特性）；它承认产生运动的条件是“外因”（即外界的输入与干扰以及外界同系统之间的关系）。正因为如此，在学习本课程时，既要十分重视抽象思维，了解一般规律，又要充分注意结合实际，联系专业，努力实践；既要善于从个性中概括出共性，又要善于从共性出发深刻了解个性；既要重视形而上，又要重视形而下，努力学习用广义系统动力学的方法去抽象与解决实际问题，去开拓提出、分析与解决问题的思路。当然，本课程还只能，也只能为此打下初步的基础。应强调指出，学会提出问题是极为重要的，不会提出问题，哪有什么分析问题与解决问题，哪有什么创新？

要重视试验，要重视习题，要独立地完成作业，要重视有关的实践活动，只有这样才有助于对基本概念的理解与对基本方法的运用。

众所周知，控制论是一门极其重要的、极其有用的科学理论。“他山之石，可以攻玉。”将控制论同机械工程结合起来，运用控制论的理论与方法，结合机械工程实际来考察、提出、分析与解决机械工程中的问题,包括机械制造工程中的问题,毕竟只是开始不久。机械工程控制论到今天为止,还是一门新学科,这门课程一定会有不完善之处。然而,无论是经典控制理论,还是现代控制理论,它们都源于机械工程,即使在今天,计算机技术、网络化技术迅猛发展,如前所述,控制理论、控制系统、控制技术、控制元件诸多方面也随之迅速发展,这些也都同机械工程有着千丝万缕的联系,这对我们学习本课程是有利的,对我们以后进一步学习有关控制理论、系统、技术、元件等也是有利的。因此,在学习本课程时,更应大胆地思考问题,提出问题,研究问题,运用学习中反馈所获得的信息来总结经验,指导学习,切忌"书云亦云",努力"书书之所未书",不为教材所束缚。"敢问路在何方? 路在脚下!""千里之行,始于足下。"

机械工程控制中的人文启示

专业课中大有人文

本章学习要点

在线自测

习 题

1.1 机械工程控制论的研究对象和任务是什么?

1.2 什么是内反馈? 为什么说内反馈是使机械系统纷繁复杂的主要原因?

1.3 试分析如图(题 1.3)所示系统的内反馈情况。

1.4 试分析如图(题 1.4)所示机械加工过程的内反馈情况。

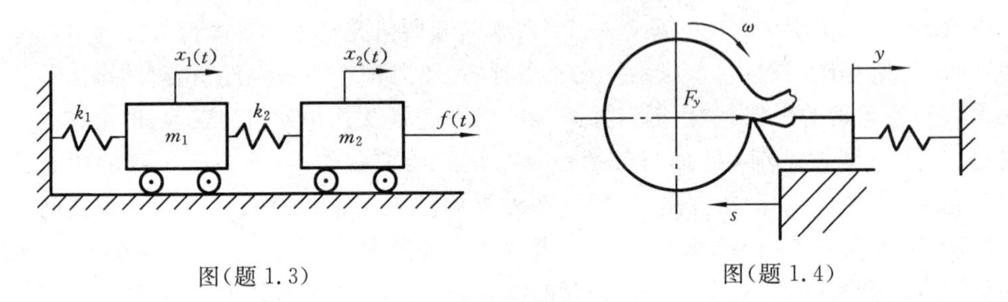

图(题 1.3) 图(题 1.4)

1.5 什么是外反馈? 为什么要进行反馈控制?

1.6 试分析以下例子中哪些是人为地利用反馈控制,以达到预期指标的自动控制装置。

(1) 蒸汽机的调速系统(参阅习题 1.12); (2) 照明系统中并联的电灯;

(3) 电冰箱的恒温系统; (4) 家用全自动洗衣机。

1.7 在下列持续运动的过程中都存在信息的传输,并利用反馈来进行控制,试加以说明。

(1) 人骑自行车; (2) 人驾驶汽车; (3) 船行驶。

1.8 对控制系统的基本要求是什么?

1.9　将学习本课程作为一个动态系统来考虑，试分析这一动态系统的输入、输出及系统的固有特性各是什么。应采取什么措施来改善系统特性，提高学习质量？

1.10　日常生活中有许多闭环控制系统，试举几个具体例子，并说明它们的工作原理。

1.11　图(题1.11)表示一个张力控制系统，当送料速度在短时间内突然变化时，试说明控制系统的工作原理。

1.12　图(题1.12)表示的是一种角速度控制原理。离心调速器的轴由内燃发动机通过减速齿轮获得角速度为 ω 的转动，旋转的飞锤产生的离心力被弹簧力抵消，所要求的速度 ω 由弹簧预紧力调准。当 ω 突然变化时，试说明控制系统的作用情况。

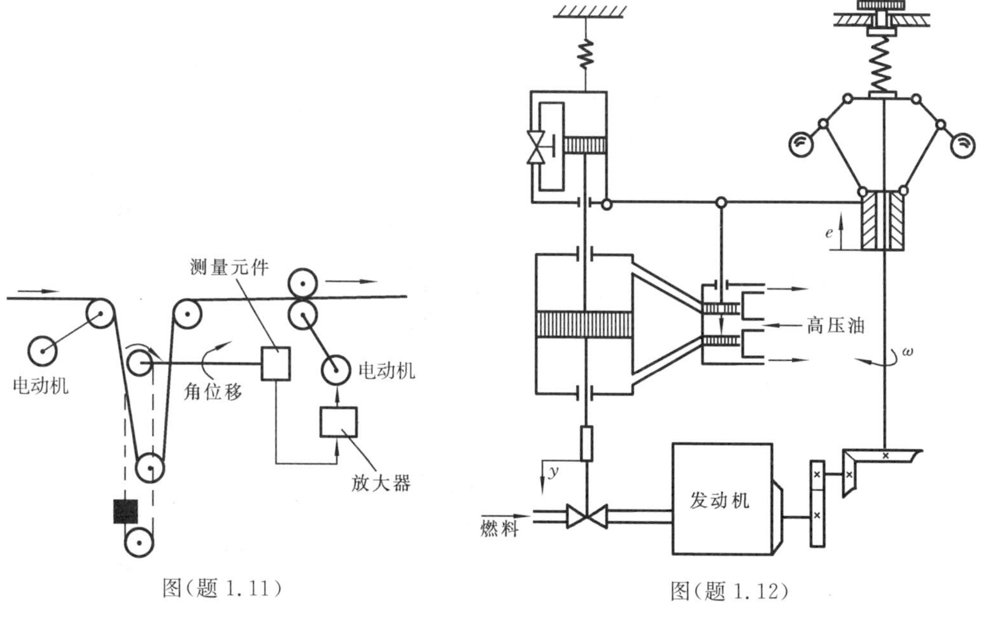

图(题1.11)　　图(题1.12)

1.13　图(题1.13)所示为一液面控制系统。图中 K_a 为放大器的增益，M 为执行电动机，N 为减速器。试分析该系统的工作原理，并在系统中找出控制量、扰动量、被控制量、控制器和被控对象。若将此自动控制系统改变为人工控制系统，试画出相应的系统控制方框图。

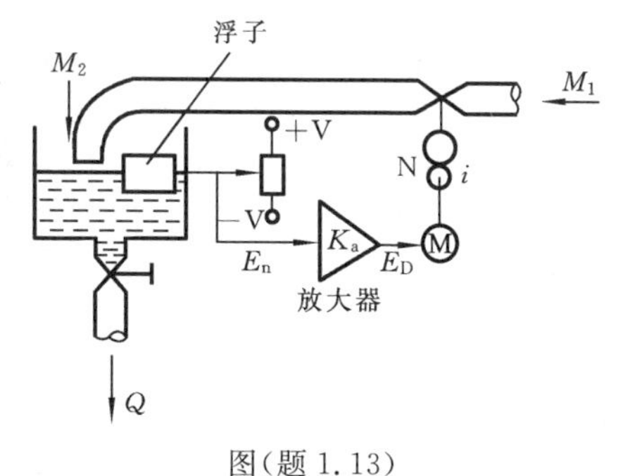

图(题1.13)

1.14　试说明如图(题1.14(a))所示液面自动控制系统的工作原理。若将系统的结构改为如图(题1.14(b))所示，将对系统工作有何影响？

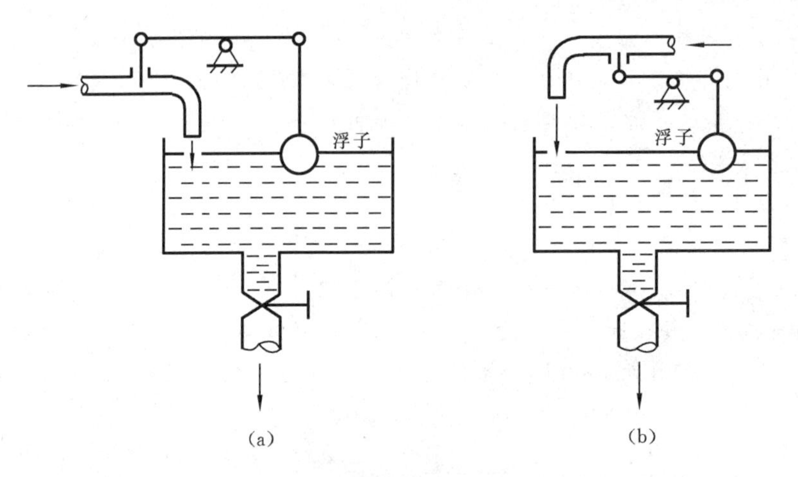

图(题 1.14)

1.15　某仓库大门自动控制系统的原理如图(题 1.15)所示,试说明自动控制大门开启和关闭的工作原理,并画出系统方框图。

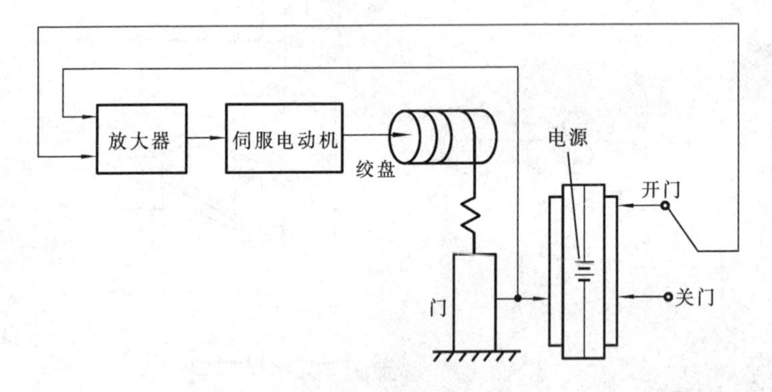

图(题 1.15)

本章习题参考答案与题解

系统的数学模型

本章是最基础的一章。

研究与分析一个系统，不仅仅要定性地了解系统的工作原理及其特性，更要定量地描述系统的动态性能，揭示系统的结构、参数与动态性能之间的关系。这就要求建立系统的数学模型(mathematical model)。

无论是机械、电气、流体系统，还是热力系统或其他系统，一般都可以用微分方程这一数学模型加以描述。将系统的微分方程这一数学模型转化为系统的传递函数形式或状态空间形式的数学模型，极有利于对系统进行深入的研究、分析与综合，对系统进行识别。

本章首先讨论在机械工程控制中如何列写线性系统微分方程的问题以及列写时应注意之点；其次阐述传递函数形式的数学模型，阐明传递函数的定义与概念，介绍典型线性环节的传递函数及其特性、传递函数的方框图与简化方法；然后阐述系统的另一种数学模型——系统的状态空间模型，这是现代控制理论的基础；最后介绍设计示例——数控直线运动工作台位置控制系统的建模。

2.1 系统的微分方程

微分方程是在时域中描述系统(或元件)动态特性的数学模型。利用它还可得到描述系统(或元件)动态特性的其他形式的数学模型。

2.1节
讲课视频

2.1.1 概述

当系统的数学模型能用线性微分方程描述时，该系统称为线性系统。如果微分方程的系数为常数，则称该系统为线性定常系统。线性系统可以运用叠加原理，当有几个输入量同时作用于系统时，可以逐个输入，求出对应的输出，然后把各个输出进行叠加，即得系统的总输出。研究非线性系统不能应用叠加原理。许多实际的物理系统或多或少都存在一些非线性因素，但在一定范围内，经过线性化处理，可以用一个线性模型来研究它的特性。然而本质非线性控制系统的行为与线性控制系统的行为不同，在这类系统中会产生一些线性系统中没有的现象，如极限环、跳跃谐振等。

对非线性系统不能用线性理论来研究,为此本书将在第 7 章专门就这类系统问题做初步的讨论。

建立系统数学模型有两种方法:分析法和试验法。所谓分析法就是根据系统和元件所遵循的有关定律来推导出数学表达式,从而建立数学模型。如建立电网络的数学模型要根据 Ohm 定律、Kirchhoff 定律,建立机械系统的数学模型要根据 Newton 定律、Hooke 定律,建立电动机的数学模型要用到上述几种定律,建立流体系统的数学模型还要应用流体力学的有关定律等。

实际上只有部分系统的数学模型,当它们主要由简单的环节组成时,方能根据机理分析推导而得。而相当多的系统,特别是复杂系统,当它们涉及的因素较多时,往往需要通过试验方法去建立数学模型,即根据试验数据进行整理,并拟合出比较接近实际系统的数学模型。本章仅就分析法进行讨论,关于试验法将在第 9 章予以简要介绍。

建立一个系统的合理的数学模型并非是件容易的事,这需要对其元件和系统的构造原理、工作情况等有足够的了解。所谓合理的数学模型,是指它具有最简化的形式,但又能正确地反映所描述系统的特性。在工程上,常常做一些必要的假设和简化,忽略对系统特性影响小的因素,并对一些非线性关系进行线性化,建立一个比较准确的近似数学模型。

2.1.2 列写微分方程的一般方法

列写系统(或元件)的微分方程,目的在于确定系统的输出量与给定输入量或扰动输入量之间的函数关系,而系统是由各种元件组成的。列写微分方程的一般步骤如下。

(1) 确定系统或各元件的输入量、输出量。系统的给定输入量或扰动输入量都是系统的输入量,而被控制量则是输出量。对一个环节或元件而言,应按系统信号传递情况来确定输入量、输出量。

(2) 按照信号的传递顺序,从系统的输入端开始,根据各变量所遵循的运动规律(如电路中的 Kirchhoff 定律、力学中的 Newton 定律、热力系统的热力学定律以及能量守恒定律等),列写出在运动过程中的各个环节的动态微分方程。列写时按工作条件,忽略一些次要因素,并考虑相邻元件间是否存在负载效应(负载效应实质上就是一种内在反馈)。对非线性项应进行线性化处理。

(3) 消除所列各微分方程的中间变量,得到描述系统的输入量、输出量之间关系的微分方程。

(4) 整理所得微分方程,一般将与输出量有关的各项放在方程左侧,与输入量有关的各项放在方程的右侧,各阶导数项按降幂排列。

以下举例说明建立系统微分方程的步骤和方法。

例 2.1.1 图 2.1.1 所示为两个形式相同的 *RC* 电路串联而成的滤波网络。试写出以输出电压 u_2 和输入电压 u_1 为变量的滤波网络的微分方程。

在该系统中，第二级电路（R_2C_2）将对第一级电路（R_1C_1）产生负载效应，即后一元件的存在，影响前一元件的输出。如果只是独立地分别写出两个串联元件的微分方程，经过消去中间变量而得出微分方程，将得到一个错误的结果。因此，在列写串联元件构成的系统微分方程时，应该注意其负载效应的问题。系统微分方程的列写步骤如下。

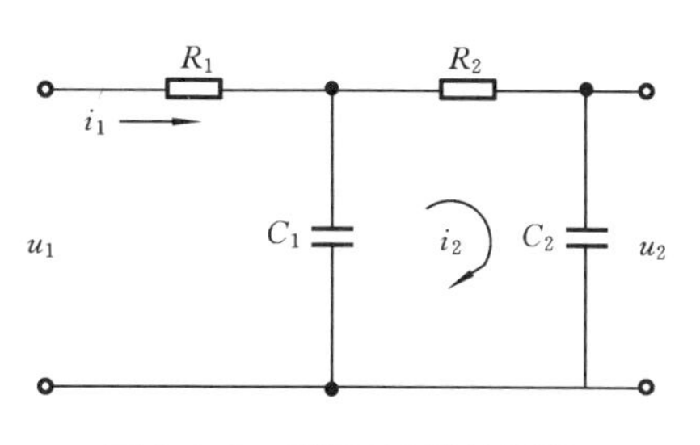

图 2.1.1　两级 RC 滤波网络

(1) 根据 Kirchhoff 定律，可写出下列原始方程：

$$\left.\begin{aligned}&i_1R_1+\frac{1}{C_1}\int(i_1-i_2)\mathrm{d}t=u_1\\&i_2R_2+\frac{1}{C_2}\int i_2\mathrm{d}t=\frac{1}{C_1}\int(i_1-i_2)\mathrm{d}t\\&\frac{1}{C_2}\int i_2\mathrm{d}t=u_2\end{aligned}\right\}$$

(2) 消去中间变量 i_1 和 i_2 后，得到

$$R_1C_1R_2C_2\frac{\mathrm{d}^2u_2}{\mathrm{d}t^2}+(R_1C_1+R_2C_2+R_1C_2)\frac{\mathrm{d}u_2}{\mathrm{d}t}+u_2=u_1 \tag{2.1.1}$$

式(2.1.1)就是系统的微分方程。

但是，如果孤立地分别写出 R_1C_1 和 R_2C_2 这两个环节的微分方程，那么，对前一环节，有

$$\left.\begin{aligned}&\frac{1}{C_1}\int i_1\mathrm{d}t+i_1R_1=u_1\\&u_2^*=\frac{1}{C_1}\int i_1\mathrm{d}t\end{aligned}\right\} \tag{2.1.2}$$

式中：u_2^* 为此时前一环节的输出与后一环节的输入。对后一环节，有

$$\left.\begin{aligned}&\frac{1}{C_2}\int i_2\mathrm{d}t+i_2R_2=u_2^*\\&u_2=\frac{1}{C_2}\int i_2\mathrm{d}t\end{aligned}\right\} \tag{2.1.3}$$

消去中间变量，得到相应的微分方程为

$$R_1C_1R_2C_2\frac{\mathrm{d}^2u_2}{\mathrm{d}t^2}+(R_1C_1+R_2C_2)\frac{\mathrm{d}u_2}{\mathrm{d}t}+u_2=u_1 \tag{2.1.4}$$

比较式(2.1.1)和式(2.1.4)，可知两者结果不同。式(2.1.2)至式(2.1.4)未涉及负载效应，所以是错误的。负载效应就是物理环节之间的信息反馈作用，相邻环节串联，应该考虑它们之间的负载效应问题。只有当后一环节输入阻抗很大，对前面环节的输出的影响可以忽略时，方可单独地分别列写每个环节的微分方程。建议读者仔细思考这一点。

例 2.1.2 图 2.1.2 为电枢控制式直流电动机原理图,设 u_a 为电枢两端的控制电压,ω 为电动机旋转角速度,M_L 为折合到电动机轴上的总的负载力矩。当激磁不变时,用电枢控制的情况下,u_a 为给定输入,M_L 为干扰输入,ω 为输出。系统中 e_d 为电动机旋转时电枢两端的反电动势,i_a 为电动机的电枢电流,M 为电动机的电磁力矩。

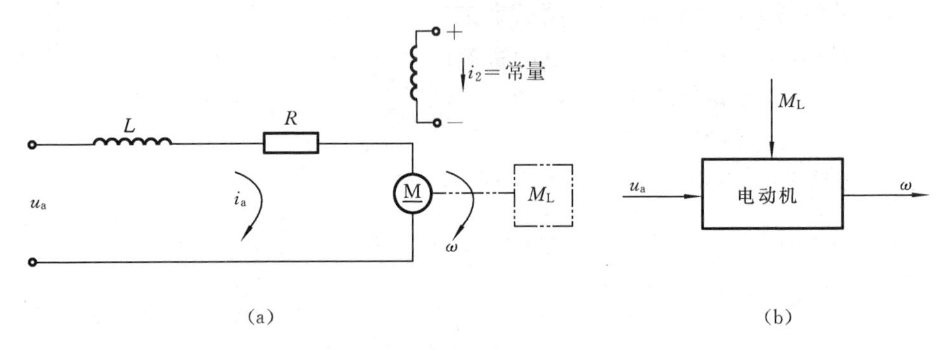

图 2.1.2 电枢控制式直流电动机

根据 Kirchhoff 定律,电动机电枢回路的方程为

$$L\frac{\mathrm{d}i_a}{\mathrm{d}t}+i_aR+e_d=u_a \tag{2.1.5}$$

式中:L、R 分别为电感与电阻。当磁通固定不变时,e_d 与转速 ω 成正比,即

$$e_d=k_d\omega$$

式中:k_d 为反电动势常数。这样,式(2.1.5)为

$$L\frac{\mathrm{d}i_a}{\mathrm{d}t}+i_aR+k_d\omega=u_a \tag{2.1.6}$$

根据刚体的转动定律,电动机转子的运动方程为

$$J\frac{\mathrm{d}\omega}{\mathrm{d}t}=M-M_L \tag{2.1.7}$$

式中:J 为转动部分折合到电动机轴上的总的转动惯量。当激磁磁通固定不变时,电动机的电磁力矩 M 与电枢电流 i_a 成正比,即

$$M=k_mi_a \tag{2.1.8}$$

式中:k_m 为电动机电磁力矩常数。

将式(2.1.8)代入式(2.1.7)得

$$J\frac{\mathrm{d}\omega}{\mathrm{d}t}=k_mi_a-M_L \tag{2.1.9}$$

式(2.1.9)略去了与转速成正比的阻尼力矩。

应用式(2.1.6)和式(2.1.9)消去中间变量 i_a,可得

$$\frac{LJ}{k_dk_m}\frac{\mathrm{d}^2\omega}{\mathrm{d}t^2}+\frac{RJ}{k_dk_m}\frac{\mathrm{d}\omega}{\mathrm{d}t}+\omega=\frac{1}{k_d}u_a-\frac{L}{k_dk_m}\frac{\mathrm{d}M_L}{\mathrm{d}t}-\frac{R}{k_dk_m}M_L \tag{2.1.10}$$

令 $L/R=T_a$,$RJ/(k_dk_m)=T_m$,$1/k_d=C_d$,$T_m/J=C_m$,则式(2.1.10)变为

$$T_a T_m \frac{d^2\omega}{dt^2} + T_m \frac{d\omega}{dt} + \omega = C_d u_a - C_m T_a \frac{dM_L}{dt} - C_m M_L \qquad (2.1.11)$$

式(2.1.11)即为电枢控制式直流电动机的数学模型。可见，转速 ω 既由 u_a 控制，又受 M_L 影响。

2.1.3　微分方程的增量化表示

从前述电枢控制式直流电动机运动微分方程(2.1.11)可以看出，若电动机处于平衡状态，变量的各阶导数均为零，微分方程变为代数方程，即

$$\omega = C_d u_a - C_m M_L \qquad (2.1.12)$$

这种表示平衡状态下输入量、输出量之间关系的数学式称为静态数学模型。式(2.1.12)为电动机的静态数学模型，静态数学模型可以用静态特性曲线来表示。式(2.1.12)中：当 M_L 为常量时，ω 与 u_a 的关系称为控制特性；当 u_a 为常量时，ω 与 M_L 的关系称为机械特性或外特性。

电动机工作在平衡状态下时，对应的输入量和输出量可分别表示为

$$u_a = u_{a0} \qquad M_L = M_{L0} \qquad \omega = \omega_0$$

则有

$$\omega_0 = C_d u_{a0} - C_m M_{L0}$$

u_{a0}、M_{L0}、ω_0 分别表示某一平衡状态下 u_a、M_L、ω 的具体值。若在某一时刻，输入量发生变化，其变化值分别为 Δu_a、ΔM_L，系统的原平衡状态将被破坏，输出量亦发生变化，其变化值为 $\Delta\omega$，这时输入量与输出量可表示为

$$u_a = u_{a0} + \Delta u_a \qquad M_L = M_{L0} + \Delta M_L \qquad \omega = \omega_0 + \Delta\omega$$

式(2.1.11)即为

$$\begin{aligned} &T_a T_m \frac{d^2(\omega_0 + \Delta\omega)}{dt^2} + T_m \frac{d(\omega_0 + \Delta\omega)}{dt} + (\omega_0 + \Delta\omega) \\ &= C_d(u_{a0} + \Delta u_a) - C_m T_a \frac{d(M_{L0} + \Delta M_L)}{dt} - C_m(M_{L0} + \Delta M_L) \end{aligned} \qquad (2.1.13)$$

考虑到 $\omega_0 = C_d u_{a0} - C_m M_{L0}$，式(2.1.13)变为

$$T_a T_m \frac{d^2\Delta\omega}{dt^2} + T_m \frac{d\Delta\omega}{dt} + \Delta\omega = C_d \Delta u_a - C_m T_a \frac{d\Delta M_L}{dt} - C_m \Delta M_L \qquad (2.1.14)$$

这就是电动机微分方程在某一平衡状态附近的增量化表示。比较式(2.1.11)与式(2.1.14)，可知其在形式上是一样的，不同之处在于式(2.1.14)的变量是以平衡状态为基础的增量，即把各变量的坐标零点(原点)放在原平衡点上，这样在求解增量化表示的方程(2.1.14)时，就可以把初始条件变为零，这无疑会带来许多方便。基于这个原因，自动控制理论中的微分方程一般都是用增量方程来表示的，而且为书写方便，习惯上将增量符号“Δ”省去。

若电动机工作过程中 M_L = 常量，即有 $\Delta M_L = 0$，增量化方程变为

$$T_a T_m \frac{d^2 \Delta\omega}{dt^2} + T_m \frac{d\Delta\omega}{dt} + \Delta\omega = C_d \Delta u_a \tag{2.1.15}$$

即转速变化只与电枢电压有关。习惯上式(2.1.15)可写成

$$T_a T_m \frac{d^2 \omega}{dt^2} + T_m \frac{d\omega}{dt} + \omega = C_d u_a \tag{2.1.16}$$

若电动机工作过程中 $u_a =$ 常量，即有 $\Delta u_a = 0$，由增量化方程可得转速变化只与负载力矩的变化有关，即

$$T_a T_m \frac{d^2 \omega}{dt^2} + T_m \frac{d\omega}{dt} + \omega = - C_m \left(T_a \frac{dM_L}{dt} + M_L \right) \tag{2.1.17}$$

根据式(2.1.16)可以研究输出转速随给定输入电压的变化情况，根据式(2.1.17)可以研究输出转速随负载力矩的变化情况。在系统同时具有两种输入作用的情况下，对于线性系统，可以应用叠加原理分别讨论两种输入作用引起的转速变化，然后进行叠加。

2.1.4 非线性微分方程的线性化

严格地讲，系统和元件都有不同程度的非线性，即输入与输出之间的关系不是一次关系，而是二次或高次关系，也可能是其他函数关系。机械或流体系统的非线性往往比电气系统更为明显。但由于目前非线性系统的理论和分析方法还不很成熟，故往往只能在一定条件下将描述非线性系统的非线性微分方程线性化，使其成为线性微分方程。此即在一定条件下，将非线性系统视为线性系统进行分析。

系统通常都有一个预定工作点，即系统处于某一平衡位置。对于自动调节系统或随动系统，只要系统的工作状态稍一偏离此平衡位置，整个系统就会立即做出反应，并力图恢复原来的平衡位置。系统各变量偏离预定工作点的偏差一般很小。因此，只要作为非线性函数的各变量在预定工作点处有导数或偏导数存在，那么就可在预定工作点处将系统的这一非线性函数以其自变量的偏差形式展成 Taylor 级数。如果此偏差很小，则级数中此偏差的高次项就可以忽略，只剩下一次项，最后获得以此偏差为变量的线性函数。

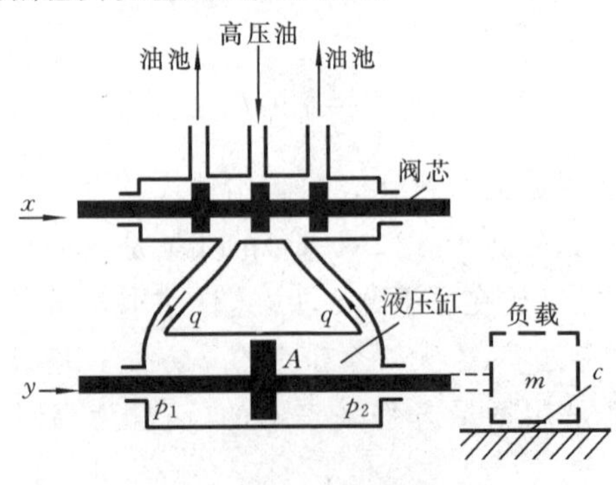

图 2.1.3 流体伺服机构

设有一滑阀与油缸组合的流体伺服机构，如图 2.1.3 所示。它具有体积小、反应速度快、功率放大倍数高等一系列优点。其工作原理是：当阀芯右移时，高压油进入油缸左腔，低压油与右腔连通，故活塞推动负载右移；与此相反，当阀芯左移时，活塞推动负载左移。图中符号的意义如下：q 为负载流量，即在活塞带动负载时进入或流出油缸的流量；p_1、

p_2 分别为活塞两端单位面积上的压力，负载压降 $p=p_1-p_2$，即活塞两端单位面积上的压力差，它是由负载产生的；x、y 分别为阀芯的位移和活塞的位移；A 为活塞面积；c 为黏性阻尼系数。

当活塞受油压力 Ap 而带动负载(其质量为 m) 运动时，负载的动力学方程为

$$m\ddot{y}+c\dot{y}=Ap \tag{2.1.18}$$

流量连续性方程为

$$q=A\dot{y} \tag{2.1.19}$$

根据液体流经微小隙缝的流量特性可知，q 与 p、x 一般为非线性关系，即

$$q=q(x,p) \tag{2.1.20}$$

显然，将由式(2.1.19)与式(2.1.20)解出的 p 代入式(2.1.18)后得到的方程是非线性的，因为 p 与输入 x 之间是非线性关系，从而输入 x 与输出 y 之间的关系不是线性关系。

将式(2.1.20)在工作点(x_0，p_0)邻域进行小偏差线性化，即得

$$\begin{aligned} q(x,p)=&\ q(x_0,p_0)+\left.\frac{\partial q}{\partial x}\right|_{\substack{x=x_0\\p=p_0}}(x-x_0)+\left.\frac{\partial q}{\partial p}\right|_{\substack{x=x_0\\p=p_0}}(p-p_0)\\ &+\left.\frac{\partial^2 q}{\partial x^2}\right|_{\substack{x=x_0\\p=p_0}}(x-x_0)^2+2\left.\frac{\partial^2 q}{\partial x\partial p}\right|_{\substack{x=x_0\\p=p_0}}(x-x_0)(p-p_0)\\ &+\left.\frac{\partial^2 q}{\partial p^2}\right|_{\substack{x=x_0\\p=p_0}}(p-p_0)^2+\cdots \end{aligned} \tag{2.1.21}$$

当偏差很小时，可略去偏差的高阶项，保留一阶项，并取增量关系，有

$$\Delta q=q(x,p)-q(x_0,p_0)\approx\left(\frac{\partial q}{\partial x}\right)_{\substack{x=x_0\\p=p_0}}\cdot\Delta x+\left(\frac{\partial q}{\partial p}\right)_{\substack{x=x_0\\p=p_0}}\cdot\Delta p \tag{2.1.22}$$

式中　　$\Delta x=x-x_0\qquad \Delta p=p-p_0$

式(2.1.22)可写成

$$\Delta q=K_q\Delta x-K_c\Delta p \tag{2.1.23}$$

式中：K_q 为流量增益，它表示阀芯位移引起的流量变化，$K_q=\left(\frac{\partial q}{\partial x}\right)_{\substack{x=x_0\\p=p_0}}$；$K_c$ 为流量-压力系数，它表示压力变化引起的流量变化，$K_c=-\left(\frac{\partial q}{\partial p}\right)_{\substack{x=x_0\\p=p_0}}$。

对任何结构形式的阀来说，随着负载 p 增大，负载流量 q 总是减小的，所以 $\frac{\partial q}{\partial p}$ 本身总是负值。为了使定义的系数本身为正，故在 K_c 前加上负号，即 $K_c=-\left(\frac{\partial q}{\partial p}\right)_{\substack{x=x_0\\p=p_0}}$。由此可知，式(2.1.23)右端系数应为 $-K_c$。

K_q、K_c 的值可以通过对压力-流量-阀位移的曲线方程求导而得到，或者通过对这些曲线在工作点处作切线，求其斜率而得到。

如系统在预定工作条件 $q(x_0,p_0)=0$、$x_0=0$、$p_0=0$ 下工作，Δq、Δx、Δp 即分别

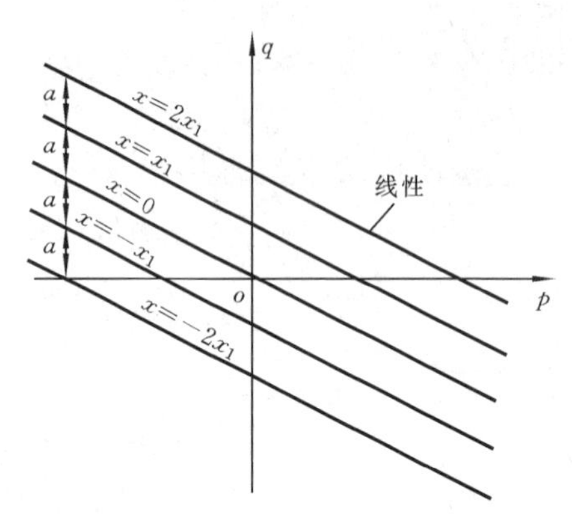

图 2.1.4　q、p、x 三者线性关系

为 q、x、p，故式(2.1.23)可写为

$$q = K_q x - K_c p \tag{2.1.24}$$

此式即为式(2.1.20)在工作点 (x_0, p_0) 处的线性化方程，其变量之间的关系如图 2.1.4 所示。它不仅表示 q 与 p 的关系为线性关系，同时也表示当 x 由 $\cdots, -2x_1, -x_1, 0, x_1$，到 $2x_1, \cdots$ 成比例增长时(x_1 表示某一常值)，流量变量 q 将按图中的差值 a 成比例地增长，所以 q 与 x 间的关系也为线性关系。

由式(2.1.24)，可得

$$p = \frac{1}{K_c}(K_q x - q) \tag{2.1.25}$$

又以 $q = A\dot{y}$ 代入式(2.1.25)，有

$$p = \frac{1}{K_c}(K_q x - A\dot{y})$$

将此式代入式(2.1.18)，得

$$m\ddot{y} + c\dot{y} = A \cdot \frac{1}{K_c}(K_q x - A\dot{y})$$

整理后，得 x 与 y 的关系线性化后的动力学方程为

$$m\ddot{y} + \left(c + \frac{A^2}{K_c}\right)\dot{y} = \frac{AK_q}{K_c}x \tag{2.1.26}$$

进行小偏差线性化时要注意如下几点。

(1) 必须明确系统的工作点，因为由不同的工作点所得线性化方程的系数不同。在本题中，参数 q、x、p 在预定工作点的值 $q(x_0, p_0)$、x_0、p_0 均为零。

(2) 如果变量在较大范围内变化，则用这种线性化方法建立的数学模型，除工作点外的其他处的工况势必有较大的误差。所以非线性模型线性化是有条件的，即变量偏离预定工作点很小。

(3) 如果非线性函数是不连续的(即非线性特性是不连续的)，则在不连续点附近不能得到收敛的 Taylor 级数，这时就不能线性化，这类非线性称为本质非线性。

(4) 线性化后的微分方程是以增量为基础的增量方程。

2.2　系统的传递函数

2.2 节
讲课视频

传递函数(transfer function)是经典控制理论中对线性系统进行研究、分析与综合的基本数学工具。对标准形式的微分方程进行 Laplace 变换，可将其化为代数方程，这点在高等数学中已经讲过。如果在此基础上前进一步，将此代数方程右端变量的算子除以左端变量

的算子，则可获得传递函数。这样，不仅将实数域中的微分、积分运算化为复数域中的代数运算，大大简化了计算工作量，而且由传递函数导出的频率特性（见第 4 章）还具有明显的物理含义。运用线性系统的传递函数与频率特性极有利于对系统进行研究、分析与综合，对系统进行识别。

2.2.1　传递函数

设有线性定常系统，若输入为 $x_i(t)$，输出为 $x_o(t)$，则系统微分方程的一般形式为

$$a_n \frac{d^n x_o(t)}{dt^n} + a_{n-1} \frac{d^{n-1} x_o(t)}{dt^{n-1}} + \cdots + a_0 x_o(t)$$

$$= b_m \frac{d^m x_i(t)}{dt^m} + b_{m-1} \frac{d^{m-1} x_i(t)}{dt^{m-1}} + \cdots + b_0 x_i(t) \quad (n \geqslant m) \tag{2.2.1}$$

在零初始条件下，即当外界输入作用前，输入、输出的初始条件 $x_i(0^-)$，$x_i^{(1)}(0^-)$，…，$x_i^{(m-1)}(0^-)$ 和 $x_o(0^-)$，$x_o^{(1)}(0^-)$，…，$x_o^{(n-1)}(0^-)$ 均为零时，对式(2.2.1)进行 Laplace 变换可得

$$(a_n s^n + a_{n-1} s^{n-1} + \cdots + a_1 s + a_0) X_o(s)$$

$$= (b_m s^m + b_{m-1} s^{m-1} + \cdots + b_1 s + b_0) X_i(s) \tag{2.2.2}$$

在外界输入作用前，输入、输出的初始条件为零时，线性定常系统、环节或元件的输出 $x_o(t)$ 的 Laplace 变换 $X_o(s)$ 与输入 $x_i(t)$ 的 Laplace 变换 $X_i(s)$ 之比，称为该系统、环节或元件的传递函数 $G(s)$。由此可得

$$G(s) = \frac{\mathrm{L}[x_o(t)]}{\mathrm{L}[x_i(t)]} = \frac{X_o(s)}{X_i(s)}$$

$$= \frac{b_m s^m + b_{m-1} s^{m-1} + \cdots + b_1 s + b_0}{a_n s^n + a_{n-1} s^{n-1} + \cdots + a_1 s + a_0} \quad (n \geqslant m) \tag{2.2.3}$$

则

$$X_o(s) = G(s) X_i(s) \tag{2.2.4}$$

在此强调指出，如无特别声明，一般将外界输入作用前的输出的初始条件 $x_o(0^-)$，$x_o^{(1)}(0^-)$，…，$x_o^{(n-1)}(0^-)$ 称为系统的初始状态或初态。

将式(2.2.4)画成框图（见图 2.2.1）。由上述可知，传递函数具有下列主要特点。

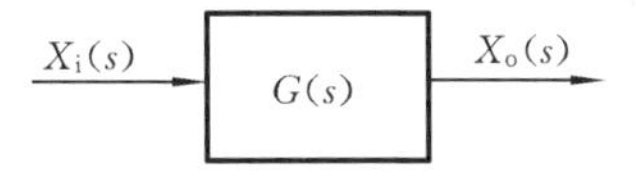

图 2.2.1　系统框图

（1）由于式(2.2.1)左端阶数及各项系数只取决于系统本身的与外界无关的固有特性，右端阶数及各项系数取决于系统与外界之间的关系，所以，传递函数的分母反映系统本身与外界无关的固有特性，分子反映系统与外界之间的关系。

（2）若输入已经给定，则系统的输出完全取决于其传递函数。由式(2.2.4)通过 Laplace 逆变换，便可求得系统在时域内的输出，即

$$x_o(t) = \mathrm{L}^{-1}[X_o(s)] = \mathrm{L}^{-1}[G(s) X_i(s)]$$

而这一输出是与系统在输入作用前的初始状态无关的，因为此时已设初始状态为零。

（3）传递函数分母中，s 的阶数 n 必不小于分子中 s 的阶数 m，即 $n \geqslant m$，因为实

际系统或元件总具有惯性。例如,对单自由度(二阶)的机械振动系统而言,输入力后先要克服惯性,产生加速度,再产生速度,然后才可能有位移输出,而与输入有关的项的阶次是不可能高于二阶的。

(4) 传递函数可以是有量纲的,也可以是无量纲的。如在机械系统中:若输出为位移(cm),输入为力(N),则传递函数 $G(s)$ 的量纲为 cm/N;若输出为位移(cm),输入亦为位移(cm),则 $G(s)$ 为无量纲比值。在传递函数的计算中,应注意量纲的正确性。$G(s)$ 的量纲是否与 $x_o(t)/x_i(t)$ 的量纲相同,请读者考虑。

(5) 物理性质不同的系统、环节或元件,可以具有相同类型的传递函数,因为既然可以用同样类型的微分方程来描述不同物理系统的动态过程,也就可以用同样类型的传递函数来描述不同物理系统的动态过程。因此,传递函数的分析方法可以用于不同的物理系统。

2.2.2 传递函数的零点、极点和放大系数

系统的传递函数 $G(s)$ 是以复变数 s 作为自变量的函数。经因式分解后,$G(s)$ 可以写成如下一般形式:

$$G(s)=\frac{K(s-z_1)(s-z_2)\cdots(s-z_m)}{(s-p_1)(s-p_2)\cdots(s-p_n)} \qquad (K\text{ 为常数})$$

上式也称为传递函数的零极点增益模型。

由复变函数可知,上式中,当 $s=z_j(j=1,2,\cdots,m)$ 时,均有 $G(s)=0$,故称 z_1,z_2,$\cdots$,z_m 为 $G(s)$ 的零点。当 $s=p_i(i=1,2,\cdots,n)$ 时,$G(s)$ 的分母均为 0,即使 $G(s)$ 取极值,即

$$\lim_{s\to p_i}G(s)=\infty \qquad (i=1,2,\cdots,n)$$

故称 $p_1,p_2,\cdots,p_n$ 为 $G(s)$ 的极点。系统传递函数的极点也就是系统微分方程的特征根。

根据 Laplace 变换求解微分方程可知,系统的瞬态响应由以下形式的分量构成:

$$\mathrm{e}^{pt} \qquad \mathrm{e}^{\sigma t}\sin\omega t \qquad \mathrm{e}^{\sigma t}\cos\omega t$$

在此,p 是系统传递函数实数极点,σ 是系统传递函数的复数极点 $\sigma+\mathrm{j}\omega$ 中的实部,p 和 $\sigma+\mathrm{j}\omega$ 也就是微分方程的特征根。假定所有的极点是负数或具有负实部的复数,即 $p<0$、$\sigma<0$,系统传递函数所有的极点均在[s]平面左半部分,当 $t\to\infty$ 时,上述分量将趋于零,瞬态响应是收敛的。在这种情况下,我们说系统是稳定的,也就是说系统是否稳定由极点性质决定(下一章将详细研究这一问题)。

同样,根据 Laplace 变换求解微分方程可知,当系统输入信号一定时,系统的零点、极点决定着系统的动态性能,即零点对系统的稳定性没有影响,但它对瞬态响应曲线的形状有影响。

当 $s=0$ 时,有

$$G(0) = K\frac{(-z_1)(-z_2)\cdots(-z_m)}{(-p_1)(-p_2)\cdots(-p_n)} = \frac{b_0}{a_0}$$

假若系统输入为单位阶跃函数，$X_i(s) = 1/s$，根据 Laplace 变换终值定理，系统的稳态输出值为

$$\lim_{t\to\infty} x_o(t) = x_o(\infty) = \lim_{s\to 0} sX_o(s) = \lim_{s\to 0} sG(s)X_i(s) = \lim_{s\to 0} G(s) = G(0)$$

所以，$G(0)$ 决定着系统的稳态输出值，由式(2.2.3) 可知，$G(0)$ 就是系统的放大系数，它由系统微分方程的常数项决定。由上述可知，系统传递函数的零点、极点和放大系数决定着系统的瞬态性能和稳态性能。所以，对系统的研究可变成对系统传递函数零点、极点和放大系数的研究。

2.2.3　典型环节的传递函数

系统的微分方程往往是高阶的，因此，其传递函数也往往是高阶的。但不管阶次有多高，它们均可化为零阶、一阶、二阶的一些典型环节(如比例环节、惯性环节、微分环节、积分环节、振荡环节和延时环节)。熟悉这些环节的传递函数，会给了解与研究系统带来很大的方便。下面介绍这些环节的传递函数及其推导。

1. 比例环节

凡输出量与输入量成正比，输出不失真也不延迟而按比例地反映输入的环节称为比例环节(或称放大环节、无惯性环节、零阶环节)。其动力学方程为

$$x_o(t) = Kx_i(t)$$

式中：$x_o(t)$ 为输出；$x_i(t)$ 为输入；K 为环节的放大系数或增益。其传递函数为

$$G(s) = \frac{X_o(s)}{X_i(s)} = K \tag{2.2.5}$$

例 2.2.1　图 2.2.2 所示为运算放大器。运算放大器是重要的模拟集成电路，一般是控制系统中的构成部件。图中，其输出电压 $u_o(t)$ 与输入电压 $u_i(t)$ 之间有如下关系：

$$u_o(t) = \frac{-R_2}{R_1}u_i(t)$$

式中：R_1、R_2 为电阻。经 Laplace 变换后得其传递函数为

$$G(s) = \frac{U_o(s)}{U_i(s)} = -\frac{R_2}{R_1} = K$$

例 2.2.2　图 2.2.3 所示为齿轮传动副，x_i、x_o 分别为输入轴、输出轴的转速，z_1、z_2 分别为输入齿轮和输出齿轮的齿数。

如果传动副无传动间隙、刚度无穷大，那么一旦有了输入 x_i，就会产生输出 x_o，且

$$x_i z_1 = x_o z_2$$

经 Laplace 变换后得此方程的传递函数为

$$G(s) = \frac{X_o(s)}{X_i(s)} = \frac{z_1}{z_2} = K$$

式中：K 为齿轮传动比，也就是齿轮传动副的放大系数或增益。

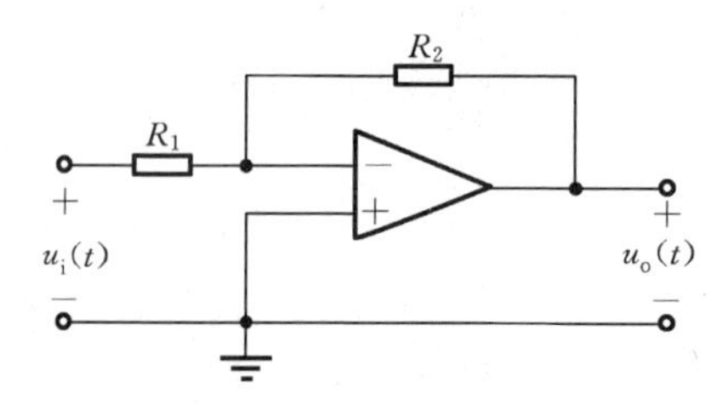

图 2.2.2　运算放大器

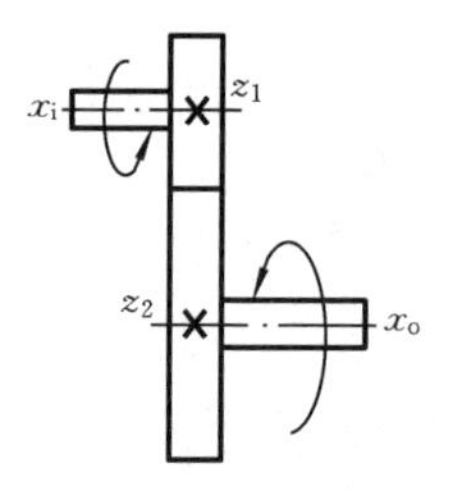

图 2.2.3　齿轮传动副

2. 惯性环节

凡动力学方程为一阶微分方程

$$T\frac{\mathrm{d}x_o(t)}{\mathrm{d}t}+x_o(t)=x_i(t)$$

形式的环节称为惯性环节(或称一阶惯性环节)。显然，其传递函数为

$$G(s)=\frac{1}{Ts+1}$$

式中：T 为惯性环节的时间常数。惯性环节的方框图为图 2.2.4。

惯性环节一般包含一个储能元件和一个耗能元件。

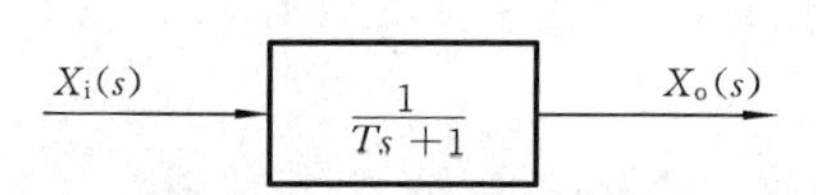

图 2.2.4　一阶惯性环节

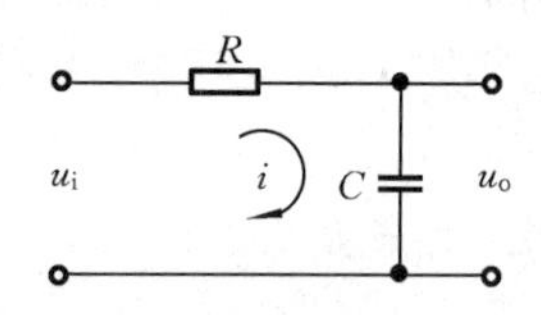

图 2.2.5　无源滤波电路

例 2.2.3　图 2.2.5 所示为无源滤波电路，$u_i(t)$ 为输入电压，$u_o(t)$ 为输出电压，i 为电流，R 为电阻，C 为电容。根据 Kirchhoff 定律有

$$\left.\begin{aligned}u_i(t)&=iR+\frac{1}{C}\int i\mathrm{d}t\\u_o(t)&=\frac{1}{C}\int i\mathrm{d}t\end{aligned}\right\}$$

消除中间变量，得

$$RC\frac{\mathrm{d}u_o(t)}{\mathrm{d}t}+u_o(t)=u_i(t)$$

经 Laplace 变换后，得

$$RCsU_o(s)+U_o(s)=U_i(s)$$

故传递函数为

$$G(s)=\frac{U_o(s)}{U_i(s)}=\frac{1}{Ts+1}$$

式中：T 为惯性环节的时间常数，$T=RC$ 。

本系统之所以成为惯性环节，是由于含有容性储能元件 C 和阻性耗能元件 R。

例 2.2.4　如图 2.2.6 所示为弹簧-阻尼系统，$x_i(t)$ 为输入位移，$x_o(t)$ 为输出位移，k 为弹簧刚度。根据 Newton 定律，有

$$c\frac{\mathrm{d}x_o(t)}{\mathrm{d}t}+kx_o(t)=kx_i(t)$$

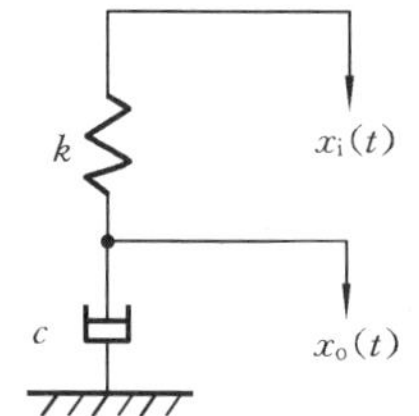

图 2.2.6　弹簧-阻尼系统

经 Laplace 变换后，得

$$csX_o(s)+kX_o(s)=kX_i(s)$$

故传递函数为

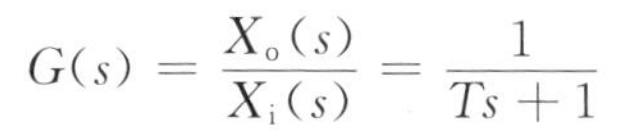

$$G(s)=\frac{X_o(s)}{X_i(s)}=\frac{1}{Ts+1}$$

式中：T 为惯性环节的时间常数，$T=c/k$。

本系统之所以成为惯性环节，是由于含有弹性储能元件（弹簧，其刚度为 k）和阻性耗能元件（阻尼器，其黏性阻尼系数为 c）。

上述两例说明，不同物理系统可以具有相同的传递函数。例如，许多热力系统，包括热电偶等在内，都是惯性系统，也具有上述传递函数形式。

3. 微分环节

凡输出为输入的一阶导数，即满足

$$x_o(t)=\dot{x}_i(t)$$

的环节称为微分环节。显然，其传递函数为

$$G(s)=\frac{X_o(s)}{X_i(s)}=s$$

微分环节的方框图为图 2.2.7。

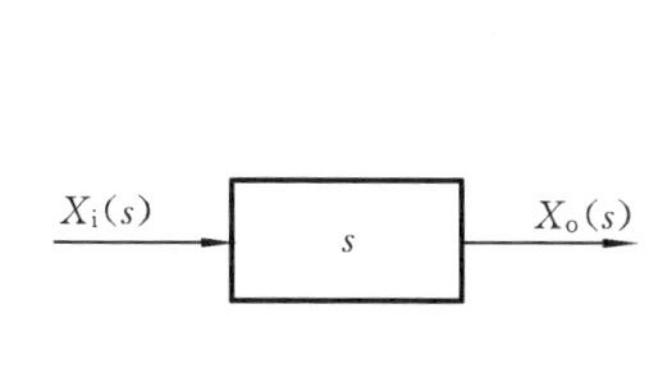

图 2.2.7　微分环节

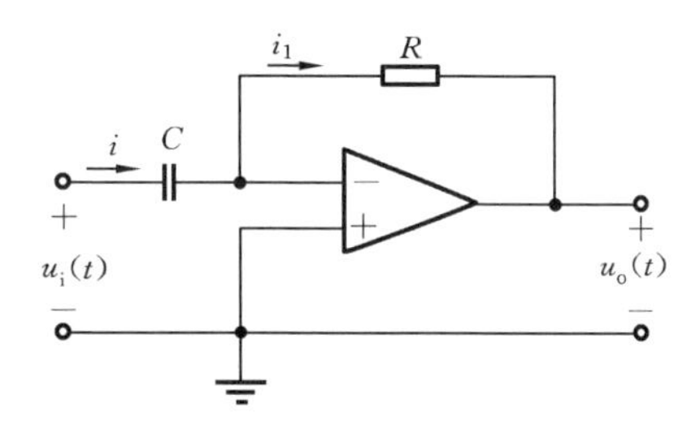

图 2.2.8　微分运算电路

例 2.2.5　图 2.2.8 所示为微分运算电路，u_i 为输入电压，u_o 为输出电压，R 为电阻，C 为电容。由图可得

$$i=C\frac{\mathrm{d}u_i}{\mathrm{d}t}$$

$$u_o=-Ri_1=-Ri$$

故系统的微分方程为

$$u_o=-RC\frac{\mathrm{d}u_i}{\mathrm{d}t}$$

传递函数为

$$G(s)=\frac{U_o(s)}{U_i(s)}=-RCs$$

微分环节的输出反映输入的微分。如当输入为单位阶跃函数时，输出就是脉冲函数，这在实际中是不可能的。这又一次证明，对传递函数而言，分子的阶数不可能高于分母的阶数。因此，微分环节不可能单独存在，它是与其他环节同时存在的。

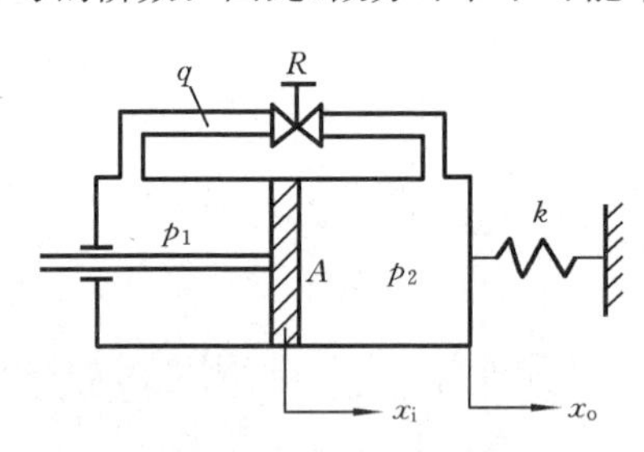

图 2.2.9　机械-流体阻尼器

例 2.2.6　图 2.2.9 为一机械-流体阻尼器的原理图。它相当于一个具有惯性环节和微分环节的系统。图中，A 为活塞右边的面积，k 为弹簧刚度，R 为节流阀液阻，p_1、p_2 分别为油缸左、右腔单位面积上的压力，x_i 为活塞位移，x_o 为油缸位移。

当活塞产生向右的阶跃位移 x_i 时，油缸瞬时位移 x_o 在初始时刻与 x_i 相等，但当弹簧被压缩时，弹簧力加大，油缸右腔油压 p_2 增大，迫使油液以流量 q 通过节流阀反流到油缸左腔，从而使油缸左移，弹簧力最终将使 x_o 减小到零，即油缸返回到初始位置。现求其传递函数。

油缸的力平衡方程为

$$A(p_2-p_1)=kx_o$$

通过节流阀的流量为

$$q=A(\dot{x}_i-\dot{x}_o)=\frac{p_2-p_1}{R}$$

由以上两式得

$$\dot{x}_i-\dot{x}_o=\frac{k}{A^2R}x_o$$

因此

$$\frac{k}{A^2R}X_o(s)+sX_o(s)=sX_i(s)$$

故得传递函数为

$$G(s)=\frac{X_o(s)}{X_i(s)}=\frac{s}{s+\dfrac{k}{A^2R}}$$

令 $\dfrac{A^2R}{k}=T$，得

$$G(s)=\frac{Ts}{Ts+1}$$

可知，此阻尼器为有惯性环节和微分环节的系统，仅当 $|Ts|\ll 1$ 时，$G(s)\approx Ts$，才近似成为微分环节。实际上，微分特性总是含有惯性的，理想的微分环节只是数学上的假设。

微分环节的控制作用如下。

(1) 使输出提前。如对比例环节 K_p 施加一速度函数,即斜坡函数 $r(t)$ 作为输入,则当 $K_p=1$ 时,此环节在时域中的输出 $x_o(t)$ 呈现为45°斜线,如图2.2.10所示;若对此比例环节再并联一微分环节 K_pTs,则传递函数为(见图2.2.11(b))

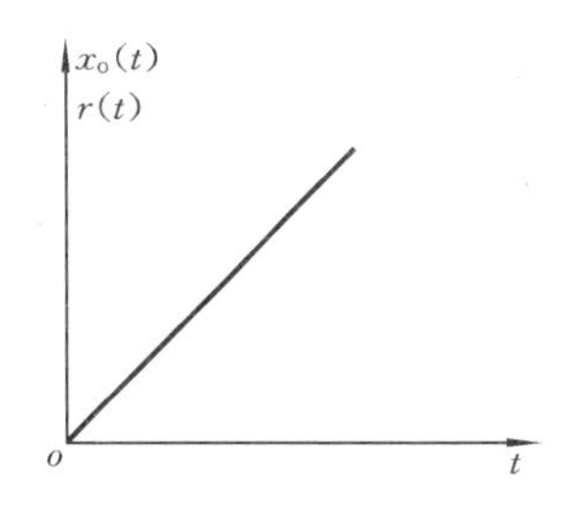

图2.2.10　斜坡函数输入、输出

$$G(s)=\frac{X_o(s)}{X_i(s)}=K_p(Ts+1)$$

即并联了微分环节

$$G_1(s)=Ts\qquad(K_p=1)$$

它所增加的输出

$$\begin{aligned}x_{o1}(t)&=L^{-1}[G_1(s)R(s)]=L^{-1}[TsR(s)]\\&=TL^{-1}[sR(s)]=T\dot{r}(t)=Tu(t)\end{aligned}$$

因为 $u(t)=1$,故微分环节所增加的输出为

$$x_{o1}(t)=T$$

它使原输出曲线铅直向上平移 T,得到新输出。如图2.2.11(a)所示,系统在每一时刻的输出都增加了 T。在原输出曲线为45°斜线时,新输出曲线也是45°斜线,它可以看成原输出曲线向左平移 T,即原输出在时刻 t_2 才会出现的值,新输出在时刻 t_1 就已达到(点 b 的输出等于点 c 的输出)。

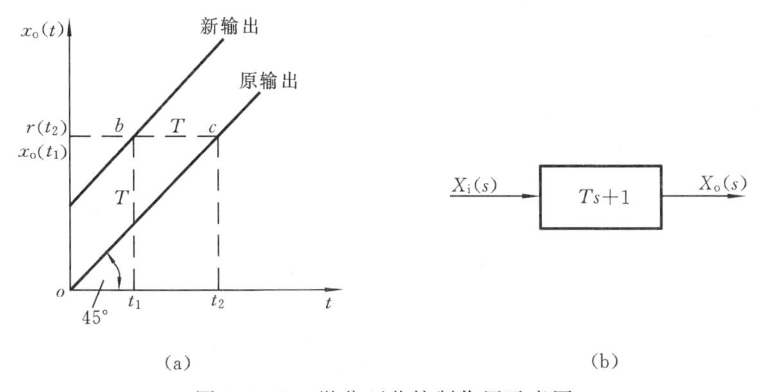

图2.2.11　微分环节控制作用示意图

微分环节的输出是输入的导数 $\dot{x}_i(t)$,它反映输入的变化趋势,所以也相当于对系统的有关输入变化趋势进行预测。由于微分环节使输出提前,预测了输入的情况,因而有可能对系统提前施加校正作用,提高系统的灵敏度。

(2) 增加系统的阻尼。如图2.2.12(a)所示,系统的传递函数为

$$G_1(s)=\frac{\dfrac{K_pK}{s(Ts+1)}}{1+\dfrac{K_pK}{s(Ts+1)}}=\frac{K_pK}{Ts^2+s+K_pK}\tag{2.2.6}$$

对系统的比例环节 K_p 并联微分环节 $K_p T_d s$(见图 2.2.12(b)),化简后,可得其传递函数为

$$G_2(s)=\frac{\dfrac{K_pK(T_ds+1)}{s(Ts+1)}}{1+\dfrac{K_pK(T_ds+1)}{s(Ts+1)}}=\frac{K_pK(T_ds+1)}{Ts^2+(1+K_pKT_d)s+K_pK} \tag{2.2.7}$$

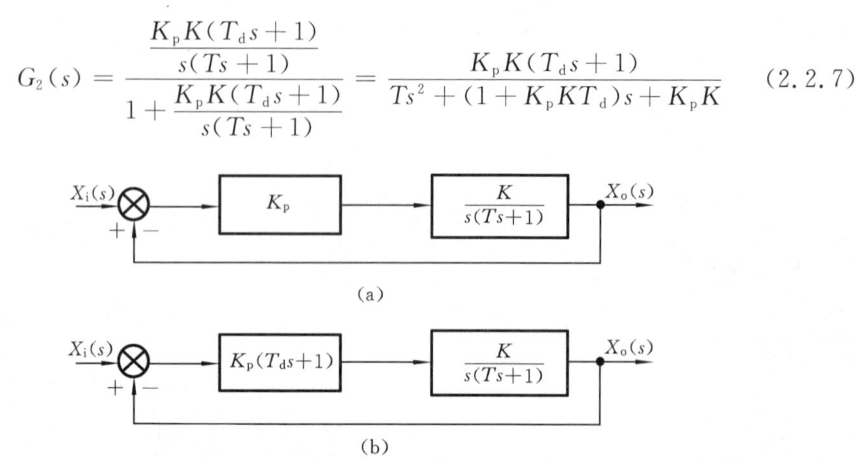

图 2.2.12 微分环节增加系统阻尼

比较上述式(2.2.6)和式(2.2.7)可知,$G_1(s)$ 与 $G_2(s)$ 均为二阶系统的传递函数,其分母中第二项 s 前的系数与阻尼有关,$G_1(s)$ 的系数为1,而 $G_2(s)$ 的系数为 $1+K_pKT_d>1$。所以,采用微分环节后,系统的阻尼增加。

(3) 强化噪声的作用。因为它对输入能进行预测,所以对噪声(即干扰)也能预测,对噪声灵敏度提高,增大了因干扰引起的误差。

4. 积分环节

凡输出为输入对时间的积分,即具有

$$x_o(t)=\int x_i(t)\mathrm{d}t$$

的环节称为积分环节。显然,其传递函数为

$$G(s)=\frac{X_o(s)}{X_i(s)}=\frac{1}{s} \tag{2.2.8}$$

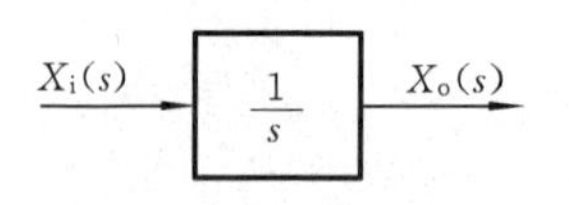

图 2.2.13 积分环节

积分环节的方框图为图 2.2.13。

如当输入为单位阶跃信号时,有

$$X_i(s)=1/s$$

$$X_o(s)=\frac{1}{s}\cdot\frac{1}{s}=\frac{1}{s^2}$$

经 Laplace 逆变换,得积分环节的输出

$$x_o(t)=t$$

其特点是输出量为输入量对时间的累积,输出幅值呈线性增长,如图 2.2.14 所示。对于阶跃输入,输出要在 $t=T$ 时才能等于输入,故有滞后作用。经过一段时间的累积后,当输入变为零时,输出量不再增加,但保持该值不变,具有记忆功能。

在系统中凡有储存或积累特点的元件，都有积分环节的特性。

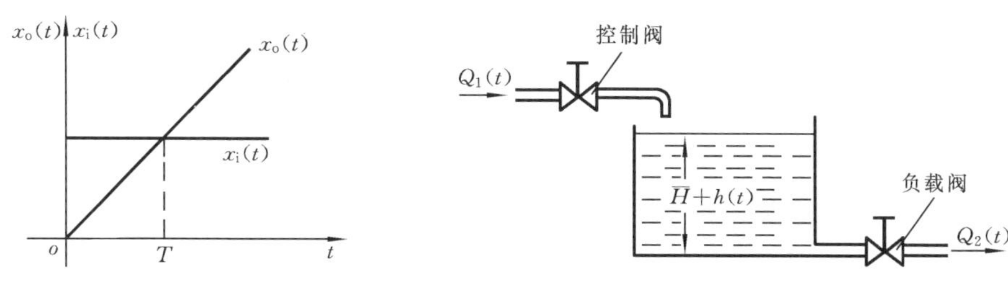

图 2.2.14　积分环节输入、输出关系　　图 2.2.15　水箱 $Q(t)$ 与 $h(t)$ 关系

例 2.2.7　如图 2.2.15 所示的水箱，以流量 $Q(t)=Q_1(t)-Q_2(t)$ 为输入，液面高度变化量 $h(t)$ 为输出，A 为水箱截面积，ρ 为水的密度。根据质量守恒定律，有

$$\rho\int Q(t)\mathrm{d}t = Ah(t)\rho$$

经 Laplace 变换得

$$Q(s)=AsH(s)$$

故其传递函数为

$$G(s)=\frac{H(s)}{Q(s)}=\frac{1}{As}$$

例 2.2.8　图 2.2.16 所示为有源积分网络，u_i 为输入电压，u_o 为输出电压，R 为电阻，C 为电容。由图可得

$$\frac{u_i(t)}{R}=-C\frac{\mathrm{d}u_o(t)}{\mathrm{d}t}$$

故其传递函数为

$$G(s)=\frac{U_o(s)}{U_i(s)}=\frac{k}{s}$$

式中，$k=-1/(RC)$。

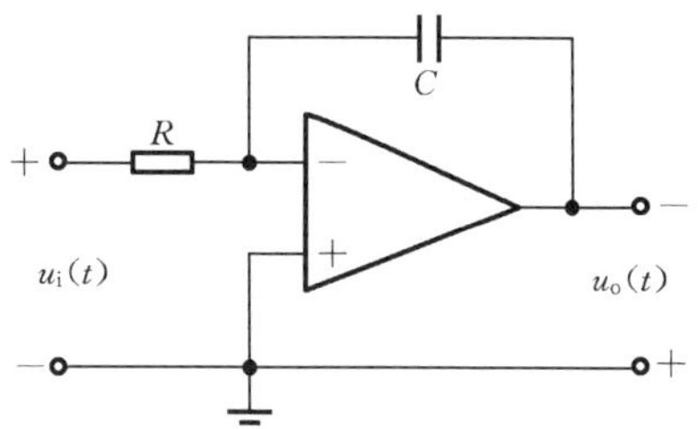

图 2.2.16　有源积分网络

5. 振荡环节

振荡环节（或称二阶振荡环节）是二阶环节，其传递函数为

$$G(s)=\frac{\omega_n^2}{s^2+2\xi\omega_n s+\omega_n^2} \tag{2.2.9}$$

或写成

$$G(s)=\frac{1}{T^2s^2+2\xi Ts+1} \tag{2.2.10}$$

式中：ω_n 为无阻尼固有频率；T 为振荡环节的时间常数，$T=1/\omega_n$；ξ 为阻尼比，$0\leqslant\xi<1$。

式(2.2.9)所示振荡环节的方框图为图2.2.17。

对二阶环节做阶跃输入时，输出有两种情况。

(1) 当 $0\leqslant\xi<1$ 时，输出为一振荡过程，此时二阶环节即为振荡环节。

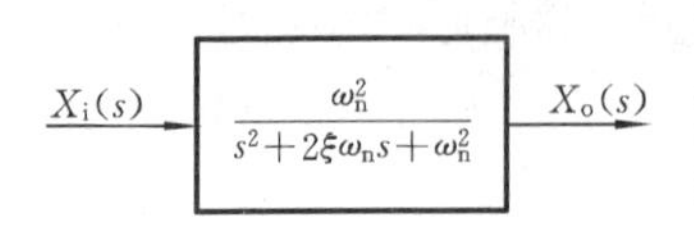

图 2.2.17 二阶振荡环节

(2) 当 $\xi \geqslant 1$ 时,输出为一指数上升曲线而不振荡,最后达到常值输出。这时,这个二阶环节不是振荡环节,而是两个一阶惯性环节的组合。这点请读者自己证明。由此可见,振荡环节是二阶环节,但二阶环节不一定是振荡环节。

当 T 很小,ξ 较大时,由式(2.2.10)可知 T^2s^2 可忽略不计,故分母阶次变为一阶,二阶环节近似为惯性环节。

振荡环节一般含有两个储能元件和一个耗能元件,由于两个储能元件之间有能量交换,所以系统输出发生振荡。从数学模型来看,当式(2.2.9)传递函数极点为一对复数极点时,系统输出就会发生振荡。而且,阻尼比 ξ 越小振荡越激烈。由于存在耗能元件,所以振荡是逐渐衰减的。关于这方面的详细论述见下一章。

例 2.2.9 图 2.2.18 所示为一做旋转运动的惯量-阻尼-弹簧系统。在转动惯量为 J 的转子上带有叶片(图中未显示)与弹簧,弹簧扭转刚度与黏性阻尼系数分别为 k 与 c。若在外部施加一扭矩 M 作为输入,以转子转角 θ 作为输出,则系统动力学方程为

$$J\ddot{\theta}+c\dot{\theta}+k\theta=M$$

故其传递函数为

$$G(s)=\frac{\Theta(s)}{M(s)}=\frac{1}{Js^2+cs+k}$$

或写成

$$G(s)=\frac{K\omega_n^2}{s^2+2\xi\omega_n s+\omega_n^2}$$

式中:$\omega_n=\sqrt{\frac{k}{J}}$;$\xi=\frac{c}{2\sqrt{Jk}}$;$K=\frac{1}{k}$。当 $0\leqslant\xi<1$ 时该系统为一振荡环节。

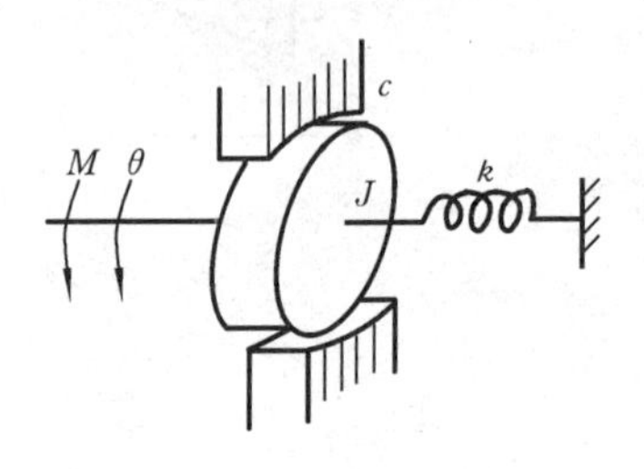

图 2.2.18 旋转运动的惯量-阻尼-弹簧系统

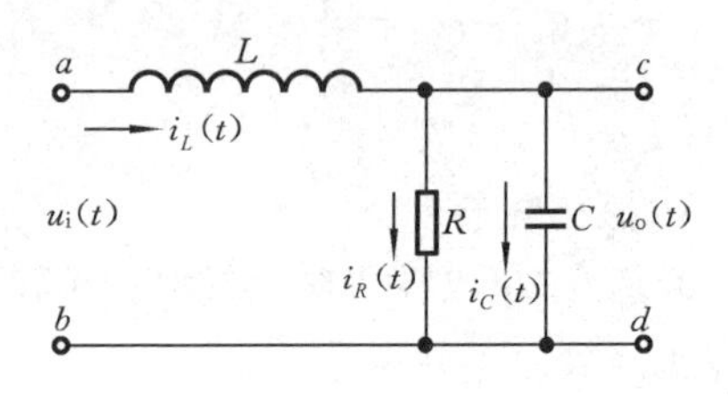

图 2.2.19 *LRC* 电路

例 2.2.10 图 2.2.19 所示为电感 L、电阻 R 与电容 C 的串、并联电路,u_i 为输入电压,u_o 为输出电压。根据 Kirchhoff 定律,有

$$u_i=L\frac{\mathrm{d}i_L}{\mathrm{d}t}+u_o$$

而

$$u_o=Ri_R=\frac{1}{C}\int i_C\mathrm{d}t$$

$$i_L = i_C + i_R$$

故其微分方程为

$$LC\ddot{u}_o + \frac{L}{R}\dot{u}_o + u_o = u_i$$

传递函数为

$$G(s) = \frac{U_o(s)}{U_i(s)} = \frac{1}{LCs^2 + \frac{L}{R}s + 1}$$

或

$$G(s) = \frac{\omega_n^2}{s^2 + 2\xi\omega_n s + \omega_n^2}$$

式中：$\omega_n = \sqrt{\frac{1}{LC}}$；$\xi = \frac{1}{2R}\sqrt{\frac{L}{C}}$。由电学知识可知，$\omega_n$ 为电路的固有振荡频率，ξ 为电路的阻尼比。显然，这与质量-阻尼-弹簧单自由度机械系统的情况相似。

6. 延时环节

延时环节(或称迟延环节)是输出滞后输入时间 τ 但不失真地反映输入的环节。具有延时环节的系统便称为延时系统。

延时环节的输入 $x_i(t)$ 与输出 $x_o(t)$ 之间有如下关系：

$$x_o(t) = x_i(t - \tau) \tag{2.2.11}$$

式中：τ 为延迟时间。

延时环节也是线性环节，它符合叠加原理。根据式(2.2.11)，可得延时环节的传递函数为

$$G(s) = \frac{\mathrm{L}[x_o(t)]}{\mathrm{L}[x_i(t)]} = \frac{\mathrm{L}[x_i(t-\tau)]}{\mathrm{L}[x_i(t)]} = \frac{X_i(s)e^{-\tau s}}{X_i(s)} = e^{-\tau s} \tag{2.2.12}$$

延时环节的方框图为图 2.2.20。

延时环节与惯性环节不同，惯性环节的输出需要延迟一段时间才接近于所要求的输出量，但它从输入开始时刻起就已有了输出。延时环节在输入开始之初的时间 τ 内并无输出，在 τ 后，输出就完全等于从一开始起的输入，且不再有其他滞后过程。简言之，输出等于输入，只是在时间上延迟了一段时间间隔 τ。

当延时环节受到阶跃信号作用时，其特性如图 2.2.21 所示。

图 2.2.20　延时环节　　图 2.2.21　延时环节输入、输出关系

例 2.2.11　图 2.2.22 为轧钢时的带钢厚度检测示意图。带钢在点 A 轧出时，产生厚度偏差 Δh_1(图中标示厚度为 $h+\Delta h_1$，h 为要求的理想厚度)。但是，这一厚度偏差在到达点 B 时才为测厚仪所检测到。测厚仪检测到的带钢厚度偏差 Δh_2 即为其

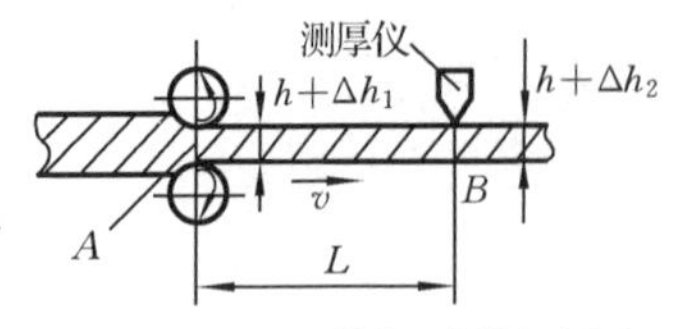

图 2.2.22 轧钢时带钢厚度检测示意图

输出信号 $x_o(t)$。若测厚仪距机架的距离为 L,带钢速度为 v,则延迟时间为 $\tau = L/v$。故测厚仪输出信号 Δh_2 与厚度偏差这一输入信号 Δh_1 之间有如下关系:

$$\Delta h_2 = \Delta h_1(t-\tau)$$

此式表明,在 $t<\tau$ 时,$\Delta h_2 = 0$,即测厚仪不反映 Δh_1 的量。这里,Δh_1 为延时环节的输入量 x_i,Δh_2 为其输出量 x_o。故有

$$x_o(t) = x_i(t-\tau)$$

因而有

$$G(s) = \frac{X_o(s)}{X_i(s)} = e^{-\tau s}$$

这是纯时间延迟的例子。但在控制系统中,单纯的延时环节是很少的,延时环节往往与其他环节一起出现。

在流体传动系统中,施加输入后,往往由于管长而延缓了信号传递的时间,因而出现延时环节。切削过程实际上也是一个具有延时环节的系统。许多机械传动系统也表现出具有延时环节的特性。然而,读者切切注意,机械传动副(如齿轮副、丝杠螺母副等)中的间隙不是延时环节,而是典型的所谓死区的非线性环节。它们的相同之点是在输入开始一段时间后才有输出,而它们的输出却有根本的不同:延时环节的输出完全等于从一开始起的输入,而死区的输出只反映与输出同一时间的输入的作用,而对输出开始前一段时间中的输入的作用,输出无任何反映。

在结束本节前还有几点须强调如下。

(1) 传递函数方框图中的环节是根据运动微分方程划分的,一个环节并不一定代表一个物理的元件(物理的环节或子系统),一个物理的元件(物理的环节或子系统)也不一定就是一个传递函数环节。换言之,也许几个物理元件的特性才组成一个传递函数环节,也许一个物理元件的特性分散在几个传递函数环节之中。从根本上讲,这取决于组成系统的各物理的元件(物理的环节或子系统)之间有无负载效应。

(2) 不要把表示系统结构情况的物理方框图与分析系统的传递函数的方框图混淆起来。在第 1 章中,除个别方框图外,其他方框图都是表示系统结构情况的物理方框图。读者在阅读有关文献时一定要区别这两种方框图,千万不要不加分析地将物理方框图中的每一个物理元件(物理的环节或子系统)本身的传递函数代入物理方框图中的相应方框中,并进而将整个方框图作为传递函数方框图进行数学分析,这样会造成不计及负载效应的错误。

例如,对于图 2.1.1 所示的两级 RC 滤波网络,其结构可用图 2.2.23 所示的物理方

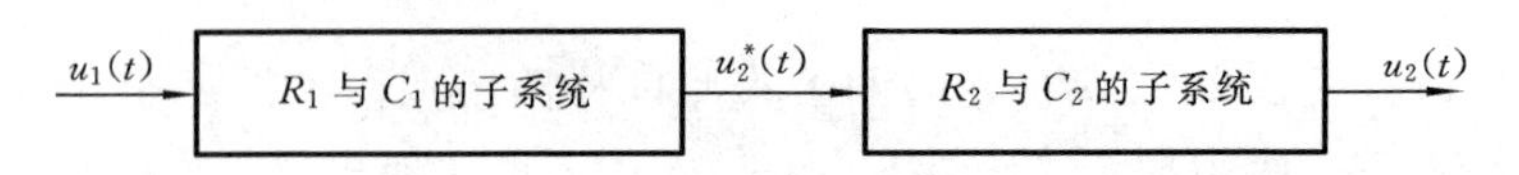

图 2.2.23 两级 RC 滤波网络物理方框图

框图表示。$u_1(t)$ 为输入、$u_2(t)$ 为输出时，它的正确的传递函数由式(2.1.1)可知为

$$G(s)=\frac{U_2(s)}{U_1(s)}=\frac{1}{R_1C_1R_2C_2s^2+(R_1C_1+R_2C_2+R_1C_2)s+1} \tag{2.2.13}$$

但由不计及负载效应时的式(2.1.2)和式(2.1.3)，可得

$$G_1(s)=\frac{U_2^*(s)}{U_1(s)}=\frac{1}{R_1C_1s+1} \tag{2.2.14}$$

$$G_2(s)=\frac{U_2(s)}{U_2^*(s)}=\frac{1}{R_2C_2s+1} \tag{2.2.15}$$

直接将式(2.2.14)和式(2.2.15)代入图 2.2.23，由此作出的系统传递函数方框图即为图 2.2.24，并由此得到的系统的传递函数为

$$\begin{aligned}G(s)&=G_1(s)G_2(s)=\frac{1}{R_1C_1s+1}\cdot\frac{1}{R_2C_2s+1}\\&=\frac{1}{R_1C_1R_2C_2s^2+(R_1C_1+R_2C_2)s+1}\end{aligned} \tag{2.2.16}$$

显然，这是错误的。只有组成整个系统的物理元件(物理环节或子系统)之间无负载效应时，上述的代入才是正确的，物理方框图与传递函数方框图才是一致的。

$U_1(s)$ → $\frac{1}{R_1C_1s+1}$ → $U_2^*(s)$ → $\frac{1}{R_2C_2s+1}$ → $U_2(s)$

图 2.2.24　两级 RC 滤波网络传递函数方框图(未计及负载效应)

(3) 同一个物理元件(物理环节或子系统)在不同系统中的作用不同时，其传递函数也可不同，因为传递函数同所选择的输入、输出物理量的种类有关，并不是不可变的。例如，微分环节的动力学方程和传递函数分别为

$$x_o(t)=K\dot{x}_i(t)\qquad G(s)=\frac{X_o(s)}{X_i(s)}=Ks$$

此时，输入为位移 $x_i(t)$，若取速度 $\dot{x}_i(t)$ 作为输入 x'_i，则有

$$x_o(t)=Kx'_i(t)\qquad G'(s)=\frac{X_o(s)}{X'_i(s)}=K$$

显然，这一环节就成为一比例环节了。

2.3　系统的传递函数方框图及其简化

2.3.1　传递函数方框图

2.3 节讲课视频

一个系统可由若干环节按一定的关系组成，将这些环节以方框表示，其间用相应的变量及信号流向联系起来，就构成系统的方框图(block diagram)。系统方框图具体而形象地表示了系统内部各环节

的数学模型、各变量之间的相互关系以及信号流向。事实上它是系统数学模型的一种图解表示方法,它提供了关于系统动态性能的有关信息,并且可以揭示和评价每个组成环节对系统的影响。根据方框图,通过一定的运算变换可求得系统传递函数,故方框图对于系统的描述、分析、计算是很方便的,因而应用广泛。

1. 方框图的结构要素

(1) 函数方框。函数方框是传递函数的图解表示,如图 2.3.1 所示。图中,指向方框的箭头表示输入的 Laplace 变换,离开方框的箭头表示输出的 Laplace 变换,方框中表示的是该输入与输出之间的环节的传递函数。所以,方框的输出应是方框中的传递函数乘以其输入,即

$$X_o(s) = G(s)X_i(s)$$

应当指出,输出信号的量纲等于输入信号的量纲与传递函数量纲的乘积。

(2) 相加点。相加点是信号之间代数求和运算的图解表示,如图 2.3.2 所示。在相加点处,输出信号(用离开相加点的箭头表示)等于各输入信号(用指向相加点的箭头表示)的代数和,每一个指向相加点的箭头前方的“+”号或“-”号表示该输入信号在代数运算中的符号。在相加点处加减的信号必须是同种变量,运算时的量纲也要相同。相加点可以有多个输入,但输出只有一个。

(3) 分支点。分支点表示同一信号向不同方向的传递,如图 2.3.3 所示,在分支点引出的信号不仅量纲相同,而且数值也相等。

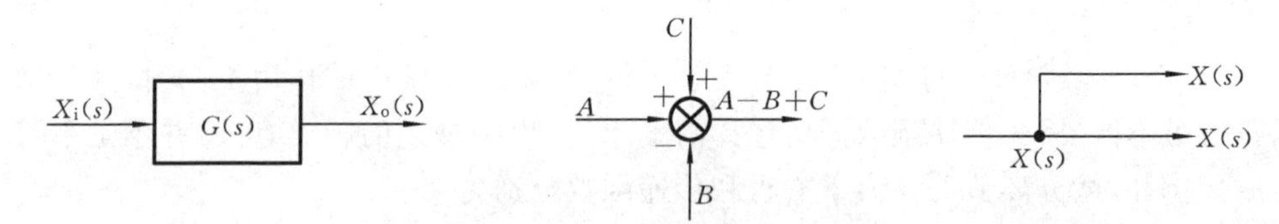

图 2.3.1 系统的传递函数框图　　图 2.3.2 相加点示意图　　图 2.3.3 分支点示意图

2. 系统方框图的建立

建立系统方框图的步骤如下:

(1) 建立系统(或元件)的原始微分方程;

(2) 对这些原始微分方程进行 Laplace 变换,并根据各 Laplace 变换式中的因果关系,绘出相应的方框图;

(3) 按照信号在系统中传递、变换的过程(即流向),依次将各传递函数方框图连接起来(同一变量的信号通路连接在一起),系统输入量置于左端,输出量置于右端,便得到系统的传递函数方框图。

下面举例说明系统方框图的建立。

例 2.3.1 图 2.1.3 所示流体伺服机构的运动微分方程由式(2.1.18)、式(2.1.19)和式(2.1.24)描述,其中,式(2.1.24)是由式(2.1.20)在小偏差条件下经线性化处理后得到的。

在零初始条件下分别对式(2.1.18)、式(2.1.19)和式(2.1.24)进行 Laplace 变换,得

$$(ms^2+cs)Y(s)=AP(s)$$
$$Q(s)=AsY(s)$$
$$Q(s)=K_qX(s)-K_cP(s)$$

根据变量之间的因果关系,对上述各式分别绘出相应的传递函数方框图(见图 2.3.4(a)、(b)、(c))。

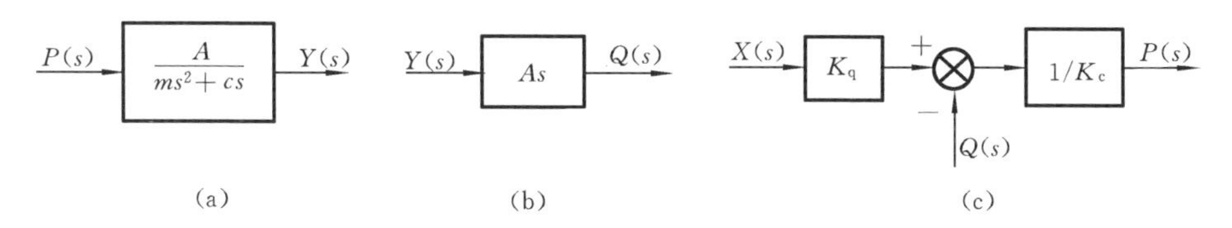

图 2.3.4　例 2.3.1 各环节传递函数方框图

最后,将图 2.3.4 中的各传递函数方框图按信号的传递、变换过程连接起来,便得到图 2.1.3 所示的系统传递函数方框图(见图 2.3.5)。

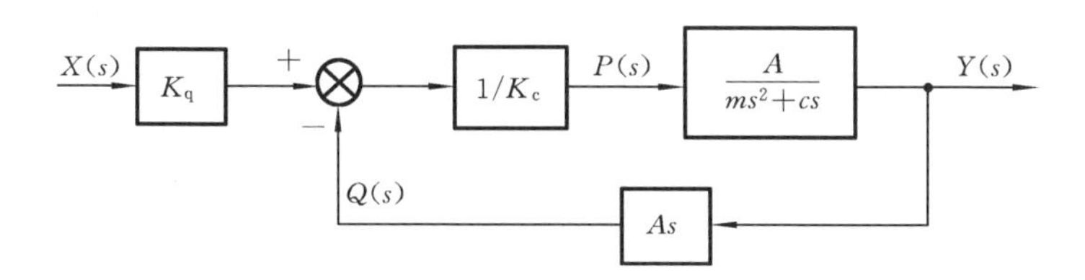

图 2.3.5　例 2.3.1 系统传递函数方框图

例 2.3.2　如图 2.1.2 所示电枢控制式直流电动机,由例 2.1.2 的推导可知其运动微分方程,列写如下:

$$L\frac{\mathrm{d}i_a}{\mathrm{d}t}+i_aR+e_d=u_a$$
$$e_d=k_d\omega$$
$$J\frac{\mathrm{d}\omega}{\mathrm{d}t}=M-M_L$$
$$M=k_mi_a$$

对上述各式在零初始条件下分别进行 Laplace 变换,得

$$(Ls+R)I_a(s)+E_d(s)=U_a(s)$$
$$E_d(s)=k_d\Omega(s)$$
$$Js\Omega(s)=M(s)-M_L(s)$$
$$M(s)=k_mI_a(s)$$

按各变量的因果关系,分别绘出相应的传递函数方框图(依次见图 2.3.6(a)、(b)、(c)、(d))。

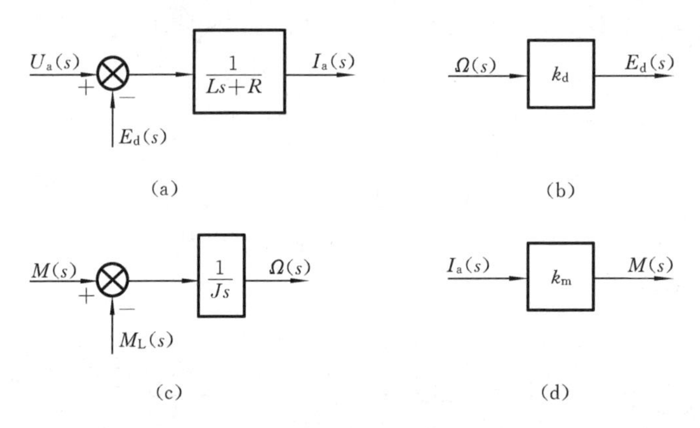

图 2.3.6 例 2.3.2 各环节传递函数方框图

最后,将各传递函数方框图按信号的传递、变换过程连接起来,便得到图 2.1.2 所示系统的传递函数方框图(见图 2.3.7)。

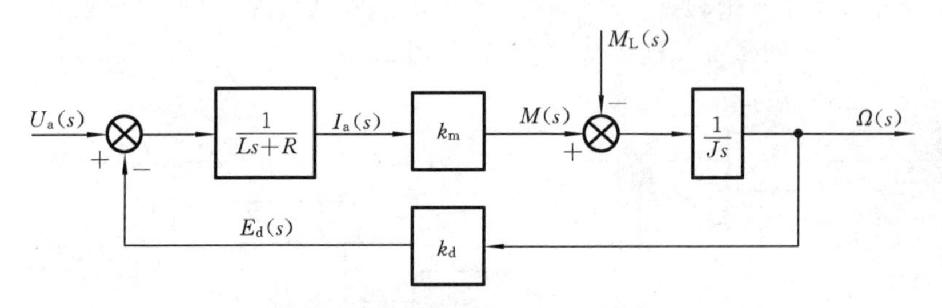

图 2.3.7 例 2.3.2 系统传递函数方框图

2.3.2 传递函数方框图的等效变换

实际系统,特别是自动控制系统,通常用多回路的方框图表示,如大环回路套小环回路,其方框图甚为复杂。为便于分析与计算,需要利用等效变换的原则对方框图加以简化。所谓等效变换是指变换前后输入、输出总的数学关系保持不变。

1. 串联环节的等效变换规则

前一环节的输出为后一环节的输入的连接方式称为环节的串联,如图 2.3.8 所示。当各环节之间不存在(或可忽略)负载效应时,串联后的传递函数为

$$G(s)=\frac{X_o(s)}{X_i(s)}=\frac{X_1(s)}{X_i(s)}\cdot\frac{X_o(s)}{X_1(s)}=G_1(s)G_2(s)$$

故环节串联时等效传递函数等于各串联环节的传递函数之积。

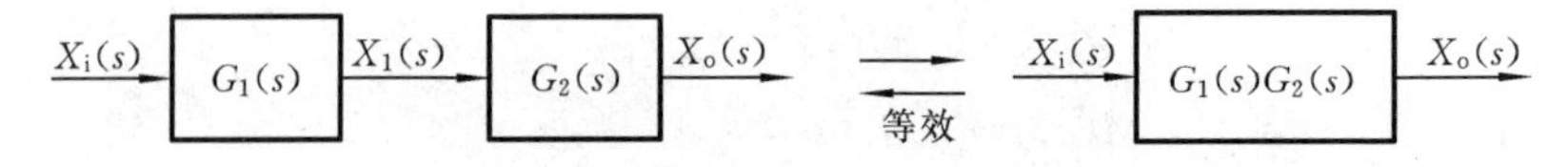

图 2.3.8 串联环节等效变换

2. 并联环节的等效变换规则

各环节的输入相同，输出为各环节输出的代数和，这种连接方式称为环节的并联，如图2.3.9所示，并联后的传递函数为

$$G(s)=\frac{X_o(s)}{X_i(s)}=\frac{X_{o1}(s)}{X_i(s)}\pm\frac{X_{o2}(s)}{X_i(s)}=G_1(s)\pm G_2(s)$$

故环节并联时等效传递函数等于各并联环节的传递函数之和。

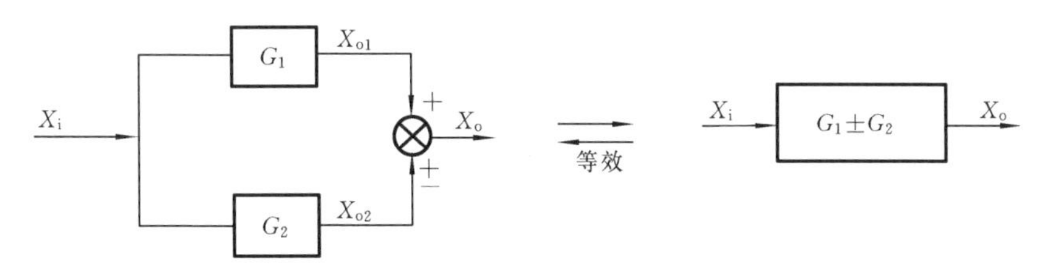

图 2.3.9　并联环节等效变换

3. 方框图的反馈连接及其等效规则

图 2.3.10 所示为反馈环节等效变换，实际上它也是闭环系统传递函数方框图的最基本形式。单输入作用的闭环系统，无论组成系统的环节有多复杂，其传递函数方框图总可以简化成图2.3.10所示的基本形式。

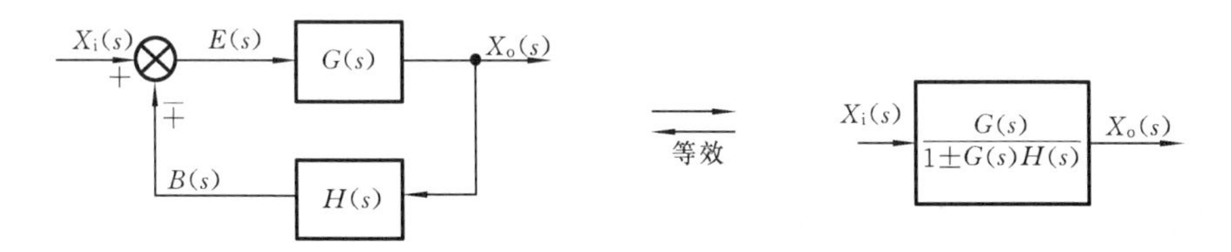

图 2.3.10　反馈环节等效变换

图 2.3.10 中，$G(s)$ 称为前向通道传递函数，它是输出 $X_o(s)$ 与偏差 $E(s)$ 之比，即

$$G(s)=\frac{X_o(s)}{E(s)} \tag{2.3.1}$$

$H(s)$ 称为反馈回路传递函数，它是反馈信号 $B(s)$ 与输出 $X_o(s)$ 之比，即

$$H(s)=\frac{B(s)}{X_o(s)} \tag{2.3.2}$$

前向通道传递函数 $G(s)$ 与反馈回路传递函数 $H(s)$ 之积定义为系统的开环传递函数，即 $G_K(s)$，它也是反馈信号 $B(s)$ 与偏差 $E(s)$ 之比，故

$$G_K(s)=\frac{B(s)}{E(s)}=G(s)H(s) \tag{2.3.3}$$

开环传递函数可以理解为：封闭回路在相加点断开以后，以 $E(s)$ 作为输入，经 $G(s)$、$H(s)$ 而产生输出 $B(s)$，此输出与输入的比值 $B(s)/E(s)$ 可以认为是一个无反

馈的开环系统的传递函数。由于 $B(s)$ 与 $E(s)$ 在相加点的量纲相同,因此,开环传递函数无量纲,而且 $H(s)$ 的量纲是 $G(s)$ 的量纲的倒数。“开环传递函数无量纲”这一点是十分重要的,必须充分注意。

输出信号 $X_o(s)$ 与输入信号 $X_i(s)$ 之比,定义为系统的闭环传递函数 $G_B(s)$,即

$$G_B(s) = \frac{X_o(s)}{X_i(s)} \tag{2.3.4}$$

由图可知

$$E(s) = X_i(s) \mp B(s) = X_i(s) \mp X_o(s)H(s)$$

$$X_o(s) = G(s)E(s) = G(s)[X_i(s) \mp X_o(s)H(s)]$$

$$= G(s)X_i(s) \mp G(s)X_o(s)H(s)$$

由此可得

$$G_B(s) = \frac{X_o(s)}{X_i(s)} = \frac{G(s)}{1 \pm G(s)H(s)} \tag{2.3.5}$$

故反馈连接时,其等效传递函数等于前向通道传递函数除以 1 加(或减)前向通道传递函数与反馈回路传递函数的乘积。

注意:在图 2.3.10 中,若相加点的 $B(s)$ 处为负号,则 $E(s) = X_i(s) - B(s)$,此时,式(2.3.5) 中 $G(s)H(s)$ 前为正号;若相加点的 $B(s)$ 处为正号,则 $E(s) = X_i(s) + B(s)$,此时,式(2.3.5) 中 $G(s)H(s)$ 前为负号。

相加点的 $B(s)$ 处的符号由物理现象及 $H(s)$ 本身的符号决定,即,若人为地将 $H(s)$ 的符号改变,则相加点的 $B(s)$ 处也要相应地改变符号,结果由式(2.3.5) 所得的传递函数不变。闭环系统的反馈是正反馈还是负反馈,与反馈信号在相加点处取正号还是取负号是两回事。正反馈是反馈信号加强输入信号,使偏差信号 $E(s)$ 增大的反馈;而负反馈是反馈信号减弱输入信号,使偏差信号 $E(s)$ 减小的反馈。当然,在可能的情况下,应尽可能使相加点的 $B(s)$ 处的正负号与反馈的正负相一致。

闭环传递函数的量纲取决于 $X_o(s)$ 与 $X_i(s)$ 的量纲,两者可以相同也可以不同。若反馈回路传递函数 $H(s) = 1$,则反馈称为单位反馈,此时有

$$G_B(s) = \frac{G(s)}{1 \pm G(s)} \tag{2.3.6}$$

4. 分支点移动规则

若分支点由方框之后移到该方框之前,为了保持移动后分支信号 X_3 不变,应在分支路上串入具有相同传递函数的方框,如图 2.3.11(a)所示。

若分支点由方框之前移到该方框之后,为了保持移动后分支信号 X_3 不变,应在分支路上串入具有相同传递函数的倒数的方框,如图 2.3.11(b)所示。

5. 相加点移动规则

若相加点由方框之前移到该方框之后,为了保持总的输出信号 X_3 不变,应在移动的支路上串入具有相同传递函数的方框,如图 2.3.11(c)所示。

若相加点由方框之后移到该方框之前,为了保持总的输出信号 X_3 不变,应在移动的支路上串入具有相同传递函数的倒数的方框,如图 2.3.11(d)所示。

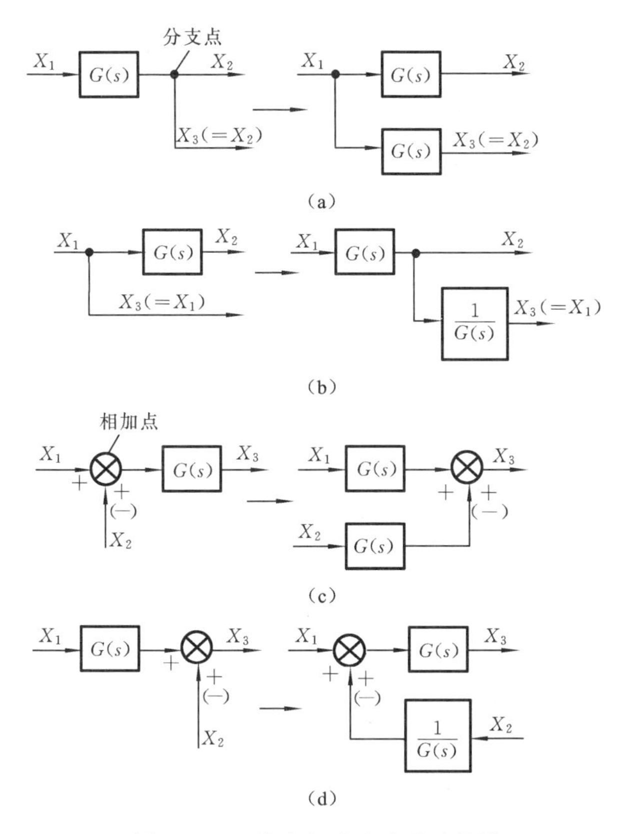

图 2.3.11　分支点、相加点移动规则

6. 分支点之间、相加点之间相互移动规则

分支点之间、相加点之间相互移动，均不改变原有的数学关系，因此，可以相互移动，如图 2.3.12(a)、(b)所示。但分支点与相加点之间不能相互移动，因为它们并不等效。

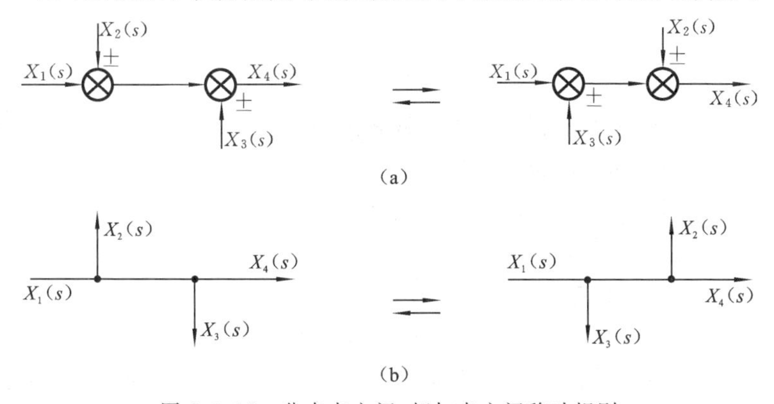

图 2.3.12　分支点之间、相加点之间移动规则

现以图 2.3.13 为例，应用上述规则来简化一个三环回路的方框图，并求系统传递函数。

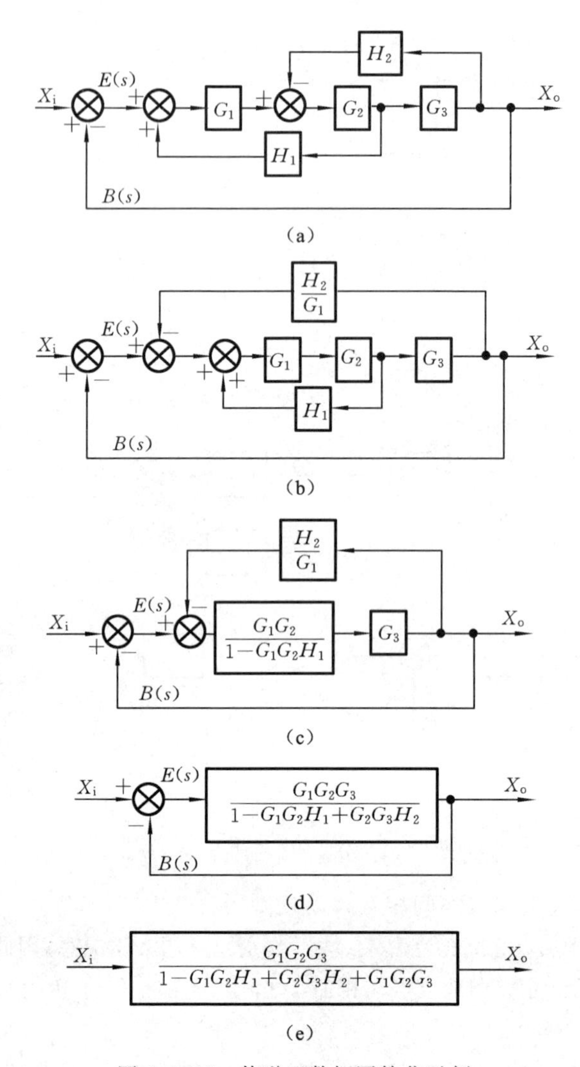

图 2.3.13　传递函数框图简化示例

化简的方法主要是通过移动分支点或相加点,消除交叉连接,使其成为独立的小回路,以便用串、并联和反馈连接的等效规则进一步化简。一般应先解内回路,再逐步向外回路,一环环简化,最后求得系统的闭环传递函数。图 2.3.13 所示简化过程按如下步骤进行。

图(a)⟶图(b):相加点前移。

图(b)⟶图(c):将小环回路化为单一向前传递函数。注意,若没有图(a)⟶图(b)的相加点前移就不能进行此步,因为在图(a)中 G_1 与 G_2 间还要加入其他环节的作用。

图(c)⟶图(d):消去第二个闭环回路,使之成为单位反馈的单环回路。

图(d)⟶图(e):消去单位反馈回路,得到单一向前传递函数,即原系统的闭环传递函数。

必须说明，方框图的简化途径并不是唯一的。请读者考虑简化图 2.3.13(a)所示方框图的其他途径。

含有多个局部反馈回路的闭环传递函数也可以直接由下列公式求取：

$$G_B(s)=\frac{X_o(s)}{X_i(s)}=\frac{\text{前向通道的传递函数之积}}{1+\sum[\text{每一反馈回路的开环传递函数}]} \tag{2.3.7}$$

括号内每一项的符号是这样决定的：在相加点处，对反馈信号为相加时取负号，对反馈信号为相减时取正号。依此可直接求出图 2.3.13(a)所示的闭环传递函数，即

$$G_B(s)=\frac{X_o(s)}{X_i(s)}=\frac{G_1G_2G_3}{1-G_1G_2H_1+G_2G_3H_2+G_1G_2G_3}$$

但要特别注意，在应用式(2.3.7)时，必须具备以下两个条件：

(1) 整个方框图只有一条前向通道；

(2) 各局部反馈回路间存在公共的传递函数方框。

如图 2.3.14(a)中，系统有两个独立的局部反馈回路，其间没有公共的方框。若直接用式(2.3.7)，则会错误地得出传递函数

$$G'(s)=\frac{X_o(s)}{X_i(s)}=\frac{G_1G_2}{1+G_1R_1+G_2R_2}$$

显然，应先将两局部反馈回路分别简化成两个方框，再将此两方框串联，得传递函数

$$G(s)=\frac{X_o(s)}{X_i(s)}=\frac{G_1}{1+G_1R_1}\cdot\frac{G_2}{1+G_2R_2}=\frac{G_1G_2}{1+G_1R_1+G_2R_2+G_1G_2R_1R_2}$$

可见，$G'(s)\neq G(s)$，$G(s)$ 是正确的传递函数。

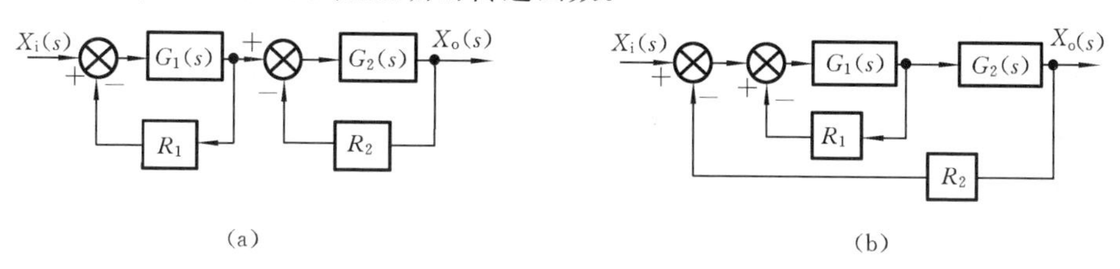

图 2.3.14　传递函数方框图简化范例

在图 2.3.14(b)中，系统的两个反馈回路间有公共的传递函数方框 $G_1(s)$，因此，可直接用式(2.3.7)得出传递函数

$$G'(s)=\frac{G_1G_2}{1+G_1R_1+G_1G_2R_2}$$

若不用式(2.3.7)，可先将局部反馈回路的传递函数简化为 $\frac{G_1}{1+G_1R_1}$，于是，可得系统的传递函数

$$G(s)=\frac{\frac{G_1}{1+G_1R_1}G_2}{1+\frac{G_1}{1+G_1R_1}G_2R_2}=\frac{G_1G_2}{1+G_1R_1+G_1G_2R_2}$$

此时 $G'(s)=G(s)$，两种方法所得结果相同。

若系统不能满足使用式(2.3.7)的两个条件，可先将其方框图化成满足使用条件的形式，再应用式(2.3.7)求出闭环传递函数。

2.4　考虑扰动的反馈控制系统的传递函数

控制系统在工作过程中一般会受到两类输入作用：一类是有用输入，或称给定输入、参考输入以及理想输入等；另一类则是扰动，或称干扰。给定输入 $x_i(t)$ 通常加在控制装置的输入端，也就是系统的输入端；而干扰 $n(t)$ 一般作用在被控对象上。为了尽可能消除干扰对系统输出的影响，一般采用反馈控制的方式，将系统设计成闭环系统。一个考虑干扰的反馈控制系统的典型结构可用图 2.4.1 表示。

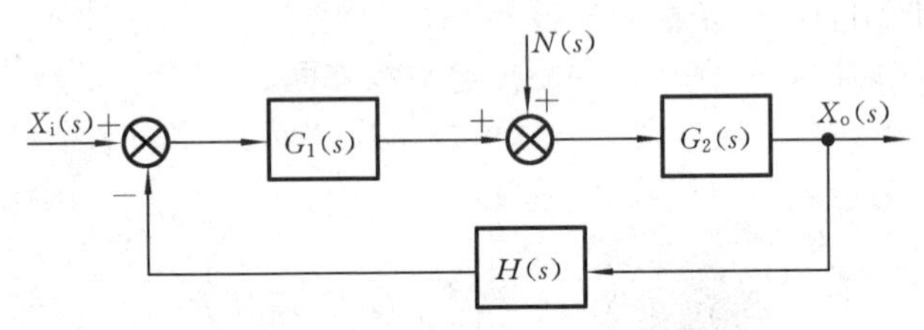

图 2.4.1　反馈控制系统的典型结构

例如，图 2.4.2 所示数控机床的进给系统，在给定输入 $X_i(s)$ 作用下产生偏差信号 $E(s)$ 后，伺服电动机(驱动装置)使丝杠转动，并通过螺母移动工作台，产生位移输出 $X_o(s)$，固定在工作台上的直线位移检测装置将输出 $X_o(s)$ 检测出来，检测结果再经放大，作为反馈信号 $B(s)$，与输入 $X_i(s)$ 进行比较。如果偏差 $E(s)=X_i(s)-B(s)\neq 0$，则继续通过伺服电动机驱动工作台，改变输出 $X_o(s)$。只有当偏差 $E(s)=0$ 时，伺服电动机的输入为零，系统的输出才会停止改变。这就是所谓的反馈控制。若无反馈回路，此系统为开环控制系统。图中 $V(s)$ 是检测丝杠转速的速度反馈信号，在此暂不考虑。

对图 2.4.2 所示的系统，除输入信号 $X_i(s)$ 外，若工作台在移动过程中又不断受

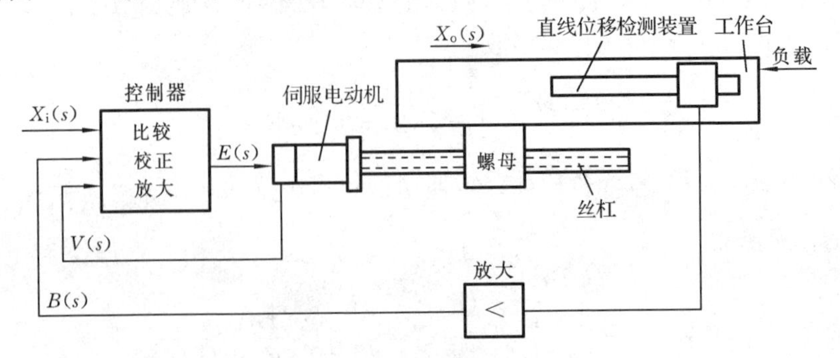

图 2.4.2　数控机床进给系统

到负载的作用，则系统等于接受第二输入。当要求不论负载如何变化，工作台的位移输出 $X_o(s)$ 都必须准确地跟随原输入 $X_i(s)$ 时，此负载的作用可认为是一个干扰输入，记为 $N(s)$（见图2.4.1）。

$X_i(s)$ 作用下系统的传递函数为

$$G_{X_i}(s)=\frac{X_{o1}(s)}{X_i(s)}=\frac{G_1(s)G_2(s)}{1+G_1(s)G_2(s)H(s)} \tag{2.4.1}$$

此时认为 $N(s)=0$。式中 $X_{o1}(s)$ 为输入信号 $X_i(s)$ 引起的输出。

$N(s)$ 作用下系统的传递函数为

$$G_N(s)=\frac{X_{o2}(s)}{N(s)}=\frac{G_2(s)}{1+G_1(s)G_2(s)H(s)} \tag{2.4.2}$$

此时认为 $X_i(s)=0$。式中 $X_{o2}(s)$ 为干扰信号 $N(s)$ 引起的输出。

输入 $X_i(s)$ 和干扰 $N(s)$ 同时作用于线性系统时，总输出是两输出的线性叠加，故得总输出为

$$\begin{aligned}X_o(s)&=X_{o1}(s)+X_{o2}(s)\\&=\frac{G_1(s)G_2(s)}{1+G_1(s)G_2(s)H(s)}X_i(s)+\frac{G_2(s)}{1+G_1(s)G_2(s)H(s)}N(s)\end{aligned}$$

即

$$X_o(s)=\frac{G_2(s)}{1+G_1(s)G_2(s)H(s)}[G_1(s)X_i(s)+N(s)] \tag{2.4.3}$$

若设计确保 $|G_1(s)H(s)|\gg 1$，且 $|G_1(s)G_2(s)H(s)|\gg 1$，则由式(2.4.2)可知

$$\begin{aligned}X_{o2}(s)&=\frac{G_2(s)}{1+G_1(s)G_2(s)H(s)}N(s)\approx\frac{G_2(s)}{G_1(s)G_2(s)H(s)}N(s)\\&=\frac{1}{G_1(s)H(s)}N(s)=\delta N(s)\end{aligned}$$

式中的 δ 在前述条件下是很小的值。可见闭环系统的优点之一是能使干扰引起的输出减小，也就是使干扰引起的误差减到很小。

显然，此时通过反馈回路组成的闭环系统能使输出 $X_o(s)$ 只跟随 $X_i(s)$ 而变化，不管外来的干扰 $N(s)$ 怎样，只要 $X_i(s)$ 不变，$X_o(s)$ 总保持不变或变化很小。

如果系统没有反馈回路，即 $H(s)=0$，则系统成为一开环系统，此时干扰引起的输出 $X_{o2}(s)=G_2(s)N(s)$ 无法消除，全部形成误差。

图2.4.3所示的由变量泵和伺服阀组成的恒压变量泵是一个自动调节系统。当工作流量 q' 变化时，油泵输出压力 p_s 可保持为常数。这是因为，当工作系统所需流量 q' 减小时，表示流入工作系统的油流所受阻力增大，从而系统输出压力 p_s 升高，伺服阀阀芯受油压力 p_sA_1 作用而右移，引起反馈控制油路的压力 p_c 升高，油压力 p_cA_2 推动变量泵定子环左移，定子偏心减小，变量泵流量 q 也减小，系统压力 p_s 下降，于是伺服阀芯左移，直至 p_sA_1 与伺服阀弹簧力 k_1y 相平衡为止，最后 p_s 基本上保持原来的数值。显然，定子偏心减小量取决于弹簧力 k_2x，因此，工作流量 q' 的变化可以看成是干扰 $N(s)$，弹簧调整力 k_2x 相当于输入 $X_i(s)$，泵的输出压力 p_s 相当于输出

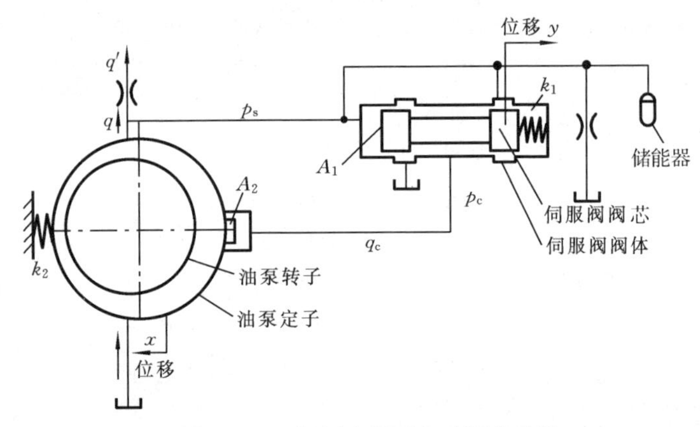

图 2.4.3　恒压变量泵自动调节系统

$X_o(s)$。输出 $X_o(s)$ 取决于输入 $X_i(s)$，不因干扰 $N(s)$ 而起变化，实际上变化极小。由此也可作出与图 2.4.1 相类似的方框图。

在此一并指出，分析式(2.4.1)与式(2.4.2)可知，对一个闭环系统，当输入的取法不同时，前向通道的传递函数不同，反馈回路的传递函数不同，系统的传递函数也不同，但系统传递函数的分母不变，因为这一分母反映了系统本身的固有特性，该特性与外界无关。正因为如此，对图 2.4.1 所示的系统而言，当输出的取法不同时，也有相同情况。这点读者可以验证。然而，对于一个开环系统，输入或输出的取法不同，将导致输入与输出之间的工作环节不同，即原开环系统以不同环节参加工作。输出与输入间的传递函数只是反映这些参加工作的不同环节的工作情况，从而不但传递函数不同，传递函数分母也不同，因为这时不同的传递函数描述了由这些不同环节构成的不同的"系统"。

另外，采用合适的闭环控制系统还可以使系统参数的变化对系统特性的影响减到很小。因为系统参数(包括理论上所选择的参数与实际使用的参数)的变化有如对系统施加了干扰，而合适的反馈联系的作用，可以使输出的变化减到很小。

2.5　相似原理

从以上对系统的传递函数的研究中可知，对不同的物理系统(环节)可用形式相同的微分方程与传递函数来描述，即可以用形式相同的数学模型来描述。例如，对于一阶惯性环节，2.2节就列举了机、电等方面的例子。一般称能用形式相同的数学模型来描述的物理系统(环节)为相似系统(环节)，称在微分方程或传递函数中占相同位置的物理量为相似量。所以，这里讲的"相似"，只是就数学形式而不是就物理实质而言的。

由于相似系统(环节)的数学模型在形式上相同，因此，可以用相同的数学方法对相似系统加以研究，可以通过一种物理系统去研究另一种相似的物理系统。特别是现代电气、电子技术的发展，为采用相似原理对不同系统(环节)的研究提供了良好条件。在数字计算机上，采用数字仿真技术进行研究，非常方便有效。

在机械工程中，常常使用机械、电气、流体系统或它们的联合系统，下面就它们的相似性做一些讨论。

图 2.5.1(a)、(b)所示分别为一机械系统和一电系统。对于图 2.5.1(a)所示的系统，有

$$m\ddot{y}+c\dot{y}+ky=f$$

故

$$G(s)=\frac{Y(s)}{F(s)}=\frac{1}{ms^2+cs+k}$$

对于图 2.5.1(b)所示系统，有

$$L\frac{\mathrm{d}i}{\mathrm{d}t}+Ri+\frac{1}{C}\int i\mathrm{d}t=u$$

如以电量 q 表示输出，则有

$$L\ddot{q}+R\dot{q}+\frac{1}{C}q=u$$

故

$$G(s)=\frac{Q(s)}{U(s)}=\frac{1}{Ls^2+Rs+\frac{1}{C}}$$

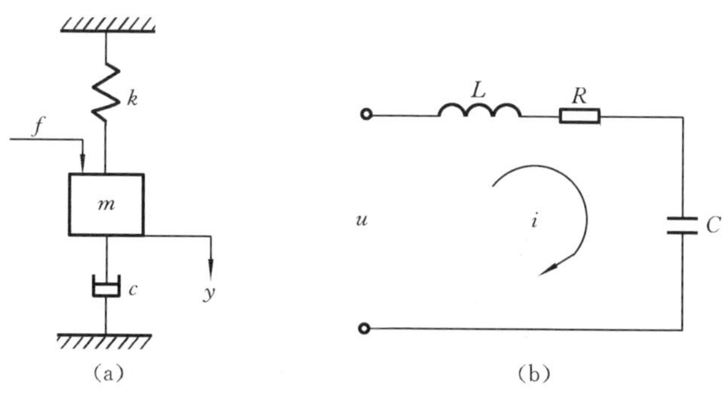

图 2.5.1　机械系统和电系统

显然，这两个系统为相似系统，其相似量列于表 2.5.1。这种相似称为力-电压相似。有兴趣的读者还可从有关参考书中找到力-电流相似的机、电系统。

同类的相似系统很多，表 2.5.2 中给出了数例。

表 2.5.1　机械系统和电系统的相似量

机械系统	电　系　统
力 f(力矩 M)	电压 u
质量 m(转动惯量 J)	电感 L
黏性阻尼系数 c	电阻 R
弹簧刚度 k	电容的倒数 $1/C$
位移 y(角位移 θ)	电量 q
速度 $\dot{y}$(角速度 $\dot{\theta}$)	电流 $i(\dot{q})$

表 2.5.2　相似的电系统和机械系统

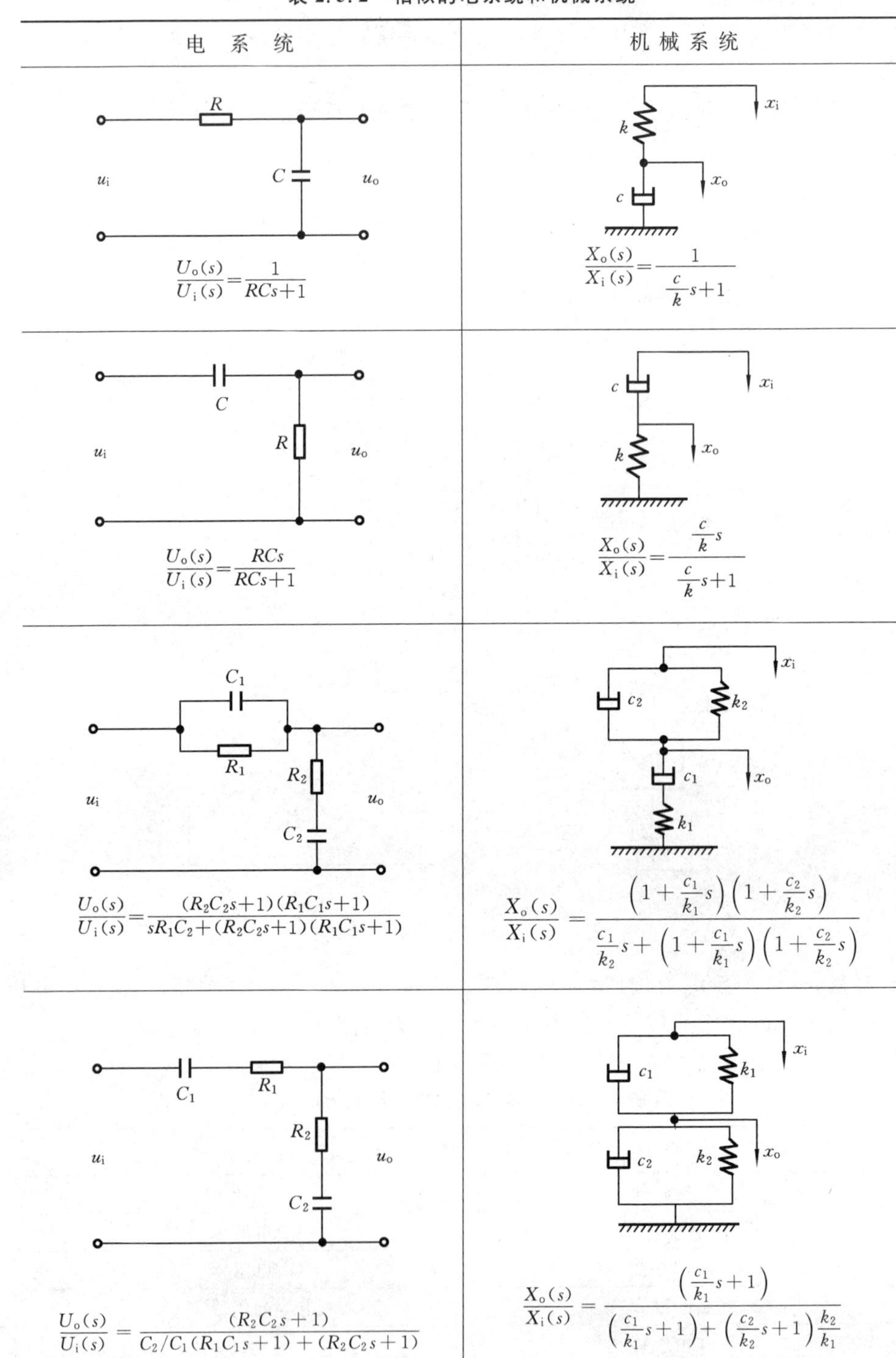

对于流体系统，当考虑了流体的惯性、流体所受的阻力及流体与系统的弹性，并定义出流感、流阻、流容等物理量后，就可得到与质量、黏性阻尼系数、弹簧刚度或与电感、电阻及电容相似的流体系统的特征物理量。这方面的问题，在有关流体传动技术的专著中有详细的讨论。

最后应指出，在机械、电气、流体系统中，阻尼、电阻、流阻都是耗能元件，而质量、电感、流感与弹簧、电容、流容都是储能元件。前三者可称为惯性或感性储能元件，后三者可称为弹性或容性储能元件。每当系统中增加一个储能元件时，其内部就增加一层能量的交换，即增多一层信息的交换，一般来讲，系统的微分方程将增高一阶。例如，对图 1.1.1 所示系统，如增加一个弹簧，得到如图 2.5.2(a)所示的系统，此系统的微分方程是三阶的；如增加质量、弹簧、阻尼，如图 2.5.2(b)所示，则系统的微分方程是四阶的。显然，将图 1.1.1 与图 2.5.2(b)所示系统中的阻性元件除去，不会影响微分方程的阶数。但是，采用此方法辨别系统微分方程阶数时，一定要注意每一弹性元件、每一惯性元件是否是独立的。例如，将图 2.5.2(a)所示系统中的阻性元件除去，则两个弹簧实质上只起一个弹簧的作用，因此，系统由三阶降为二阶的。又如，表 2.5.2 中，第一、二栏的系统都只有一个容(弹)性元件，所以系统是一阶的，而第三栏的系统有两个容(弹)性元件，所以系统是二阶的。至于表 2.5.2 中第四栏的系统，它们虽各有两个容(弹)性元件，但独立的却各只有一个，所以还是一阶的。实际中的机械、电气、流体系统或它们的混合系统是复杂的，往往不能凭表面上的储能元件的个数来确定系统微分方程的阶数。然而，本段所讲的概念是十分有意义的，也是有助于列写系统微分方程的。

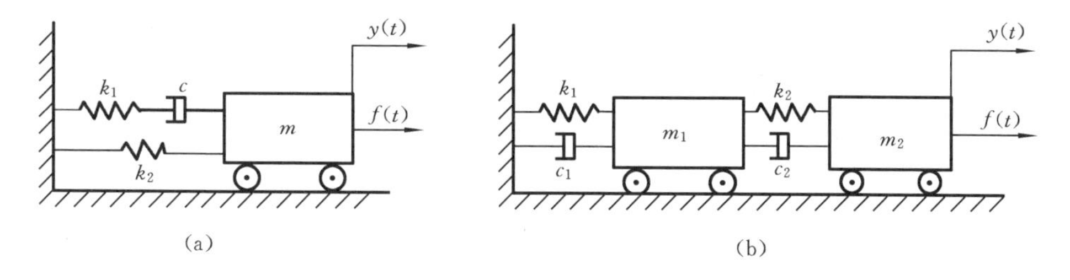

图 2.5.2 三阶与四阶系统

2.6 系统的状态空间模型

上一章讨论反馈的概念时提到了状态方程，而且通过状态方程分析了图1.1.1所示系统的状态变量之间信息的交互作用。状态方程是描述系统的另外一种数学模型，是现代控制理论的基础，它不仅可以描述系统的输入与输出之间的关系，而且还可以描述系统的内部特性，特别是可以用于多输入多输出系统，也适用于时变系统、非线性系统和随机控制系统。

2.6.1 状态、状态变量与状态方程

这里首先介绍有关状态、状态变量、状态向量和状态空间(state space)等的基本概念。

(1) 状态。系统的状态是指系统的动态状况。

例如,对于图 1.1.1 所示的系统,其动态状况就是质块每一时刻的位置和速度。

(2) 状态变量。系统的状态变量是能完全确定系统状态的最小数目的一组变量,例如$x_1(t),x_2(t),\cdots,x_n(t)$。它满足下列两个条件:①在任一时刻 $t=t_0$,这组状态变量的值$x_1(t_0),x_2(t_0),\cdots,x_n(t_0)$都能完全表征系统在该时刻的状态;②当系统在 $t\geqslant t_0$ 的输入和上述初始状态确定时,状态变量应能完全表征系统在将来的行为。

例如,对于图 1.1.1 所示的系统,质块在外力作用下做直线运动,要想说明质块在某一时刻的状态,只知道质块在该时刻的位置 $y(t_0)$就不够了,还必须知道质块在该时刻的速度。因为位置相同,速度不同,代表的运动状况不一样。这时,所论系统的状态就是指质块的位置和速度。在任一时刻 t_0 的状态就是指时刻 t_0 的位置和速度。所论的状态变量就是质块的位置函数 $y(t)$和速度函数 $\dot{y}(t)$。需要指出,若选择不同的坐标,则位置函数和速度函数就会不同。换句话说,描述一个系统的状态变量可以有各式各样的选择方式,究竟选哪一组变量作为一个系统的状态变量得视实际情况而定。

(3) 状态向量。设描述一个系统有 n 个状态变量,如 $x_1(t),x_2(t),\cdots,x_n(t)$,用这 n 个状态变量作为分量所构成的向量 $\boldsymbol{X}(t)$就称为该系统的状态向量。

(4) 状态空间。状态向量 $\boldsymbol{X}(t)$的所有可能值的集合所在的空间称为状态空间,或者说,由 n 个轴 $x_1,x_2,\cdots,x_n$ 所组成的 n 维空间就称为状态空间。系统在任一时刻的状态都可用状态空间中的一点来表示。

(5) 状态方程。描述系统的状态变量与系统输入之间关系的一阶微分方程组称为状态方程。

例 2.6.1 试确定图 2.6.1 的 *RLC* 直流电路的状态变量与状态方程。

解 根据 Kirchhoff 定律可得系统的微分方程

$$L\frac{\mathrm{d}i}{\mathrm{d}t}+Ri+\frac{1}{C}\int i\mathrm{d}t=u \tag{2.6.1}$$

现选择 i 和 u_C作为状态变量,则式(2.6.1)可写成

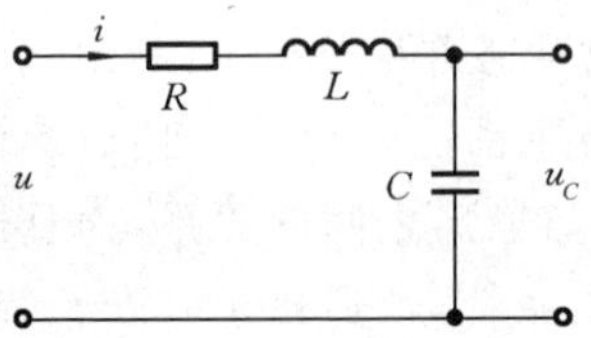

$$LC\frac{\mathrm{d}^2u_C}{\mathrm{d}t^2}+RC\frac{\mathrm{d}u_C}{\mathrm{d}t}+u_C=u \tag{2.6.2}$$

图 2.6.1 *RLC* 直流电路

令状态变量

$$\left.\begin{aligned}x_1&=i=C\frac{\mathrm{d}u_C}{\mathrm{d}t}\\x_2&=u_C\end{aligned}\right\} \tag{2.6.3}$$

则式(2.6.1)可写成

$$L\dot{x}_1 + Rx_1 + x_2 = u \tag{2.6.4}$$

将式(2.6.3)及式(2.6.4)整理后得

$$\left.\begin{aligned}\dot{x}_1 &= -\frac{R}{L}x_1 - \frac{1}{L}x_2 + \frac{1}{L}u \\ \dot{x}_2 &= \frac{1}{C}x_1\end{aligned}\right\} \tag{2.6.5}$$

式(2.6.5)就是图 2.6.1 所示系统的状态方程,写成矩阵形式,有

$$\begin{bmatrix}\dot{x}_1 \\ \dot{x}_2\end{bmatrix} = \begin{bmatrix}-\dfrac{R}{L} & -\dfrac{1}{L} \\ \dfrac{1}{C} & 0\end{bmatrix}\begin{bmatrix}x_1 \\ x_2\end{bmatrix} + \begin{bmatrix}\dfrac{1}{L} \\ 0\end{bmatrix}u \tag{2.6.6}$$

如令 $\quad \dot{\boldsymbol{X}} = \begin{bmatrix}\dot{x}_1 \\ \dot{x}_2\end{bmatrix} \quad \boldsymbol{X} = \begin{bmatrix}x_1 \\ x_2\end{bmatrix} \quad \boldsymbol{A} = \begin{bmatrix}-\dfrac{R}{L} & -\dfrac{1}{L} \\ \dfrac{1}{C} & 0\end{bmatrix} \quad \boldsymbol{B} = \begin{bmatrix}\dfrac{1}{L} \\ 0\end{bmatrix}$

则式(2.6.6)可写成

$$\dot{\boldsymbol{X}} = \boldsymbol{AX} + \boldsymbol{B}u \tag{2.6.7}$$

(6) 输出方程。在指定系统输出的情况下,输出量与状态变量之间的函数关系式称为系统的输出方程。在图 2.6.1 所示系统中,若指定 $x_2 = u_C$ 作为输出量,则该系统的输出方程为

$$y = x_2$$

写成矩阵形式,有

$$\boldsymbol{Y} = [0 \quad 1]\begin{bmatrix}x_1 \\ x_2\end{bmatrix} \tag{2.6.8}$$

如令 $\quad \boldsymbol{C}^{\mathrm{T}} = [0 \quad 1] \quad \boldsymbol{X} = \begin{bmatrix}x_1 \\ x_2\end{bmatrix}$

则式(2.6.8)可写成

$$\boldsymbol{Y} = \boldsymbol{C}^{\mathrm{T}}\boldsymbol{X} \tag{2.6.9}$$

状态方程与输出方程一起,构成对系统动态的完整描述,称为系统的状态空间表达式或系统的动态方程。

2.6.2　线性系统的状态方程描述

从 2.6.1 节关于 RLC 网络的例题中,可得到状态方程的求法,并且可以看出,写状态方程的一般步骤是:

(1) 根据实际系统各变量所遵循的运动规律写出它的运动的微分方程;

(2) 选择适当的状态变量,把运动的微分方程化为关于状态变量的一阶微分方

程组。

现在考虑一个单变量的线性定常系统,它的运动方程是一个 n 阶的常系数线性微分方程

$$\begin{aligned} & y^{(n)}+a_1 y^{(n-1)}+\cdots+a_{n-1}\dot{y}+a_n y \\ & =b_0 u^{(m)}+b_1 u^{(m-1)}+\cdots+b_{m-1}\dot{u}+b_m u \end{aligned} \tag{2.6.10}$$

其中 u 代表输入函数,且 $n\geqslant m$。

若输入函数不含导数项,则系统的运动方程为

$$y^{(n)}+a_1 y^{(n-1)}+\cdots+a_{n-1}\dot{y}+a_n y=u \tag{2.6.11}$$

根据微分方程理论,若 $y(0),\dot{y}(0),\cdots,y^{(n-1)}(0)$及 $t\geqslant 0$ 时的输入 $u(t)$为已知,则系统未来的运动状态完全确定。

取 $y(t),\dot{y}(t),\cdots,y^{(n-1)}(t)$这 n 个变量作为系统的一组状态变量,将这些变量相应记为

$$\left.\begin{aligned} x_1 &= y \\ x_2 &= \dot{y} \\ &\vdots \\ x_n &= y^{(n-1)} \end{aligned}\right\} \tag{2.6.12}$$

由此看出,这些状态变量依次是变量 y 的各阶导数,满足此条件的变量常称为相变量。采用相变量作为状态变量,式(2.6.11)可写为

$$\left.\begin{aligned} \dot{x}_1 &= x_2 \\ \dot{x}_2 &= x_3 \\ &\vdots \\ \dot{x}_{n-1} &= x_n \\ \dot{x}_n &= -a_n x_1-a_{n-1}x_2-\cdots-a_1 x_n+u \end{aligned}\right\} \tag{2.6.13}$$

将式(2.6.13)改写成矩阵形式,有

$$\underbrace{\begin{bmatrix} \dot{x}_1 \\ \dot{x}_2 \\ \vdots \\ \dot{x}_{n-1} \\ \dot{x}_n \end{bmatrix}}_{\dot{\boldsymbol{X}}}=\underbrace{\begin{bmatrix} 0 & 1 & 0 & \cdots & 0 \\ 0 & 0 & 1 & \ddots & \vdots \\ \vdots & \vdots & \ddots & \ddots & 0 \\ 0 & 0 & \cdots & 0 & 1 \\ -a_n & -a_{n-1} & -a_{n-2} & \cdots & -a_1 \end{bmatrix}}_{\boldsymbol{A}}\underbrace{\begin{bmatrix} x_1 \\ x_2 \\ \vdots \\ x_{n-1} \\ x_n \end{bmatrix}}_{\boldsymbol{X}}+\underbrace{\begin{bmatrix} 0 \\ 0 \\ \vdots \\ 0 \\ 1 \end{bmatrix}}_{\boldsymbol{B}}u \tag{2.6.14}$$

式(2.6.14)便是 n 阶线性定常单输入单输出系统的状态方程。若指定 x_1 作为输出量,则系统输出方程的矩阵形式是

$$\boldsymbol{Y}=\underbrace{[1\quad 0\quad \cdots\quad 0]}_{\boldsymbol{C}^{\mathrm{T}}}\underbrace{\begin{bmatrix}x_1\\x_2\\\vdots\\x_n\end{bmatrix}}_{\boldsymbol{X}} \tag{2.6.15}$$

同传递函数方框图相类似，系统的状态方程和输出方程也可以用方框图表示。对于式(2.6.14)和式(2.6.15)所描述的单输入单输出系统，其传递函数方框图即为图 2.6.2。

图中，"→"表示标量信号，"⟹"表示向量信号。

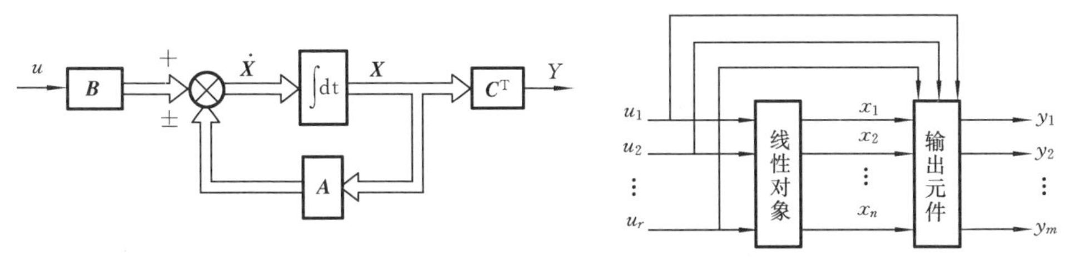

图 2.6.2　系统方框图　　　　图 2.6.3　多输入多输出系统

考虑更一般的情况：当系统的物理框图为图 2.6.3 所示的多输入多输出系统时，则系统的状态方程和输出方程的向量表达式分别为

$$\dot{\boldsymbol{X}}=\boldsymbol{A}\boldsymbol{X}+\boldsymbol{B}\boldsymbol{u} \tag{2.6.16}$$

$$\boldsymbol{Y}=\boldsymbol{C}\boldsymbol{X}+\boldsymbol{D}\boldsymbol{u} \tag{2.6.17}$$

式中

$$\boldsymbol{X}=\begin{bmatrix}x_1\\x_2\\\vdots\\x_n\end{bmatrix}\quad(n\text{ 维状态向量})$$

$$\boldsymbol{Y}=\begin{bmatrix}y_1\\y_2\\\vdots\\y_m\end{bmatrix}\quad(m\text{ 维输出向量})$$

$$\boldsymbol{u}=\begin{bmatrix}u_1\\u_2\\\vdots\\u_r\end{bmatrix}\quad(r\text{ 维控制向量})$$

$$\boldsymbol{A} = \begin{bmatrix} a_{11} & a_{12} & \cdots & a_{1n} \\ a_{21} & a_{22} & \cdots & a_{2n} \\ \vdots & \vdots & & \vdots \\ a_{n1} & a_{n2} & \cdots & a_{nn} \end{bmatrix} \quad (n \times n \text{ 系统矩阵})$$

$$\boldsymbol{B} = \begin{bmatrix} b_{11} & b_{12} & \cdots & b_{1r} \\ b_{21} & b_{22} & \cdots & b_{2r} \\ \vdots & \vdots & & \vdots \\ b_{n1} & b_{n2} & \cdots & b_{nr} \end{bmatrix} \quad (n \times r \text{ 控制矩阵})$$

$$\boldsymbol{C} = \begin{bmatrix} c_{11} & c_{12} & \cdots & c_{1n} \\ c_{21} & c_{22} & \cdots & c_{2n} \\ \vdots & \vdots & & \vdots \\ c_{m1} & c_{m2} & \cdots & c_{mn} \end{bmatrix} \quad (m \times n \text{ 输出矩阵})$$

$$\boldsymbol{D} = \begin{bmatrix} d_{11} & d_{12} & \cdots & d_{1r} \\ d_{21} & d_{22} & \cdots & d_{2r} \\ \vdots & \vdots & & \vdots \\ d_{m1} & d_{m2} & \cdots & d_{mr} \end{bmatrix} \quad (m \times r \text{ 直接传递矩阵})$$

如果系统是线性时变系统,也即其系数随时间而变化,则式(2.6.16)和式(2.6.17)应分别改写为

$$\dot{\boldsymbol{X}} = \boldsymbol{A}(t)\boldsymbol{X} + \boldsymbol{B}(t)\boldsymbol{u} \tag{2.6.18}$$

$$\boldsymbol{Y} = \boldsymbol{C}(t)\boldsymbol{X} + \boldsymbol{D}(t)\boldsymbol{u} \tag{2.6.19}$$

图 2.6.4 是由式(2.6.18)和式(2.6.19)所确定的系统的方框图。

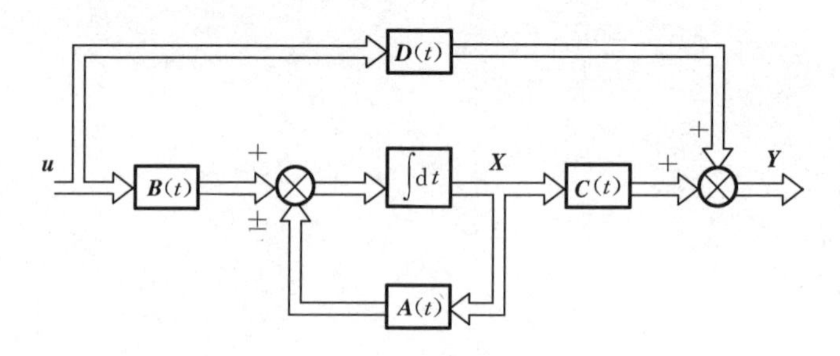

图 2.6.4　系统方框图

对于非线性系统,由于不能应用叠加原理,其系统动态方程应表示成

$$\left.\begin{aligned} \dot{\boldsymbol{X}}(t) &= f[\boldsymbol{X}(t), \boldsymbol{u}(t), t] \\ \boldsymbol{Y}(t) &= g[\boldsymbol{X}(t), \boldsymbol{u}(t), t] \end{aligned}\right\} \tag{2.6.20}$$

式中:f 和 g 为非线性函数;$\boldsymbol{u}(t)$是一个 r 维向量;$\boldsymbol{X}(t)$是一个 n 维向量;$\boldsymbol{Y}(t)$是一个 m 维向量。

2.6.3 传递函数与状态方程之间的关系

一个线性定常系统既可以用传递函数描述，也可以用状态方程描述，两者之间必然有内在的联系。下面以单输入单输出系统为例，分析系统的传递函数与状态方程之间的关系。

设所要研究的系统的传递函数为

$$G(s)=\frac{Y(s)}{U(s)} \tag{2.6.21}$$

该系统的状态空间表达式可以表示为

$$\dot{\boldsymbol{X}}=\boldsymbol{AX}+\boldsymbol{B}u \tag{2.6.22}$$

$$\boldsymbol{Y}=\boldsymbol{C}^{\mathrm{T}}\boldsymbol{X}+\boldsymbol{D}u \tag{2.6.23}$$

式中：$\boldsymbol{X}$ 为 n 维状态向量；$\boldsymbol{u}$ 为输入量；$\boldsymbol{Y}$ 为输出量；$\boldsymbol{A}$ 为 $n\times n$ 系统矩阵；$\boldsymbol{B}$ 为 $n\times 1$ 控制矩阵；$\boldsymbol{C}^{\mathrm{T}}$ 为 $1\times n$ 输出矩阵；$\boldsymbol{D}$ 为 1×1 传递矩阵，在这里实际上是一个常量。当满足零初始条件时，式(2.6.22)和式(2.6.23)的 Laplace 变换分别为

$$(s\boldsymbol{I}-\boldsymbol{A})\boldsymbol{X}(s)=\boldsymbol{B}\boldsymbol{U}(s) \tag{2.6.24}$$

$$\boldsymbol{Y}(s)=\boldsymbol{C}^{\mathrm{T}}\boldsymbol{X}(s)+\boldsymbol{D}\boldsymbol{U}(s) \tag{2.6.25}$$

式中：$\boldsymbol{I}$ 为单位矩阵。用$(s\boldsymbol{I}-\boldsymbol{A})^{-1}$左乘式(2.6.24)，得

$$\boldsymbol{X}(s)=(s\boldsymbol{I}-\boldsymbol{A})^{-1}\boldsymbol{B}\boldsymbol{U}(s) \tag{2.6.26}$$

将式(2.6.26)代入式(2.6.25)，得

$$\boldsymbol{Y}(s)=[\boldsymbol{C}^{\mathrm{T}}(s\boldsymbol{I}-\boldsymbol{A})^{-1}\boldsymbol{B}+\boldsymbol{D}]\boldsymbol{U}(s) \tag{2.6.27}$$

由式(2.6.27)可以看出

$$\boldsymbol{G}(s)=\frac{\boldsymbol{Y}(s)}{\boldsymbol{U}(s)}=\boldsymbol{C}^{\mathrm{T}}(s\boldsymbol{I}-\boldsymbol{A})^{-1}\boldsymbol{B}+\boldsymbol{D} \tag{2.6.28}$$

这就是以 $\boldsymbol{A}$、$\boldsymbol{B}$、$\boldsymbol{C}$、$\boldsymbol{D}$ 的形式表示的传递函数。应该指出，传递函数具有不变性，亦即对状态方程进行线性变换后，其对应的传递函数应该不变。

2.7 设计示例：数控直线运动工作台位置控制系统

这一节将介绍数控直线运动工作台位置控制系统的建模。图 2.7.1 是一个简化了的数控直线运动工作台位置控制系统示意图。其中，伺服电动机为电枢控制式直流电动机，工作台采用滚珠丝杠传动，而工作台移动采用直线滚动导轨。电动机转子轴上的转动惯量为 J_1，减速器输出轴上的转动惯量为 J_2，减速器的减速比为 i，滚珠丝杠的螺距为 P，工作台的质量为 m。给定环节的传递函数为 K_a，放大环节的传递函数为 K_b，包括检测装置在内的反馈环节的传递函数为 K_c。考虑到采用了滚动轴承、滚珠丝杠和直线滚动导轨，与各运动副相对速度有关的黏性阻尼力矩可忽略不计，同时，由于运动部件的弹性变形非常小，也忽略与运动部件弹性形变相关的弹性力矩。

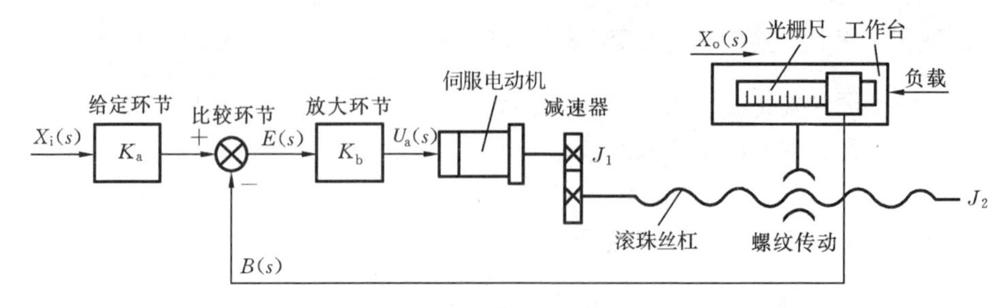

图 2.7.1　数控直线运动工作台位置控制系统示意图

建立该数控直线运动工作台的数学模型的关键，在于建立包含伺服电动机、减速器、滚珠丝杠和工作台等部件组合起来的机电系统的数学模型。在 2.1 节电枢控制式直流电动机的例子中，以电压 u_a 为输入量，以折算到电动机轴上的总的负载力矩 M_L 为扰动量，以电动机输出轴转速 ω 为输出，建立了伺服电动机的微分方程，如式(2.1.11)所示。而图 2.3.7 则给出了其传递函数方框图。考虑到电动机输出轴的转角 θ 是转速 ω 的积分，而工作台的位移 x_o 与电动机轴的转角 θ 成正比，即有 $x_o = K_1\theta$，式中，$K_1 = \dfrac{P}{2\pi i}$。

于是，不难得到该系统的传递函数方框图(见图 2.7.2)。其中，J 为折算到电动机轴上的总的转动惯量。根据能量守恒定理，折算前后系统的总能量保持不变，有

$$\frac{1}{2}J\omega^2 = \frac{1}{2}J_1\omega^2 + \frac{1}{2}J_2\left(\omega\frac{1}{i}\right)^2 + \frac{1}{2}m\left(\omega\frac{P}{2\pi i}\right)^2$$

即

$$J = J_1 + \frac{J_2}{i^2} + m\left(\frac{P}{2\pi i}\right)^2$$

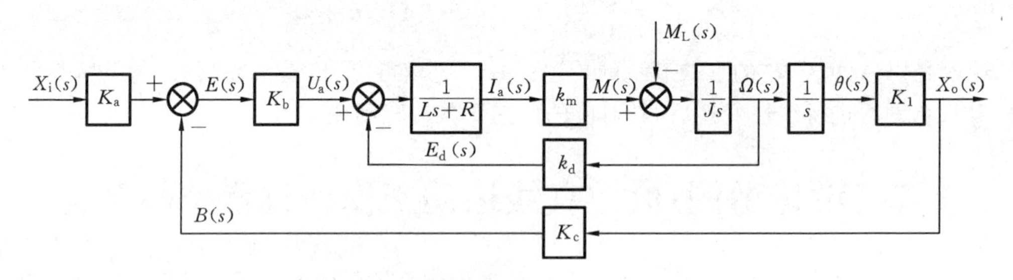

图 2.7.2　工作台位置控制系统传递函数方框图

根据方框图等效变换规则，对图 2.7.2 进行化简，可以将系统的传递函数方框图简化成图 2.7.3(a)与图 2.7.3(b)所示的形式。

令负载力矩 $M_L(s) = 0$，可以得到系统在给定输入 $X_i(s)$ 作用下的传递函数为

$$G_{X_i}(s) = \frac{k_m K_1 K_a K_b}{JLs^3 + JRs^2 + k_d k_m s + k_m K_1 K_b K_c} \tag{2.7.1}$$

令输入 $X_i(s) = 0$，可以得到系统在负载力矩 $M_L(s)$ 作用下的传递函数为

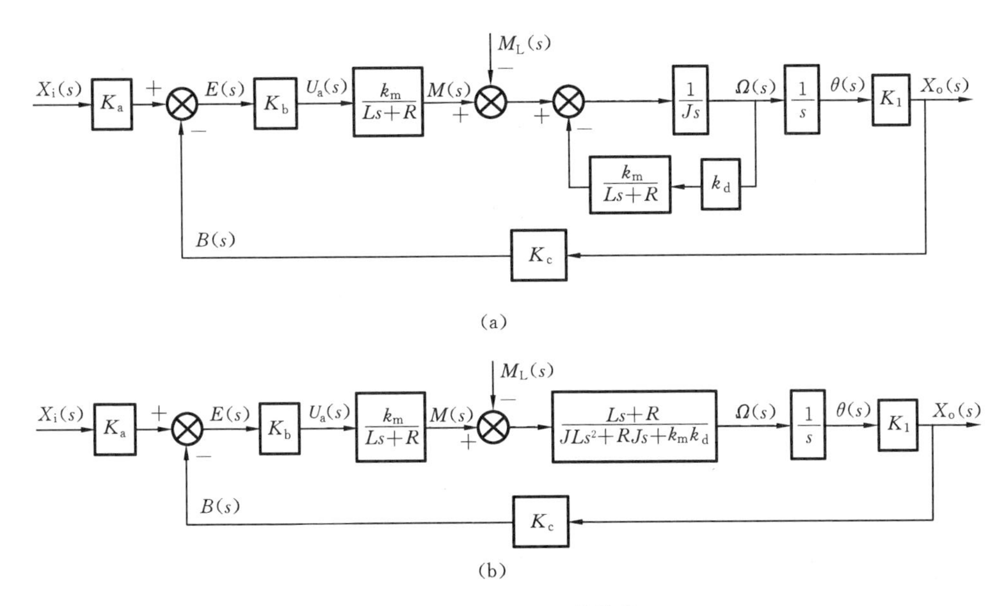

图 2.7.3　图 2.7.2 的简化

$$G_{M_L}(s)=\frac{-K_1(Ls+R)}{JLs^3+JRs^2+k_d k_m s+k_m K_1 K_b K_c} \tag{2.7.2}$$

根据式(2.7.1)或式(2.7.2),可知该系统是一个三阶系统。若忽略电枢绕组的电感 L,系统传递函数方框图即为图 2.7.4。此时不难求出其传递函数。系统可以近似看成为一个二阶系统,取 $K_a=K_c$,即有

$$G_{X_i}(s)=\frac{k_m K_1 K_a K_b}{JRs^2+k_d k_m s+k_m K_1 K_b K_c}=\frac{\frac{k_m K_1 K_c K_b}{JR}}{s^2+\frac{k_d k_m}{JR}s+\frac{k_m K_1 K_b K_c}{JR}}=\frac{\omega_n^2}{s^2+2\xi\omega_n s+\omega_n^2}$$

$$G_{M_L}(s)=\frac{-K_1 R}{JRs^2+k_d k_m s+k_m K_1 K_b K_c}=-\frac{\frac{K_1}{J}}{s^2+\frac{k_d k_m}{JR}s+\frac{k_m K_1 K_b K_c}{JR}}$$

$$=-\frac{R}{k_m K_c K_b}\cdot\frac{\omega_n^2}{s^2+2\xi\omega_n s+\omega_n^2}$$

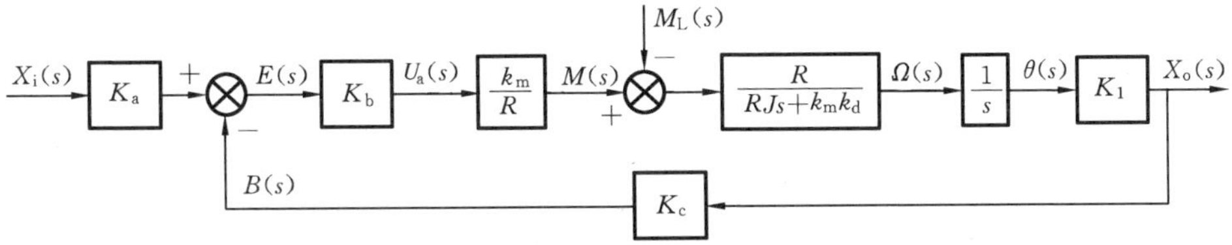

图 2.7.4　忽略电感 L 的位置控制系统方框图

其中
$$\omega_n = \sqrt{\frac{k_m K_1 K_c K_b}{JR}} \qquad \xi = \frac{k_d}{2}\sqrt{\frac{k_m}{JRK_1 K_c K_b}}$$

以后几章将利用此模型对系统的动态特性进行分析和校正。

数学模型的 MATLAB 描述　　本章学习要点　　在线自测

习　　题

2.1 什么是线性系统？其最重要的特性是什么？如果 x_o 表示系统输出，x_i 表示系统输入，则下列微分方程表示的系统中，哪些是线性系统？

(1) $\ddot{x}_o + 2x_o\dot{x}_o + 2x_o = 2x_i$　　(2) $\ddot{x}_o + 2\dot{x}_o + 2tx_o = 2x_i$

(3) $\ddot{x}_o + 2\dot{x}_o + 2x_o = 2x_i$　　(4) $\ddot{x}_o + 2x_o\dot{x}_o + 2tx_o = 2x_i$

2.2 图(题 2.2)中三图分别表示了三个机械系统，求出它们各自的微分方程。图中 x_i 表示输入位移，x_o 表示输出位移，假设输出端无负载效应。

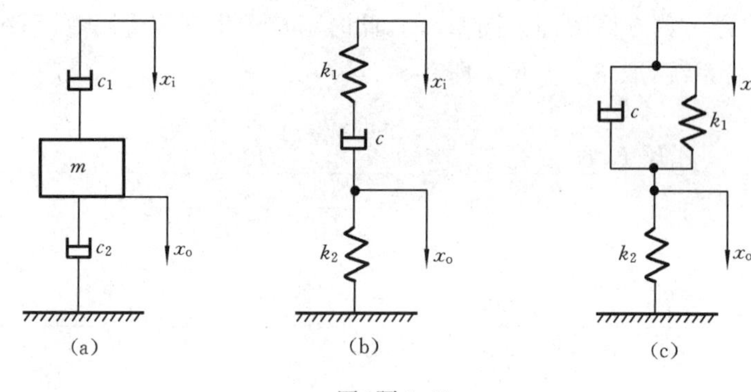

图(题 2.2)

2.3 求出图(题 2.3)所示电系统的微分方程。

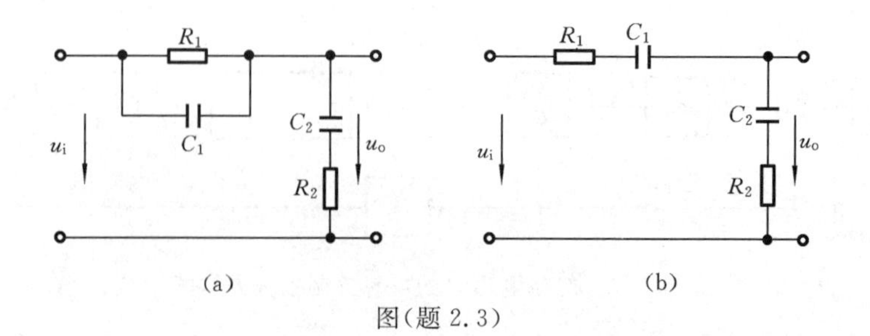

图(题 2.3)

2.4　求图(题2.4)所示机械系统的微分方程。图中 M 为输入转矩，c_m 为圆周阻尼，J 为转动惯量。

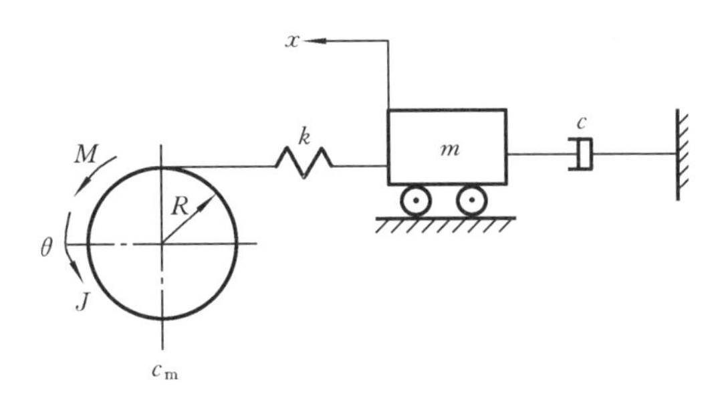

图(题2.4)

2.5　输出 $y(t)$ 与输入 $x(t)$ 的关系为 $y(t)=2x(t)+0.5x^3(t)$。

(1) 求当工作点为 $x_0=0, x_0=1, x_0=2$ 时相应的稳态时的输出值；

(2) 在这些工作点处建立小偏差线性化模型，并以对工作点的偏差来定义 x 和 y，写出新的线性化模型。

2.6　已知滑阀节流口流量方程为 $Q=cwx_v\dfrac{\sqrt{2p}}{\rho}$，式中，$Q$ 为通过节流阀流口的流量；p 为节流阀流口的前后油压差；x_v 为节流阀的位移量；c 为流量系数；w 为节流口面积梯度；ρ 为油密度。试以 Q 与 p 为变量(即将 Q 作为 p 的函数)将节流阀流量方程线性化。

2.7　已知系统的动力学方程如下，试写出它们的传递函数 $Y(s)/R(s)$。

(1) $\dddot{y}(t)+15\ddot{y}(t)+50\dot{y}(t)+500y(t)=\ddot{r}(t)+2r(t)$

(2) $5\ddot{y}(t)+25\dot{y}(t)=0.5\dot{r}(t)$

(3) $\ddot{y}(t)+25y(t)=0.5r(t)$

(4) $\ddot{y}(t)+3\dot{y}(t)+6y(t)+4\int y(t)\mathrm{d}t=4r(t)$

2.8　图(题2.8)所示为汽车或摩托车悬挂系统简化的物理模型，试以位移 x 为输入量，位移 y 为输出量，求系统的传递函数 $Y(s)/X(s)$。

2.9　试分析当反馈环节 $H(s)=1$，前向通道传递函数 $G(s)$ 分别为惯性环节、微分环节、积分环节时，输入、输出的闭环传递函数。

2.10　证明图(题2.10)与图(题2.3(a))所示系统是相似系统(即证明两系统的传递函数具有相同形式)。

2.11　一齿轮系如图(题2.11)所示。图中：z_1、z_2、z_3 和 z_4 分别为各齿轮齿数；J_1、J_2 和 J_3 表示各传动轴上的转动惯量，θ_1、θ_2 和 θ_3 为各轴的角位移；M_m 是电动机输出转矩。试列写折算到电动机轴上的齿轮系的运动方程。

2.12　求图(题2.12)所示两系统的传递函数。

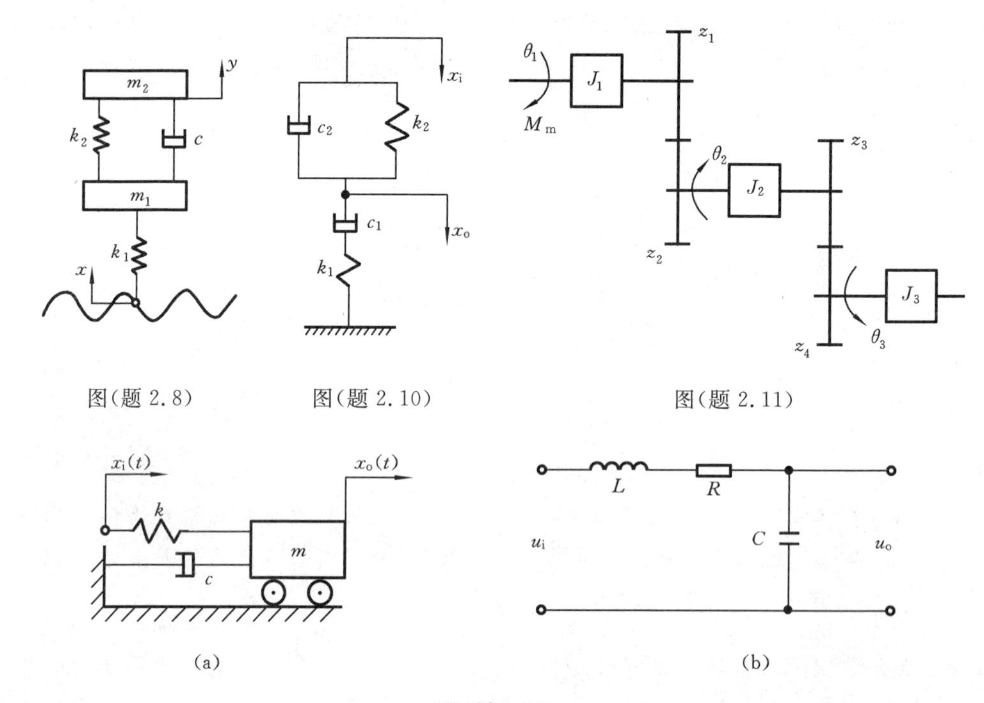

图(题 2.8)　　图(题 2.10)　　图(题 2.11)

(a)　　(b)

图(题 2.12)

2.13 某直流调速系统如图(题 2.13)所示,u_s 为给定输入量,电动机转速 n 为系统的输出量,电动机的负载转矩 T_L 为系统的扰动量。各环节的微分方程分别如下。

比较环节:　　$\Delta u_n = u_s - u_{fn}$

比例调节器:　　$u_c = K_k \Delta u_n$　(K_k 为放大系数)

晶闸管触发整流装置:　　$u_d = K_s u_c$　(K_s 为整流增益)

电动机电枢回路:　　$u_d = i_a R_d + L_d \dfrac{di_a}{dt} + e$

(R_d 为电枢回路电阻,L_d 为电枢回路电感,i_a 为电枢电流)

电枢反电动势:　　$e = K_d n$　(K_d 为反电动势系数)

电磁转矩:　　$T_e = K_m i_a$　(K_m 为转矩系数)

负载平衡方程:　$T_e = J_G \dfrac{dn}{dt} + T_L$　(J_G 为转动惯量,T_L 为负载转矩)

测速电动机:　　$u_{fn} = \alpha n$　(α 为转速反馈系数)

试根据所给出的微分方程,绘制各环节相应的传递函数方框图和控制系统的传递函数方框图,并由方框图求取传递函数 $\dfrac{N(s)}{U_s(s)}$ 和 $\dfrac{N(s)}{T_L(s)}$。

2.14 试绘制图(题 2.14)所示机械系统传递函数方框图。

2.15 若系统传递函数方框图为图(题 2.15)。

(1) 以 $R(s)$ 为输入,求当 $N(s) = 0$ 时,分别以 $C(s)$、$Y(s)$、$B(s)$、$E(s)$ 为输出

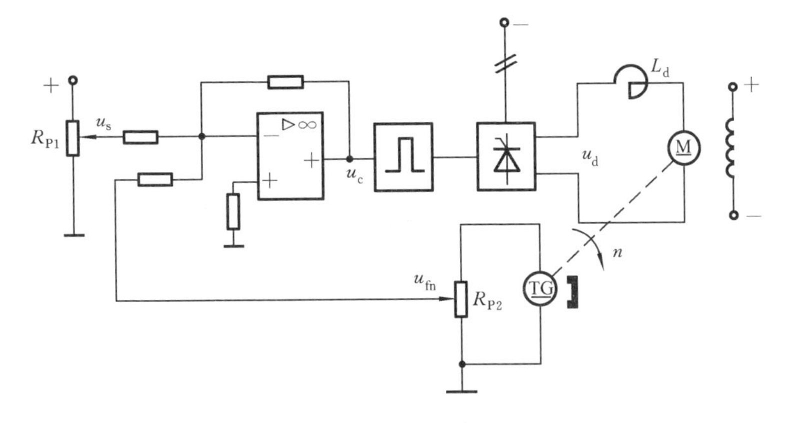

图(题 2.13)

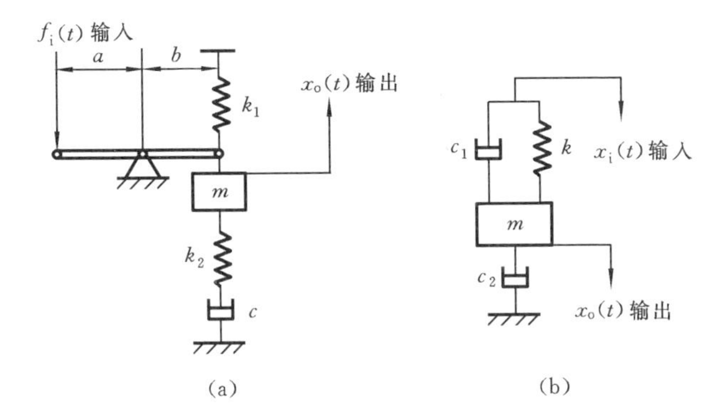

图(题 2.14)

的闭环传递函数;

(2) 以 $N(s)$ 为输入,求当 $R(s)=0$ 时,分别以 $C(s)$、$Y(s)$、$B(s)$、$E(s)$ 为输出的闭环传递函数;

(3) 比较以上各传递函数的分母,从中可以得出什么结论?

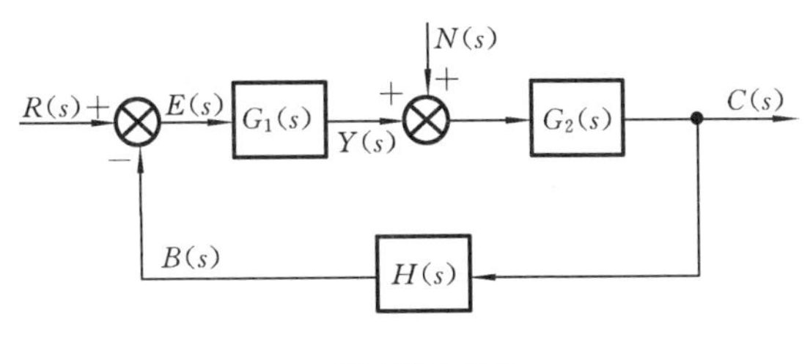

图(题 2.15)

2.16　已知某系统的传递函数方框图为图(题 2.16),其中,$X_i(s)$ 为输入,$X_o(s)$ 为输出,$N(s)$ 为干扰,试问:$G(s)$ 为何值时,系统可以消除干扰的影响?

2.17　系统结构如图(题 2.17)所示,求系统的传递函数。

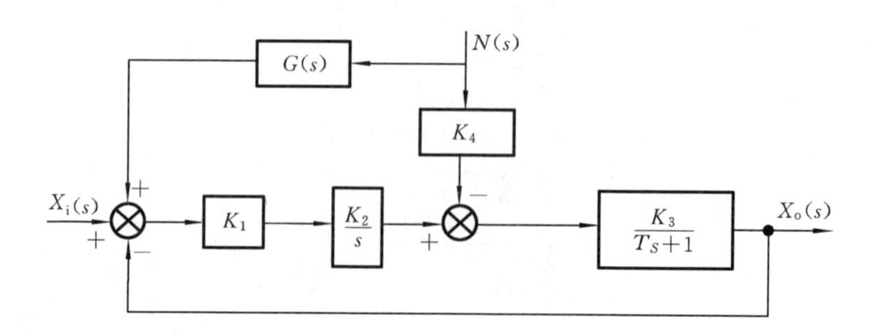

图(题 2.16)

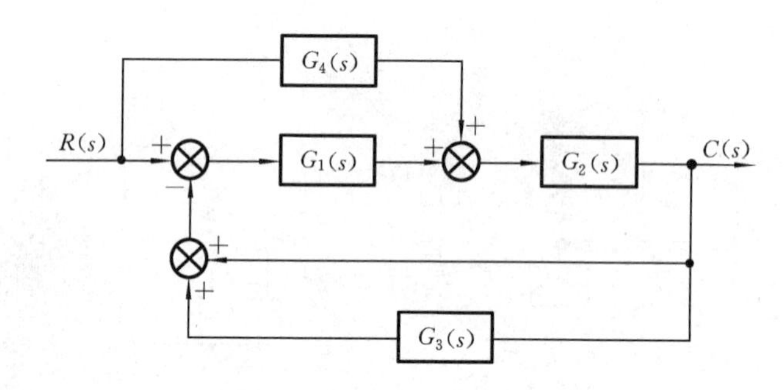

图(题 2.17)

2.18 求出图(题 2.18)所示系统的传递函数 $X_o(s) / X_i(s)$。

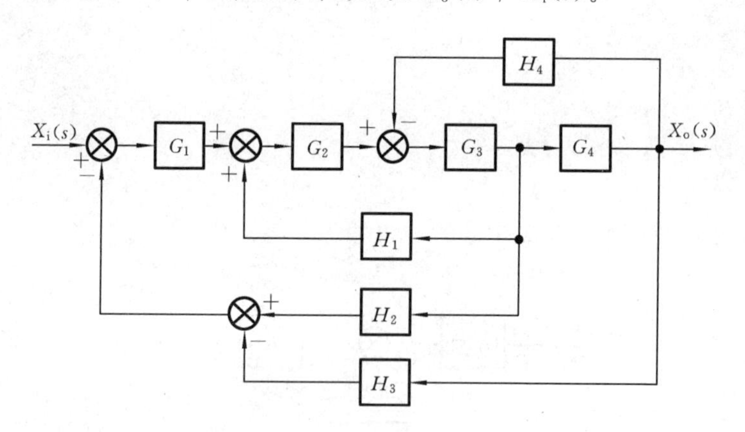

图(题 2.18)

2.19 求出图(题 2.19)所示系统的传递函数 $X_o(s) / X_i(s)$。

2.20 求出图(题 2.20)所示系统的传递函数 $X_o(s) / X_i(s)$。

2.21 设描述系统的微分方程为

(1) $\ddot{y}+2\dot{y}+y=0$　　　(2) $\ddot{y}+2\dot{y}+y=A$

试导出系统的状态方程。

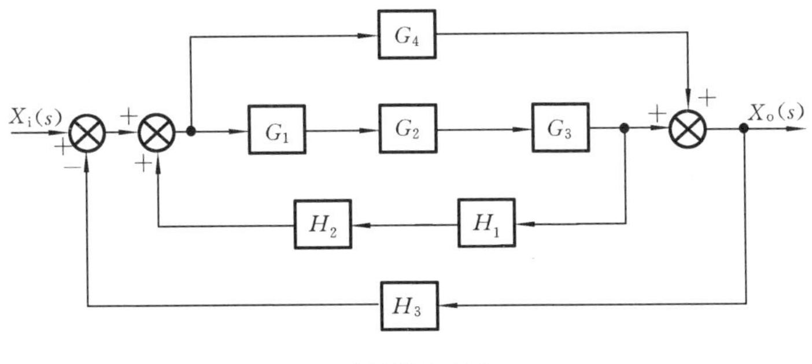

图(题 2.19)

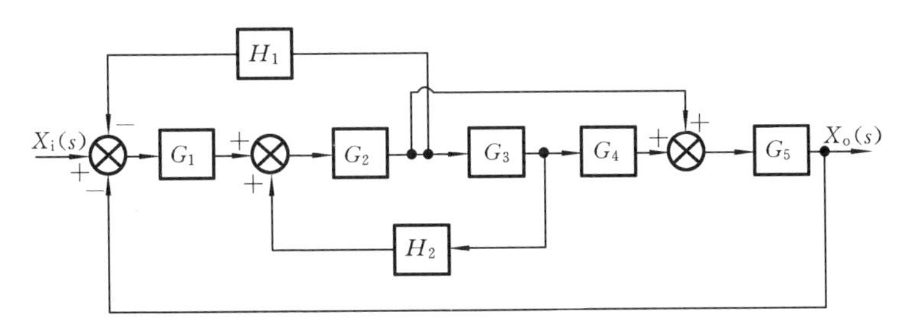

图(题 2.20)

2.22　*RLC* 电网络如图(题 2.22)所示，$u(t)$ 为输入，流过电阻 R_2 的电流 i_2 为输出，试列写该电网络的状态方程及输出方程。

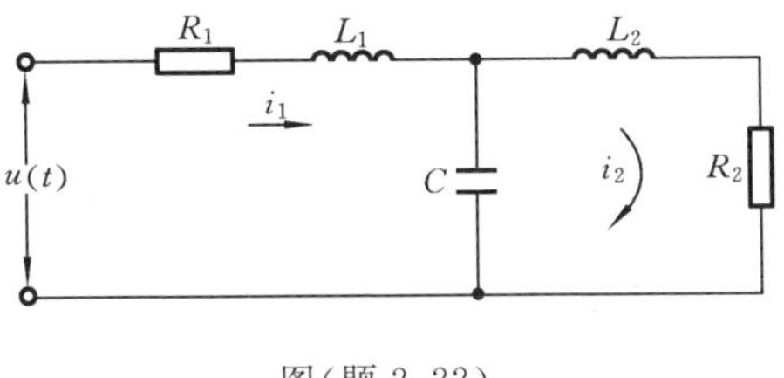

图(题 2.22)

2.23　系统传递函数方框图为图(题 2.23)，试列写系统的状态方程及输出方程。

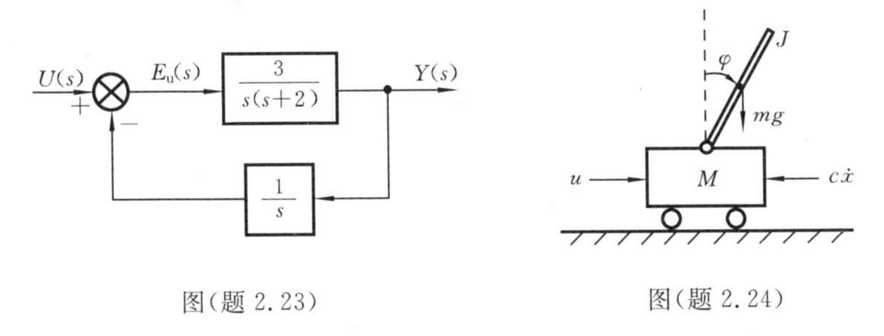

图(题 2.23)　　图(题 2.24)

2.24　图(题 2.24)为某一级倒立摆系统示意图。滑台通过丝杠传动，可沿一直线的有界导轨沿水平方向运动；摆杆通过铰链与滑台连接，可在铅直平面内摆动。

滑台质量为 M,摆杆质量为 m,摆杆转动惯量为 J,滑台摩擦因数为 c,摆杆转动轴心到杆质心的长度为 L,加在滑台水平方向上的合力为 u,滑台位置为 x,摆杆与铅直向上方向的夹角为 φ。

(1) 以 u 为输入,φ 为输出,列写系统的微分方程;

(2) 求系统的传递函数;

(3) 写出系统的状态方程和输出方程。

本章习题参考答案与题解

系统的时间响应分析

在建立系统的数学模型(包括微分方程与传递函数)之后,就可以采用不同的方法,通过系统的数学模型来分析系统的特性。时间响应分析是重要的方法之一。

本章将首先概括地讨论系统的时间响应及其组成,因为这是正确进行时间响应分析的基础(所谓系统的时间响应及其组成就是指描述系统的微分方程的解及其组成,它们完全反映系统本身的固有特性与系统在输入作用下的动态历程);其次,介绍典型的输入信号,因为采用典型输入信号便于进行时间响应分析;然后对一阶、二阶系统的典型时间响应进行分析,因为任何高阶系统均可化为零阶、一阶、二阶系统等的组合,任何输入产生的时间响应均可由典型输入信号产生的典型时间响应而求得;在此基础上,再扼要地讨论高阶系统的时间响应;接着讨论系统误差的基本概念,着重讨论误差与偏差这两个概念以及它们之间的关系,讨论 0 型、Ⅰ型、Ⅱ型系统的稳态偏差;鉴于单位脉冲函数及单位脉冲响应函数的重要意义,对它们的含义与作用将进行较深入的讨论,并在此基础上再进一步讨论系统的时间响应及其组成;最后,介绍设计示例——数控直线运动工作台位置控制系统的时间响应分析。

3.1 时间响应及其组成

为了明确地了解系统的时间响应(time response)及其组成,首先来分析理论力学中已讲过的、最简单的振动系统,即无阻尼的单自由度系统。如图 3.1.1 所示,质量为 m 的质块与刚度为 k 的弹簧组成的单自由度系统在外力(即输入) $F\cos\omega t$ 的作用下,系统的动力学方程即为如下的线性常微分方程:

3.1 节
讲课视频

$$m\ddot{y}(t)+ky(t)=F\cos\omega t \tag{3.1.1}$$

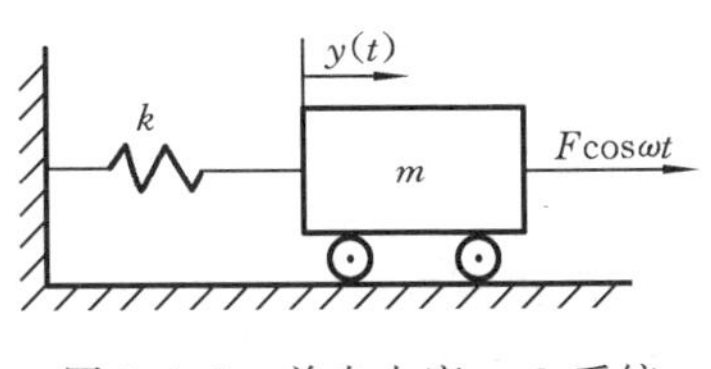

图 3.1.1　单自由度 m-k 系统

按照微分方程解的结构理论,这一非齐次常微分方程的完全解由两部分组成,即

$$y(t)=y_1(t)+y_2(t) \tag{3.1.2}$$

式中:$y_1(t)$ 是与其对应的齐次微分方程的通解;$y_2(t)$ 是其一个特解。由理论力学与微分方程中解的理论可知

$$y_1(t)=A\sin\omega_n t+B\cos\omega_n t \tag{3.1.3}$$

$$y_2(t)=Y\cos\omega t \tag{3.1.4}$$

式中：ω_n 为系统的无阻尼固有频率，$\omega_n=\sqrt{k/m}$。

将式(3.1.4)代入式(3.1.1)，有

$$(-m\omega^2+k)Y\cos\omega t=F\cos\omega t$$

化简得

$$Y=\frac{F}{k}\cdot\frac{1}{1-\lambda^2} \tag{3.1.5}$$

式中：$\lambda=\omega/\omega_n$。

于是，式(3.1.1)的完全解为

$$y(t)=A\sin\omega_n t+B\cos\omega_n t+\frac{F}{k}\cdot\frac{1}{1-\lambda^2}\cos\omega t \tag{3.1.6}$$

式中的常数 A 与 B 可求出。将式(3.1.6)对 t 求导，有

$$\dot{y}(t)=A\omega_n\cos\omega_n t-B\omega_n\sin\omega_n t-\frac{F}{k}\cdot\frac{\omega}{1-\lambda^2}\sin\omega t \tag{3.1.7}$$

设 $t=0$ 时，$y(t)=y(0)$，$\dot{y}(t)=\dot{y}(0)$，代入式(3.1.6)与式(3.1.7)，联立解得

$$A=\frac{\dot{y}(0)}{\omega_n}\qquad B=y(0)-\frac{F}{k}\frac{1}{1-\lambda^2}$$

代入式(3.1.6)，整理得

$$y(t)=\overbrace{\underbrace{\frac{\dot{y}(0)}{\omega_n}\sin\omega_n t+y(0)\cos\omega_n t}_{\text{零输入响应}}-\frac{F}{k}\cdot\frac{1}{1-\lambda^2}\cos\omega_n t}^{\text{自由响应}}+\overbrace{\frac{F}{k}\cdot\frac{1}{1-\lambda^2}\cos\omega t}^{\text{强迫响应}}$$

（其中后两项 $-\frac{F}{k}\cdot\frac{1}{1-\lambda^2}\cos\omega_n t+\frac{F}{k}\cdot\frac{1}{1-\lambda^2}\cos\omega t$ 为零状态响应）

(3.1.8)

分析式(3.1.8)可知：第一、二项是由微分方程的初始条件(即系统的初始状态)引起的自由振动即自由响应。第三项是由作用力引起的自由振动即自由响应，其振动频率均为 ω_n。应该说，第三项的自由响应并不完全自由，因为它的幅值受到 F 的影响，当然，它的频率 ω_n 与作用力频率 ω 完全无关，自由即在此。第四项是由作用力引起的强迫振动即强迫响应，其振动频率即为作用力频率 ω。因此，系统的时间响应可从两方面分类(见式(3.1.8))，按振动性质可分为自由响应与强迫响应，按振动来源可分为零输入响应(即由“无输入时系统的初态”引起的自由响应)与零状态响应(即“无输入时系统的初态”为零而仅由输入引起的响应)。控制工程所要研究的响应往往是零状态响应。

现在来分析较为一般的情况。设系统的动力学方程为

$$a_n y^{(n)}(t)+a_{n-1}y^{(n-1)}(t)+\cdots+a_1\dot{y}(t)+a_0 y(t)=x(t) \tag{3.1.9}$$

此方程的解(即系统的时间响应)为通解 $y_1(t)$ (即自由响应)与特解 $y_2(t)$ (即强迫响应)所组成，有

$$y(t)=y_1(t)+y_2(t)$$

由微分方程解的理论可知，若式(3.1.9)的齐次方程的特征根 $s_i(i=1,2,\cdots,n)$ 各不相同，则

$$y_1(t)=\sum_{i=1}^{n}A_i\mathrm{e}^{s_it} \tag{3.1.10}$$

$$y_2(t)=B(t)$$

而 $y_1(t)$ 又分为两部分，即

$$y_1(t)=\sum_{i=1}^{n}A_{1i}\mathrm{e}^{s_it}+\sum_{i=1}^{n}A_{2i}\mathrm{e}^{s_it} \tag{3.1.11}$$

式中：第一项为由系统的初态所引起的自由响应，第二项为由输入 $x(t)$ 所引起的自由响应。因此，有

$$y(t)=\overbrace{\underbrace{\sum_{i=1}^{n}A_{1i}\mathrm{e}^{s_it}}_{\text{零输入响应}}+\underbrace{\sum_{i=1}^{n}A_{2i}\mathrm{e}^{s_it}}_{\text{零状态响应}}}^{\text{自由响应}}\underbrace{+\overset{\text{强迫响应}}{B(t)}}_{} \tag{3.1.12}$$

在此强调指出，n 与 s_i 同系统的初态无关，更同系统的输入无关，它们只取决于系统的结构与参数这些固有特性。

在定义系统的传递函数时，由于已指明系统的初态为零，故取决于系统的初态的零输入响应为零，从而对 $Y(s)=G(s)X(s)$ 进行 Laplace 逆变换所得的 $y(t)=\mathrm{L}^{-1}[Y(s)]$ 就是系统的零状态响应。

若线性常微分方程的输入函数有导数项，即方程的形式为

$$\begin{aligned}&a_ny^{(n)}(t)+a_{n-1}y^{(n-1)}(t)+\cdots+a_1\dot{y}(t)+a_0y(t)\\&=b_mx^{(m)}(t)+b_{m-1}x^{(m-1)}(t)+\cdots+b_1\dot{x}(t)+b_0x(t)\qquad(n\geqslant m)\end{aligned} \tag{3.1.13}$$

利用线性常微分方程的特点，对方程(3.1.9)两边求导，有

$$a_n[y^{(n)}(t)]'+a_{n-1}[y^{(n-1)}(t)]'+\cdots+a_1[\dot{y}(t)]'+a_0[y(t)]'=[x(t)]'$$

显然，若以 $[x(t)]'$ 作为新的输入函数，则$[y(t)]'$ 为新的输出函数，即此方程的解为方程(3.1.9)的解 $y(t)$ 的导函数$[y(t)]'$。可见，当 $x(t)$ 取为 $x(t)$ 的 n 阶导函数时，方程(3.1.9)的解由 $y(t)$ 变为 $y(t)$ 的 n 阶导函数。由此，从系统的角度出发，则有：对同一线性定常系统而言，如果输入函数等于某一函数的导函数，则该输入函数的响应函数也等于这一函数的响应函数的导函数。利用这一结论与方程(3.1.9)的解(即式(3.1.12))，可分别求出$\dot{x}(t)$，$\ddot{x}(t)$，…，$x^{(m)}(t)$ 作用时的响应函数，然后利用线性系统的叠加性质，就可以求得方程(3.1.13)的解，即系统的响应函数。

在此强调指出，除本节有特别声明之处以外，本书其他章节所讲的时间响应，均指零状态响应。

在这里，还要分析一个重要的问题，即所谓瞬态响应与稳态响应的问题。今以

$\mathrm{Re}s_i$ 表示 s_i 的实部，$\mathrm{Im}s_i$ 表示 s_i 的虚部，则在式(3.1.10)至式(3.1.12)中，若所有的 $\mathrm{Re}s_i<0$，则随着时间的增加，自由响应逐渐衰减，当 $t\to\infty$ 时自由响应则趋于零。不难理解，系统微分方程的特征根 s_i 就是系统传递函数的极点 s_i。因此，这一情况就是2.2节所指出的，系统传递函数所有的极点均在复平面[s]左半部分的情况。此时，系统稳定，它的自由响应称为瞬态响应。反之，只要有一个 $\mathrm{Re}s_i>0$，则随着时间的增加，自由响应逐渐增大，当 $t\to\infty$ 时，自由响应也趋于无限大。显然，这就是系统的传递函数的相应极点 s_i 在复平面[s]右半部分的情况。此时，系统不稳定，它的自由响应就不是瞬态响应。所谓稳态响应一般就是指强迫响应。

由上述可知，研究时间响应是十分重要的。第1章所指出的机械工程控制论所要着重研究的三个问题，即对系统的三个要求——系统稳定性、响应快速性、响应准确性，是同自由响应密切相关的。$\mathrm{Re}s_i$ 是小于还是大于零，决定了自由响应是衰减还是发散，决定了系统是稳定还是不稳定；当系统稳定时，$\mathrm{Re}s_i$ 的绝对值是大还是小，决定了自由响应是快速还是慢速衰减，决定了系统的响应是快速还是慢速趋于稳态响应；而 $\mathrm{Im}s_i$ 的情况在很大程度上决定了自由响应的振荡情况，决定了系统的响应在规定时间内接近稳态响应的情况。

3.2　典型输入信号

在实际系统中，输入虽然是多种多样的，但均可分为确定性信号和非确定性信号。确定性信号是其变量和自变量之间的关系能够用某一确定性函数描述的信号。例如，为了研究机床的动态特性，用电磁激振器给机床输入一个作用力 $F=A\sin\omega t$，这个作用力就是一个确定性时间函数信号。非确定性信号是其变量和自变量之间的关系不能用某一确定性函数描述的信号，也就是说，它的变量与自变量之间的关系是随机的，只服从某些统计规律。例如，在车床上加工工件时，切削力就是非确定性信号。由于工件材料的不均匀性和刀具实际角度的变化等随机因素的影响，无法用一确定的时间函数表示切削力的变化规律。

因为系统的输入具有多样性，所以在分析和设计系统时，需要规定一些典型输入信号，然后比较各系统对典型输入信号的时间响应。尽管在实际中，输入信号很少是典型输入信号，但由于在系统对典型输入信号的时间响应和系统对任意输入信号的时间响应之间存在一定的关系，因此只要知道系统对典型输入信号的响应，再利用关系式

$$\frac{X_{o1}(s)}{X_{i1}(s)}=G(s)=\frac{X_{o2}(s)}{X_{i2}(s)}$$

或
$$x_{i1}(t)*x_{o2}(t)=x_{i2}(t)*x_{o1}(t)\qquad (*表示卷积)$$

就能求出系统对任何输入的响应。

实际中经常使用两类输入信号。其一是系统正常工作时的输入信号。使用这类

输入信号很简便，且系统的正常运行又不会因外加扰动而被破坏，然而，这不一定能保证有足够的能激励系统的能量所给出的信息，从而获得对系统动态特性的全面了解。其二是外加测试信号。这是更常用的一类输入信号，其中，单位脉冲函数、单位阶跃函数、单位斜坡函数、单位抛物线函数、正弦函数和某些随机函数在试验中经常用到，它们依次示于图 3.2.1 的图(a)至图(f)中。这类外加输入信号在试验条件下用得很成功，然而在许多实际生产过程中，往往不能使用。因为大多数外加的测试信号对生产过程的正常运行干扰太大，即使有的生产过程能承受这样大的干扰，试验也往往要受到严格的限制。

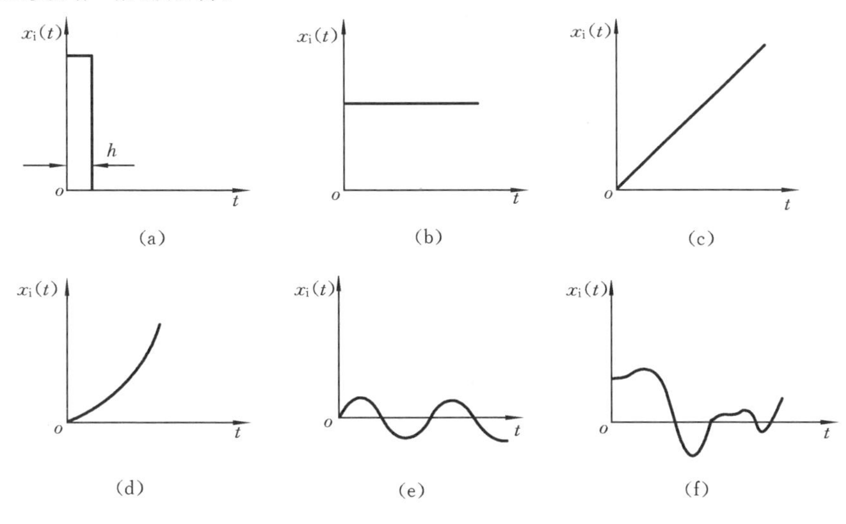

图 3.2.1　典型输入信号

下面着重分析一阶与二阶系统在输入信号为单位脉冲与单位阶跃函数时的时间响应。

3.3　一阶系统

可用一阶微分方程描述的系统称为一阶系统，其微分方程和传递函数的一般形式为

3.3 节
讲课视频

$$T\frac{\mathrm{d}x_o(t)}{\mathrm{d}t}+x_o(t)=x_i(t)$$

$$G(s)=\frac{X_o(s)}{X_i(s)}=\frac{1}{Ts+1}$$

式中：T 称为一阶系统的时间常数，它表达了一阶系统本身的与外界作用无关的固有特性，故也称为一阶系统的特征参数。

3.3.1　一阶系统的单位脉冲响应

当系统的输入信号 $x_i(t)$ 是理想的单位脉冲函数 $\delta(t)$ 时，系统的输出 $x_o(t)$ 称为

单位脉冲响应(unit-impulse response)(或称为单位脉冲响应函数,在此应指出,习惯上,响应函数简称为响应),特别记为 $w(t)$。因

$$W(s)=X_{\mathrm{o}}(s)=G(s)X_{\mathrm{i}}(s)$$

而
$$X_{\mathrm{i}}(s)=\mathrm{L}[\delta(t)]=1$$

所以
$$W(s)=G(s)$$

于是,一阶系统在理想的单位脉冲函数作用下,其响应函数等于系统传递函数的 Laplace 逆变换,即

$$w(t)=\mathrm{L}^{-1}[G(s)]=\mathrm{L}^{-1}\left[\frac{1}{Ts+1}\right]$$

所以
$$w(t)=\frac{1}{T}\mathrm{e}^{-t/T}\qquad(t\geqslant 0)\tag{3.3.1}$$

由式(3.3.1)和式(3.1.12)可知,$w(t)$ 只有瞬态项,而 $B(t)$ 为零。由式(3.3.1)可得表 3.3.1。

式(3.3.1)表示的一阶系统的单位脉冲响应如图 3.3.1 所示。

表 3.3.1　t 取不同值时的 $w(t)$ 和 $\dot{w}(t)$

t	$w(t)$	$\dot{w}(t)$
0	$\frac{1}{T}$	$-\frac{1}{T^2}$
T	$0.368\frac{1}{T}$	$-0.368\frac{1}{T^2}$
$2T$	$0.135\frac{1}{T}$	$-0.135\frac{1}{T^2}$
$4T$	$0.018\frac{1}{T}$	$-0.018\frac{1}{T^2}$
∞	0	0

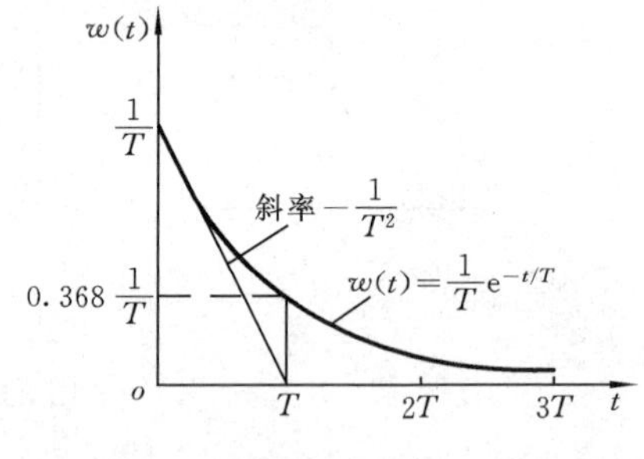

图 3.3.1　一阶系统单位脉冲响应

图 3.3.1 表明,一阶系统的单位脉冲响应函数曲线是一单调下降的指数曲线。如果将上述指数曲线衰减到初值的 2%之前的过程定义为过渡过程,则可算得过渡过程对应的时间为 $4T$。称此时间($4T$)为过渡过程时间或调整时间,记为 t_{s}。由此可见,系统的时间常数 T 愈小,其调整时间愈短。这表明系统的惯性愈小,系统对输入信号反应的快速性能愈好。从 3.4 节将可知,二阶系统比一阶系统容易得到较短的调整时间。这表明一阶系统的惯性较大,所以一阶系统又称为一阶惯性系统。在一阶系统的输出中包含了反映该系统惯性的时间常数 T 这一重要的信息(见式(3.3.1))。

在实际应用时,由于理想的脉冲信号不可能得到,故常以具有一定的脉冲宽度和有限幅度的脉冲来代替它。为了得到近似程度较高的脉冲响应函数,就要求脉冲信号的脉冲宽度 h(见图 3.2.1(a))与系统的时间常数 T 相比足够小,一般要求 $h<0.1T$。

3.3.2　一阶系统的单位阶跃响应

当系统的输入信号为单位阶跃信号时，即

$$x_{\mathrm{i}}(t) = u(t) \qquad \mathrm{L}[u(t)] = \frac{1}{s}$$

则一阶系统的单位阶跃响应(unit-step response)函数的 Laplace 变换式为

$$X_{\mathrm{o}}(s) = G(s)X_{\mathrm{i}}(s) = \frac{1}{Ts+1} \cdot \frac{1}{s}$$

其时间响应函数(记为 $x_{\mathrm{ou}}(t)$) 为

$$x_{\mathrm{ou}}(t) = \mathrm{L}^{-1}[X_{\mathrm{o}}(s)] = 1 - \mathrm{e}^{-t/T} \qquad (t \geqslant 0) \tag{3.3.2}$$

由式(3.3.2)和式(3.1.12)可知，$x_{\mathrm{ou}}(t)$ 中 $-\mathrm{e}^{-t/T}$ 是瞬态项，1 是稳态项 $B(t)$。这正符合3.1节所述的时间响应组成的情况。由式(3.3.2)可得表 3.3.2。

表 3.3.2　t 取不同值时的 $x_{\mathrm{ou}}(t)$ 和 $\dot{x}_{\mathrm{ou}}(t)$

t	$x_{\mathrm{ou}}(t)$	$\dot{x}_{\mathrm{ou}}(t)$
0	0	$\frac{1}{T}$
T	0.632	$0.368\,\frac{1}{T}$
$2T$	0.865	$0.135\,\frac{1}{T}$
$4T$	0.982	$0.018\,\frac{1}{T}$
∞	1	0

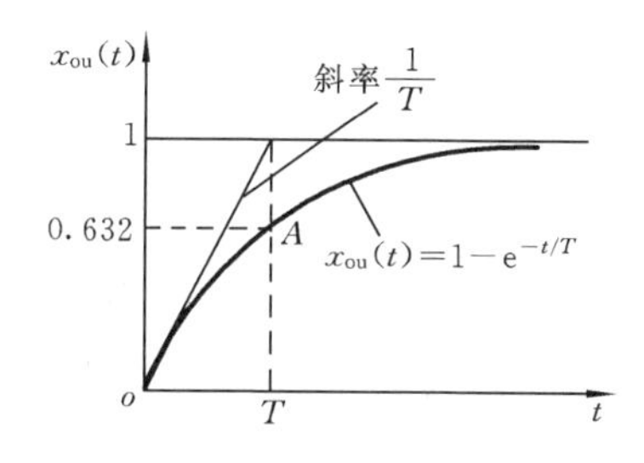

图 3.3.2　一阶系统单位阶跃响应

式(3.3.2)表示的一阶系统的单位阶跃响应函数曲线如图 3.3.2 所示。它是一条单调上升指数曲线，稳态值为 $x_{\mathrm{ou}}(\infty)$。由图可知，该曲线有两个重要的特征点：一个是点 A，其对应的时间 $t = T$ 时，系统的响应 $x_{\mathrm{ou}}(t)$ 达到稳态值的 63.2%；另一个是零点，其对应的 $t = 0$ 时，系统的响应 $x_{\mathrm{ou}}(t)$ 的切线斜率(它表示系统的响应速度)等于 $1/T$。两特征点都十分直接地同系统的时间常数 T 相联系，都包含了一阶系统的与固有特性有关的信息。

由图 3.3.2 可知，指数曲线的斜率，即一阶系统的响应速度 $\dot{x}_{\mathrm{ou}}(t)$ 是随时间 t 的增大而单调减小的。当 t 为 ∞ 时，其响应速度为零；当 $t \geqslant 4T$ 时，一阶系统的响应已达到稳态值的 98%以上。与单位脉冲响应的情况一样，系统的调整时间 $t_{\mathrm{s}} = 4T$。可见，时间常数 T 确实反映了一阶系统的固有特性，其值愈小，系统的惯性就愈小，系统的响应也就愈快。

由以上分析可知，若要求用试验方法求出一阶系统的传递函数 $G(s)$，就可以先对系统输入一单位阶跃信号，并测出它的响应曲线，当然包括其稳态值 $x_{\mathrm{ou}}(\infty)$，然后从响应曲线上找出 $0.632\,x_{\mathrm{ou}}(\infty)$ (即特征点 A)处所对应的时间 t，这个 t 就是系统的时间常数 T ；或者找出 $t = 0$ 时 $x_{\mathrm{ou}}(t)$ (即特征点 0)的切线斜率，这个斜率的倒数也是系统的时间常数 T。再参考式(3.3.1)求出 $w(t)$，最后由 $G(s)=\mathrm{L}[w(t)]$ 求得 $G(s)$。除此方法外，还可以用下述方法求得 $w(t)$，进而求得 $G(s)$。

对比一阶系统的单位脉冲响应 $w(t)$ 和单位阶跃响应 $x_{ou}(t)$，可知它们之间的关系为 $w(t)=\dot{x}_{ou}(t)$。于是可先由式(3.3.2)求得 $x_{ou}(t)$，而后利用此式就可求得 $w(t)$。另外，由积分变换的知识可知，输入信号 $\delta(t)$ 与 $u(t)$ 之间的关系为 $\delta(t)=\dot{u}(t)$。因此，在此一并指出，如果输入函数等于某一函数的微分，则该输入函数的响应函数也等于这一函数的响应函数的微分。这些都给研究系统的时间响应带来了很大的方便。

一阶系统单位脉冲响应仿真

一阶系统单位阶跃响应仿真

3.4 二阶系统

3.4节
讲课视频

一般控制系统均系高阶系统，但在一定准确度条件下，可忽略某些次要因素，将其近似地用一个二阶系统来描述，因此研究二阶系统有较大实际意义。例如，描述力反馈型电液伺服阀的微分方程一般为四阶或五阶的高阶方程，但在实际应用中，电液控制系统按二阶系统来分析已足够准确了。二阶系统实例很多，如前述的 *RCL* 电网络、带有惯性载荷的液压助力器、质量-弹簧-阻尼机械系统等等。

二阶系统的动力学方程及传递函数分别为

$$\frac{d^2x_o(t)}{dt^2}+2\xi\omega_n\frac{dx_o(t)}{dt}+\omega_n^2x_o(t)=\omega_n^2x_i(t)$$

$$G(s)=\frac{X_o(s)}{X_i(s)}=\frac{\omega_n^2}{s^2+2\xi\omega_n s+\omega_n^2} \tag{3.4.1}$$

式中：ω_n 为无阻尼固有频率；ξ 为阻尼比。显然 ω_n 与 ξ 是二阶系统的特征参数，它们表明了二阶系统本身与外界无关的特性。

由式(3.4.1)的分母可以得到二阶系统的特征方程

$$s^2+2\xi\omega_n s+\omega_n^2=0$$

此方程的两个特征根是

$$s_{1,2}=-\xi\omega_n\pm\omega_n\sqrt{\xi^2-1} \tag{3.4.2}$$

由式(3.4.2)可见，随着阻尼比 ξ 取值的不同，二阶系统的特征根也不同。

(1) 当 $0<\xi<1$ 时，两特征根为共轭复数，即

$$s_{1,2}=-\xi\omega_n\pm j\omega_n\sqrt{1-\xi^2}$$

此时，二阶系统的传递函数的极点是一对位于复数平面[s]的左半部分的共轭复数极点，如图3.4.1(a)所示。这时，系统称为欠阻尼系统。

(2) 当 $\xi=0$ 时，两特征根为共轭纯虚根，即

$$s_{1,2}=\pm j\omega_n$$

如图3.4.1(b)所示。这时，系统称为无阻尼系统。

(3) 当 $\xi=1$ 时，特征方程有两个相等的负实根，即

$$s_{1,2}=-\omega_n$$

如图3.4.1(c)所示。这时，系统称为临界阻尼系统。

(4) 当 $\xi>1$ 时，特征方程有两个不等的负实根，即

$$s_{1,2}=-\xi\omega_n\pm\omega_n\sqrt{\xi^2-1}$$

如图3.4.1(d)所示。这时，系统称为过阻尼系统。在第2章已指出，过阻尼二阶系统就是两个一阶惯性环节的组合，既可视为两个一阶环节的并联，也可视为两个一阶环节的串联。并联的两个一阶环节与串联的两个一阶环节并不完全相同。临界阻尼的二阶系统情况又怎样呢？请读者思考。

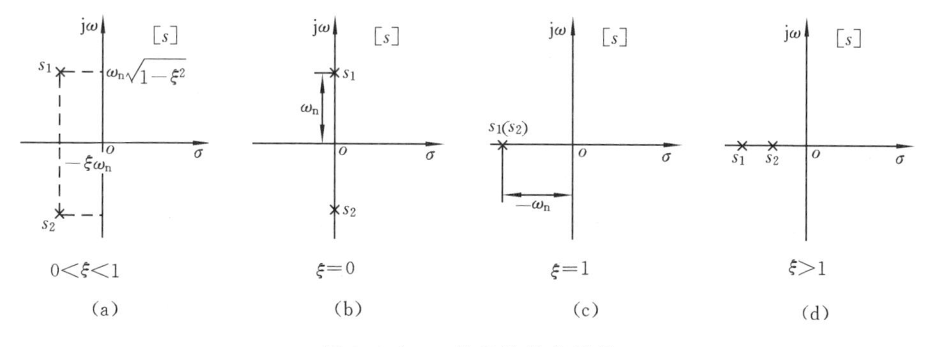

图3.4.1　二阶系统的特征根

3.4.1　二阶系统的单位脉冲响应

如同一阶系统一样，当二阶系统的输入信号是理想的单位脉冲信号 $\delta(t)$ 时，系统的输出 $x_o(t)$ 称为单位脉冲响应，特别记为 $w(t)$。对于二阶系统，因为

$$X_o(s)=G(s)X_i(s)$$

而

$$X_i(s)=L[\delta(t)]=1$$

所以

$$W(s)=G(s)$$

同样有

$$w(t)=L^{-1}[G(s)]=L^{-1}\left[\frac{\omega_n^2}{s^2+2\xi\omega_n s+\omega_n^2}\right]$$

$$=L^{-1}\left[\frac{\omega_n^2}{(s+\xi\omega_n)^2+(\omega_n\sqrt{1-\xi^2})^2}\right] \tag{3.4.3}$$

记 $\omega_d = \omega_n\sqrt{1-\xi^2}$,称 ω_d 为二阶系统的有阻尼固有频率。

(1) 当 $0 < \xi < 1$,系统为欠阻尼系统时,由式(3.4.3),可得

$$w(t) = \mathrm{L}^{-1}\left[\frac{\omega_n}{\sqrt{1-\xi^2}} \cdot \frac{\omega_n\sqrt{1-\xi^2}}{(s+\xi\omega_n)^2 + (\omega_n\sqrt{1-\xi^2})^2}\right]$$

$$= \frac{\omega_n}{\sqrt{1-\xi^2}} e^{-\xi\omega_n t}\sin\omega_d t \qquad (t \geqslant 0) \tag{3.4.4}$$

(2) 当 $\xi = 0$,系统为无阻尼系统时,由式(3.4.3),可得

$$w(t) = \mathrm{L}^{-1}\left[\omega_n \cdot \frac{\omega_n}{s^2+\omega_n^2}\right] = \omega_n \sin\omega_n t \qquad (t \geqslant 0) \tag{3.4.5}$$

(3) 当 $\xi = 1$,系统为临界阻尼系统时,由式(3.4.3),可得

$$w(t) = \mathrm{L}^{-1}\left[\frac{\omega_n^2}{(s+\omega_n)^2}\right] = \omega_n^2 t e^{-\omega_n t} \qquad (t \geqslant 0) \tag{3.4.6}$$

(4) 当 $\xi > 1$,系统为过阻尼系统时,由式(3.4.3),可得

$$w(t) = \frac{\omega_n}{2\sqrt{\xi^2-1}}\left\{\mathrm{L}^{-1}\left[\frac{1}{s+(\xi-\sqrt{\xi^2-1})\omega_n}\right] - \mathrm{L}^{-1}\left[\frac{1}{s+(\xi+\sqrt{\xi^2-1})\omega_n}\right]\right\}$$

$$= \frac{\omega_n}{2\sqrt{\xi^2-1}}\left[e^{-(\xi-\sqrt{\xi^2-1})\omega_n t} - e^{-(\xi+\sqrt{\xi^2-1})\omega_n t}\right] \qquad (t \geqslant 0) \tag{3.4.7}$$

由式(3.4.7)可知,过阻尼系统的 $w(t)$ 可视为两个并联的一阶系统的单位脉冲响应函数的叠加,那么这两个一阶系统的时间常数是什么,它们与式(3.3.1)所示的一阶系统的 $w(t)$ 中的 T 相比有什么特点呢?请读者思考。

当 ξ 取不同值时,欠阻尼二阶系统的单位脉冲响应如图 3.4.2 所示。由图可知,

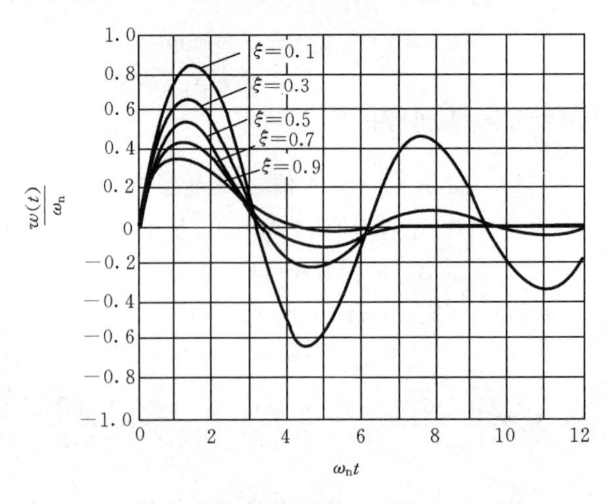

图 3.4.2　欠阻尼二阶系统的单位脉冲响应

欠阻尼系统的单位脉冲响应曲线是减幅的正弦振荡曲线，且 ξ 愈小，衰减愈慢，振荡频率 ω_d 愈大。故欠阻尼系统又称为二阶振荡系统，其幅值衰减的快慢取决于 $\xi\omega_n$（$1/(\xi\omega_n)$ 称为时间衰减常数，记为 σ）。

3.4.2　二阶系统的单位阶跃响应

若系统的输入信号为单位阶跃信号，即

$$x_i(t) = u(t) \qquad \mathrm{L}[u(t)] = \frac{1}{s}$$

则二阶系统的阶跃响应函数的 Laplace 变换式为

$$\begin{aligned} X_o(s) &= G(s) \cdot \frac{1}{s} = \frac{\omega_n^2}{s^2 + 2\xi\omega_n s + \omega_n^2} \cdot \frac{1}{s} \\ &= \frac{1}{s} - \frac{s + 2\xi\omega_n}{(s + \xi\omega_n + j\omega_d)(s + \xi\omega_n - j\omega_d)} \end{aligned} \tag{3.4.8}$$

关于其响应函数可讨论如下。

（1）当 $0 < \xi < 1$，系统为欠阻尼系统时，由式(3.4.8)，有

$$\begin{aligned} x_o(t) &= \mathrm{L}^{-1}\left[\frac{1}{s}\right] - \mathrm{L}^{-1}\left[\frac{s + \xi\omega_n}{(s + \xi\omega_n)^2 + \omega_d^2}\right] \\ &\quad - \mathrm{L}^{-1}\left[\frac{\xi}{\sqrt{1 - \xi^2}} \cdot \frac{\omega_d}{(s + \xi\omega_n)^2 + \omega_d^2}\right] \\ &= 1 - e^{-\xi\omega_n t}\left(\cos\omega_d t + \frac{\xi}{\sqrt{1 - \xi^2}}\sin\omega_d t\right) \quad (t \geqslant 0) \end{aligned} \tag{3.4.9}$$

或

$$x_o(t) = 1 - e^{-\xi\omega_n t} \cdot \frac{1}{\sqrt{1 - \xi^2}}\sin\left(\omega_d t + \arctan\frac{\sqrt{1 - \xi^2}}{\xi}\right) \quad (t \geqslant 0) \tag{3.4.10}$$

式(3.4.10)中的第二项是瞬态项，是减幅正弦振荡函数，它的振幅随时间 t 的增加而减小。

（2）当 $\xi = 0$，系统为无阻尼系统时，由式(3.4.8)，有

$$x_o(t) = 1 - \cos\omega_n t \quad (t \geqslant 0) \tag{3.4.11}$$

（3）当 $\xi = 1$，系统为临界阻尼系统时，由式(3.4.8)，有

$$x_o(t) = \mathrm{L}^{-1}[X_o(s)] = 1 - (1 + \omega_n t)e^{-\omega_n t} \quad (t \geqslant 0) \tag{3.4.12}$$

其响应的变化速度为

$$\dot{x}_o(t) = \omega_n^2 t e^{-\omega_n t}$$

由此式可知：当 $t = 0$ 时，$\dot{x}_o(0) = 0$；当 $t = \infty$ 时，$\dot{x}_o(\infty) = 0$；当 $t > 0$ 时，$\dot{x}_o(t) > 0$。这说明过渡过程在开始时刻和最终时刻的变化速度为零，过渡过程是单调上升的。

（4）当 $\xi > 1$，系统为过阻尼系统时，由式(3.4.8)，有

$$x_o(t) = \mathrm{L}^{-1}[X_o(s)]$$

$$= 1 + \frac{1}{2\sqrt{\xi^2-1}(\xi+\sqrt{\xi^2-1})} \mathrm{e}^{-(\xi+\sqrt{\xi^2-1})\omega_n t}$$

$$- \frac{1}{2\sqrt{\xi^2-1}(\xi-\sqrt{\xi^2-1})} \mathrm{e}^{-(\xi-\sqrt{\xi^2-1})\omega_n t}$$

$$= 1 + \frac{\omega_n}{2\sqrt{\xi^2-1}}\left(\frac{\mathrm{e}^{s_1 t}}{-s_1} - \frac{\mathrm{e}^{s_2 t}}{-s_2}\right) \qquad (t \geqslant 0) \qquad (3.4.13)$$

式中 $s_1 = -(\xi+\sqrt{\xi^2-1})\omega_n \qquad s_2 = -(\xi-\sqrt{\xi^2-1})\omega_n$

计算表明,当 $\xi > 1.5$ 时,在式(3.4.13)的两个衰减的指数项中,$\mathrm{e}^{s_1 t}$ 的衰减比 $\mathrm{e}^{s_2 t}$ 的要快得多,因此,过渡过程的变化主要是由 $\mathrm{e}^{s_2 t}$ 项造成的。从[s]平面看,愈靠近虚轴的根,过渡过程持续的时间愈长,对过渡过程的影响愈大,更起主导作用。

式(3.4.10)至式(3.4.13)所描述的单位阶跃响应如图 3.4.3 所示。

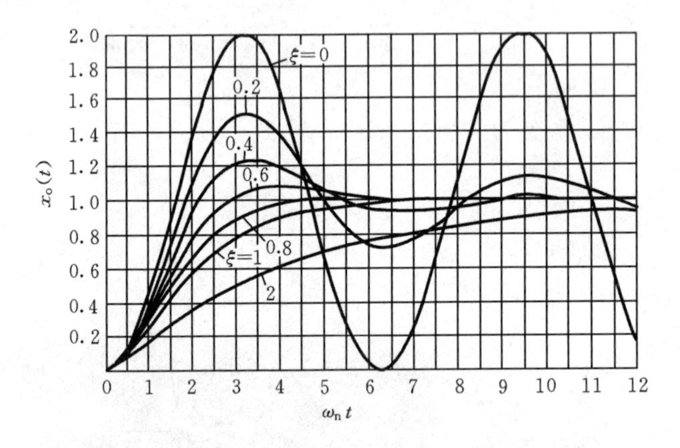

图 3.4.3 二阶系统单位阶跃响应

由图可知,$\xi < 1$ 时,二阶系统的单位阶跃响应的过渡过程为衰减振荡,并且随着阻尼 ξ 的减小,其振荡特性表现得愈加强烈,当 $\xi = 0$ 时达到等幅振荡。在 $\xi = 1$ 和 $\xi > 1$ 时,二阶系统的过渡过程具有单调上升的特性。从过渡过程的持续时间来看,在无振荡单调上升的曲线中,以 $\xi = 1$ 时的过渡过程持续时间最短。在欠阻尼系统中,当 $\xi = 0.4 \sim 0.8$ 时,不仅系统过渡过程持续时间比 $\xi = 1$ 时的更短,而且振荡不太严重。因此,一般希望二阶系统工作在 $\xi = 0.4 \sim 0.8$ 的欠阻尼状态,因为在这个工作状态下系统有一个振荡特性适度而持续时间又较短的过渡过程。应指出,由以上分析可知,决定过渡过程特性的是瞬态响应这部分。选择合适的过渡过程实际上是选择合适的瞬态响应,也就是选择合适的特征参数 ω_n 与 ξ 值。

在根据给定的性能指标设计系统时,将一阶系统与二阶系统相比,通常选择二阶系统。这是因为二阶系统容易得到持续时间较短的过渡过程,并且也能同时满足对振荡性能的要求。

对比式(3.1.12)与式(3.4.4)至式(3.4.7)、式(3.4.10)至式(3.4.13),可知二阶

系统时间响应的组成情况。

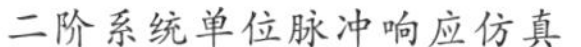

二阶系统单位脉冲响应仿真

二阶系统单位阶跃响应仿真

3.4.3　二阶系统响应的性能指标

3.4.3 节讲课视频

在许多情况下，系统所需的性能指标以时域量值的形式给出。

通常，系统的性能指标，根据系统对单位阶跃输入的响应给出。其原因有二：一是产生阶跃输入比较容易，而且从系统对单位阶跃输入的响应也较容易求得对任何输入的响应；二是在实际中，许多输入与阶跃输入相似，而且阶跃输入又往往是实际中最不利的输入情况。

应当指出，因为完全无振荡的单调过程的过渡过程持续时间太长，所以，除了那些不允许产生振荡的系统外，通常都允许系统有适度的振荡，其目的是获得持续时间较短的过渡过程。这就是在设计二阶系统时，常使系统在欠阻尼（通常取 $\xi=0.4\sim0.8$）状态下工作的原因。因此，下面有关二阶系统响应的性能指标的定义及计算公式除特别说明者外，都是针对欠阻尼二阶系统而言的，更确切地说，是针对欠阻尼二阶系统的单位阶跃响应的过渡过程而言的。

为了说明欠阻尼二阶系统的单位阶跃响应的过渡过程的特性，通常采用下列性能指标（见图3.4.4）：① 上升时间 t_r；② 峰值时间 t_p；③ 最大超调量 M_p；④ 调整时间 t_s；⑤ 振荡次数 N。

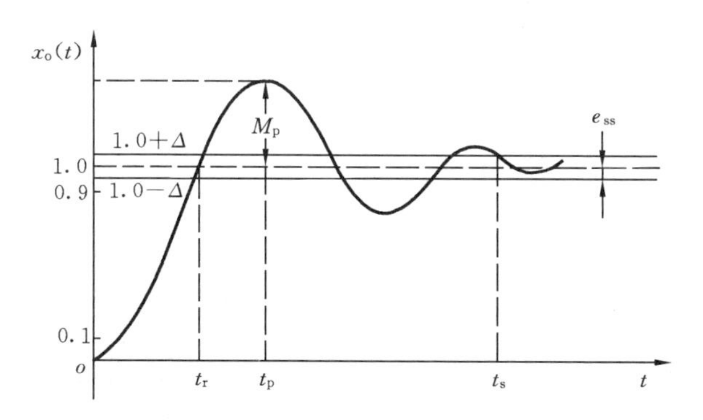

图 3.4.4　二阶系统响应的性能指标

下面来定义上述性能指标，并根据定义推导它们的计算公式，分析它们与系统特征参数 ω_n、ξ 之间的关系。

1. 上升时间 t_r

响应曲线从原工作状态出发，第一次达到输出稳态值所需的时间定义为上升时间。而对于过阻尼系统，一般将响应曲线从稳态值的10%上升到90%所需的时间称为上升时间。

根据定义，当 $t=t_r$ 时，$x_o(t_r)=1$。由式(3.4.9)，得

$$1=1-e^{-\xi\omega_n t_r}\left(\cos\omega_d t_r+\frac{\xi}{\sqrt{1-\xi^2}}\sin\omega_d t_r\right)$$

即
$$e^{-\xi\omega_n t_r}\left(\cos\omega_d t_r+\frac{\xi}{\sqrt{1-\xi^2}}\sin\omega_d t_r\right)=0$$

而
$$e^{-\xi\omega_n t_r}\neq 0$$

故有
$$\cos\omega_d t_r+\frac{\xi}{\sqrt{1-\xi^2}}\sin\omega_d t_r=0$$

$$\tan\omega_d t_r=-\frac{\sqrt{1-\xi^2}}{\xi}$$

令
$$\beta=\arctan\frac{\sqrt{1-\xi^2}}{\xi}$$

得
$$\omega_d t_r=\pi-\beta,\ 2\pi-\beta,\ 3\pi-\beta,\ \cdots$$

因为上升时间 t_r 是 $x_o(t)$ 第一次达到输出稳态值的时间，故取 $\omega_d t_r=\pi-\beta$，即

$$t_r=\frac{\pi-\beta}{\omega_d}\tag{3.4.14}$$

由关系式 $\omega_d=\omega_n\sqrt{1-\xi^2}$ 及式(3.4.14)可知：当 ξ 一定时，ω_n 增大，t_r 就减小；当 ω_n 一定时，ξ 增大，t_r 就增大。

2. 峰值时间 t_p

响应曲线达到第一个峰值所需的时间定义为峰值时间。将式(3.4.9)对时间 t 求导数，并令其为零，便可求得峰值时间 t_p，即由

$$\left.\frac{dx_o(t)}{dt}\right|_{t=t_p}=0$$

整理得
$$\sin\omega_d t_p=0$$

因此
$$\omega_d t_p=0,\ \pi,\ 2\pi,\ \cdots$$

由定义取
$$\omega_d t_p=\pi$$

因此
$$t_p=\frac{\pi}{\omega_d}\tag{3.4.15}$$

可见峰值时间是有阻尼振荡周期 $2\pi/\omega_d$ 的一半。另外，由关系式 $\omega_d=\omega_n\sqrt{1-\xi^2}$ 及式(3.4.15)可知：当 ξ 一定时，ω_n 增大，t_p 就减小；当 ω_n 一定时，ξ 增大，t_p 就增大。此情况与 t_r 的相同。

3. 最大超调量 M_p

一般用下式定义系统的最大超调量：

$$M_p=\frac{x_o(t_p)-x_o(\infty)}{x_o(\infty)}\times 100\%\tag{3.4.16}$$

因为最大超调量发生在峰值时间，即 $t = t_p = \pi/\omega_d$，故将式(3.4.9)与 $x_o(\infty) = 1$ 代入式(3.4.16)，可求得

$$M_p = -e^{-\xi\omega_n\pi/\omega_d}\left(\cos\pi + \frac{\xi}{\sqrt{1-\xi^2}}\sin\pi\right)\times 100\%$$

即

$$M_p = e^{-\xi\pi/\sqrt{1-\xi^2}} \times 100\% \tag{3.4.17}$$

可见，超调量 M_p 只与阻尼比 ξ 有关，而与无阻尼固有频率 ω_n 无关。所以，M_p 的大小直接说明系统的阻尼特性。也就是说，当二阶系统阻尼比 ξ 确定时，即可求得与其相对应的超调量 M_p；反之，如果给出了系统所要求的 M_p，也可由此确定相应的阻尼比。当 $\xi = 0.4 \sim 0.8$ 时，相应的超调量 $M_p = 25\% \sim 1.5\%$。

4. 调整时间 t_s

在过渡过程中，$x_o(t)$ 取的值满足以下不等式时所需的时间，定义为调整时间 t_s：

$$| x_o(t) - x_o(\infty) | \leqslant \Delta \cdot x_o(\infty) \qquad (t \geqslant t_s) \tag{3.4.18}$$

式中：Δ 为指定的微小量，一般取 $\Delta = 0.02 \sim 0.05$。式(3.4.18)表明，在 $t = t_s$ 之后，系统的输出不会超过下述允许范围：

$$x_o(\infty) - \Delta \cdot x_o(\infty) \leqslant x_o(t) \leqslant x_o(\infty) + \Delta \cdot x_o(\infty) \qquad (t \geqslant t_s)$$

又因此时

$$x_o(\infty) = 1$$

所以

$$| x_o(t) - 1 | \leqslant \Delta \tag{3.4.19}$$

将式(3.4.10)代入式(3.4.19)，得

$$\left| \frac{e^{-\xi\omega_n t}}{\sqrt{1-\xi^2}}\sin\left(\omega_d t + \arctan\frac{\sqrt{1-\xi^2}}{\xi}\right)\right| \leqslant \Delta \qquad (t \geqslant t_s) \tag{3.4.20}$$

由于 $\pm\dfrac{e^{-\xi\omega_n t}}{\sqrt{1-\xi^2}}$ 所表示的曲线是式(3.4.20)所描述的减幅正弦曲线的包络线，因此，可将由式(3.4.20)所表达的条件改为

$$\frac{e^{-\xi\omega_n t}}{\sqrt{1-\xi^2}} \leqslant \Delta \qquad (t \geqslant t_s)$$

解得

$$t_s \geqslant \frac{1}{\xi\omega_n}\ln\frac{1}{\Delta\sqrt{1-\xi^2}} \tag{3.4.21}$$

若取 $\Delta = 0.02$，得

$$t_s \geqslant \frac{4 + \ln\dfrac{1}{\sqrt{1-\xi^2}}}{\xi\omega_n} \tag{3.4.22}$$

若取 $\Delta = 0.05$，得

$$t_s \geqslant \frac{3 + \ln\dfrac{1}{\sqrt{1-\xi^2}}}{\xi\omega_n} \tag{3.4.23}$$

当 $0 < \xi < 0.7$ 时，可分别由式(3.4.22)和式(3.4.23)近似取

$$t_s \approx \frac{4}{\xi\omega_n} \qquad t_s \approx \frac{3}{\xi\omega_n}$$

t_s 与 ξ 之间的精确关系可由式(3.4.20)求得。若 $\Delta = 0.02$，当 $\xi = 0.76$ 时，t_s 有最小值；若 $\Delta = 0.05$，当 $\xi = 0.68$ 时，t_s 有最小值。在设计二阶系统时，一般取 $\xi = 0.707$ 作为最佳阻尼比。这是因为此时不仅 t_s 小，而且超调量 M_p 也不大。取 $\xi = 0.707$ 的另一理由将在 4.2 节中说明。

在具体设计时，通常根据对最大超调量 M_p 的要求来确定阻尼 ξ，所以调整时间 t_s 主要是根据系统的 ω_n 来确定的。由此可见，二阶系统的特征参数 ω_n 和 ξ 决定了系统的调整时间 t_s 和最大超调量 M_p；反过来，根据对 t_s 和 M_p 的要求，也能确定二阶系统的特征参数 ω_n 和 ξ。

5. 振荡次数 N

将调整时间 $0 \leqslant t \leqslant t_s$ 时，$x_o(t)$ 穿越其稳态值 $x_o(\infty)$ 的次数的一半定义为振荡次数。

从式(3.4.10)可知，系统的振荡周期是 $2\pi/\omega_d$，所以其振荡次数为

$$N = \frac{t_s}{2\pi/\omega_d} \tag{3.4.24}$$

因此，当 $0 < \xi < 0.7$，$\Delta = 0.02$ 时，由 $t_s = 4/(\xi\omega_n)$ 与 $\omega_d = \omega_n\sqrt{1-\xi^2}$，得

$$N = \frac{2\sqrt{1-\xi^2}}{\pi\xi} \tag{3.4.25}$$

当 $0 < \xi < 0.7$，$\Delta = 0.05$ 时，由 $t_s = 3/(\xi\omega_n)$ 与 $\omega_d = \omega_n\sqrt{1-\xi^2}$，得

$$N = \frac{1.5\sqrt{1-\xi^2}}{\pi\xi} \tag{3.4.26}$$

从式(3.4.25)和式(3.4.26)可以看出，振荡次数 N 随着 ξ 的增大而减小，它的大小直接反映了系统的阻尼特性。由 t_s 的精确表达式来讨论 N 与 ξ 的关系，此结论不变。

由以上讨论，可得如下结论。

(1) 要使二阶系统具有满意的动态性能指标，必须选择合适的阻尼比 ξ 和无阻尼固有频率 ω_n。提高 ω_n，可以提高二阶系统的响应速度，减小上升时间 t_r、峰值时间 t_p 和调整时间 t_s；增大 ξ，可以减弱系统的振荡性能，即降低超调量 M_p，减少振荡次数 N，但会增加上升时间 t_r 和峰值时间 t_p。一般情况下，系统在欠阻尼($0 < \xi < 1$)状态下工作，若 ξ 过小，则系统的振动性能不符合要求，瞬态特性差。因此，通常要根据允许的超调量来选择阻尼比 ξ。

(2) 系统的响应速度与振荡性能之间往往是存在矛盾的。譬如，对于 m-c-k 系统，由于 $\omega_n = \sqrt{k/m}$，所以 ω_n 的提高，一般是通过提高 k 值来实现的；另外，又由于 $\xi = \dfrac{c}{2\sqrt{mk}}$，所以要增大 ξ，当然希望减小 k。因此，既要减弱系统的振荡性能，又要系统具有一定的响应速度，那就只有选取合适的 ξ 和 ω_n 值。当然，由第 2 章所述的机械系

统与电力系统的相似关系可知，此处对 k、c、m、ξ、ω_n 均应做广义的理解。

这些性能指标主要反映系统对输入的响应的快速性。这对于分析、研究及设计系统都是十分有用的。读者可以证明，这些性能指标和有关结论都同二阶系统的传递函数的分子是 ω_n^2 还是另一常数无关；只有 $x_o(\infty)$ 是否为 1 才同分子是否为 ω_n^2 有关。

3.4.4　二阶系统计算举例

例 3.4.1　设系统的方框图为图 3.4.5，其中 $\xi = 0.6$，$\omega_n = 5\ \mathrm{s}^{-1}$。当有一单位阶跃信号作用于系统时，求其性能指标 t_p、M_p 和 t_s。

解　(1) 求 t_p。

$$\omega_d = \omega_n\sqrt{1-\xi^2} = 4\ \mathrm{s}^{-1}$$

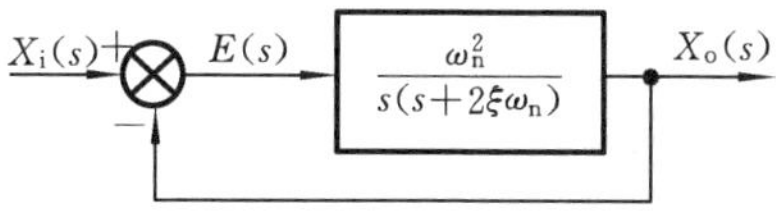

故由式(3.4.15)，得

$$t_p = \frac{\pi}{\omega_d} = 0.785\ \mathrm{s}$$

图 3.4.5　例 3.4.1 框图

(2) 求 M_p。由式(3.4.17)得

$$M_p = \mathrm{e}^{-\pi\xi/\sqrt{1-\xi^2}} \times 100\% = 9.5\%$$

(3) 求 t_s。由式(3.4.22)与式(3.4.23)的近似式，得

$$\left.\begin{aligned} t_s &= \frac{4}{\xi\omega_n} = 1.33\ \mathrm{s} \qquad (\Delta = 0.02) \\ t_s &= \frac{3}{\xi\omega_n} = 1\ \mathrm{s} \qquad (\Delta = 0.05) \end{aligned}\right\}$$

例 3.4.2　如图 3.4.6(a)所示的机械系统，在质量为 m 的质块上施加 $x_i(t) = 8.9$ N 的阶跃力后，质块的时间响应 $x_o(t)$ 如图3.4.6(b) 所示，试求系统的 m、k 和 c 值。

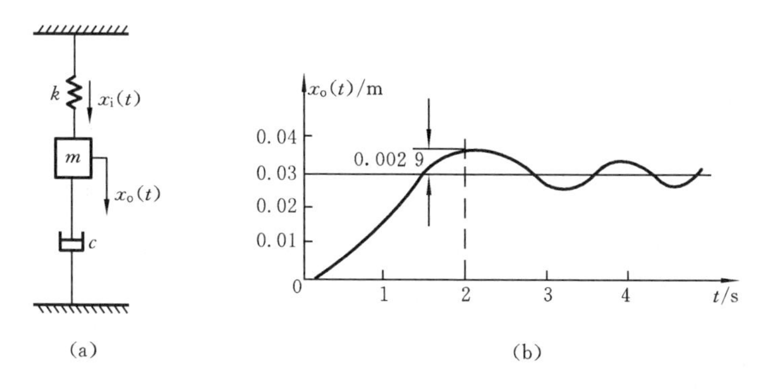

图 3.4.6　机械系统及其响应曲线

解　由图 3.4.6(a)可知，输入 $x_i(t)$ 是阶跃力，$x_i(t) = 8.9$ N，输出 $x_o(t)$ 是位移。由图3.4.6(b) 可知系统的稳态输出 $x_o(\infty) = 0.03$ m，$x_o(t_p) - x_o(\infty) =$

0.002 9 m,$t_p = 2$ s，此系统的传递函数显然为

$$G(s) = \frac{X_o(s)}{X_i(s)} = \frac{1}{ms^2 + cs + k}$$

式中

$$X_i(s) = \frac{8.9}{s}$$

(1) 求 k。由 Laplace 变换的终值定理可知

$$x_o(\infty) = \lim_{t \to \infty} x_o(t) = \lim_{s \to 0}(s \cdot X_o(s))$$

$$= \lim_{s \to 0}\left(s \frac{1}{ms^2 + cs + k} \cdot \frac{8.9}{s}\right) = \frac{8.9}{k}$$

而 $x_o(\infty) = 0.03$ m,因此 $k = 297$ N/m。

其实,根据 Hooke 定律很容易直接计算 k。因为 $x_o(\infty)$ 即为静变形,$x_i(\infty)$ 可视为静载荷,从而有

$$x_i(\infty) = kx_o(\infty)$$

得

$$k = x_i(\infty)/x_o(\infty) = 8.9/0.03 \text{ N/m} = 297 \text{ N/m}$$

(2) 求 m。由式(3.4.16)得

$$M_p = \frac{0.002\,9}{0.03} \times 100\% = 9.6\%$$

又由式(3.4.17)求得 $\xi = 0.6$。

将 $t_p = 2$ s,$\xi = 0.6$ 代入 $t_p = \frac{\pi}{\omega_d} = \frac{\pi}{\omega_n\sqrt{1-\xi^2}}$,得 $\omega_n = 1.96\ \text{s}^{-1}$。

再由 $k/m = \omega_n^2$ 求得 $m = 77.3$ kg。

(3) 求 c。由 $2\xi\omega_n = c/m$,求得 $c = 181.8$ N·s/m。

例 3.4.3　有一位置随动系统,其方框图为图 3.4.7(a)。当系统输入单位阶跃函数时,$M_p \leqslant 5\%$。

(1) 校核该系统的各参数是否满足要求;

(2) 在原系统中增加一微分负反馈,如图 3.4.7(b)所示,求微分负反馈的时间常数 τ。

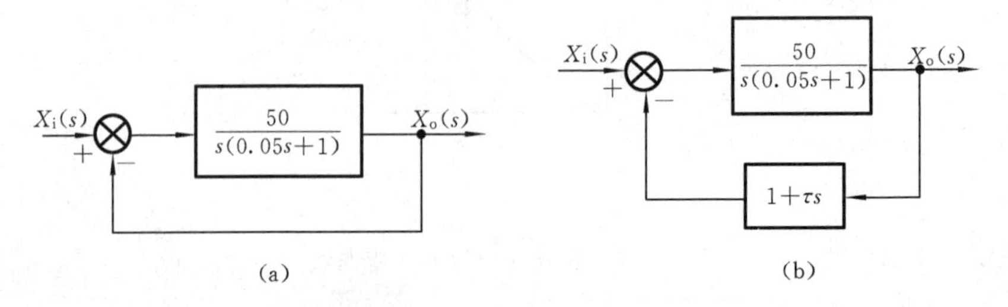

图 3.4.7　随动系统框图

解　(1) 将系统的闭环传递函数写成如式(3.4.1)所示的标准形式,即

$$G_{\mathrm{B}}(s)=\frac{50}{0.05s^2+s+50}=\frac{(31.62)^2}{s^2+2\times 0.316\times 31.62s+(31.62)^2}$$

对照式(3.4.1)，可知此二阶系统的 $\xi=0.316$ 和 $\omega_{\mathrm{n}}=31.62\ \mathrm{s}^{-1}$。将 ξ 值代入式(3.4.17) 得 $M_{\mathrm{p}}=35\%$。但 $M_{\mathrm{p}}=35\%>5\%$，故不能满足本题要求。

(2) 图 3.4.7(b)所示系统的闭环传递函数为

$$G_{\mathrm{B}}(s)=\frac{50}{0.05s^2+(1+50\tau)s+50}=\frac{1\ 000}{s^2+20(1+50\tau)s+1\ 000}$$

为了满足条件 $M_{\mathrm{p}}<5\%$，由式(3.4.17) 算得 $\xi=0.69$。现因 $\omega_{\mathrm{n}}=31.62\ \mathrm{s}^{-1}$，而 $20(1+50\tau)=2\xi\omega_{\mathrm{n}}$，从而求得 $\tau=0.023\ 6\ \mathrm{s}$。

从此题可以看出，如第 2 章所述，系统加入微分负反馈，相当于增大了系统的阻尼比 ξ，改善了系统振荡性能，即减小了 M_{p}，但并没有改变无阻尼固有频率 ω_{n}。

3.5 高阶系统

实际上，大量的系统，特别是机械系统，都可用高阶微分方程来描述。这种用高阶微分方程描述的系统称为高阶系统。对高阶系统的研究和分析，一般是比较复杂的。这就要求在分析高阶系统时，要抓住主要矛盾，忽略次要因素，使问题简化。高阶系统均可化为零阶、一阶、二阶环节的组合，而一般所重视的，是系统中的二阶环节，特别是二阶振荡环节。因此，本节将利用关于二阶系统的一些结论对高阶系统做定性分析，并在此基础上，阐明将高阶系统简化为二阶系统来做出定量估算的可能性。

高阶系统传递函数的普遍形式可表示为

$$G(s)=\frac{b_m s^m+b_{m-1}s^{m-1}+\cdots+b_0}{a_n s^n+a_{n-1}s^{n-1}+\cdots+a_0}\quad (n\geqslant m)\tag{3.5.1}$$

系统的特征方程为

$$a_n s^n+a_{n-1}s^{n-1}+\cdots+a_0=0$$

特征方程有 n 个特征根，设其中 n_1 个为实数根，n_2 对为共轭虚根，应有 $n=n_1+2n_2$，由此，特征方程可以分解为 n_1 个一次因式

$$s+p_j\qquad (j=1,2,\cdots,n_1)$$

及 n_2 个二次因式

$$s^2+2\xi_k\omega_{\mathrm{n}k}s+\omega_{\mathrm{n}k}^2\qquad (k=1,2,\cdots,n_2)$$

的乘积。也就是说，系统的传递函数有 n_1 个实极点 $-p_j$ 及 n_2 对共轭复数极点

$$-\xi_k\omega_{\mathrm{n}k}\pm \mathrm{j}\omega_{\mathrm{n}k}\sqrt{1-\xi_k^2}$$

设系统传递函数的零点为 $-z_i\ \ (i=1,2,\cdots,m)$，那么系统的传递函数可写为

$$G(s)=\frac{K\prod_{i=1}^{m}(s+z_i)}{\prod_{j=1}^{n_1}(s+p_j)\prod_{k=1}^{n_2}(s^2+2\xi_k\omega_{\mathrm{n}k}s+\omega_{\mathrm{n}k}^2)}\tag{3.5.2}$$

在单位阶跃输入 $X_i(s)=1/s$ 的作用下,输出为

$$X_o(s)=G(s)\cdot\frac{1}{s}=\frac{K\prod_{i=1}^{m}(s+z_i)}{s\prod_{j=1}^{n_1}(s+p_j)\prod_{k=1}^{n_2}(s^2+2\xi_k\omega_{nk}s+\omega_{nk}^2)} \tag{3.5.3}$$

将式(3.5.3)按部分分式展开,得

$$X_o(s)=\frac{A_0}{s}+\sum_{j=1}^{n_1}\frac{A_j}{s+p_j}+\sum_{k=1}^{n_2}\frac{B_k s+C_k}{s^2+2\xi_k\omega_{nk}s+\omega_{nk}^2} \tag{3.5.4}$$

式中:A_0、A_j、B_k、C_k 是由部分分式所确定的常数。为此,对 $X_o(s)$ 的表达式进行 Laplace 逆变换后,可得高阶系统的单位阶跃响应为

$$x_o(t)=A_0+\sum_{j=1}^{n_1}A_j\mathrm{e}^{-p_j t}+\sum_{k=1}^{n_2}D_k\mathrm{e}^{-\xi_k\omega_{nk}t}\sin(\omega_{dk}t+\beta_k)\qquad(t\geqslant 0) \tag{3.5.5}$$

式中

$$\beta_k=\arctan\frac{B_k\omega_{dk}}{C_k-\xi_k\omega_{nk}B_k}$$

$$D_k=\sqrt{B_k^2+\left(\frac{C_k-\xi_k\omega_{nk}B_k}{\omega_{dk}}\right)^2}\qquad(k=1,2,\cdots,n_2)$$

式(3.5.5)中,第一项为稳态分量,第二项为指数函数(一阶系统),第三项为振荡函数(二阶系统)。因此,一个高阶系统的响应可以看成多个一阶环节和二阶环节响应的叠加。上述一阶环节及二阶环节的响应,取决于 p_j、ξ_k、ω_{nk} 及系数 A_j、D_k,即与零点、极点的分布有关。因此,了解零点、极点的分布情况,就可对系统性能进行定性分析。

(1) 当系统闭环极点全部在 [s] 平面左半部分时,其特征根有负实根且其复根有负实部,从而式(3.5.5)第二、三项均为衰减项,因此系统总是稳定的,各分量衰减的快慢,取决于极点离虚轴的距离。p_j、ξ_k、ω_{nk} 越大,极点离虚轴越远,则衰减项衰减越快。

(2) 衰减项中各项的幅值 A_j、D_k,当然与它们对应的极点有关,同时还与系统的零点有关,系统零点对过渡过程的影响就反映在这上面。极点位置距原点越远,则对应项的幅值越小,对系统过渡过程的影响就越小。另外,当极点和零点很靠近时,对应项的幅值也很小,即这对零点、极点对系统过渡过程的影响将很小。系数大而且衰减慢的那些分量,将在动态过程中起主导作用。

(3) 如果高阶系统中离虚轴最近的极点,其实部小于其他极点实部的 1/5,并且附近不存在零点,可以认为系统的动态响应主要由这一极点决定,称之为主导极点。利用主导极点的概念,可将主导极点为共轭复数极点的高阶系统降阶,近似作二阶系统来处理。

图 3.5.1 示出了极点位置与其对应的响应曲线间的关系。设有一系统,其传递

函数极点在[s]平面上的分布如图3.5.1(a)所示。极点 s_3 至虚轴的距离不小于共轭复数极点 s_1、s_2 至虚轴距离的5倍，即 $|\mathrm{Re}s_3| \geqslant 5|\mathrm{Re}s_1| = 5\xi\omega_n$（此处 ξ、ω_n 对应于 s_1、s_2）；同时，极点 s_1、s_2 附近无其他零点和极点。由以上已知条件可算出与极点 s_3 所对应的调整时间为

$$t_{s_3} \leqslant \frac{1}{5} \times \frac{4}{\xi\omega_n} = \frac{1}{5} t_{s_1}$$

式中：t_{s_1} 是极点 s_1、s_2 所对应的调整时间。

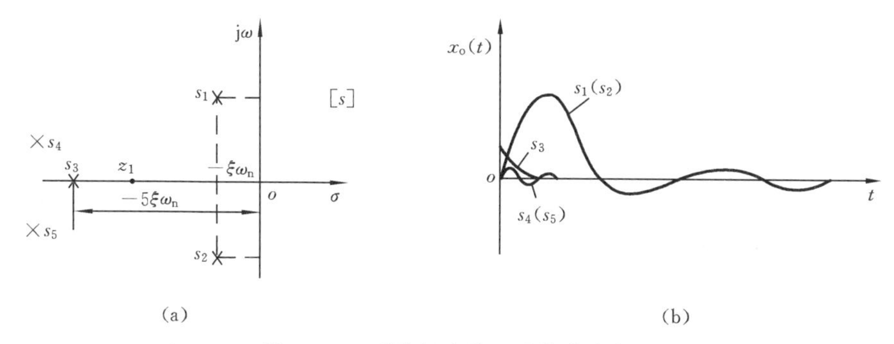

图3.5.1 系统极点位置及脉冲响应

图3.5.1(b)表示图3.5.1(a)所示的单位脉冲响应的各分量。由图可知，由共轭复数极点 s_1、s_2 确定的分量在该系统的单位脉冲响应中起主导作用，因为它衰减得最慢，即 s_1、s_2 为主导极点。其他远离虚轴的极点 s_3、s_4、s_5 所对应的分量衰减较快，它们仅在过渡过程中的极短时间内产生一定的影响。因此，对高阶系统过渡过程进行近似分析而非精确分析时，可以忽略这些分量对系统过渡过程的影响。

3.6 系统误差分析与计算

"准确"是对控制系统提出的一个重要性能要求。对实际系统来说，输出量常常不能绝对精确地达到所期望的数值，期望的数值与实际输出的差就是所谓的误差(error)。当存在随机干扰作用时，可能产生随机误差；当元件的性能不完善、变质或者存在诸如干摩擦、间隙、死区等非线性因素时，也可能产生误差。但是这些不是本节所要研究的内容。本节讨论的是在没有随机干扰作用，元件也是理想的线性元件的情况下，系统仍然可能存在的误差。

3.6节
讲课视频

自动控制系统通常应是稳定的，那么在某一典型外因作用下，系统的运动大致可以分为两个阶段：第一阶段是过渡过程或瞬态阶段；第二阶段是到达某种新的平衡状态或稳态的阶段。系统的输出量则由瞬态分量(或自由响应)和稳态分量(或强迫响应)所组成。因而系统的误差也由瞬态误差和稳态误差两部分所组成。在过渡过程开始时瞬态误差是误差的主要部分，但它随时间而逐渐衰减，稳态误差将逐渐成为误

差的主要部分。由此可见,对瞬态误差的分析是与过渡过程品质的分析相一致的。引起瞬态误差的内因是系统本身的结构,外因是输入量及其导数的连续变化。引起稳态误差的内因当然也是系统本身的结构,而外因是输入量及其导数的连续变化部分。

3.6.1 系统的误差与偏差

系统的误差是以系统输出端为基准来定义的,设 $x_{or}(t)$ 是控制系统所希望的输出,$x_o(t)$ 是其实际的输出,则误差 $e(t)$ 定义为

$$e(t) = x_{or}(t) - x_o(t)$$

Laplace 变换记为 $E_1(s)$,为避免与偏差 $E(s)$ 混淆,用下标 1 区别。故有

$$E_1(s) = X_{or}(s) - X_o(s) \tag{3.6.1}$$

系统的偏差则是以系统的输入端为基准来定义的,记为 $\varepsilon(t)$,且

$$\varepsilon(t) = x_i(t) - b(t)$$

其 Laplace 变换式为

$$E(s) = X_i(s) - B(s) = X_i(s) - H(s)X_o(s) \tag{3.6.2}$$

式中:$H(s)$ 为反馈回路的传递函数。现求偏差 $E(s)$ 与 $E_1(s)$ 之间的关系。

如前所述,一个闭环的控制系统之所以能对输出 $X_o(s)$ 起自动控制作用,就在于运用偏差 $E(s)$ 进行控制,此即,当 $X_o(s) \neq X_{or}(s)$ 时,由于 $E(s) \neq 0$,$E(s)$ 就起控制作用,力图将 $X_o(s)$ 调节到 $X_{or}(s)$ 值;反之,当 $X_o(s) = X_{or}(s)$ 时,应有 $E(s) = 0$,从而使 $E(s)$ 不再对 $X_o(s)$ 进行调节。因此,当 $X_o(s) = X_{or}(s)$ 时,有

$$E(s) = X_i(s) - H(s)X_o(s) = X_i(s) - H(s)X_{or}(s) = 0$$

故

$$X_i(s) = H(s)X_{or}(s)$$

或

$$X_{or}(s) = \frac{1}{H(s)}X_i(s) \tag{3.6.3}$$

由式(3.6.1)、式(3.6.2)和式(3.6.3)可求得在一般情况下系统的误差与偏差间的关系为

$$E(s) = H(s)E_1(s)$$

或

$$E_1(s) = \frac{1}{H(s)}E(s) \tag{3.6.4}$$

由上可知,求出偏差 $E(s)$ 后即可求出误差,对单位反馈系统来说,$H(s) = 1$,故偏差 $\varepsilon(t)$ 与误差 $e(t)$ 相同。

上述关系如图 3.6.1 所示。

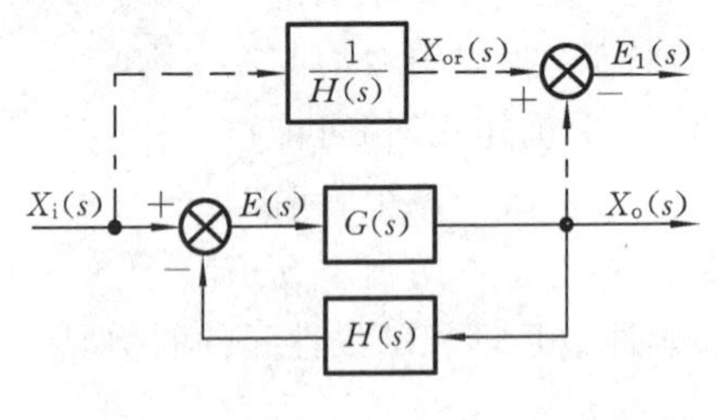

图 3.6.1 $E(s)$ 与 $E_1(s)$ 关系框图

3.6.2 误差的一般计算

为了在一般情况下分析、计算系统的误差 $e(t)$,设输入 $X_i(s)$ 与干扰 $N(s)$ 同时作用于系统,如图 3.6.2 所示。

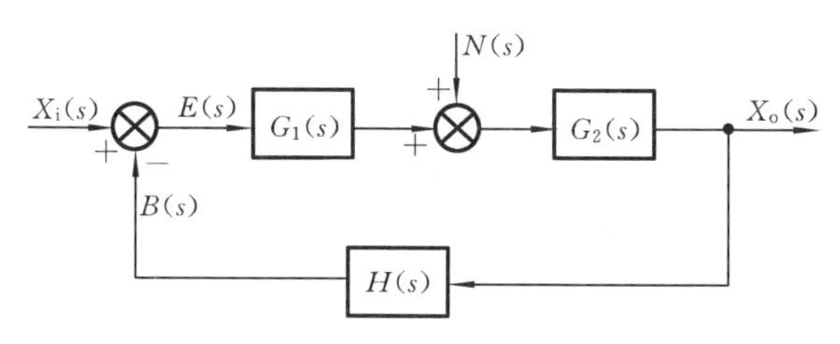

图 3.6.2　考虑干扰的反馈控制

现可求得在图示情况下的 $X_o(s)$，即线性系统的输出。它是 $X_i(s)$ 引起的输出与干扰 $N(s)$ 引起的输出的叠加：

$$
\begin{aligned}
X_o(s) &= \frac{G_1(s)G_2(s)}{1+G_1(s)G_2(s)H(s)}X_i(s) + \frac{G_2(s)}{1+G_1(s)G_2(s)H(s)}N(s) \\
&= G_{X_i}(s)X_i(s) + G_N(s)N(s)
\end{aligned}
\tag{3.6.5}
$$

式中：$G_{X_i}(s)$ 为输入与输出之间的传递函数，

$$G_{X_i}(s) = \frac{G_1(s)G_2(s)}{1+G_1(s)G_2(s)H(s)}$$

$G_N(s)$ 为干扰与输出之间的传递函数，

$$G_N(s) = \frac{G_2(s)}{1+G_1(s)G_2(s)H(s)}$$

将式(3.6.3)、式(3.6.5)代入式(3.6.1)，得

$$
\begin{aligned}
E_1(s) &= X_{or}(s) - X_o(s) = \frac{X_i(s)}{H(s)} - G_{X_i}(s)X_i(s) - G_N(s)N(s) \\
&= \left[\frac{1}{H(s)} - G_{X_i}(s)\right]X_i(s) + [-G_N(s)]N(s) \\
&= \Phi_{X_i}(s)X_i(s) + \Phi_N(s)N(s)
\end{aligned}
\tag{3.6.6}
$$

式中
$$\Phi_{X_i}(s) = \frac{1}{H(s)} - G_{X_i}(s) \qquad \Phi_N(s) = -G_N(s)$$

$\Phi_{X_i}(s)$ 为无干扰 $n(t)$ 时误差 $e(t)$ 对于输入 $x_i(t)$ 的传递函数；$\Phi_N(s)$ 为无输入 $x_i(t)$ 时误差 $e(t)$ 对于干扰 $n(t)$ 的传递函数。$\Phi_{X_i}(s)$ 与 $\Phi_N(s)$ 统称为误差传递函数，反映了系统的结构与参数对误差的影响。

3.6.3　系统的稳态误差与稳态偏差

系统的稳态误差是指系统进入稳态后的误差，因此，不讨论过渡过程中的情况。只有稳定的系统才存在稳态误差。

稳态误差的定义为

$$e_{ss} = \lim_{t\to\infty} e(t) \tag{3.6.7}$$

为了计算稳态误差，可首先求出系统的误差信号的 Laplace 变换式 $E_1(s)$，再用终值定理求解，即

$$e_{ss}=\lim_{t\to\infty}e(t)=\lim_{s\to 0}sE_1(s) \tag{3.6.8}$$

同理,系统的稳态偏差

$$\varepsilon_{ss}=\lim_{t\to\infty}\varepsilon(t)=\lim_{s\to 0}sE(s) \tag{3.6.9}$$

3.6.4 与输入有关的稳态偏差

现分析图 3.6.3 所示系统的稳态偏差 ε_{ss}。由图 3.6.3 可知

$$E(s)=X_i(s)-H(s)X_o(s)=X_i(s)-H(s)G(s)E(s) \tag{3.6.10}$$

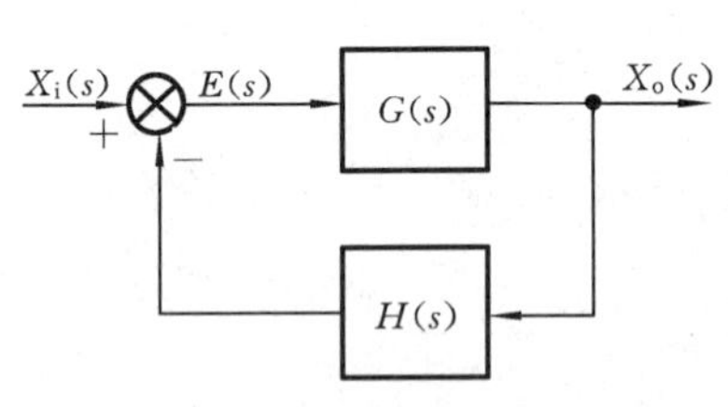

图 3.6.3 系统框图

故

$$E(s)=\frac{1}{1+G(s)H(s)}X_i(s)$$

由终值定理得稳态偏差为

$$\varepsilon_{ss}=\lim_{t\to\infty}\varepsilon(t)=\lim_{s\to 0}sE(s)$$

$$=\lim_{s\to 0}s\cdot\frac{1}{1+G(s)H(s)}X_i(s) \tag{3.6.11}$$

由上可知,稳态偏差 ε_{ss} 不仅与系统的特性(系统的结构与参数)有关,而且与输入信号的特性有关。

设系统的开环传递函数 $G_K(s)$ 为

$$G_K(s)=G(s)H(s)=\frac{K\prod_{i=1}^{m}(T_is+1)}{s^{\nu}\prod_{j=1}^{n-\nu}(T_js+1)} \tag{3.6.12}$$

式中:ν 为串联积分环节的个数,或称系统的无差度,它表现了系统的结构特征。

若记

$$G_o(s)=\frac{\prod_{i=1}^{m}(T_is+1)}{\prod_{j=1}^{n-\nu}(T_js+1)}$$

显然

$$\lim_{s\to 0}G_o(s)=1$$

则可将系统的开环传递函数表示为

$$G_K(s)=G(s)H(s)=\frac{KG_o(s)}{s^{\nu}} \tag{3.6.13}$$

工程上一般规定:$\nu=0,1,2,\cdots$时系统分别称为 0 型、Ⅰ型和Ⅱ型系统……ν 愈大,稳态精度愈高,但稳定性愈差,因此,一般系统不超过Ⅲ型。

(1) 当输入为单位阶跃信号 $X_i(s)=\frac{1}{s}$ 时,系统的稳态偏差为

$$\varepsilon_{ss}=\lim_{s\to 0}s\cdot E(s)=\lim_{s\to 0}s\cdot\frac{X_i(s)}{1+G(s)H(s)}=\lim_{s\to 0}\frac{1}{1+G(s)H(s)}=\frac{1}{1+K_p} \tag{3.6.14}$$

式中
$$K_{\mathrm{p}}=\lim_{s\to 0}G(s)H(s)=\lim_{s\to 0}\frac{K}{s^{\nu}}G_{\mathrm{o}}(s)=\lim_{s\to 0}\frac{K}{s^{\nu}} \tag{3.6.15}$$
称 K_{p} 为位置无偏系数。

对于 0 型系统，$K_{\mathrm{p}}=\lim\limits_{s\to 0}\frac{K}{s^{0}}=K$，$\varepsilon_{\mathrm{ss}}=\frac{1}{1+K}$，称此类系统为位置有差系统，且 K 愈大 $\varepsilon_{\mathrm{ss}}$ 愈小。

对于 Ⅰ、Ⅱ 型系统，$K_{\mathrm{p}}=\lim\limits_{s\to 0}\frac{K}{s^{\nu}}=\infty$，$\varepsilon_{\mathrm{ss}}=0$，称此类系统为位置无差系统。

可见，当系统开环传递函数中有积分环节存在时，系统阶跃响应的稳态值将是无差的。而没有积分环节时，稳态值是有差的。为了减少误差，应当适当提高放大倍数。但 K 值过大，将影响系统的相对稳定性。

（2）当输入为单位斜坡信号时，有
$$x_{\mathrm{i}}(t)=t\qquad X_{\mathrm{i}}(s)=\frac{1}{s^{2}}$$
$$\begin{aligned}\varepsilon_{\mathrm{ss}}&=\lim_{s\to 0}sE(s)=\lim_{s\to 0}s\cdot\frac{X_{\mathrm{i}}(s)}{1+G(s)H(s)}\\&=\lim_{s\to 0}s\cdot\frac{1/s^{2}}{1+G(s)H(s)}=\lim_{s\to 0}\frac{1}{sG(s)H(s)}=\frac{1}{K_{\mathrm{v}}}\end{aligned} \tag{3.6.16}$$
式中
$$K_{\mathrm{v}}=\lim_{s\to 0}sG(s)H(s)=\lim_{s\to 0}\frac{sKG_{\mathrm{o}}(s)}{s^{\nu}}=\lim_{s\to 0}\frac{K}{s^{\nu-1}} \tag{3.6.17}$$
称 K_{v} 为速度无偏系数。

对于 0 型系统，有
$$K_{\mathrm{v}}=\lim_{s\to 0}s\cdot K=0\qquad \varepsilon_{\mathrm{ss}}=\frac{1}{K_{\mathrm{v}}}=\infty$$
对于 Ⅰ 型系统，有
$$K_{\mathrm{v}}=\lim_{s\to 0}\frac{K}{s^{0}}=K\qquad \varepsilon_{\mathrm{ss}}=\frac{1}{K_{\mathrm{v}}}=\frac{1}{K}$$
对于 Ⅱ 型系统，有
$$K_{\mathrm{v}}=\lim_{s\to 0}\frac{K}{s}=\infty\qquad \varepsilon_{\mathrm{ss}}=\frac{1}{K_{\mathrm{v}}}=0$$

上述分析说明：0 型系统不能跟随斜坡输入，因为其稳态偏差为∞；Ⅰ 型系统可以跟随斜坡输入，但是存在稳态偏差，同样可以通过增大 K 值来减小偏差；Ⅱ 型或高于 Ⅱ 型的系统，对斜坡输入响应的稳态是无差的。用三角波模拟 Ⅰ 型系统斜坡输入时的输出波形，如图 3.6.4 所示。

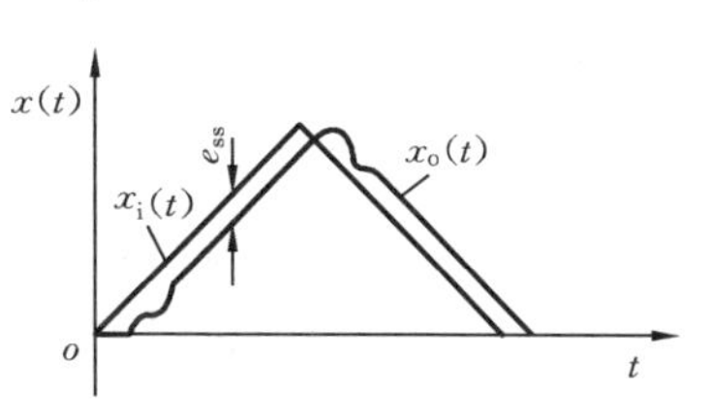

图 3.6.4　三角波模拟斜坡输出波形

（3）当输入为加速度信号时，有

$$x_i(t)=\frac{1}{2}t^2 \qquad X_i(s)=\frac{1}{s^3}$$

$$\begin{aligned}\varepsilon_{ss}&=\lim_{s\to 0}sE(s)=\lim_{s\to 0}s\cdot\frac{X_i(s)}{1+G(s)H(s)}=\lim_{s\to 0}s\frac{1/s^3}{1+G(s)H(s)}\\&=\lim_{s\to 0}\frac{1}{s^2G(s)H(s)}=\frac{1}{K_a}\end{aligned} \tag{3.6.18}$$

式中
$$K_a=\lim_{s\to 0}s^2G(s)H(s)=\lim_{s\to 0}\frac{s^2KG_o(s)}{s^\nu}=\lim_{s\to 0}\frac{K}{s^{\nu-2}} \tag{3.6.19}$$

称 K_a 为加速度无偏系数。

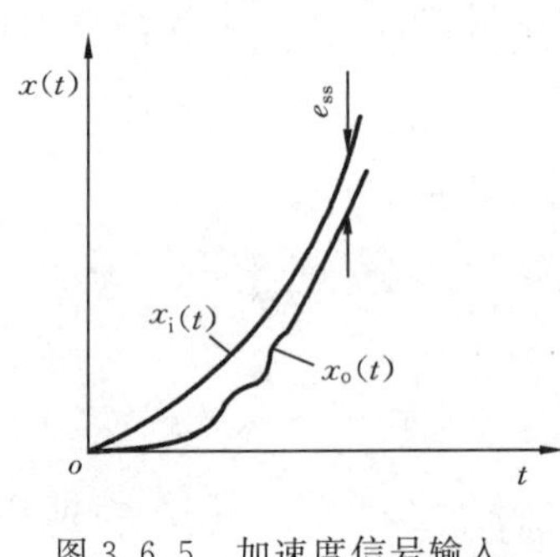

图 3.6.5 加速度信号输入、输出波形

对于 0、Ⅰ型系统，有

$$K_a=\lim_{s\to 0}\frac{K}{s^{\nu-2}}=0 \qquad \varepsilon_{ss}=\frac{1}{K_a}=\infty$$

对于 Ⅱ 型系统，有

$$K_a=K \qquad \varepsilon_{ss}=\frac{1}{K}$$

可见，当输入为加速度信号时，0、Ⅰ型系统不能跟随输入，Ⅱ型系统为有差系统，要实现无差则应采用Ⅲ型或高于Ⅲ型的系统。Ⅱ型系统输入加速度信号时，输入、输出波形如图3.6.5所示。上述讨论的稳态偏差可以根据式(3.6.4)换算为稳态误差。

综上所述，在不同输入时不同类型系统中的稳态偏差可以列成表 3.6.1。

表 3.6.1 在不同输入时不同类型系统中的稳态偏差

系统的开环	系统的输入		
	单位阶跃输入	单位斜坡输入	单位抛物线输入
0 型系统	$\frac{1}{1+K}$	∞	∞
Ⅰ 型系统	0	$\frac{1}{K}$	∞
Ⅱ 型系统	0	0	$\frac{1}{K}$

注:单位反馈时 $\varepsilon_{ss}=e_{ss}$。

根据上面的讨论，可归纳出如下几点。

(1) 以上定义的无偏系数的物理意义为:稳态偏差与输入信号的形式有关，在随动系统中一般称阶跃信号为位置信号，称斜坡信号为速度信号，称抛物线信号为加速度信号。由输入某种信号而引起的稳态偏差用一个系数来表示，就叫某种无偏系数。如输入阶跃信号而引起的无偏系数称位置无偏系数，它表示了稳态的精度。无偏系数愈大，精度愈高；当无偏系数为零时稳态偏差即为 ∞，表示不能跟随输出；无偏系数为 ∞ 则稳态无差。

(2) 当增加系统的型别时，系统的准确性将提高，然而当系统采用增加开环传递函数中积分环节的数目的办法来提高系统的型别时，系统的稳定性将变差，因为系统开环传递函数中包含两个以上积分环节时，要保证系统的稳定性是比较困难的，因此Ⅲ型或更高型次的系统实现起来是不容易的，实际上也是极少采用的。增大 K 也可以有效地提高系统的准确性，然而也会使系统的稳定性变差。因此，稳定性与准确性是有矛盾的，需要统筹兼顾。除此之外，为了减小误差，是增大系统的开环放大倍数 K 还是提高系统的型次，也需要根据具体情况做全面的考虑。

(3) 根据线性系统的叠加原理，可知当输入控制信号是上述典型信号的线性组合，即 $x_{\mathrm{i}}(t)=a_0+a_1t+a_2t^2/2$ 时，输出量的稳态误差应是它们分别作用时稳态误差之和，即

$$\varepsilon_{\mathrm{ss}}=\frac{a_0}{1+K_{\mathrm{p}}}+\frac{a_1}{K_{\mathrm{v}}}+\frac{a_2}{K_{\mathrm{a}}}$$

(4) 对于单位反馈系统，稳态偏差等于稳态误差。对于非单位反馈系统，可由式(3.6.4)将稳态偏差换算为稳态误差。必须注意，不能将系统化为单位反馈系统，再由计算偏差得到误差，因为两者计算出的偏差和误差是不同的。这点读者可自行思考与证明。

3.6.5　与干扰有关的稳态偏差

系统在扰动作用下的稳态偏差反映了系统的抗干扰能力，此时不考虑给定输入作用，即 $X_{\mathrm{i}}(s)=0$，只有干扰信号 $N(s)$，由图 3.6.2 得系统偏差为

$$E(s)=X_{\mathrm{i}}(s)-B(s)=-B(s)=-H(s)X_{\mathrm{o}}(s) \tag{3.6.20}$$

从概念上讲，由干扰引起的输出都是误差。在干扰作用下，有

$$X_{\mathrm{o}}(s)=\frac{G_2(s)}{1+G_1(s)G_2(s)H(s)}N(s) \tag{3.6.21}$$

$$E(s)=-H(s)X_{\mathrm{o}}(s)=-\frac{G_2(s)H(s)N(s)}{1+G_1(s)G_2(s)H(s)} \tag{3.6.22}$$

干扰引起的稳态偏差为

$$\varepsilon_{\mathrm{ss}}=\lim_{s\to0}[sE(s)]=\lim_{s\to0}\left[sN(s)\frac{-G_2(s)H(s)}{1+G_1(s)G_2(s)H(s)}\right] \tag{3.6.23}$$

类似给定输入作用偏差的分析，把 $G_1(s)$ 写成 $K_1G_{10}(s)/s^{\nu_1}$，把 $G_2(s)$ 写成 $K_2G_{20}(s)/s^{\nu_2}$，当 $s\to0$ 时，$G_{10}(s)$ 及 $G_{20}(s)$ 均趋于 1。

为不失一般性，考虑单位反馈系统 $H(s)=1$ 并考虑阶跃干扰的形式，$N(s)=1/s$。

(1) 当 $G_1(s)$ 及 $G_2(s)$ 都不含积分环节，即 $\nu_1=\nu_2=0$ 时，有

$$\varepsilon_{\mathrm{ss}}=\lim_{s\to0}\left[s\cdot\frac{1}{s}\cdot\frac{-K_2G_{20}(s)}{1+K_1K_2G_{10}(s)G_{20}(s)}\right]=\frac{-1}{K_1+\dfrac{1}{K_2}} \tag{3.6.24}$$

可见,放大系数 K_1、K_2 对稳态偏差的影响是相反的,增大 K_1,则偏差减小,而增大 K_2,则偏差更大。但是当 K_1 比较大时,K_2 对稳态偏差的影响是不太显著的,这时可以写成下列近似的式子:

$$\varepsilon_{ss}=-\frac{1}{K_1}$$

(2) 当 $G_1(s)$ 中有一积分环节,而 $G_2(s)$ 中无积分环节,即 $\nu_1=1,\nu_2=0$ 时,有

$$\varepsilon_{ss}=\lim_{s\to 0}\left[s\cdot\frac{1}{s}\cdot\frac{-K_2G_{20}(s)}{1+K_1K_2\dfrac{1}{s}G_{10}(s)G_{20}(s)}\right]=\frac{-K_2}{\infty}=0 \qquad (3.6.25)$$

(3) 当 $G_1(s)$ 中无积分环节,而 $G_2(s)$ 中有一积分环节,即 $\nu_1=0,\nu_2=1$ 时,有

$$\varepsilon_{ss}=\lim_{s\to 0}\left[s\cdot\frac{1}{s}\frac{-K_2G_{20}(s)/s}{1+K_1K_2G_{10}(s)G_{20}(s)/s}\right]=-\frac{1}{K_1} \qquad (3.6.26)$$

即此时的稳态偏差与 K_1 成反比,而不是像式(3.6.25)那样为零值。

综上所述,为了提高系统的准确度,增加系统的抗干扰能力,必须增大干扰作用点之前的回路的放大倍数 K_1,以及增加这一段回路中积分环节的数目。而增大干扰作用点之后到输出量之间的这一段回路的放大系数 K_2 或增加这一段回路中积分环节的数目,对减小干扰引起的误差是没有好处的。

3.7　δ 函数在时间响应中的作用

由于单位脉冲函数(unit-impulse function) $\delta(t)$ 及单位脉冲响应函数 $w(t)$ 十分重要,因此,本节对 $\delta(t)$ 与 $w(t)$ 的含义、物理背景及作用做较深入的讨论。单位脉冲函数 $\delta(t-\tau)$ 的定义如下:

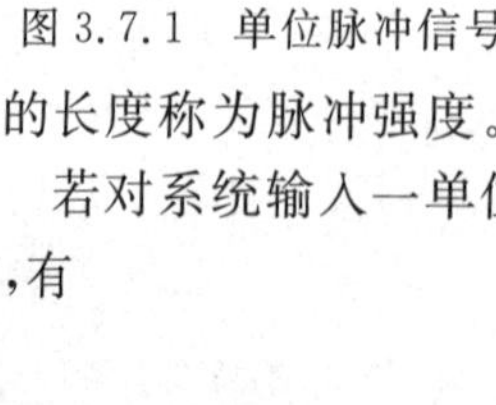

$$\left.\begin{aligned}&\delta(t-\tau)=\begin{cases}\infty & t=\tau\\ 0 & t\neq\tau\end{cases}\\ &\int_{-\infty}^{+\infty}\delta(t-\tau)\,\mathrm{d}t=1\end{aligned}\right\} \qquad (3.7.1)$$

图 3.7.1　单位脉冲信号

而 $\delta(t)$ 是 $\delta(t-\tau)$ 在 $\tau=0$ 时的特例。

如图 3.7.1 所示,在工程上常用长度等于 1 的有向线段来表示 $\delta(t-\tau)$ 在 $(-\infty,+\infty)$ 区间的积分面积,线段的长度称为脉冲强度。对于机械系统,当输入脉冲力时,其脉冲强度即为冲量值。

若对系统输入一单位脉冲信号 $\delta(t)$,则系统的单位脉冲响应为 $w(t)$,根据 3.3 节,有

$$\left.\begin{aligned}W(s)&=G(s)\\ w(t)&=\mathrm{L}^{-1}[G(s)]\end{aligned}\right\} \qquad (3.7.2)$$

根据式(3.7.2),得

$$w(t)=g(t)$$

可见,系统的传递函数的 Laplace 逆变换是系统输入单位脉冲函数时的零初态响应

或单位脉冲响应。

由于系统的单位脉冲响应 $w(t)$ 是对系统输入单位脉冲(即脉冲强度为 1) 的响应,因此,利用线性叠加原理,可以通过 $w(t)$ 求出系统在任意输入时的响应。

当线性系统输入任一时间函数 $x_i(t)$ 时,可将在时刻 $0 \sim t$ 的连续信号分割为 N 段,每段时间 $\Delta\tau = t/N$。当 $N \to \infty$ 时,$\Delta\tau \to 0$。因此,$x_i(t)$ 可近似看作由 N 个脉冲信号组成的,如图3.7.2(a) 所示。那么,对于系统输入 $x_i(t)$,就相当于在 N 个不同时刻对系统输入 N 个脉冲信号。在 $t = \tau$ 时刻,输入的脉冲强度为 $x_i(\tau)\Delta\tau$。

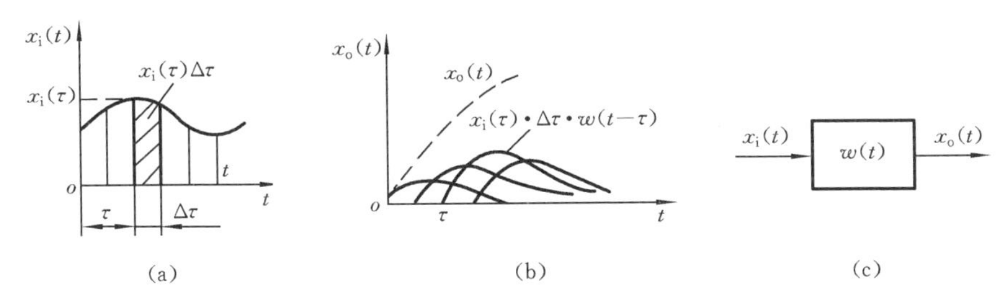

图 3.7.2　系统任意输入及其响应

因为系统的输入函数为 $\delta(t)$(也就是说,在时刻 $t = 0$ 对系统作用脉冲强度为 1 的一个脉冲) 时,系统的输出函数为 $w(t)$,所以对系统输入 $k\delta(t-\tau)$(也就是说,在时刻 $t = \tau$ 对系统作用脉冲强度为 k 的一个脉冲) 时,系统的输出函数应是 $kw(t-\tau)$。同理,当 $x_i(t)$ 离散化为 N 个脉冲时,在时刻 $t = \tau$ 对系统作用的脉冲,其脉冲强度为 $x_i(\tau) \cdot \Delta\tau$,它引起系统的输出函数应为 $x_i(\tau) \cdot \Delta\tau \cdot w(t-\tau)$。

系统在 t 时刻对 $x_i(t)$ 的响应应等于系统在时刻 $0 \sim t$ 内对所有脉冲输入的响应之和,如图 3.7.2(b)所示,即

$$x_o(t) = \sum_{\tau=0}^{t-\Delta\tau} x_i(\tau) \cdot \Delta\tau \cdot w(t-\tau) \tag{3.7.3}$$

当 $\Delta\tau \to 0$ 时,有

$$x_o(t) = \int_0^t x_i(\tau) w(t-\tau) \mathrm{d}\tau$$

由于输入是从 $t=0$ 开始的,即当 $\tau<0$ 时 $x_i(\tau)=0$,故积分下限可换为 $-\infty$,于是有

$$x_o(t) = \int_{-\infty}^t x_i(\tau) w(t-\tau) \mathrm{d}\tau$$

对实际系统,脉冲响应只能产生在脉冲输入之后,而不能产生在脉冲输入之前,也就是说,如在时刻 τ 对系统作用一个单位脉冲,那么在时刻 τ 之前是没有响应的,即 $t < \tau$ 时,$w(t-\tau) = 0$。因此,积分上限可换为 $+\infty$,于是有

$$x_o(t) = \int_{-\infty}^{+\infty} x_i(\tau) w(t-\tau) \mathrm{d}\tau \tag{3.7.4}$$

根据卷积定义,式(3.7.4)的右边就是 $x_i(t)$ 与 $w(t)$ 的卷积。所以,系统对任意输入函数的响应等于该输入函数与单位脉冲响应函数的卷积。

式(3.7.4)还可简写成

$$x_o(t) = x_i(t) * w(t) \tag{3.7.5}$$

如图 3.7.2(c)所示。根据卷积定理,式(3.7.5)的 Laplace 变换为

$$X_o(s) = X_i(s)W(s) = X_i(s)G(s) \tag{3.7.6}$$

这与由传递函数的定义所导出的结果完全相同。

系统在时域和复数域中的方框图为图 3.7.3。

理想的单位脉冲函数实际上是不可能得到的。在实际中,可以把持续时间比系统的时间常数 T 短得多(即脉冲宽度 $h < 0.1T$) 的脉冲输入信号看成单位脉冲。在试验时,通常用图 3.7.4 所示的三角脉冲或方波脉冲来代替它。

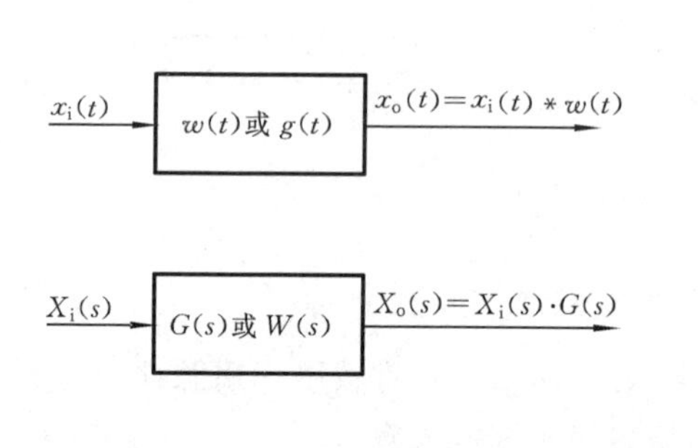

图 3.7.3　系统在时域和复域中的方框图

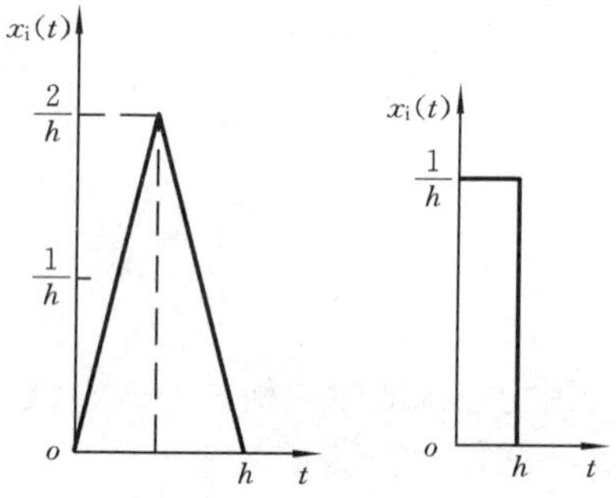

图 3.7.4　三角脉冲与方波脉冲

还要指出两点。

(1) 应注意单位脉冲响应函数的单位。例如,对图 1.1.1 所示系统的质块作用一单位脉冲,即作用一个单位冲量(单位为 N·s)时,系统的单位脉冲响应函数 $w(t)$ 的单位不是 m,而是 m/(N·s)。又由于该系统的输入 $x_i(t) = f(t)$,其单位为 N,其输出 $x_o(t)$ 为

$$x_o(t) = x_i(t) * w(t) = \int_0^t x_i(\tau)w(t-\tau)\mathrm{d}\tau$$

因此 $x_o(t)$ 的单位为 N·[m/(N·s)]·s=m。但如果错误地将 $w(t)$ 的单位直接取为 m,则 $x_o(t)$ 的单位为 N·m·s,这个结果是错误的。

(2) 单位脉冲响应函数的形式如同初始条件所决定的零输入响应形式一样,都是齐次微分方程的解的形式。这是因为 $\delta(t)$ 只有在 $t=0$ 这一瞬间产生作用,即对于静止的或处于平衡位置(初始条件为零) 的系统,将引起一定的初始条件的形成,而对于原已具有初始条件的系统,则是改变原有的初始条件。也就是说,系统作用了 $\delta(t)$ 后的初始条件等于系统原来(零输入时) 的初始条件与由 $\delta(t)$ 引起的初始条件的叠加。

由于单位脉冲响应具有零输入响应的形式,因此,一方面,它反映了系统本身的与外界无关的固有特性,这可由响应 $\sum_{i=1}^{n} A_{2i}\mathrm{e}^{s_i t}$ 中的 s_i 与 n 是系统动力学方程的特征

根及阶数表现出来。但是，由于单位脉冲响应是外界作用引起的响应，所以，另一方面，它又体现了系统与外界的关系，这可由系数 A_{2i} 与外界作用引起的初始条件有关(或者说，A_{2i} 与系统动力学方程的驱动函数项的系数有关)这一点表现出来。

因此，单位脉冲响应函数的形式与实质是同 3.1 节所讲的输入引起系统响应的瞬态项(即式(3.1.12)中的求和项)的形式与实质一致的。这一点值得重视与思考。

其实，$w(t)=L^{-1}[G(s)]$ 这一关系正好反映了上述两个方面的关系，因为 $G(s)$ 的分母反映了系统本身与外界无关的固有特性，而分子反映了系统同外界之间的关系。因此，单位脉冲响应函数是一个体现系统动态特性的极为重要的函数，或者说，它包含了系统动态特性的信息。

有了单位脉冲函数与单位脉冲响应函数的明确概念后，就可以深入分析一下系统的时间响应及其组成的问题。3.1 节以无阻尼的单自由度系统为例，导出了式(3.1.8)，得出了有关自由响应与强迫响应、零输入响应与零状态响应的概念。但有下述几点值得讨论。

(1) 在分析式(3.1.8)时指出，第一、二项是由系统的初始状态引起的自由响应，而且还正如以往所指出的一样，这是在无输入时系统初态所引起的零输入响应。现记此无输入时的系统初态为 $t=0^-$ 时的 $y(0^-)$ 与 $\dot{y}(0^-)$，即式(3.1.8)中 $y(0)$ 与 $\dot{y}(0)$ 分别应为 $y(0^-)$ 与 $\dot{y}(0^-)$。然而，在确定式(3.1.8)中的 $y(0)$ 与 $\dot{y}(0)$ 的过程中，是令式(3.1.6)与式(3.1.7)中的 $y(t)$ 与 $\dot{y}(t)$ 在零时刻取值的，而式(3.1.6)与式(3.1.7)都同时反映了零输入响应与零状态响应。若记输入作用后的零时刻为 $t=0^{i}$，则式(3.1.8)中的 $y(0)$ 与 $\dot{y}(0)$ 应分别为 $y(0^{i})$ 与 $\dot{y}(0^{i})$。这与前述结论显然是矛盾的。式(3.1.8)中 $y(0)$ 与 $\dot{y}(0)$ 究竟是 $y(0^-)$ 与 $\dot{y}(0^-)$，还是 $y(0^{i})$ 与 $\dot{y}(0^{i})$ 呢?答案是:应为 $y(0^{i})$ 与 $\dot{y}(0^{i})$，但在一般情况下，$y(0^{i})=y(0^-)$，$\dot{y}(0^{i})=\dot{y}(0^-)$。对此可做如下分析。

从物理概念上看十分清楚:式(3.1.8)中，第三、四项才同输入 $F\cos\omega t$ 有关，当 $F=0$ 时，第三、四项为零;这时由式(3.1.3)确定的 $A=\dot{y}(0^-)/\omega_n$，$B=y(0^-)$，恰同式(3.1.8)第一、二项的系数一致。还可用另一方法分析。将式(3.1.8)对 t 求导数，有

$$\dot{y}(t)=\dot{y}(0)\cos\omega_n t-y(0)\omega_n\sin\omega_n t+\frac{F}{k}\frac{\omega_n}{1-\lambda^2}\sin\omega_n t-\frac{F}{k}\frac{\omega}{1-\lambda^2}\sin\omega t \tag{3.7.7}$$

显然，当 $t=0$ 时，式(3.7.7)与式(3.1.8)中第三、四项均为零。这表明，输入在其作用瞬间，即在时刻 $t=0^{i}$，不改变系统初态。

如从数学上论述，如同 3.1 节中所指出的，$y(t)=L^{-1}[Y(s)]=L^{-1}[G(s)X(s)]$ 是在初态为零时所求得的响应，即零状态响应。3.3 节至 3.5 节中述及的具体系统的时间响应组成已表明，此时的时间响应(零状态响应)确系由输入引起的自由响应与强迫响应所组成，即相当于由式(3.1.8)的第三、四项所组成。

(2) 应注意，式(3.1.8)是对二阶系统进行分析的，此时输入所引起的响应函数

$y(t)$ 及其一阶导数 $\dot{y}(t)$ 在 $t=0$(即 $t=0^{i}$) 时均为零。但将式(3.1.8)对 t 求高阶导数时,可以证明,高阶导数在 $t=0^{i}$ 时并不全为零,即高阶导数初值并不全为零。因此,对二阶系统而言,当 $k>1$ 时,$y^{(k)}(0^{i})$ 并不一定等于 $y^{(k)}(0^{-})$。这个结论是十分有意义的,因为:第一,这表明式(3.1.8)中的 $y(0)$ 与 $\dot{y}(0)$ 确系 $y(0^{i})$ 与 $\dot{y}(0^{i})$;第二,更为重要是,若 $y^{(k)}(0^{i}) \equiv y^{(k)}(0^{-})$,而 $y^{(k)}(0^{-})=0$,则系统将始终无响应,即不能产生运动,这是违背事实的;第三,对二阶系统的初态而言,对系统运动具有决定性作用的是 $y(0)$ 与 $\dot{y}(0)$,而一般所指的系统初态(即微分方程的初始条件)也是指这些具有决定性作用的初态,k 阶系统的初态即为 $y(0),\dot{y}(0),\cdots,y^{(k-1)}(0)$ 这 k 个初态。

(3) 在(1)中已指出,对于二阶系统,"在一般情况下,$y(0^{i})=y(0^{-}),\dot{y}(0^{i})=\dot{y}(0^{-})$。"而当输入为 δ 函数时,这两者就不相等了。例如,对3.3节与3.4节中一、二阶系统的单位脉冲响应函数 $w(t)$ 而言,令 $t=0$,一阶系统的 $w(0)\neq 0$,二阶系统的 $\dot{w}(0)\neq 0$,系统在 $\delta(t)$ 作用前初态为零,显然,$\delta(t)$ 的作用改变了系统的初态。为了深入了解,现以图3.1.1为例进行进一步分析。设系统输入不是 $F\cos\omega t$ 而是 $\delta(t)$,则有

$$m\ddot{y}(t)+ky(t)=\delta(t)$$

故

$$m\int_{0^{-}}^{0^{i}}\ddot{y}(t)\mathrm{d}t+k\int_{0^{-}}^{0^{i}}y(t)\mathrm{d}t=\int_{0^{-}}^{0^{i}}\delta(t)\mathrm{d}t$$

设

$$y(0^{-})=0 \qquad \dot{y}(0^{-})=0$$

得

$$\int_{0^{-}}^{0^{i}}\ddot{y}(t)\mathrm{d}t=\dot{y}(0^{i})-\dot{y}(0^{-})=\dot{y}(0^{i})$$

而对于 $\int_{0^{-}}^{0^{i}}y(t)\mathrm{d}t$,因 $t=0$ 时,二阶系统不可能有位移产生,故此积分为零;而对于 $\int_{0^{-}}^{0^{+}}\delta(t)\mathrm{d}t$,按 $\delta(t)$ 函数定义式(3.7.1),知

$$\int_{0^{-}}^{0^{+}}\delta(t)\mathrm{d}t=\int_{-\infty}^{+\infty}\delta(t)\mathrm{d}t=1$$

从而得

$$m\dot{y}(0^{i})=1 \qquad \dot{y}(0^{i})=1/m$$

由上可见:第一,$\delta(t)$ 的作用引起初态 $\dot{y}(0^{i})=1/m$;第二,$\int_{0^{-}}^{0^{+}}\delta(t)\mathrm{d}t=1$ 表示冲量为1[力·时间],$m\dot{y}(0^{i})=1$ 表示动量为1,此即在 $\delta(t)$ 作用的瞬间,1个单位的冲量转化为1个单位的动量,这正符合冲量不变原理,这也就是 $\delta(t)$ 引起初态 $\dot{y}(0^{i})=1/m$ 的原因。

推而广之,在时刻 $t=0$,$F\cos\omega t$ 的幅值有限,冲量为零,不能引起动量,不能改变初态;然而,从 $t=0^{-}$ 到 $t=0^{i}$,输入力的幅值却从0突增到 F,这导致 $\ddot{y}(0^{i})\neq 0$,紧接着就使 $\dot{y}(t)\neq 0$,$y(t)\neq 0$,引起系统运动。这表明,输入作用的过程与结果就是不断改变系统状态。这也就进一步讲明了1.1节所指出的 $y(t)$ 与 $\dot{y}(t)$ 这两个变动着的状

态刻画了系统的动态历程的正确性。读者如有兴趣，请将输入 $F\cos\omega t$ 换为 $F\sin\omega t$，再做分析，就会更深刻地了解上述的道理，能有所领悟。

3.8　设计示例:数控直线运动工作台位置控制系统

在第 2 章建立了数控直线运动工作台位置控制系统的数学模型。在忽略电枢电感的情况下，它是一个典型的二阶系统。现在来分析采用不同的系统参数时，系统的瞬态性能指标和稳态性能指标如何变化。

在设计数控直线运动工作台时，一般先根据系统负载、位置精度、速度和加速度等方面的要求，初步选定伺服电动机、传动装置及测量装置；然后根据系统稳定性、响应快速性和响应准确性等方面的要求，设计控制器。因此，在分析系统的时域性能指标时，与电动机有关的参数、与传动部件有关的参数一般是确定的。为方便计算，假设经过初步设计，确定系统方框图为图 3.8.1，现在来分析放大器的放大系数 K_b 取不同值时，系统的性能如何变化。

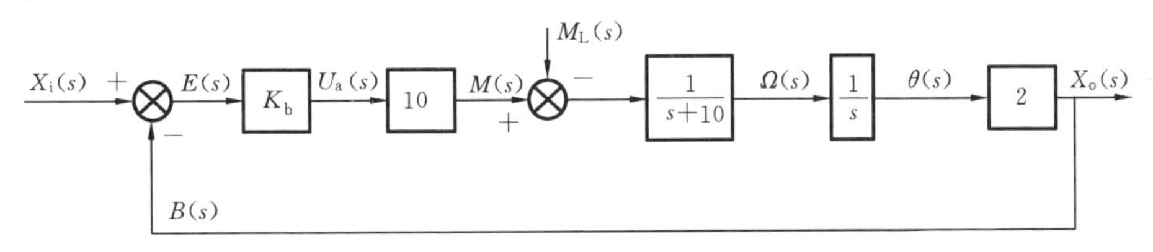

图 3.8.1　系统传递函数框图

图 3.8.2 所示为当 K_b 分别为 5、10 和 40 时，系统在单位阶跃输入作用下的响应曲线；图 3.8.3 所示为系统在单位阶跃干扰作用下的响应曲线。表 3.8.1 所示为 K_b 取不同值时，系统性能指标的变化情况。当 K_b 增大时，系统的上升时间、峰值时间

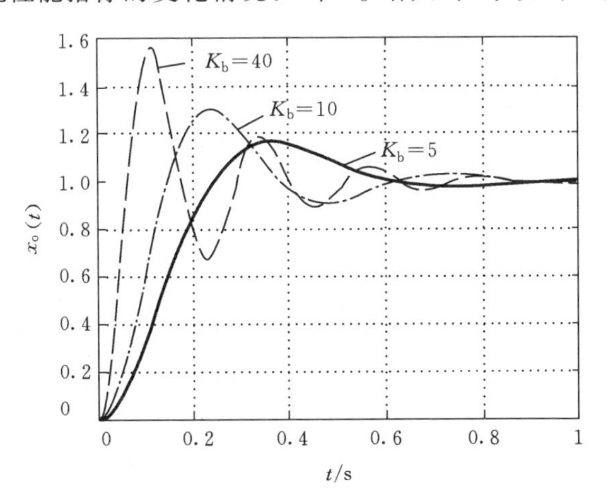

图 3.8.2　单位阶跃响应

和调整时间逐渐减小，对单位阶跃干扰的响应最大值(绝对值)减小，而系统的超调量逐渐增大。这也说明了二阶系统的性能指标之间存在一定的矛盾。

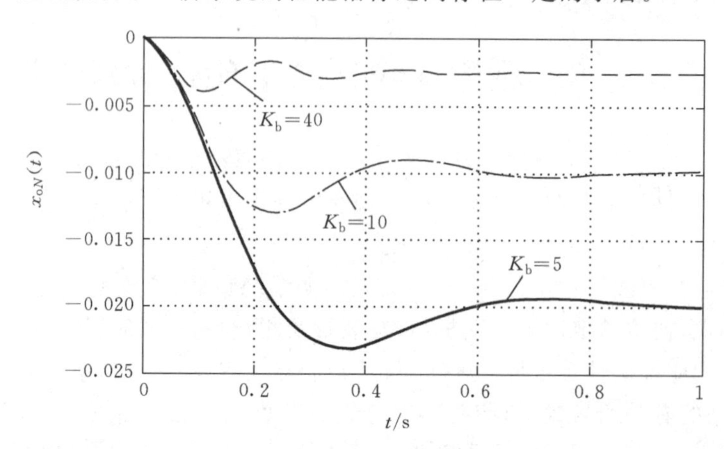

图 3.8.3　单位阶跃干扰响应

表 3.8.1　K_b 对系统性能指标的影响

K_b	上升时间/s	峰值时间/s	最大超调量/%	调整时间/s	单位阶跃干扰响应的最大值
5	0.242 0	0.363 0	16.30	0.807 0	−0.023 3
10	0.147 0	0.237 0	30.50	0.611 0	−0.013 0
40	0.063 0	0.113 0	56.88	0.712 0	−0.003 9

由例 3.4.3 可知，在二阶系统中，引入适当的速度负反馈，可以使系统保持较高的响应速度，同时又能大大降低其最大超调量。在图 3.8.1 所示的系统中，将电动机转速引入系统的输入端，形成图 3.8.4 所示的具有速度负反馈的系统。当 K_b 为 40，K 分别为 0.02、0.05 和 0.08 时，系统在单位阶跃输入作用下的响应曲线如图 3.8.5 所示；系统在单位阶跃干扰作用下的响应曲线如图 3.8.6 所示。表 3.8.2 所示为 K 取不同值时，系统性能指标的变化情况。可以看出，增大 K 值有利于减小系统的最大超调量。

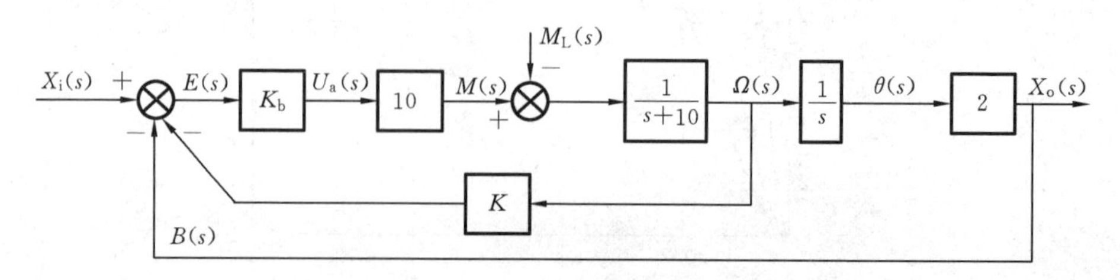

图 3.8.4　电动机转速引入速度负反馈

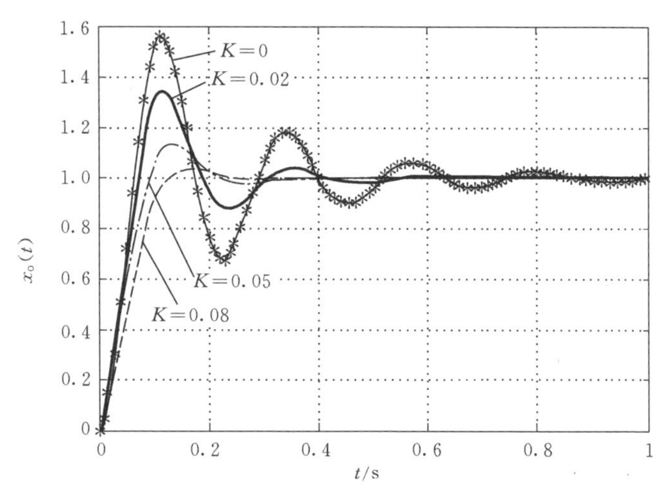

图 3.8.5 $K_b=40$、K 取不同值时的单位阶跃响应

（带 * 号的为 $K_b=40$、无速度反馈时的曲线）

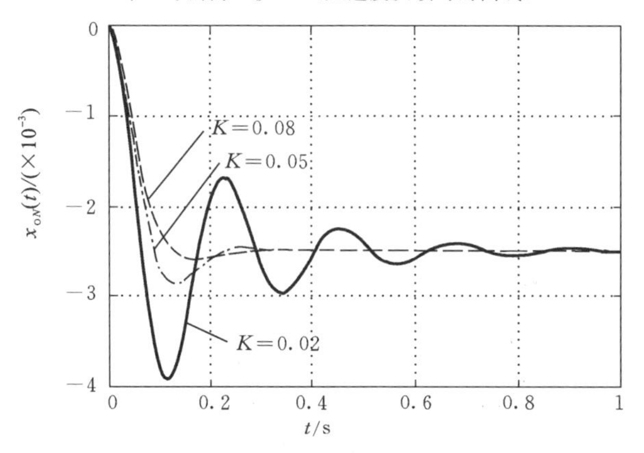

图 3.8.6 $K_b=40$、K 取不同值时单位阶跃干扰响应

表 3.8.2 $K_b=40$ 时，K 对性能指标的影响

K	上升时间/s	峰值时间/s	最大超调量/%	调整时间/s	单位阶跃干扰响应的最大值
0.02	0.071 0	0.117 0	34.84	0.395 0	−0.003 9
0.05	0.089 0	0.131 0	14.01	0.205 0	−0.002 9
0.08	0.128 0	0.166 0	3.07	0.205 0	−0.002 6

利用 MATLAB 分析时间响应

本章学习要点

在线自测

习　题

3.1 什么是时间响应？时间响应由哪两部分组成？各部分的定义是什么？时间响应的瞬态响应反映哪方面的性能？而稳态响应反映哪方面的性能？

3.2 设在初始状态为零的情况下，系统的单位脉冲响应为

$$w(t)=\frac{1}{3}\mathrm{e}^{-t/3}+\frac{1}{5}\mathrm{e}^{-t/5}$$

试求系统的传递函数。

3.3 已知系统在非零初始条件下的单位阶跃响应为 $x_\mathrm{o}(t)=1+\mathrm{e}^{-t}-\mathrm{e}^{-2t}$，若系统传递函数的分子为常数，试求系统的传递函数。

3.4 设温度计能在 1 min 内指示出响应值的 98%，并且假设温度计为一阶系统，传递函数为 $G(s)=\frac{1}{Ts+1}$，求时间常数。如果将此温度计放在澡盆内，澡盆的温度以10 ℃/min的速度线性变化，温度计的误差是多大？

3.5 已知控制系统的微分方程为 $2.5\dot{y}(t)+y(t)=20x(t)$，试用 Laplace 变换法求该系统的单位脉冲响应 $w(t)$ 和单位阶跃响应 $x_{\mathrm{ou}}(t)$，并讨论二者的关系。

3.6 已知某线性定常系统的单位斜坡响应为

$$x_\mathrm{o}(t)=10(t-0.1+0.1\mathrm{e}^{-10t})$$

试求其单位阶跃响应和单位脉冲响应函数。

3.7 图(题 3.7)所示为电网络。

(1) 试求其单位阶跃响应、单位脉冲响应和单位斜坡响应，并画出相应的响应曲线。

(2) 若将该电网络作为积分器，输入分别为单位脉冲、单位阶跃和单位斜坡信号时，其误差各为多少？

3.8 系统的传递函数为

$$G(s)=\frac{10}{0.2s+1}$$

应用图(题 3.8)所示方法使新系统的调整时间减小为原来的 1/10，放大系数不变，求 K_0 和 K_1 的值。

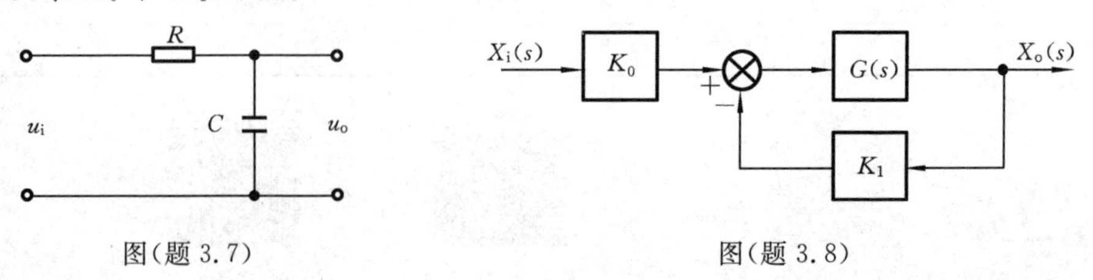

图(题 3.7)　　图(题 3.8)

3.9　已知单位反馈系统的开环传递函数 $G_K(s)=\dfrac{K}{Ts+1}$，求以下三种情况下的单位阶跃响应：

(1) $K=20, T=0.2$　　(2) $K=16, T=0.2$　　(3) $K=16, T=0.1$

并分析开环增益 K 与时间常数 T 对系统性能的影响。

3.10　已知系统的单位阶跃响应为 $x_{ou}(t)=1+0.2e^{-60t}-1.2e^{-10t}$，试求：

(1) 该系统的闭环传递函数；

(2) 系统的阻尼比 ξ 和无阻尼固有频率 ω_n。

3.11　证明图(题 3.11)所示系统是一个简单的二阶系统，并求其无阻尼固有频率、有阻尼固有频率和阻尼比。

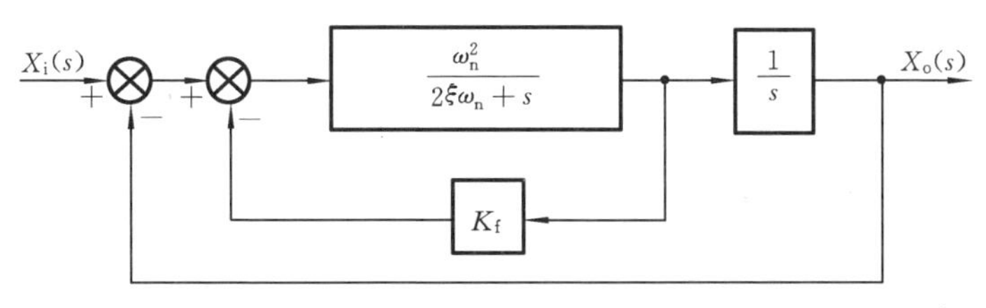

图(题 3.11)

3.12　已知某二阶系统的传递函数为 $G(s)=\dfrac{\omega_n^2}{s^2+2\xi\omega_n s+\omega_n^2}$，试分别绘制下列情况下，系统极点在[s]平面上的分布区间：

(1) $\dfrac{\sqrt{2}}{2}\leqslant\xi\leqslant 1,\quad \omega_n\geqslant 2\ s^{-1}$

(2) $0\leqslant\xi\leqslant 0.5,\quad 4\ s^{-1}\geqslant\omega_n\geqslant 2\ s^{-1}$

(3) $\dfrac{\sqrt{2}}{2}>\xi\geqslant 0.5,\quad \omega_n\leqslant 2\ s^{-1}$

3.13　试分别画出二阶系统在下列不同阻尼比取值范围内，系统特征根在[s]平面上的分布及单位阶跃响应曲线。

(1) $0<\xi<1$　　(2) $\xi=1$　　(3) $\xi>1$

(4) $-1<\xi<0$　　(5) $\xi=-1$

3.14　图(题 3.14)为某数控机床系统的位置随动系统的方框图，试求：

(1) 阻尼比 ξ 及无阻尼固有频率 ω_n；

(2) 该系统的 M_p、t_p、t_s 和 N。

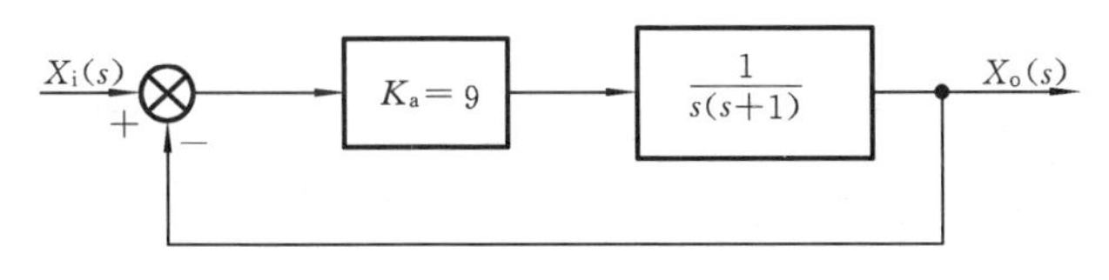

图(题 3.14)

3.15 电子心脏起搏器心律控制系统如图(题 3.15)所示，其中模仿心脏的传递函数相当于一纯积分环节。

(1) 若 $\xi=0.5$ 对应最佳响应，起搏器增益 K 应取多大？

(2) 若期望心率为 60 次/min，并突然接通起搏器，1 s 后实际心率为多少？瞬时最大心速多大？

3.16 若要使图(题 3.16)所示系统的单位阶跃响应的最大超调量等于 25%，峰值时间 t_p 为 2 s，试确定 K 和 K_f 的值。

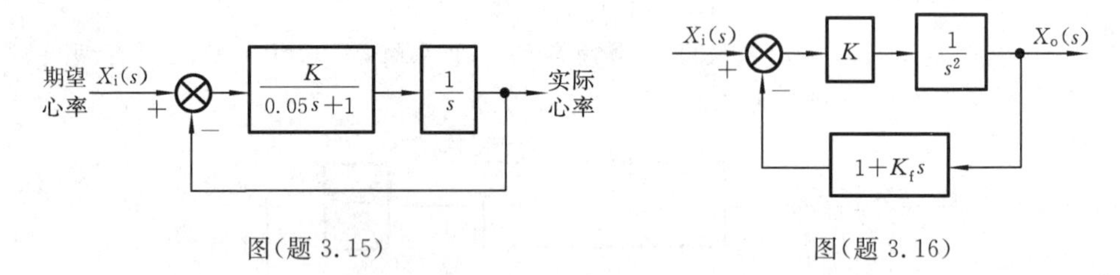

图(题 3.15)　　图(题 3.16)

3.17 某典型二阶系统的单位阶跃响应如图(题 3.17)所示，试确定系统的闭环传递函数。

3.18 已知二阶系统的传递函数为 $G(s)=\dfrac{\omega_n^2}{s^2+2\xi\omega_n s+\omega_n^2}$，三个二阶欠阻尼系统的极点分布如图(题 3.18)所示。

(1) 试分别比较三个系统阻尼比和有阻尼固有频率的大小；

(2) 在同一坐标系内分别绘制上述三个系统的单位阶跃响应曲线，并在三条曲线上分别表示各系统的峰值时间 t_{p1}、t_{p2}、t_{p3} 和调整时间 t_{s1}、t_{s2}、t_{s3}。

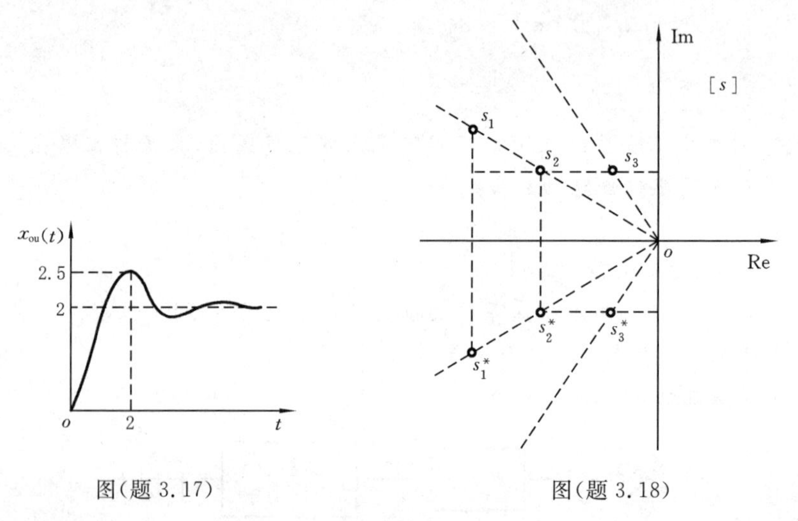

图(题 3.17)　　图(题 3.18)

3.19 单位反馈系统的开环传递函数为

$$G_K(s)=\frac{K}{s(s+1)(s+5)}$$

输入斜坡信号时，系统的稳态误差为 $e_{ss}=0.01$，求 K 值。

3.20 某控制系统如图(题3.20)所示。

(1) 当 $K_f=0$、$K_A=10$ 时，试确定系统的阻尼比、无阻尼固有频率及系统在 $x_i(t)=1+2t$ 作用下的稳态误差；

(2) 若要求系统阻尼比为0.6、$K_A=10$，试确定 K_f 值和在单位斜坡输入作用下系统的稳态误差；

(3) 若在单位斜坡输入作用下，要求保持阻尼比为0.6，稳态误差为0.2，试确定 K_f、K_A。

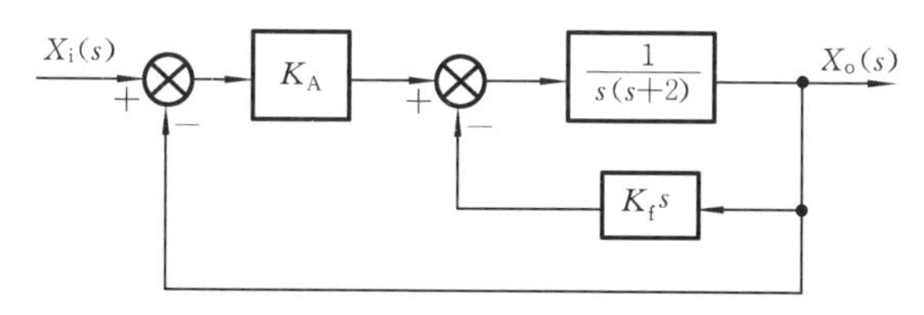

图(题3.20)

3.21 如图(题3.21)所示系统，已知 $X_i(s)=N(s)=\dfrac{1}{s}$，试求输入 $X_i(s)$ 和干扰 $N(s)$ 作用下的稳态误差。

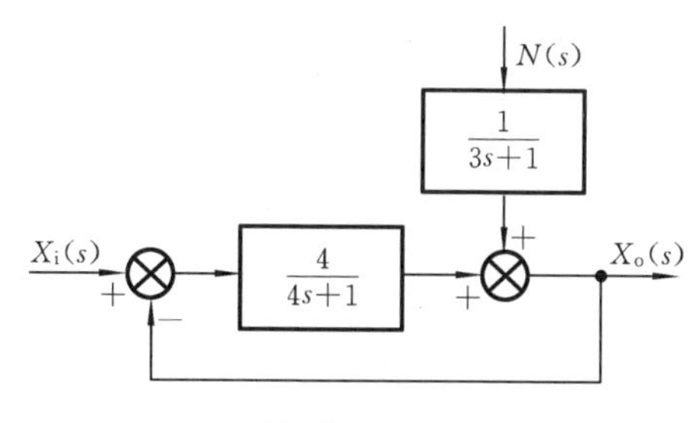

图(题3.21)

3.22 已知单位反馈系统的闭环传递函数为

$$G_B(s)=\frac{a_{n-1}s+a_n}{s^n+a_1s^{n-1}+\cdots+a_{n-1}s+a_n}$$

求斜坡信号输入和抛物线信号输入时的稳态误差。

3.23 系统的负载变化往往是系统的主要干扰。已知系统如图(题3.23)所示，试分析干扰 $N(s)$ 对系统输出和稳态误差的影响。

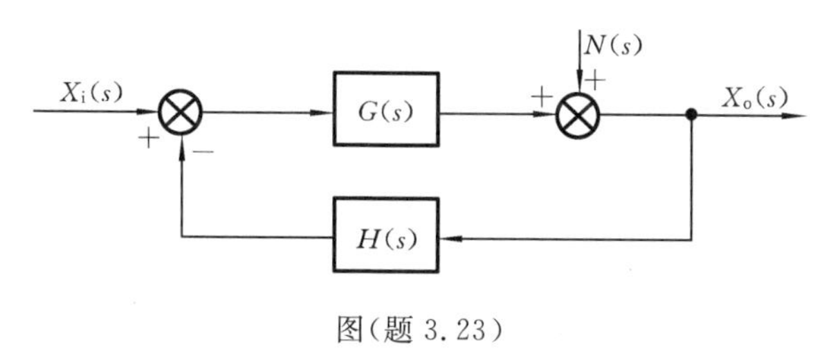

图(题3.23)

3.24 已知控制系统的传递函数方框图如图(题3.24(a))所示。

(1) 若希望系统的所有极点都位于[s]平面上直线 $s=-2$ 的左侧区域,且系统的阻尼比 $\xi \geqslant 0.5$,试求 K、T 的取值范围;

(2) 试求系统在单位速度输入作用下的稳态误差;

(3) 为使上述稳态误差为零,可使输入先通过一个比例-微分装置,如图(题3.24(b))所示,试求 K_c 的值。

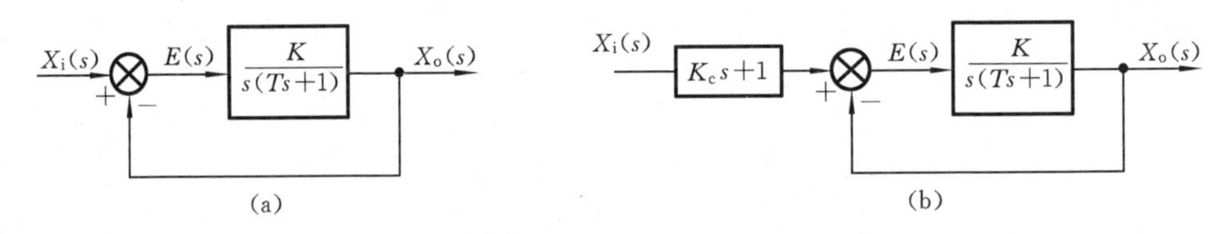

图(题3.24)

3.25 一单位反馈的三阶系统,其开环传递函数为 $G_K(s)$,试设计合适的 $G_K(s)$,使系统满足以下要求:

(1) 在单位速度输入作用下的稳态误差为1.2;

(2) 三阶系统的一对闭环主导极点为 $s_{1,2}=-1\pm j1$。

本章习题参考答案与题解

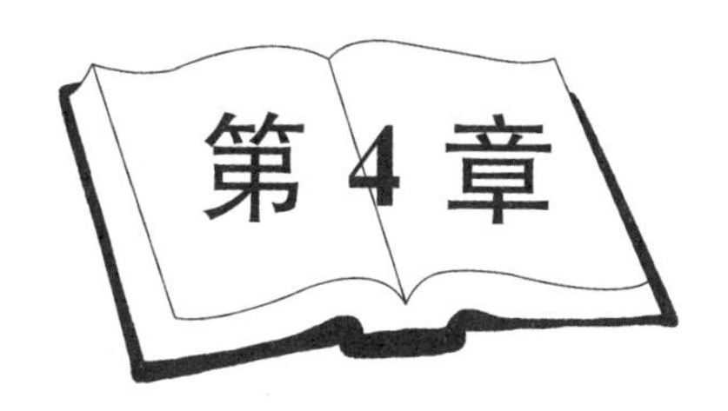

系统的频率特性分析

频率特性[1]分析是经典控制理论中研究与分析系统特性的主要方法。利用此方法，将传递函数从复域引到具有明确物理概念的频域来分析系统的特性，是极为有效的。

频率特性分析可建立起系统的时间响应与其频谱以及单位脉冲响应与频率特性之间的直接关系，而且可沟通在时域与在频域中对系统的研究与分析。

频率特性分析的重要性还在于以下两方面。

(1) 采用这种方法可将任何信号分解为叠加的谐波信号，也就是说，可将周期信号分解为叠加的频谱离散的谐波信号，将非周期信号分解为叠加的频谱连续的谐波信号。这样一来，就可用关于系统对不同频率的谐波信号的响应特性的研究，取代关于系统对任意信号的响应特性的研究，可以通过分析系统的频率特性来分析系统的稳定性和响应的快速性与准确性等重要特性。

(2) 对于那些无法用分析法求得传递函数或微分方程的系统或环节，往往可以先通过试验求出系统或环节的频率特性，进而求出该系统或环节的传递函数。即使对于那些能用分析法求出传递函数的系统或环节，往往也要通过试验求出频率特性来对传递函数加以检验和修正。在实际中，这些都是经常用到的重要方法。

本章将首先阐明频率特性的基本概念及其与传递函数的关系，这个概念与关系都是极为重要、极为关键的；接着分析频率特性的图形表示——极坐标图(Nyquist图)、对数坐标图(Bode图)，深入了解和切实掌握Nyquist图与Bode图是本章学习的重点；在此基础上讨论其他有关问题，如频率特性的特征量、最小相位系统；最后介绍设计示例——数控直线运动工作台位置控制系统的频率特性。

4.1 频率特性概述

4.1节
讲课视频

本节将阐明系统的频率特性的基本概念及其与传递函数、单位脉冲响应函数的关系，介绍频率特性的求法。

---

① 频率特性在有些书中又称为频率响应。本书中，频率响应指系统对谐波输入的稳态响应。

4.1.1 频率响应与频率特性

1. 频率响应

线性定常系统对谐波输入的稳态响应称为频率响应(frequency response)。

如3.1节所述,对于线性定常系统,假定系统是稳定的,则其响应包含瞬态响应和稳态响应。根据微分方程解的理论,若对其输入一谐波信号 $x_i(t) = X_i\sin\omega t$,系统的稳态输出响应也为同一频率的谐波信号,但幅值和相位发生了变化。其输出谐波的幅值正比于输入谐波的幅值 X_i,且是输入谐波的频率 ω 的非线性函数 $X_o(\omega)$;其输出谐波的相位与 X_i 无关,而与输入谐波的相位之差是 ω 的非线性函数 $\varphi(\omega)$,即线性定常系统对谐波输入的稳态响应为

$$x_o(t) = X_o(\omega)\sin[\omega t + \varphi(\omega)] \tag{4.1.1}$$

如图4.1.1(a)、(b)所示。式(4.1.1)中的 $x_o(t)$ 即为系统的频率响应。

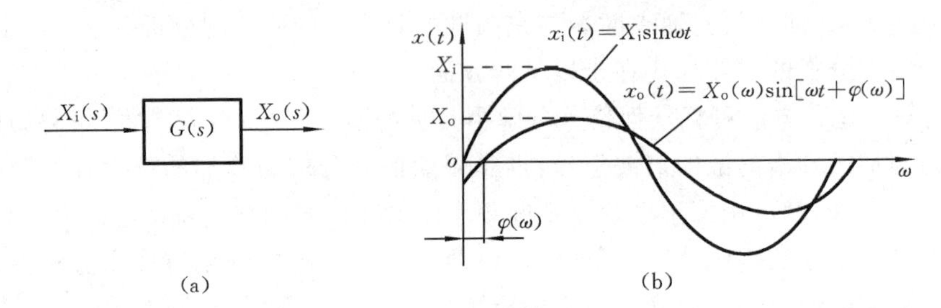

图4.1.1 系统及稳态的输入、输出波形

例4.1.1 有传递函数为

$$G(s) = \frac{K}{Ts+1}$$

的系统,设输入信号 $x_i(t) = X_i\sin\omega t$,则

$$X_i(s) = \frac{X_i\omega}{s^2+\omega^2}$$

因而有

$$X_o(s) = G(s)X_i(s) = \frac{K}{Ts+1}\cdot\frac{X_i\omega}{s^2+\omega^2}$$

再进行Laplace逆变换并整理,得

$$x_o(t) = \frac{X_iKT\omega}{1+T^2\omega^2}\cdot e^{-t/T} + \frac{X_iK}{\sqrt{1+T^2\omega^2}}\sin(\omega t - \arctan T\omega)$$

结合3.1节所述可知,此式中的 $x_o(t)$ 即为由输入引起的响应。其中,右边第一项是瞬态分量,第二项是稳态分量。$-1/T$ 为 $G(s)$ 的极点或系统微分方程的特征根 s_i,因 s_i 为负值,所以系统是稳定的,故随着时间的推移,即 $t\to\infty$ 时,瞬态分量迅速衰减至零,系统的输出 $x_o(t)$ 即为稳态响应,所以系统的稳态响应为

$$x_o(t) = \frac{X_iK}{\sqrt{1+T^2\omega^2}}\sin(\omega t - \arctan T\omega) \tag{4.1.2}$$

由此可知，它是与输入同频率的谐波信号，其幅值为 $X_o(\omega)=\dfrac{X_iK}{\sqrt{1+T^2\omega^2}}$，相位为 $\varphi(\omega)=-\arctan T\omega$。

显然，频率响应只是时间响应的一个特例。不过，当谐波的频率 ω 不同时，式(4.1.1)中的幅值 $X_o(\omega)$ 与相位 $\varphi(\omega)$ 也不同。这恰好提供了有关系统本身特性的重要信息。从这个意义上说，研究频率响应或者研究下面将要介绍的频率特性就是在频域中研究系统的特性。

2. 频率特性

由上可知，线性系统在谐波输入作用下，其稳态输出与输入的幅值比是输入信号的频率 ω 的函数，称其为系统的幅频特性，记为

$$A(\omega)=\frac{X_o(\omega)}{X_i}$$

它描述了在稳态情况下，当系统输入不同频率的谐波信号时，其幅值的衰减或增大特性。

稳态输出信号与输入信号的相位差 $\varphi(\omega)$（或称相移）也是 ω 的函数，称其为系统的相频特性。它描述了在稳态情况下，当系统输入不同频率的谐波信号时，其相位产生超前（$\varphi(\omega)>0$）或滞后（$\varphi(\omega)<0$）现象的特性。规定 $\varphi(\omega)$ 按逆时针方向旋转为正值，按顺时针方向旋转为负值。对于物理系统，相位一般是滞后的，即 $\varphi(\omega)$ 一般是负值。

幅频特性 $A(\omega)$ 和相频特性 $\varphi(\omega)$ 总称为系统的频率特性(frequency characteristic)，记为 $A(\omega)\angle\varphi(\omega)$ 或 $A(\omega)e^{j\varphi(\omega)}$，也就是说，频率特性定义为 ω 的复变函数，其幅值为 $A(\omega)$，相位为 $\varphi(\omega)$。

4.1.2　频率特性与传递函数的关系

设描述系统的微分方程为

$$\begin{aligned}&a_nx_o^{(n)}(t)+a_{n-1}x_o^{(n-1)}(t)+\cdots+a_1\dot{x}_o(t)+a_0x_o(t)\\&=b_mx_i^{(m)}(t)+b_{m-1}x_i^{(m-1)}(t)+\cdots+b_1\dot{x}_i(t)+b_0x_i(t)\end{aligned}\tag{4.1.3}$$

系统的传递函数为

$$G(s)=\frac{X_o(s)}{X_i(s)}=\frac{b_ms^m+b_{m-1}s^{m-1}+\cdots+b_1s+b_0}{a_ns^n+a_{n-1}s^{n-1}+\cdots+a_1s+a_0}\tag{4.1.4}$$

当输入信号为谐波函数，即 $x_i(t)=X_i\sin\omega t$ 时，其 Laplace 变换为

$$X_i(s)=\frac{X_i\omega}{s^2+\omega^2}\tag{4.1.5}$$

由式(4.1.4)和式(4.1.5)可得

$$X_o(s)=G(s)X_i(s)=\frac{b_ms^m+b_{m-1}s^{m-1}+\cdots+b_1s+b_0}{a_ns^n+a_{n-1}s^{n-1}+\cdots+a_1s+a_0}\cdot\frac{X_i\omega}{s^2+\omega^2}\tag{4.1.6}$$

若系统无重极点，则式(4.1.6)可写为

$$X_o(s) = \sum_{i=1}^{n} \frac{A_i}{s - s_i} + \left(\frac{B}{s - j\omega} + \frac{B^*}{s + j\omega}\right) \tag{4.1.7}$$

式中：s_i 为系统特征方程的根；A_i、B、B^*（B^* 为 B 的共轭复数）为待定系数。对式(4.1.7)进行 Laplace 逆变换可得系统的输出为

$$x_o(t) = \sum_{i=1}^{n} A_i e^{s_i t} + (B e^{j\omega t} + B^* e^{-j\omega t}) \tag{4.1.8}$$

对稳定系统而言，系统的特征根 s_i 均具有负实部，则式(4.1.8)中的瞬态分量，在 $t \to \infty$ 时将衰减为零，系统的输出 $x_o(t)$ 即为稳态响应，故系统的稳态响应为

$$x_o(t) = B e^{j\omega t} + B^* e^{-j\omega t} \tag{4.1.9}$$

若系统含有 k 个重极点 s_j，则 $x_o(t)$ 将含有 $t^k e^{s_j t}$ $(j = 1, 2, \cdots, k-1)$ 这样一些项。对于稳定的系统，由于 s_j 的实部为负，t^k 的增长没有 $e^{s_j t}$ 的衰减快。所以 $t^k e^{s_j t}$ 的各项随着 $t \to \infty$ 也都趋于零。因此，对于稳定的系统，不管系统是否有重极点，其稳态响应都如式(4.1.9)所示。式(4.1.9)中的待定系数 B 及 B^* 可由式(4.1.7)来确定，即

$$B = G(s) \frac{X_i \omega}{(s - j\omega)(s + j\omega)}(s - j\omega)\bigg|_{s=j\omega} = G(s) \frac{X_i \omega}{s + j\omega}\bigg|_{s=j\omega}$$

$$= G(j\omega) \cdot \frac{X_i}{2j} = |G(j\omega)| e^{j\angle G(j\omega)} \cdot \frac{X_i}{2j}$$

同理可得 $$B^* = G(-j\omega) \cdot \frac{X_i}{-2j} = |G(j\omega)| e^{-j\angle G(j\omega)} \cdot \frac{X_i}{-2j}$$

将 B、B^* 代入式(4.1.9)中，则系统的稳态响应为

$$x_{os}(t) = \lim_{t \to \infty} x_o(t) = |G(j\omega)| X_i \frac{e^{j[\omega t + \angle G(j\omega)]} - e^{-j[\omega t + \angle G(j\omega)]}}{2j}$$

$$= |G(j\omega)| X_i \sin[\omega t + \angle G(j\omega)] \tag{4.1.10}$$

根据频率特性的定义可知，系统的幅频特性和相频特性分别为

$$\left.\begin{aligned} A(\omega) &= \frac{X_o(\omega)}{X_i} = |G(j\omega)| \\ \varphi(\omega) &= \angle G(j\omega) \end{aligned}\right\} \tag{4.1.11}$$

故 $G(j\omega) = |G(j\omega)| e^{j\angle G(j\omega)}$ 就是系统的频率特性，它是将 $G(s)$ 中的 s 用 $j\omega$ 取代后的结果，是 ω 的复变函数。显然，频率特性的量纲就是传递函数的量纲，也是输出信号与输入信号的量纲之比。这一点是十分重要的。

由于 $G(j\omega)$ 是一个复变函数，故其可写成实部和虚部之和，即

$$G(j\omega) = \mathrm{Re}[G(j\omega)] + \mathrm{Im}[G(j\omega)] = u(\omega) + jv(\omega) \tag{4.1.12}$$

式中：$u(\omega)$ 是频率特性的实部，称为实频特性（在测试技术中又称为同相分量）；$v(\omega)$ 是频率特性的虚部，称为虚频特性（在测试技术中又称为异相分量）。

4.1.3 频率特性的求法

本节介绍频率特性的三种求法。

1. 根据系统的频率响应来求取

因为
$$X_i(s) = \mathrm{L}[X_i \sin\omega t] = \frac{X_i\omega}{s^2+\omega^2}$$

所以
$$x_o(t) = \mathrm{L}^{-1}\left[G(s)\frac{X_i\omega}{s^2+\omega^2}\right]$$

从 $x_o(t)$ 的稳态项中可得到频率响应的幅值和相位。然后，按幅频特性和相频特性的定义，就可分别求得幅频特性和相频特性。

如前所述，式(4.1.2)所示为例4.1.1所述系统的频率响应，故系统的频率特性为

$$A(\omega) = \frac{X_o(\omega)}{X_i} = \frac{K}{\sqrt{1+T^2\omega^2}}$$

$$\varphi(\omega) = -\arctan T\omega$$

或表示为
$$\frac{K}{\sqrt{1+T^2\omega^2}}\mathrm{e}^{-\mathrm{j}\arctan T\omega}$$

2. 将传递函数中的 s 换为 $\mathrm{j}\omega$ ($s=\mathrm{j}\omega$) 来求取

由上可知，系统的频率特性就是其传递函数 $G(s)$ 中复变量 $s=\sigma+\mathrm{j}\omega$ 在 $\sigma=0$ 时的特殊情况。由此得到一个极为重要的结论与方法，即将系统的传递函数 $G(s)$ 中的 s 换为 $\mathrm{j}\omega$，就得到系统的频率特性 $G(\mathrm{j}\omega)$。因此，$G(\mathrm{j}\omega)$ 也称为谐波传递函数。

由式(4.1.10)还可利用频率特性 $G(\mathrm{j}\omega)$ 求出系统在谐波输入作用下的稳态响应。

例 4.1.2　求本节例4.1.1所述系统的频率特性和频率响应。

由上可知，系统的频率特性为

$$G(\mathrm{j}\omega) = G(s)\big|_{s=\mathrm{j}\omega} = \frac{K}{1+\mathrm{j}T\omega} = \frac{K}{\sqrt{1+T^2\omega^2}}\mathrm{e}^{-\mathrm{j}\arctan T\omega}$$

因此
$$A(\omega) = |G(\mathrm{j}\omega)| = \frac{K}{\sqrt{1+T^2\omega^2}}$$

$$\varphi(\omega) = \angle G(\mathrm{j}\omega) = -\arctan T\omega$$

系统的频率响应为

$$x_o(t) = X_i\,|G(\mathrm{j}\omega)|\,\sin[\omega t + \angle G(\mathrm{j}\omega)]$$
$$= \frac{X_i K}{\sqrt{1+T^2\omega^2}}\sin(\omega t - \arctan T\omega)$$

此结果与前面例4.1.1的结果相一致。

3. 用试验方法求取

这是对实际系统求取频率特性的一种常用而又重要的方法。如果不知道系统的传递函数或微分方程等数学模型，就无法用上面两种方法求取频率特性。在这样的情况下，只有通过试验求得频率特性后才能求出传递函数(在第9章详述)。这正是频率特性的一个极为重要的作用。

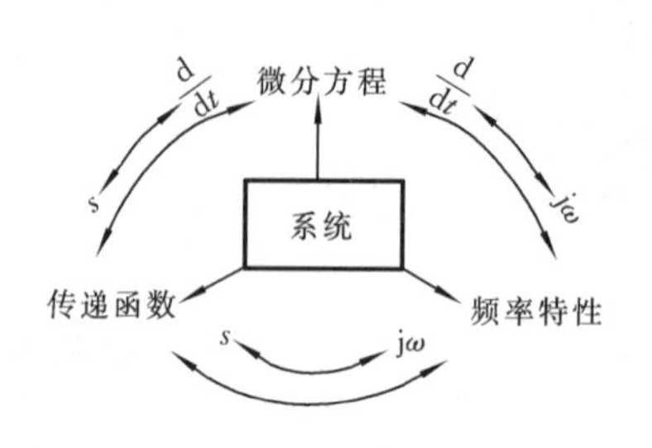

图 4.1.2　系统的微分方程、传递函数和频率特性相互转换

根据频率特性定义，首先，改变输入谐波信号 $X_i e^{j\omega t}$ 的频率 ω，并测出与此相应的输出幅值 $X_o(\omega)$ 与相位 $\varphi(\omega)$。然后，作出幅值比 $X_o(\omega)/X_i$ 对频率 ω 的函数曲线，此即幅频特性曲线；作出相位 $\varphi(\omega)$ 对频率 ω 的函数曲线，此即相频特性曲线。

由上可知，一个系统可以用微分方程或传递函数来描述，也可以用频率特性来描述。它们之间的相互关系如图4.1.2所示。将微分方程的微分算子 $\frac{d}{dt}$ 换成 s 后，由此方程就可获得传递函数；而将传递函数中的 s 再换成 $j\omega$，传递函数就变成了频率特性。

4.1.4　频率特性的特点和作用

频率特性分析方法始于20世纪40年代，目前已广泛应用于机械、电气、流体等各类系统，成为分析线性定常系统的基本方法之一，是经典控制理论的重要组成部分。下面介绍系统的频率特性的特点。

(1) 由

$$X_o(s) = G(s)X_i(s)$$

有

$$X_o(j\omega) = G(j\omega)X_i(j\omega)$$

而当 $x_i(t) = \delta(t)$ 时，有

$$x_o(t) = w(t)$$

且

$$X_i(j\omega) = F[\delta(t)] = 1$$

故

$$X_o(j\omega) = G(j\omega)$$

或

$$F[w(t)] = G(j\omega) \tag{4.1.13}$$

这表明系统的频率特性就是单位脉冲响应函数 $w(t)$ 的 Fourier 变换，即 $w(t)$ 的频谱。所以，对频率特性的分析就是对单位脉冲响应的频谱分析。从 Fourier 变换可知，$G(j\omega)$ 与 $w(t)$ 有着一一对应关系。系统的频率特性如同单位脉冲响应一样，包含了系统动态特性的信息。在此附带指出，对系统的单位脉冲响应函数进行 Fourier 变换，是求取频率特性的又一方法。

(2) 时间响应分析主要用于分析线性系统过渡过程，以获得系统的动态特性。而频率特性分析则通过分析不同的谐波输入时系统的稳态响应，来获得系统的动态特性。

(3) 在研究系统的结构及参数的变化对系统性能的影响时，许多情况下(例如对于单输入单输出系统)，在频域中分析比在时域中分析要容易些。特别是，根据频率特性可以较方便地判别系统的稳定性和稳定性储备，并可通过频率特性进行参数选择或对系统进行校正，使系统尽可能达到预期的性能指标。与此相应，根据频率特

性，易于选择系统工作的频率范围，或者根据系统工作的频率范围，设计具有合适的频率特性的系统。

(4) 若线性系统的阶次较高，特别是对于不能用分析法得出微分方程的系统，在时域中分析系统的性能就比较困难。而对这类系统，采用频率特性分析可以较方便地解决问题。

例如，对于机械系统或流体系统，所谓动柔度或动刚度这一动态性能是极为重要的。但是，当无法用分析法或不能较精确地用分析法求得系统的微分方程或传递函数时，这一动态性能也就无法求得。然而，此时可以在系统的输入端加上幅值和相位相同但频率不同的力的谐波信号，记录系统相应的位移(即系统的变形)的稳态输出，即稳态输出的幅值与相位，则相应于不同频率可求出位移的稳态输出与力的输入的幅值比 $X_o(j\omega)/X_i(j\omega)$ 与相位 $\varphi(\omega)$，即得 $G(j\omega)=X_o(\omega)e^{j\varphi(\omega)}$，此 $G(j\omega)$ 就是系统的动柔度(其单位为 m/N)，其倒数就是系统的动刚度(其单位为 N/m)。读者可以思考，所谓系统动柔度太大或动刚度太小是什么含义，从原则上讲应如何解决系统的动柔度太大或动刚度太小的问题。

(5) 若系统在输入信号的同时，在某些频带中有着严重的噪声干扰，则对系统采用频率特性分析法可设计出合适的通频带，以抑制噪声的影响。

可见，在经典控制理论中，频率特性分析比时间响应分析具有明显的优越性。

频率特性分析法也有缺点。由于实际系统往往存在非线性，在机械工程中尤其如此，因此，即使能给出准确的输入谐波信号，系统的输出也常常不是一个严格的谐波信号。这使得建立在严格谐波信号基础上的频率特性分析与实际的情况之间有一定的距离，也就是频率特性分析会产生误差。另外，频率特性分析难以应用于时变系统和多输入多输出系统，对系统的在线识别也可以说是相当困难的。当然，为克服此困难，目前在这方面的研究进展是很明显的。

4.2　频率特性的图示方法

如前所述，频率特性 $G(j\omega)$ 以及幅频特性和相频特性都是频率 ω 的函数，因而可以用曲线表示它们随频率的变化。用曲线图形表示系统的频率特性，具有直观方便的优点，在系统分析和研究中很有用处。常用的频率特性的图示方法有极坐标图法和对数坐标图法。

4.2.1　频率特性的极坐标图

4.2.1 节
讲课视频

1. Nyquist 图及其一般物理意义

频率特性的极坐标图又称 Nyquist 图，也称幅相频率特性图。

由于 $G(j\omega)$是 ω 的复变函数，故可在复平面上用复矢量表示。对于给定的 ω，$G(j\omega)$可以用一矢量或其端点(坐标)来表示，矢量的长度为其幅值 $|G(j\omega)|$，

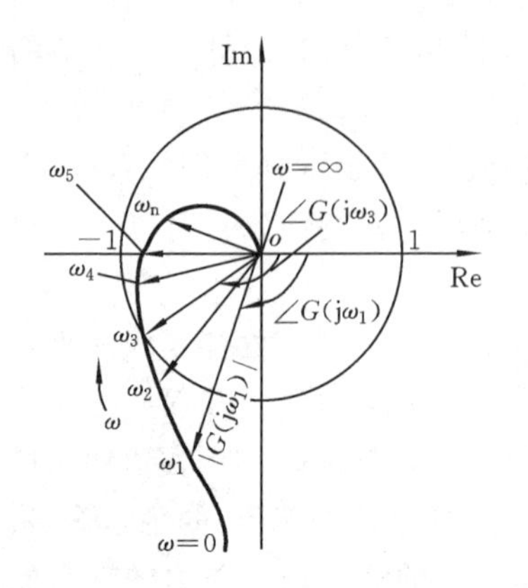

图 4.2.1　频率特性极坐标图

与正实轴的夹角为其相位 $\varphi(\omega)$,在实轴和虚轴上的投影分别为其实部 $\mathrm{Re}[G(\mathrm{j}\omega)]$ 和虚部 $\mathrm{Im}[G(\mathrm{j}\omega)]$。相位 $\varphi(\omega)$ 的符号规定为:从正实轴开始,逆时针方向旋转为正,顺时针方向旋转为负。当 ω 从 $0 \to \infty$ 时,$G(\mathrm{j}\omega)$ 端点的轨迹即为频率特性的极坐标图,或称为 Nyquist 图,如图4.2.1 所示。它不仅表示幅频特性和相频特性,而且也表示实频特性和虚频特性。图中 ω 的箭头方向为 ω 从小到大的方向。

正如 4.1 节所述,系统的幅频特性和相频特性分别为

$$A(\omega) = \frac{X_o(\omega)}{X_i} = |G(\mathrm{j}\omega)|$$

$$\varphi(\omega) = \angle G(\mathrm{j}\omega)$$

式中:$X_o(\omega)$ 为输出谐波的幅值,是输入谐波的频率 ω 的非线性函数;X_i 为输入谐波的幅值;$\varphi(\omega)$ 为输出与输入谐波相位之差,是 ω 的非线性函数。

下面分析图 4.2.1。

(1) 当 $\omega = \omega_3$ 时,Nyquist 曲线与单位圆相交,在这一点,幅频特性为

$$A(\omega_3) = \frac{X_o(\omega_3)}{X_i} = |G(\mathrm{j}\omega_3)| = 1$$

即

$$X_o(\omega_3) = X_i$$

它表示系统在输入频率为 ω_3 的谐波信号时,输出谐波的幅值等于输入谐波的幅值。相频特性为

$$\varphi(\omega) = \varphi(\omega_3) = \angle G(\mathrm{j}\omega_3) < 0$$

表示输出信号滞后于输入信号,其相位之差为 $\varphi(\omega_3)$。

(2) 当 $\omega < \omega_3$,例如 $\omega = \omega_2$ 时,Nyquist 曲线在单位圆外,幅频特性为

$$A(\omega_2) = \frac{X_o(\omega_2)}{X_i} = |G(\mathrm{j}\omega_2)| > 1$$

即

$$X_o(\omega_2) > X_i$$

它表示系统在输入频率为 ω_2 的谐波信号时,其幅值的增大特性。即输入谐波的频率较小时,输出谐波的幅值不但没有衰减,反而增大。这一特性称为系统的低通特性。

(3) 当 $\omega > \omega_3$,例如 $\omega = \omega_4$ 时,Nyquist 曲线在单位圆内,幅频特性为

$$A(\omega_4) = \frac{X_o(\omega_4)}{X_i} = |G(\mathrm{j}\omega_4)| < 1$$

即

$$X_o(\omega_4) < X_i$$

它表示系统在输入频率为 ω_4 的谐波信号时,输出谐波的幅值小于输入谐波的幅值,即输出谐波的幅值衰减。且随着 ω 的增大,输出谐波的幅值衰减越来越大,当 $\omega \to \infty$ 时,

$|G(j\omega)| \to 0, X_o(\omega) \to 0$，即图4.2.1的原点。这一特性又称为系统的高频衰减特性。

(4) 当 $\omega = \omega_5$ 时，Nyquist 曲线与负实轴相交，在这一点上，有

$$A(\omega_5) = |G(j\omega_5)| = -\mathrm{Re}[G(j\omega_5)]$$

$$\mathrm{Im}[G(j\omega_5)] = 0$$

$$\varphi(\omega) = \varphi(\omega_5) = -180^\circ$$

这是系统重要的特征点，在以下的有关章节将详细论述。

2. Nyquist 图的一般形状

绘制准确的 Nyquist 图是比较麻烦的，一般可以借助计算机以一定的频率间隔逐点计算 $G(j\omega)$ 的实部与虚部或幅值与相位，并描绘在极坐标图中。一般情况下，可绘制概略的 Nyquist 曲线。但 Nyquist 的概略曲线应保持其准确曲线的重要特征，并且在要研究的点附近有足够的准确性。

绘制 Nyquist 的概略图形的一般步骤如下：

(1) 由 $G(j\omega)$ 求出其实频特性 $\mathrm{Re}[G(j\omega)]$、虚频特性 $\mathrm{Im}[G(j\omega)]$、幅频特性 $|G(j\omega)|$、相频特性 $\angle G(j\omega)$ 的表达式；

(2) 求出若干特征点，如起点 $(\omega = 0)$、终点$(\omega = \infty)$、与实轴的交点$(\mathrm{Im}[G(j\omega)] = 0)$、与虚轴的交点$(\mathrm{Re}[G(j\omega)] = 0)$ 等，并标注在极坐标图上；

(3) 补充必要的几点，根据 $|G(j\omega)|$、$\angle G(j\omega)$ 和 $\mathrm{Re}[G(j\omega)]$、$\mathrm{Im}[G(j\omega)]$ 的变化趋势以及 $G(j\omega)$ 所处的象限，作出 Nyquist 曲线的大致图形。

下面举例说明绘制 Nyquist 图的一般方法和 Nyquist 图的一般形状。

例 4.2.1　已知惯性环节的传递函数为

$$G(s) = \frac{1}{Ts+1}$$

试绘制其 Nyquist 图。

解　系统的频率特性为

$$G(j\omega) = \frac{1}{jT\omega+1} = \frac{1}{1+T^2\omega^2} - j\,\frac{T\omega}{1+T^2\omega^2}$$

显然：实频特性为 $u(\omega) = \dfrac{1}{1+T^2\omega^2}$，虚频特性为 $v(\omega) = \dfrac{-T\omega}{1+T^2\omega^2}$；幅频特性为 $|G(j\omega)| = \dfrac{1}{\sqrt{1+T^2\omega^2}}$，相频特性为 $\angle G(j\omega) = -\arctan T\omega$。由此有：

当 $\omega = 0$ 时，$|G(j\omega)| = 1, \angle G(j\omega) = 0^\circ$；

当 $\omega = 1/T$ 时，$|G(j\omega)| = 1/\sqrt{2}, \angle G(j\omega) = -45^\circ$；

当 $\omega = \infty$ 时，$|G(j\omega)| = 0, \angle G(j\omega) = -90^\circ$。

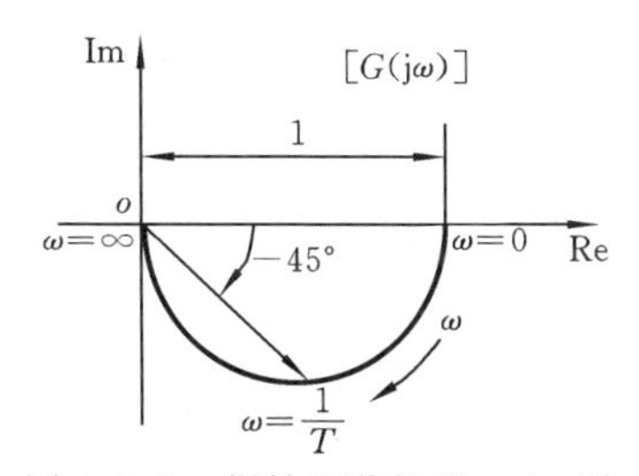

图 4.2.2　惯性环节的 Nyquist 图

可以证明，当 ω 从 0 趋于 ∞ 时，惯性环节频率特性的 Nyquist 图如图 4.2.2 所示，它表示正实轴下的一个半圆，圆心为 $(1/2, j0)$，半径为 $1/2$。从图中可以看出，惯性环节频率特性的幅值随着频率 ω

的增大而减小,因而具有低通滤波的性能。它存在相位滞后,且滞后相位随频率的增大而增大,最大相位滞后为 90°。

例 4.2.2　已知振荡环节的传递函数为

$$G(s)=\frac{\omega_n^2}{s^2+2\xi\omega_n s+\omega_n^2}\qquad(0<\xi<1)$$

试绘制其 Nyquist 图。

解　系统的频率特性为

$$G(j\omega)=\frac{\omega_n^2}{-\omega^2+\omega_n^2+j2\xi\omega_n\omega}$$

将上式的分子、分母同除以 ω_n^2,并令 $\omega/\omega_n=\lambda$,得

$$G(j\omega)=\frac{1}{(1-\lambda^2)+j2\xi\lambda}$$

$$=\frac{1-\lambda^2}{(1-\lambda^2)^2+4\xi^2\lambda^2}-j\frac{2\xi\lambda}{(1-\lambda^2)^2+4\xi^2\lambda^2}$$

显然:实频特性为 $\frac{1-\lambda^2}{(1-\lambda^2)^2+4\xi^2\lambda^2}$,虚频特性为 $\frac{-2\xi\lambda}{(1-\lambda^2)^2+4\xi^2\lambda^2}$;幅频特性为 $|G(j\omega)|=\frac{1}{\sqrt{(1-\lambda^2)^2+4\xi^2\lambda^2}}$,相频特性为 $\angle G(j\omega)=-\arctan\frac{2\xi\lambda}{1-\lambda^2}$。由此有:

当 $\lambda=0$,即 $\omega=0$ 时,$|G(j\omega)|=1$,$\angle G(j\omega)=0°$;

当 $\lambda=1$,即 $\omega=\omega_n$ 时,$|G(j\omega)|=\frac{1}{2\xi}$,$\angle G(j\omega)=-90°$;

当 $\lambda=\infty$,即 $\omega=\infty$ 时,$|G(j\omega)|=0$,$\angle G(j\omega)=-180°$。

可见,当 ω 从 0 趋于 ∞(即 λ 从 0 趋于 ∞)时,$G(j\omega)$ 的幅值由 1 趋于 0,其相位从 0° 趋于 −180°。振荡环节频率特性的 Nyquist 图始于点(1,j0)而终于点(0,j0),曲线与虚轴的交点的频率就是无阻尼固有频率 ω_n,此时的幅值为 $\frac{1}{2\xi}$。其 Nyquist 曲线在第三、四象限,如图 4.2.3(a)所示。ξ 取值不同,$G(j\omega)$ 的 Nyquist 图的形状也就不同,如图 4.2.4 所示。

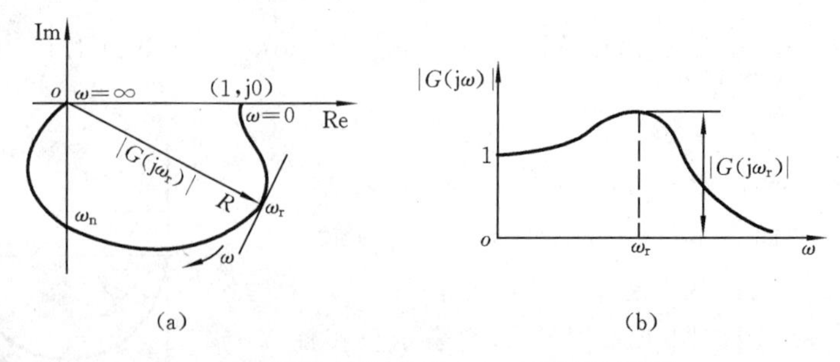

图 4.2.3　振荡环节的 Nyquist 图及其幅频图

在阻尼比 $\xi < 0.707$ 时，幅频特性 $|G(\mathrm{j}\omega)|$ 在频率为 ω_r（或频率比 $\lambda_r = \omega_r/\omega_n$）处出现峰值，如图 4.2.3(a)、(b) 所示。此峰值称为谐振峰值，频率 ω_r 称为谐振频率。ω_r 可按如下方式求出：

由
$$\left.\frac{\partial\,|G(\mathrm{j}\omega)|}{\partial\lambda}\right|_{\lambda=\lambda_r} = 0$$

求得
$$\lambda_r = \sqrt{1-2\xi^2}$$

或
$$\omega_r = \omega_n\sqrt{1-2\xi^2}$$

从而可求得
$$|G(\mathrm{j}\omega_r)| = \frac{1}{2\xi\sqrt{1-\xi^2}}$$

$$\angle G(\mathrm{j}\omega_r) = -\arctan\frac{\sqrt{1-2\xi^2}}{\xi}$$

阻尼比 $\xi \geqslant 0.707$ 时，一般认为 ω_r 不再存在。

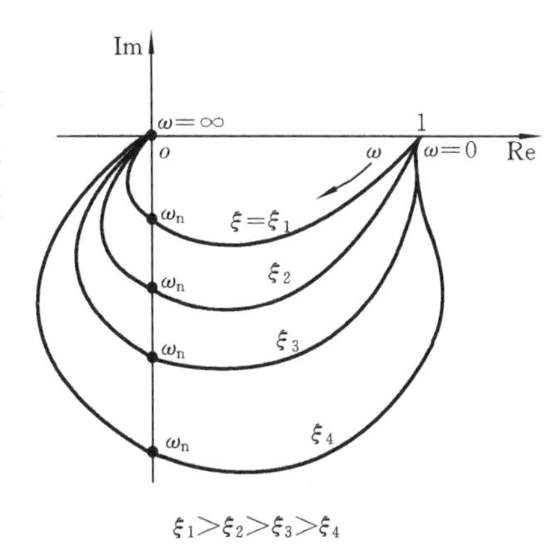

图 4.2.4　振荡环节 ξ 取不同值的 Nyquist 图

例 4.2.3　已知系统的传递函数为 $G(s) = \dfrac{K}{s(Ts+1)}$，试绘制其 Nyquist 图。

解　系统的频率特性为

$$G(\mathrm{j}\omega) = \frac{K}{\mathrm{j}\omega(1+\mathrm{j}T\omega)} = K\cdot\frac{1}{\mathrm{j}\omega}\cdot\frac{1}{1+\mathrm{j}T\omega}$$
$$= \frac{-KT}{1+T^2\omega^2} - \mathrm{j}\,\frac{K}{\omega(1+T^2\omega^2)}$$

由上式可知，系统是由比例环节、积分环节和惯性环节串联组成的。显然：实频特性为 $u(\omega) = \mathrm{Re}[G(\mathrm{j}\omega)] = \dfrac{-KT}{1+T^2\omega^2}$，虚频特性为 $v(\omega) = \mathrm{Im}[G(\mathrm{j}\omega)] = -\dfrac{K}{\omega(1+T^2\omega^2)}$；幅频特性为 $|G(\mathrm{j}\omega)| = \dfrac{K}{\omega\sqrt{1+T^2\omega^2}}$，相频特性为 $\angle G(\mathrm{j}\omega) = -90^\circ - \arctan T\omega$。由此有：

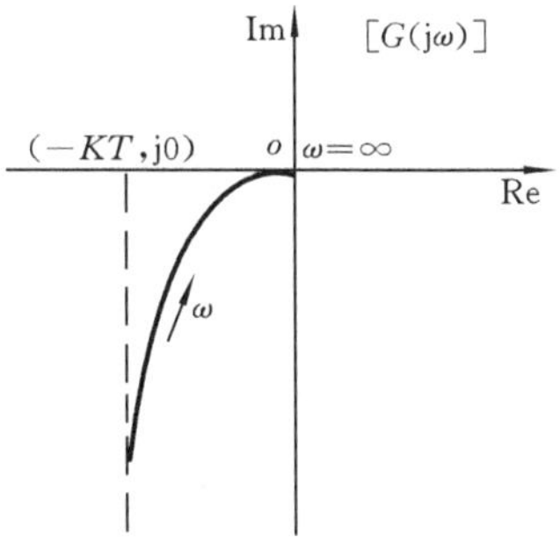

当 $\omega = 0$ 时，$u(\omega) = -KT$，$v(\omega) = -\infty$，$|G(\mathrm{j}\omega)| = \infty$，$\angle G(\mathrm{j}\omega) = -90^\circ$；

当 $\omega = \infty$ 时，$u(\omega) = 0$，$v(\omega) = 0$，$|G(\mathrm{j}\omega)| = 0$，$\angle G(\mathrm{j}\omega) = -180^\circ$。

所以，该系统的 Nyquist 图如图 4.2.5 所示。由于其传递函数含有积分环节 $1/s$，因而与不含积分环节的二阶环节（如振荡环节）比较，其频率特性有本质不同。不含积分环节的二阶环节，其频率特性的 Nyquist 图在 $\omega = 0$ 时，始于正实轴上的确定点；而含有积分环节的二阶环节，其频率特

图 4.2.5　例 4.2.3 中系统的 Nyquist 图

性的 Nyquist 图在低频段将沿一条渐近线趋于无穷远点。当 $\omega \to 0$ 时,由实、虚频特性的取值可知,这条渐近线是过点$(-KT,\mathrm{j}0)$且平行于虚轴的直线。

例 4.2.4 已知系统的传递函数

$$G(s) = \frac{K}{s^2(1+T_1 s)(1+T_2 s)}$$

试绘制其 Nyquist 图。

解

$$G(\mathrm{j}\omega) = \frac{K}{(\mathrm{j}\omega)^2(1+\mathrm{j}T_1\omega)(1+\mathrm{j}T_2\omega)}$$

由此可见,系统是由一个比例环节、两个积分环节和两个惯性环节组成的,其幅频特性为

$$|G(\mathrm{j}\omega)| = \frac{K}{\omega^2\sqrt{1+T_1{}^2\omega^2}\sqrt{1+T_2{}^2\omega^2}}$$

相频特性为

$$\angle G(\mathrm{j}\omega) = -180^\circ - \arctan T_1\omega - \arctan T_2\omega$$

由此有:

当 $\omega = 0$ 时,$|G(\mathrm{j}\omega)| = \infty$,$\angle G(\mathrm{j}\omega) = -180^\circ$;

当 $\omega = \infty$ 时,$|G(\mathrm{j}\omega)| = 0$,$\angle G(\mathrm{j}\omega) = -360^\circ$。

又有

$$\begin{aligned} G(\mathrm{j}\omega) &= \frac{K}{-\omega^2(1+\mathrm{j}T_1\omega)(1+\mathrm{j}T_2\omega)} \\ &= \frac{K(1-T_1T_2\omega^2)}{-\omega^2(1+T_1{}^2\omega^2)(1+T_2{}^2\omega^2)} + \mathrm{j}\frac{K(T_1+T_2)}{\omega(1+T_1{}^2\omega^2)(1+T_2{}^2\omega^2)} \end{aligned}$$

由此可知实频、虚频特性。

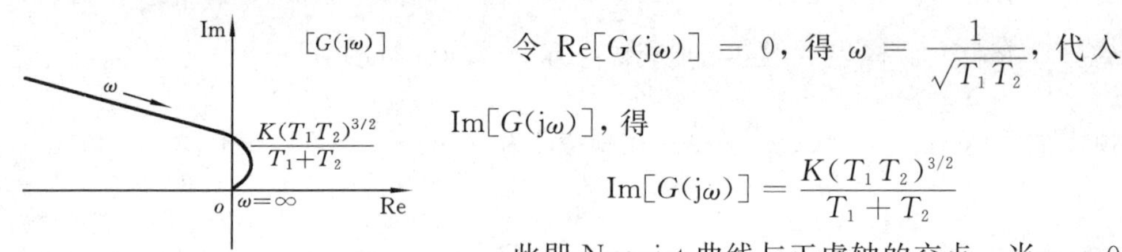

图 4.2.6 例 4.2.4 中系统的 Nyquist 图

令 $\mathrm{Re}[G(\mathrm{j}\omega)] = 0$,得 $\omega = \dfrac{1}{\sqrt{T_1T_2}}$,代入 $\mathrm{Im}[G(\mathrm{j}\omega)]$,得

$$\mathrm{Im}[G(\mathrm{j}\omega)] = \frac{K(T_1T_2)^{3/2}}{T_1+T_2}$$

此即 Nyquist 曲线与正虚轴的交点。当 $\omega \to 0$ 时,$\mathrm{Re}[G(\mathrm{j}\omega)] \to -\infty$,$\mathrm{Im}[G(\mathrm{j}\omega)] \to \infty$。而当 ω 从 0 趋于 ∞ 时,$\mathrm{Re}[G(\mathrm{j}\omega)]$、$\mathrm{Im}[G(\mathrm{j}\omega)]$ 从 ∞ 趋于 0,且 $\mathrm{Im}[G(\mathrm{j}\omega)]$ 始终为正值。由此可知,频率特性曲线在$[G(\mathrm{j}\omega)]$平面的上半部分,如图 4.2.6 所示。

例 4.2.5 已知系统的传递函数

$$G(s) = \frac{K(T_1 s+1)}{s(T_2 s+1)} \qquad (T_1 > T_2)$$

试绘制其 Nyquist 图。

解　$$G(\mathrm{j}\omega)=\frac{K(1+\mathrm{j}T_1\omega)}{\mathrm{j}\omega(1+\mathrm{j}T_2\omega)}=\frac{K(T_1-T_2)}{1+T_2{}^2\omega^2}-\mathrm{j}\frac{K(1+T_1T_2\omega^2)}{\omega(1+T_2{}^2\omega^2)}$$

由此可知,系统是由比例环节、积分环节、一阶微分环节(又称导前环节)与惯性环节串联组成的,其幅频特性为

$$|G(\mathrm{j}\omega)|=\frac{K\sqrt{1+T_1{}^2\omega^2}}{\omega\sqrt{1+T_2{}^2\omega^2}}$$

相频特性为

$$\angle G(\mathrm{j}\omega)=\arctan T_1\omega-90^\circ-\arctan T_2\omega$$

由此有:

当 $\omega=0$ 时,$|G(\mathrm{j}\omega)|=\infty,\angle G(\mathrm{j}\omega)=-90^\circ$;

当 $\omega=\infty$ 时,$|G(\mathrm{j}\omega)|=0,\angle G(\mathrm{j}\omega)=-90^\circ$。

并且 $T_1>T_2$,故 $\mathrm{Re}[G(\mathrm{j}\omega)]>0,\mathrm{Im}[G(\mathrm{j}\omega)]<0$。

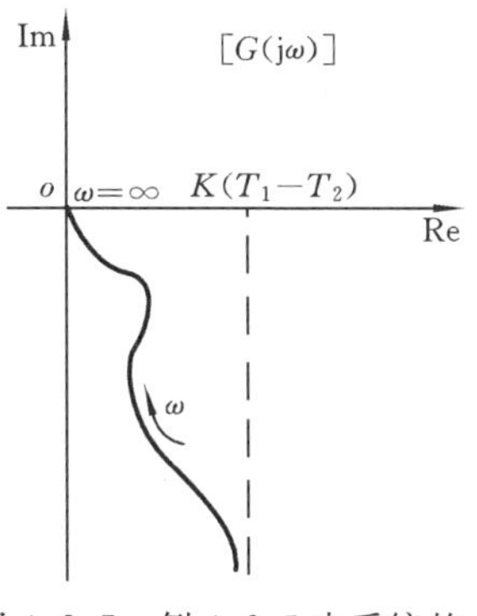

图 4.2.7　例 4.2.5 中系统的 Nyquist 图

系统的 Nyquist 图为图 4.2.7。由图可知,若传递函数有一阶微分环节,则 Nyquist 曲线发生弯曲,即相位可能非单调变化。若此例中 $T_1<T_2$,Nyquist 图将是什么样的?请读者考虑。

分析表明,若系统的频率特性为

$$G(\mathrm{j}\omega)=\frac{K(1+\mathrm{j}\tau_1\omega)(1+\mathrm{j}\tau_2\omega)\cdots(1+\mathrm{j}\tau_m\omega)}{(\mathrm{j}\omega)^\nu(1+\mathrm{j}T_1\omega)(1+\mathrm{j}T_2\omega)\cdots(1+\mathrm{j}T_{n-\nu}\omega)}\qquad(n\geqslant m)$$

该式的分母的次数为 n,分子的次数为 m。系统的 Nyquist 图的一般形状具有以下特点:

(1) 当 $\omega=0$ 时,若 $\nu=0$,则 $|G(\mathrm{j}\omega)|=K,\angle G(\mathrm{j}\omega)=0^\circ$,Nyquist 曲线的起始点是一个在正实轴上有有限值的点;

若 $\nu=1$,则 $|G(\mathrm{j}\omega)|=\infty,\angle G(\mathrm{j}\omega)=-90^\circ$,在低频段,Nyquist 曲线逐渐接近于与负虚轴平行的直线;

若 $\nu=2$,则 $|G(\mathrm{j}\omega)|=\infty,\angle G(\mathrm{j}\omega)=-180^\circ$,在低频段,$G(\mathrm{j}\omega)$ 负实部是比虚部阶数更高的无穷大。

(2) 当 $\omega=\infty$ 时,若 $n>m$,则 $|G(\mathrm{j}\omega)|=0,\angle G(\mathrm{j}\omega)=(m-n)\times 90^\circ$。

(3) 当 $G(s)$ 包含振荡环节时,不改变上述结论。

(4) 当 $G(s)$ 包含一阶微分环节时,由于相位非单调下降,Nyquist 曲线将发生“弯曲”。

由上面五例可知,当 $\omega\rightarrow\infty$ 时,$|G(\mathrm{j}\omega)|\rightarrow 0$。在机械系统中一般都是如此。请读者考虑:这一点的物理本质是什么?能否用具体实例来说明?

常见的 Nyquist 图

Nyquist 图绘制

4.2.2 节
讲课视频

4.2.2 频率特性的对数坐标图

频率特性的对数坐标图又称 Bode 图。对数坐标图由对数幅频特性图和对数相频特性图组成,分别表示幅频特性和相频特性。对数坐标图的横坐标表示频率 ω,但按对数分度,单位是 s^{-1} 或 rad/s,如图 4.2.8所示。

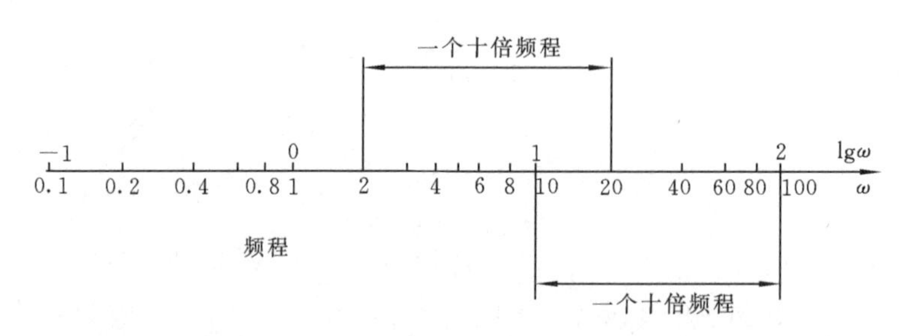

图 4.2.8 Bode 图横坐标

由图 4.2.8 可知,若在横坐标上任意取两点,使其满足 $\frac{\omega_1}{\omega_0}=10$,则两点的距离为 $\lg\frac{\omega_1}{\omega_0}=1$。因此,不论起点如何,只要角频率变化 10 倍,在横坐标上线段长均等于一个单位。即频率 ω 从任一数值 ω_0 增加(减小)到 $\omega_1=10\omega_0$ ($\omega_1=\omega_0/10$) 时的频带宽度在对数坐标上为一个单位。该频带宽度称为十倍频程,通常以“dec”表示。注意,为了方便,Bode 图的横坐标虽然是以对数分度的,但是习惯上其刻度值不标 $\lg\omega$ 值,而是标真数 ω 值。

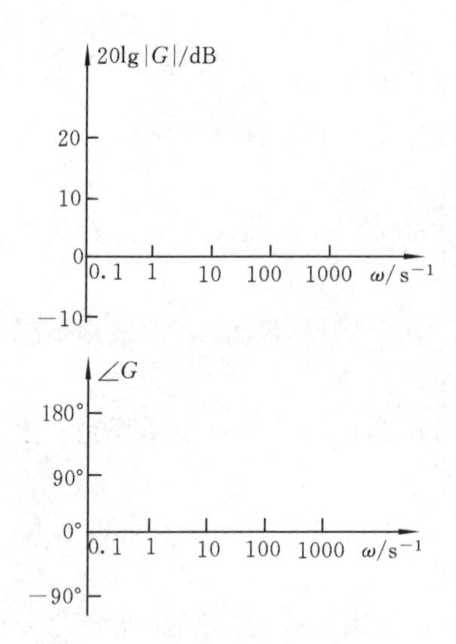

图 4.2.9 Bode 图坐标系

对数幅频特性图的纵坐标表示 $G(j\omega)$ 的幅值,单位是 dB,按线性分度;对数相频特性图的纵坐标表示 $G(j\omega)$ 的相位,单位是(°),也是按线性分度的。图 4.2.9 表示 Bode 图的坐标系。

对数幅频特性图的纵坐标的单位 dB 的定义为 $1\ \mathrm{dB}=20\lg|G(j\omega)|$(图中 $G(j\omega)$ 简写为 G)。注意,当 $|G(j\omega)|=1$ 时,其分贝值为零,即,0 dB 表示输出幅值等于输入幅值。

分贝的名称源于电信技术,表示信号功率的衰减程度。若两个信号功率分别为 N_1 和 N_2,则当 $\lg\frac{N_2}{N_1}=1$ 时,称 N_2 比 N_1 差 1 B(贝)(即 N_2 是 N_1 的 10 倍)。因为B的单位太大,故常用dB(分贝),$1\ \mathrm{B}=10\ \mathrm{dB}$,即,若 N_1 和 N_2 满足等式 $10\lg\frac{N_2}{N_1}=1$,

则称 N_2 与 N_1 相差 1 dB(即 N_2 是 N_1 的 1.26 倍)。

后来,其他技术领域也采用 dB 为单位,并将其意义进行了推广:若两数值 p_1 和 p_2 满足等式 $20\lg\dfrac{p_2}{p_1}=1$(实质是 $10\lg\dfrac{{p_2}^2}{{p_1}^2}=1$,因为若 p_1 和 p_2 表示电流、电压、速度等,则 ${p_1}^2$、${p_2}^2$ 与功率成正比),则称 p_1 与 p_2 相差 1 dB。推广到控制学科领域,任何一个数 N 都可用分贝值 n 表示,定义为

$$n(\mathrm{dB})\Leftrightarrow 20\lg N(\mathrm{dB})$$

用 Bode 图表示频率特性有如下优点。

(1) 可将串联环节幅值的乘、除,化为幅值的加、减,因而简化了计算与作图过程。

(2) 可用近似方法作图。先分段用直线作出对数幅频特性曲线的渐近线,再用修正曲线对渐近线进行修正,就可得到较准确的对数幅频特性图。这给作图带来了很大方便。

(3) 可分别作出各个环节的 Bode 图,然后用叠加方法得出系统的 Bode 图,并且由此可以看出各个环节对系统总特性的影响。

(4) 由于横坐标采用对数分度,因此能把较宽频率范围的图形紧凑地表示出来。在分析和研究系统时,其低频特性很重要,而 ω 轴采用对数分度对于突出频率特性的低频段很方便。在运用时,横坐标的起点可根据实际所需的最低频率来确定。

1. 典型环节的 Bode 图

(1) 比例环节。比例环节的频率特性为

$$G(\mathrm{j}\omega)=K$$

其对数幅频特性和相频特性分别为

$$20\lg|G(\mathrm{j}\omega)|=20\lg K$$

$$\angle G(\mathrm{j}\omega)=0^\circ$$

可见,比例环节的对数幅频特性曲线是一条高度为 $20\lg K$ 的水平直线;其对数相频特性曲线是与 0°线重合的一直线,如图4.2.10所示(图中 $K=10$)。当 K 值改变时,对数幅频特性曲线上下移动,而对数相频特性曲线不变。

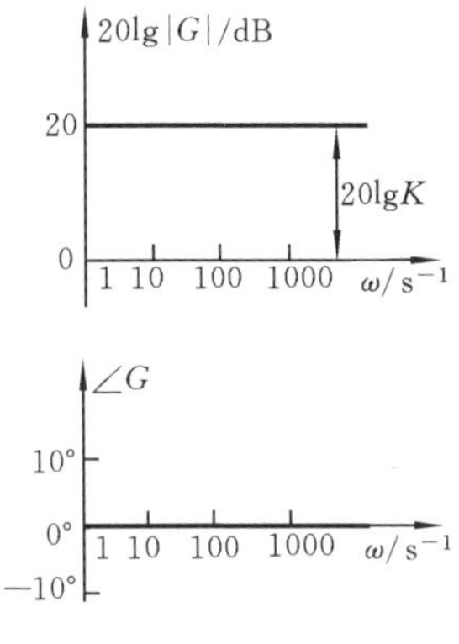

图 4.2.10　比例环节的 Bode 图

(2) 积分环节。积分环节的频率特性为 $G(\mathrm{j}\omega)=\dfrac{1}{\mathrm{j}\omega}$,故幅频特性 $|G(\mathrm{j}\omega)|=\dfrac{1}{\omega}$,相频特性 $\angle G(\mathrm{j}\omega)=-90^\circ$。对数幅频特性为

$$20\lg|G(\mathrm{j}\omega)|=20\lg\frac{1}{\omega}=-20\lg\omega$$

可见,每当频率增大为原来的 10 倍时,对数幅频特性就下降 20 dB,因此,积分环节的对数幅频特性曲线在整个频率范围内是一条斜率为 −20 dB/dec 的直线。当 $\omega=1$ 时,$20\lg|G(\mathrm{j}\omega)|=0$,即在此频率下,积分环节的对数幅频特性曲线与 0 dB 线相

交,如图4.2.11所示。积分环节的对数相频特性曲线在整个频率范围内为一条$\angle G(\mathrm{j}\omega)=-90^{\circ}$的水平线。

(3) 微分环节。微分环节的频率特性为$G(\mathrm{j}\omega)=\mathrm{j}\omega$,故幅频特性$|G(\mathrm{j}\omega)|=\omega$,相频特性$\angle G(\mathrm{j}\omega)=90^{\circ}$。对数幅频特性为

$$20\lg|G(\mathrm{j}\omega)|=20\lg\omega$$

可见,每当频率增大为原来的10倍时,对数幅频特性就增加20 dB,因此,微分环节的对数幅频特性曲线在整个频率范围内是一条斜率为20 dB/dec的直线。当$\omega=1$时,$20\lg|G(\mathrm{j}\omega)|=0$,即在此频率下,微分环节的对数幅频特性曲线与0 dB线相交,如图4.2.12所示。微分环节的对数相频特性曲线在整个频率范围内为一条$\angle G(\mathrm{j}\omega)=90^{\circ}$的水平线。

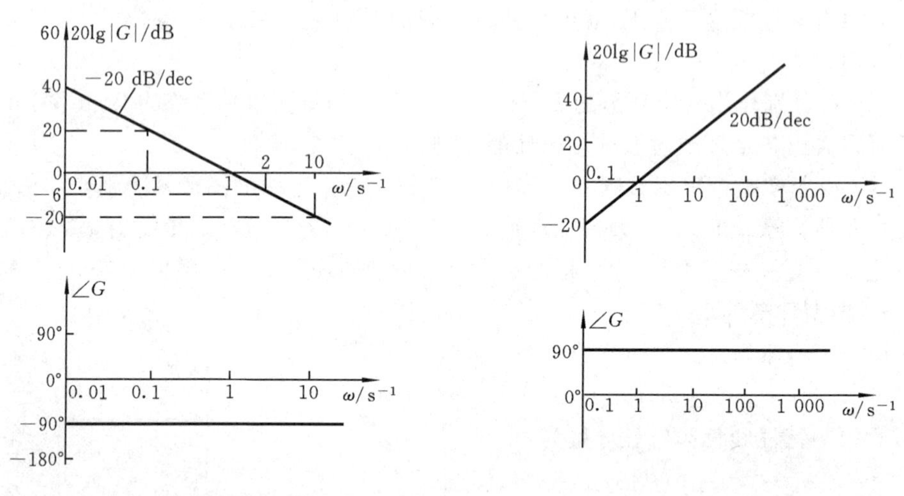

图 4.2.11　积分环节的Bode图　　　图 4.2.12　微分环节的Bode图

(4) 惯性环节。惯性环节的频率特性为

$$G(\mathrm{j}\omega)=\frac{1}{1+\mathrm{j}T\omega}$$

若令$\omega_{\mathrm{T}}=1/T$,则有

$$G(\mathrm{j}\omega)=\frac{1}{1+\mathrm{j}\dfrac{\omega}{\omega_{\mathrm{T}}}}=\frac{\omega_{\mathrm{T}}}{\omega_{\mathrm{T}}+\mathrm{j}\omega}$$

故幅频特性为

$$|G(\mathrm{j}\omega)|=\frac{\omega_{\mathrm{T}}}{\sqrt{\omega_{\mathrm{T}}^{2}+\omega^{2}}}$$

相频特性为

$$\angle G(\mathrm{j}\omega)=-\arctan\frac{\omega}{\omega_{\mathrm{T}}}$$

对数幅频特性为

$$20\lg|G(\mathrm{j}\omega)|=20\lg\omega_{\mathrm{T}}-20\lg\sqrt{\omega_{\mathrm{T}}^{2}+\omega^{2}} \tag{4.2.1}$$

当$\omega\ll\omega_{\mathrm{T}}$时,对数幅频特性为

$$20\lg|G(j\omega)| \approx 20\lg\omega_T - 20\lg\omega_T = 0\ \text{dB} \tag{4.2.2}$$

所以，对数幅频特性曲线在低频段近似为 0 dB 水平线，它止于点 $(\omega_T, 0)$。0 dB 水平线称为低频渐近线。

当 $\omega \gg \omega_T$ 时，对数幅频特性为

$$20\lg|G(j\omega)| \approx 20\lg\omega_T - 20\lg\omega \tag{4.2.3}$$

若将 $\omega = \omega_T$ 代入式(4.2.3)，得

$$20\lg|G(j\omega_T)| = 0\ \text{dB}$$

所以，对数幅频特性曲线在高频段近似是一条直线，它始于点$(\omega_T, 0)$，斜率为 -20 dB/dec。此斜线称为高频渐近线。显然，ω_T 是低频渐近线与高频渐近线的交点处的频率，称为转角频率。

惯性环节的 Bode 图为图 4.2.13。由图可知，惯性环节有低通滤波器的特性。当输入频率 $\omega > \omega_T$ 时，其输出很快衰减，即滤掉输入信号的高频部分。在低频段，输出能较准确地反映输入。

渐近线与精确的对数幅频特性曲线之间存在误差 $e(\omega)$，在低频段，误差是式(4.2.1)等号右边部分减去式(4.2.2)等号右边部分所得的值，即

$$e(\omega) = 20\lg\omega_T - 20\lg\sqrt{\omega_T^2 + \omega^2} \tag{4.2.4}$$

在高频段，误差是式(4.2.1)等号右边部分减去式(4.2.3)等号右边部分所得的值，即

$$e(\omega) = 20\lg\omega - 20\lg\sqrt{\omega_T^2 + \omega^2} \tag{4.2.5}$$

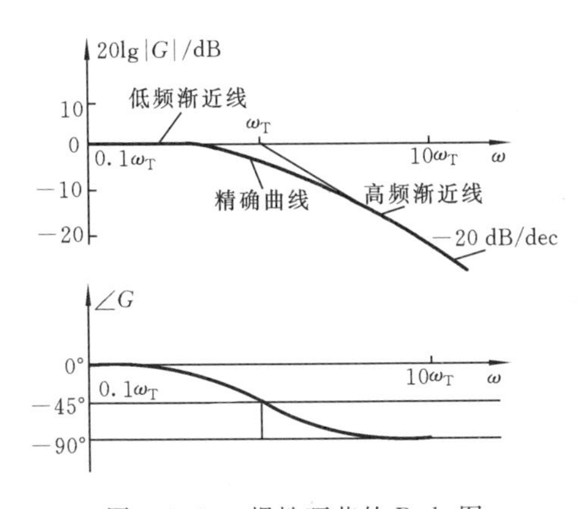

图 4.2.13　惯性环节的 Bode 图

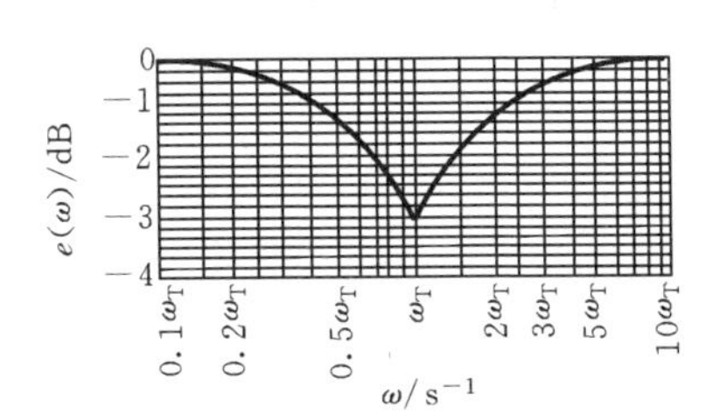

图 4.2.14　误差修正曲线

根据式(4.2.4)和式(4.2.5)作出不同频率的误差修正曲线，如图 4.2.14 所示。由图可知，最大误差发生在转角频率 ω_T 处，为 -3 dB。在 $2\omega_T$ 和 $0.5\omega_T$ 频率处，$e(\omega)$ 为 -0.91 dB，约为 -1 dB；而在 $10\omega_T$ 和 $0.1\omega_T$ 频率处，$e(\omega)$ 接近于0 dB。据此可在 $0.1\omega_T \sim 10\omega_T$ 范围内对渐近线进行修正。

由惯性环节的相频特性 $\angle G(j\omega) = -\arctan\dfrac{\omega}{\omega_T}$，有：

当 $\omega = 0$ 时，$\angle G(\mathrm{j}\omega) = 0°$；

当 $\omega = \omega_{\mathrm{T}}$ 时，$\angle G(\mathrm{j}\omega) = -45°$；

当 $\omega = \infty$ 时，$\angle G(\mathrm{j}\omega) = -90°$。

由图 4.2.13 可知，对数相频特性曲线关于点 $(\omega_{\mathrm{T}}, -45°)$ 对称，而且：在 $\omega \leqslant 0.1\omega_{\mathrm{T}}$ 时，$\angle G(\mathrm{j}\omega) \to 0°$；在 $\omega \geqslant 10\omega_{\mathrm{T}}$ 时，$\angle G(\mathrm{j}\omega) \to -90°$。

(5) 一阶微分环节。一阶微分环节的传递函数为 $G(s) = Ts + 1$，与惯性环节的传递函数互为倒数。其频率特性为

$$G(\mathrm{j}\omega) = 1 + \mathrm{j}T\omega = \frac{\omega_{\mathrm{T}} + \mathrm{j}\omega}{\omega_{\mathrm{T}}} \qquad \left(\omega_{\mathrm{T}} = \frac{1}{T}\right)$$

对数幅频特性为

$$20\lg|G(\mathrm{j}\omega)| = 20\lg\sqrt{\omega_{\mathrm{T}}^2 + \omega^2} - 20\lg\omega_{\mathrm{T}}$$

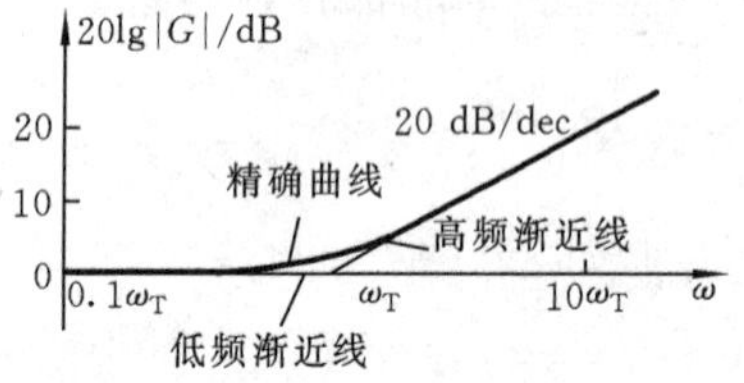

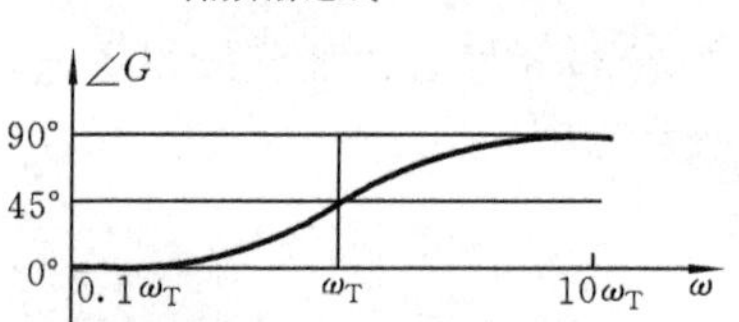

图 4.2.15　一阶微分环节的 Bode 图

相频特性为

$$\angle G(\mathrm{j}\omega) = \arctan\frac{\omega}{\omega_{\mathrm{T}}}$$

显然，它与惯性环节的对数幅频特性和相频特性比较，仅相差一个符号。所以一阶微分环节的对数频率特性曲线与惯性环节的对数频率特性曲线呈镜像关系对称于 ω 轴两侧。一阶微分环节的 Bode 图为 4.2.15。ω_{T} 为转角频率。

(6) 振荡环节。振荡环节的传递函数为

$$G(s) = \frac{\omega_{\mathrm{n}}^2}{s^2 + 2\xi\omega_{\mathrm{n}}s + \omega_{\mathrm{n}}^2} \qquad (0 \leqslant \xi < 1)$$

故其频率特性为

$$G(\mathrm{j}\omega) = \frac{\omega_{\mathrm{n}}^2}{-\omega^2 + \omega_{\mathrm{n}}^2 + \mathrm{j}2\xi\omega_{\mathrm{n}}\omega} = \frac{1}{(1-\lambda^2) + \mathrm{j}2\xi\lambda} \qquad \left(\lambda = \frac{\omega}{\omega_{\mathrm{n}}}\right)$$

于是幅频特性为

$$|G(\mathrm{j}\omega)| = \frac{1}{\sqrt{(1-\lambda^2)^2 + 4\xi^2\lambda^2}}$$

相频特性为

$$\angle G(\mathrm{j}\omega) = -\arctan\frac{2\xi\lambda}{1-\lambda^2}$$

对数幅频特性为

$$20\lg|G(\mathrm{j}\omega)| = -20\lg\sqrt{(1-\lambda^2)^2 + 4\xi^2\lambda^2}$$

当 $\omega \ll \omega_{\mathrm{n}}(\lambda \approx 0)$ 时，有

$$20\lg|G(\mathrm{j}\omega)| \approx 0\ \mathrm{dB}$$

即振荡环节的低频渐近线是 0 dB 水平线。

当 $\omega \gg \omega_{\mathrm{n}}(\lambda \gg 1)$ 时，忽略 1 与 $4\xi^2\lambda^2$，得

$$20\lg|G(j\omega)|\approx -40\lg\lambda = -40\lg\omega + 40\lg\omega_n$$

可见，振荡环节的高频渐近线为一直线，始于点(1,0)，斜率为－40 dB/dec。

由上可知，振荡环节的渐近线由一段 0 dB 线和一条起始于点(1,0)(即在 $\omega=\omega_n$ 处)、斜率为 －40 dB/dec 的直线所组成。ω_n 是振荡环节的转角频率，如图 4.2.16 所示。

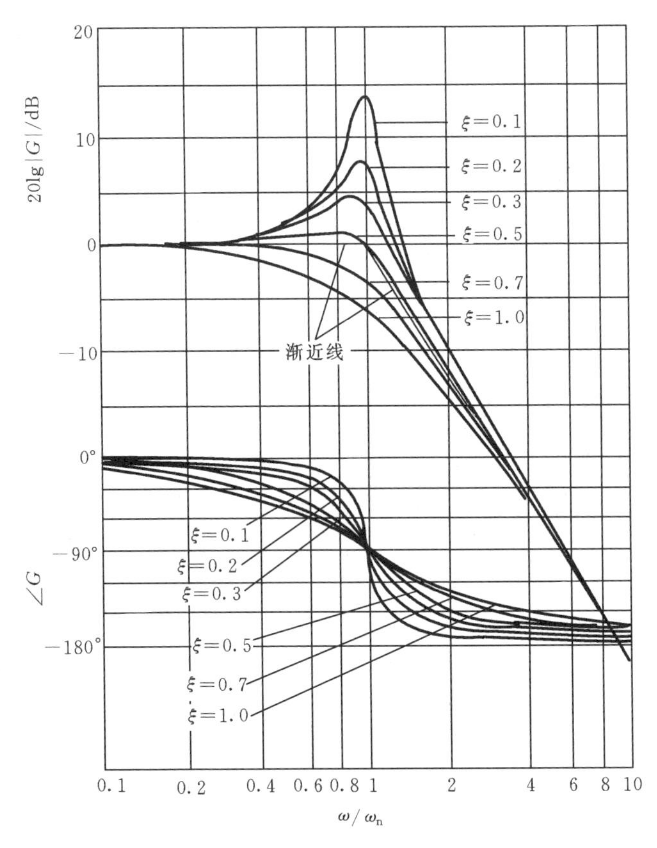

图 4.2.16　振荡环节的 Bode 图

渐近线与精确的对数幅频特性曲线之间存在误差 $e(\lambda,\xi)$，它不仅与 λ 有关，而且与 ξ 也有关。ξ 越小，ω_n(即 $\lambda=\omega/\omega_n=1$ 处)或它附近的峰值越高，精确曲线与渐近线之间的误差就越大。用类似上述惯性环节求 $e(\omega)$ 的方法可得：

当 $\lambda\leqslant 1$ 时，有

$$e(\lambda,\xi) = -20\lg\sqrt{(1-\lambda^2)^2+4\xi^2\lambda^2}$$

当 $\lambda\geqslant 1$ 时，有

$$e(\lambda,\xi) = 40\lg\lambda - 20\lg\sqrt{(1-\lambda^2)^2+4\xi^2\lambda^2}$$

根据不同的 λ 和 ξ 值可作出图 4.2.17 所示的误差修正曲线。根据此修正曲线，一般在 $0.1\lambda\sim 10\lambda$ 范围内对渐近线进行修正，即可得到图 4.2.16 所示的较精确的对数

幅频特性曲线。

由振荡环节的相频特性 $\angle G(\mathrm{j}\omega)=-\arctan\dfrac{2\xi\lambda}{1-\lambda^2}$，得：

当 $\omega=0$，即 $\lambda=0$ 时，$\angle G(\mathrm{j}\omega)=0°$；

当 $\omega=\omega_n$，即 $\lambda=1$ 时，$\angle G(\mathrm{j}\omega)=-90°$；

当 $\omega=\infty$，即 $\lambda=\infty$ 时，$\angle G(\mathrm{j}\omega)=-180°$。

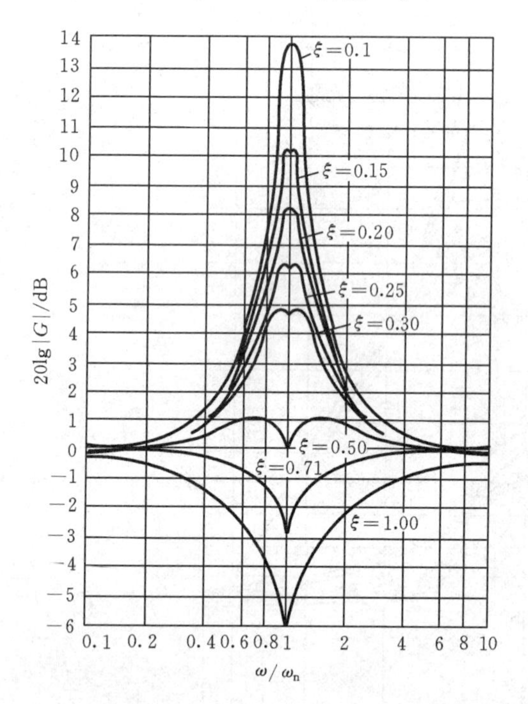

图 4.2.17 振荡环节误差修正曲线

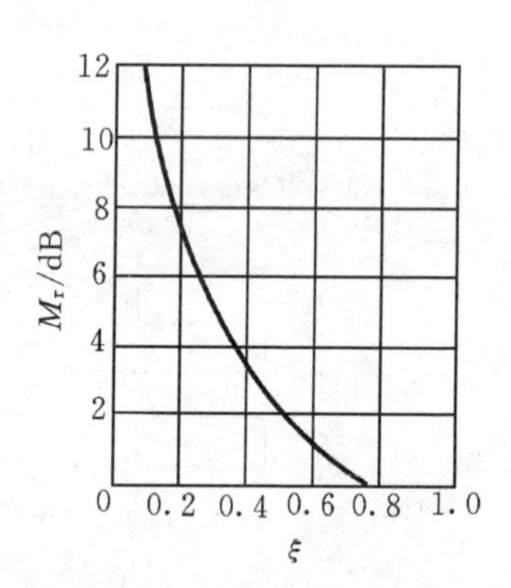

图 4.2.18 振荡环节 M_r-ξ 关系曲线

由图 4.2.16 可知，振荡环节的对数相频特性曲线关于点(1，−90°)对称。

如前所述，振荡环节的谐振频率 $\omega_r=\omega_n\sqrt{1-2\xi^2}$，而且只有当 $0\leqslant\xi\leqslant0.707$ 时才存在 ω_r。由图 4.2.16 可知：ξ 越小，ω_r 越接近于 ω_n（即 ω_r/ω_n 越接近于 1）；ξ 增大，ω_r 至 ω_n 的距离就增大。在 $\omega=\omega_r$ 处，谐振峰值 $M_r=|G(\mathrm{j}\omega_r)|=\dfrac{1}{2\xi\sqrt{1-\xi^2}}$。由此可作出 M_r-ξ 关系曲线，如图4.2.18 所示，ξ 越小，M_r 就越大，$\xi\to0$ 时，$M_r\to\infty$。

值得指出的是，在一般的幅频特性坐标图与相频特性坐标图上，在 $\xi=0.707$ 或 ξ 略小于此值时，幅频特性曲线与相频特性曲线在低频段近似于直线。这对测振仪器的设计很有用处。设计时选择这样的 ξ 值，可使仪器在线性段工作。

(7) 二阶微分环节。二阶微分环节的传递函数为

$$G(s)=\frac{s^2}{\omega_n^2}+\frac{2\xi}{\omega_n}s+1$$

故其频率特性为

$$G(\mathrm{j}\omega)=-\frac{\omega^2}{\omega_n^2}+\mathrm{j}2\xi\frac{\omega}{\omega_n}+1$$

其幅频特性渐近线与相频特性曲线如图 4.2.19 所示。它们如何得来，又有什么特点，请读者思考。

(8) 延时环节。延时环节的传递函数为 $G(s)=\mathrm{e}^{-\tau s}$，故其频率特性 $G(\mathrm{j}\omega)=\mathrm{e}^{-\mathrm{j}\tau\omega}$，幅频特性 $|G(\mathrm{j}\omega)|=1$，相频特性 $\angle G(\mathrm{j}\omega)=-\tau\omega$。对数幅频特性为 $20\lg|G(\mathrm{j}\omega)|=0$ dB，即对数幅频特性曲线为 0 dB 线。相频特性随着 ω 增加而线性增加，在线性坐标中，$\angle G(\mathrm{j}\omega)$应表现为一直线，但对数相频特性表现为一曲线，如图4.2.20所示。

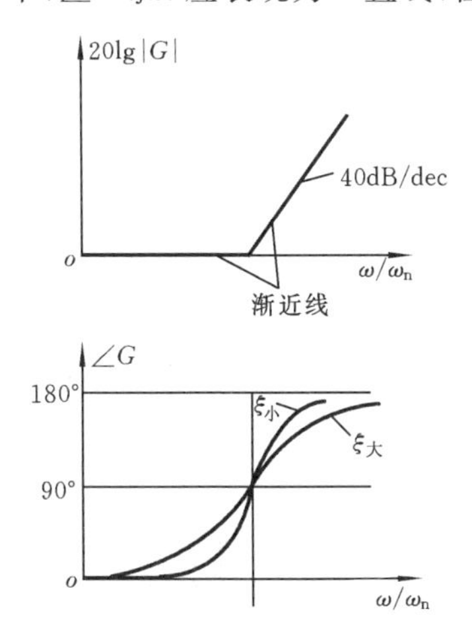

图 4.2.19　二阶微分环节的 Bode 图

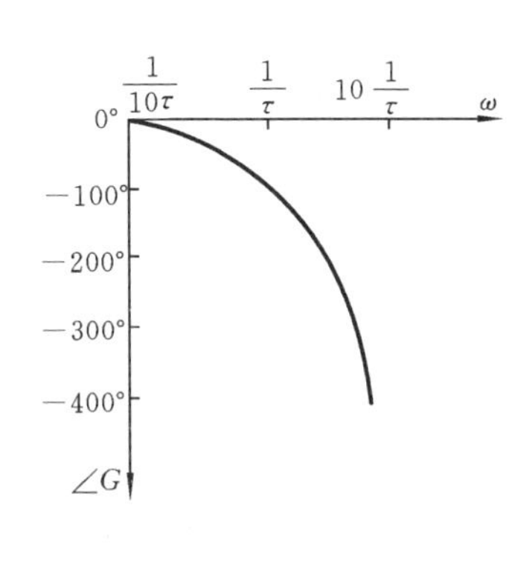

图 4.2.20　延时环节的相频特性

综上所述，可以归纳出某些典型环节的对数幅频特性曲线及其渐近线和对数相频特性曲线的特点。

(1) 对数幅频特性曲线及其渐近线(注意横坐标是 $\lg\omega$ 还是 $\lg\frac{\omega}{\omega_n}$)的特点如下：

积分环节的特性曲线为过点(1,0)、斜率为−20 dB/dec的直线；微分环节的特性曲线为过点(1,0)、斜率为 20 dB/dec 的直线；惯性环节的低频渐近线为 0 dB 线，高频渐近线为始于点(ω_T,0) 、斜率为−20 dB/dec的直线；一阶微分环节的低频渐近线为 0 dB 线，高频渐近线为始于点(ω_T,0)、斜率为 20 dB/dec 的直线；振荡环节的低频渐近线为 0 dB 线，高频渐近线为始于点(1,0)、斜率为−40 dB/dec 的直线；二阶微分环节的低频渐近线为 0 dB 线，高频渐近线为始于点(1,0)、斜率为 40 dB/dec 的直线。

(2) 对数相频特性曲线的特点如下：

积分环节的为$\angle G(\mathrm{j}\omega)=-90°$的水平线；微分环节的为$\angle G(\mathrm{j}\omega)=90°$的水平线；惯性环节的为在 0°～−90°范围内变化的关于点 (ω_T，−45°) 对称的曲线；一阶微分环节的为在 0°～90°范围内变化的关于点 (ω_T，45°)对称的曲线；振荡环节的为在 0°

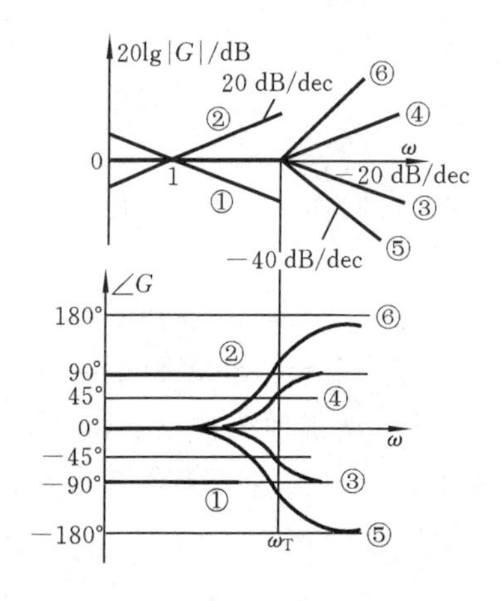

①积分环节　②微分环节
③惯性环节　④一阶微分环节
⑤振荡环节　⑥二阶微分环节

图 4.2.21　典型环节 Bode 图比较

～－180°范围内变化的关于点(1,－90°)对称的曲线;二阶微分环节的为在 0°～180°范围内变化的关于点(1,90°)对称的曲线。

上面的 ω_T 为相应环节的转角频率。

图 4.2.21 表示了各典型环节的对数幅频特性曲线或其渐近线与对数相频特性曲线。

2. 绘制系统的 Bode 图的步骤与实例

在熟悉了典型环节的 Bode 图后,绘制系统的 Bode 图就比较容易了,特别是按渐近线绘制 Bode 图是很方便的。绘制系统 Bode 图的一般步骤如下:

(1) 将系统传递函数 $G(s)$ 转化为若干个标准形式的环节的传递函数(即惯性、一阶微分、振荡和二阶微分环节的传递函数中常数项均为 1)的乘积形式;

(2) 由传递函数 $G(s)$ 求出频率特性 $G(\mathrm{j}\omega)$;

(3) 确定各典型环节的转角频率;

(4) 作出各环节的对数幅频特性曲线的渐近线;

(5) 根据误差修正曲线对渐近线进行修正,得出各环节的对数幅频特性的精确曲线;

(6) 将各环节的对数幅频特性曲线叠加(不包括系统总的增益 K);

(7) 将叠加后的曲线垂直移动 $20\lg K$,得到系统的对数幅频特性曲线;

(8) 作各环节的对数相频特性曲线,然后叠加得到系统总的对数相频特性曲线;

(9) 有延时环节时,对数幅频特性不变,对数相频特性则应加上 $-\tau\omega$。

例 4.2.6　作传递函数为 $G(s)=\dfrac{24(0.25s+0.5)}{(5s+2)(0.05s+2)}$ 的系统的 Bode 图。

解　(1) 将 $G(s)$ 中各环节的传递函数化为标准形式,得

$$G(s)=\frac{3(0.5s+1)}{(2.5s+1)(0.025s+1)}$$

此式表明,系统由一比例环节($K=3$,亦为系统的总增益)、一个一阶微分环节、两个惯性环节串联组成。

(2) 系统的频率特性

$$G(\mathrm{j}\omega)=\frac{3(1+\mathrm{j}0.5\omega)}{(1+\mathrm{j}2.5\omega)(1+\mathrm{j}0.025\omega)}$$

(3) 求出各环节的转角频率 ω_T。

对于惯性环节 $\dfrac{1}{1+\mathrm{j}2.5\omega}$,有

$$\omega_{T_1} = \frac{1}{2.5} = 0.4$$

对于惯性环节 $\frac{1}{1+j0.025\omega}$，有

$$\omega_{T_2} = \frac{1}{0.025} = 40$$

对于一阶微分环节 $1+j0.5\omega$，有

$$\omega_{T_3} = \frac{1}{0.5} = 2$$

注意：各环节的时间常数 T 的单位为 s 时，其倒数 $1/T = \omega_T$ 的单位为 s^{-1}。

(4) 作各环节的对数幅频特性曲线的渐近线，如图 4.2.22 所示。

(5) 对渐近线用误差修正曲线修正(本题省略这一步)。

(6) 除比例环节外，将各环节的对数幅频特性曲线叠加得 a'。

(7) 将 a' 上移 9.5 dB(即系统总的增益的分贝数 20lg3)，得系统对数幅频特性 a。

(8) 作各环节的对数相频特性曲线，叠加后得系统的对数相频特性，如图 4.2.22 所示。

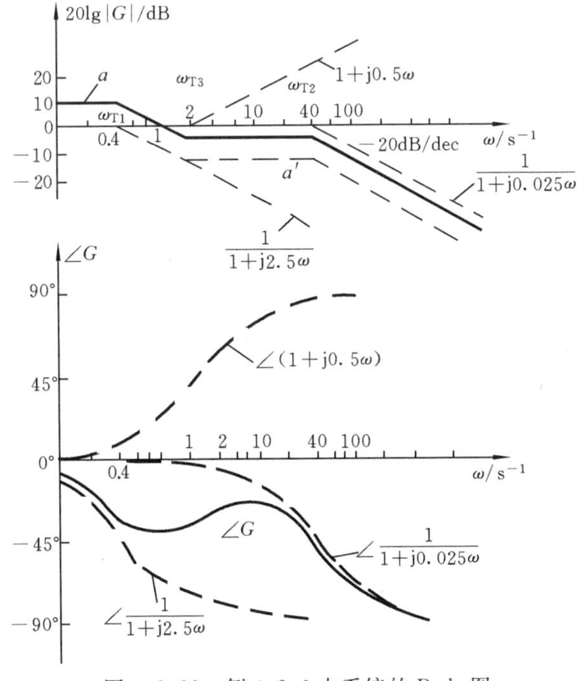

图 4.2.22　例 4.2.6 中系统的 Bode 图

分析表明，若系统的频率特性为

$$G(j\omega) = \frac{K(1+j\tau_1\omega)(1+j\tau_2\omega)\cdots(1+j\tau_m\omega)}{(j\omega)^\nu(1+jT_1\omega)(1+jT_2\omega)\cdots(1+jT_{n-\nu}\omega)} \qquad (n > m)$$

可以看出，系统的 Bode 图具有以下几个特点：

(1) 系统在低频段的频率特性为 $\dfrac{K}{(\mathrm{j}\omega)^{\nu}}$，因此，其对数幅频特性在低频段表现为过点$(1,20\lg K)$、斜率为$-20\nu$ dB/dec 的直线；

(2) 在各环节的转角频率处，对数幅频特性渐近线的斜率发生变化，其变化量等于相应的典型环节在其转角频率处斜率的变化量(即其高频渐近线的斜率)；

(3) 当 $G(\mathrm{j}\omega)$ 包含振荡环节时，不改变上述结论。

根据上述特点，可以直接绘制系统的对数幅频特性，其一般步骤如下。

(1) 将系统传递函数写成标准形式，并求出其频率特性。

(2) 确定各典型环节的转角频率，并由小到大将其顺序标在横坐标轴上。

(3) 计算 $20\lg K$，在横坐标上找 $\omega=1$、纵坐标为 $20\lg K$ 的点。

(4) 过该点作斜率为-20ν dB/dec 的斜线，以后每遇到一个转角频率便改变一次斜率，其原则是：如遇惯性环节的转角频率，斜率增加-20 dB/dec；如遇一阶微分环节的转角频率，斜率增加$+20$ dB/dec；如遇振荡环节的转角频率，斜率增加-40 dB/dec；对于二阶微分环节则增加$+40$ dB/dec。

(5) 如果需要，可根据误差修正曲线对渐近线进行修正，其办法是在同一频率处将各环节误差值叠加，从而得到精确的对数幅频特性曲线。

请读者对例 4.2.6 用上述方法直接绘制系统的对数幅频特性渐近线。

如果在例 4.2.6 中 $G(s)$ 的表达式前加上负号，即

$$G(s)=\frac{-24(0.25s+0.5)}{(5s+2)(0.05s+2)}$$

请读者考虑，此时系统的对数幅频特性与对数相频特性有没有变化？有什么变化？为什么？

表 4.2.1 列出了五种典型环节的时域响应曲线及频域的 Nyquist 图与 Bode 图。

表 4.2.1　五种典型环节的时域、频域曲线

环节名称 传递函数	单位阶跃函数 $u(t)$ 输入后的响应曲线 (时域)	Nyquist 图 (频域)	Bode 图 幅频特性的渐近线 (频域)
比例 K	$x_o(t)$　K　o　t	Im　o　K　Re	$20\lg\lvert G\rvert$　$20\lg K$　o　ω
惯性 $\dfrac{1}{1+Ts}$	$x_o(t)$　1　o　t	Im　o　$\omega=\infty$　1　$\omega=0$　Re　45°　ω　$\omega_T=\dfrac{1}{T}$	$20\lg\lvert G\rvert$　$\omega_T=\dfrac{1}{T}$　o　ω　-20dB/dec

续表

环节名称 传递函数	单位阶跃函数 $u(t)$ 输入后的响应曲线（时域）	Nyquist 图（频域）	Bode 图 幅频特性的渐近线（频域）
积分 $\frac{1}{s}$	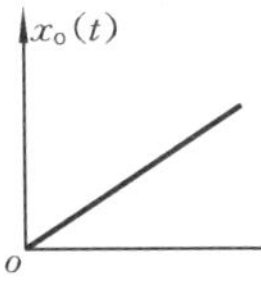	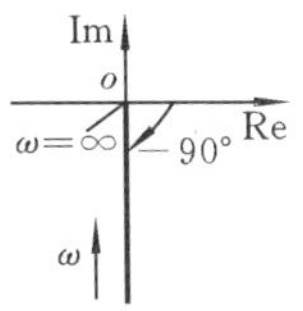	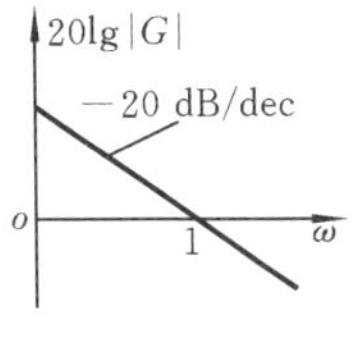
一阶微分 $1+Ts$	一阶微分环节没有单独存在的	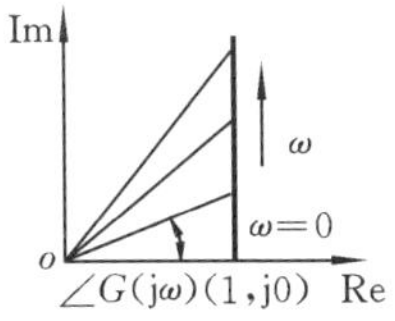	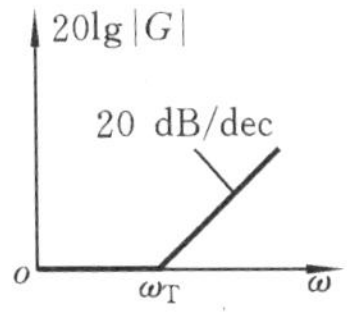
振荡 $\frac{1}{T^2s^2+2\xi Ts+1}$	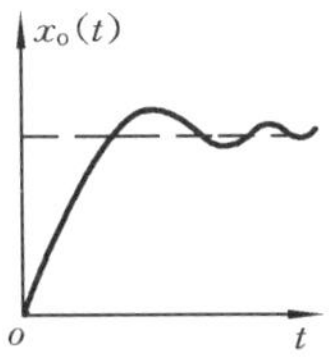	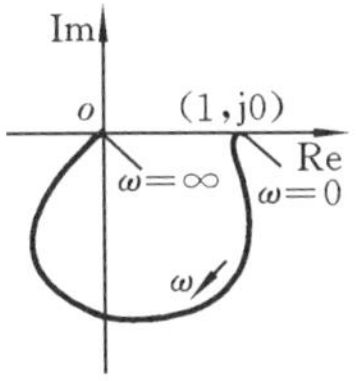	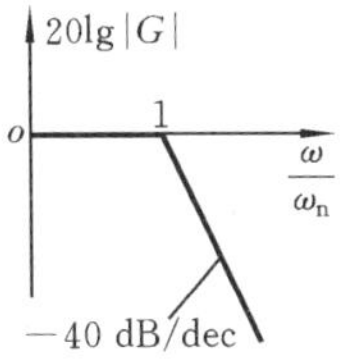

Bode 图绘制

4.3　频率特性的特征量

在第 3 章的时域分析中，介绍了衡量系统过渡过程的一些时域性能指标，本节介绍在频域分析时同样要用到的一些有关频率的特征量或频域性能指标。频域性能指标也是用系统的频率特性曲线在数值和形状上的某些特征点来评价系统性能的，如图 4.3.1 所示。

1. 零频幅值

零频幅值 $A(0)$ 表示当频率 ω 接近于零时，闭环系统输出的幅值与输入的幅值之比。在频率极低时，对单位反馈系统而言，若输出幅值能完全准确地反映输入幅值，则 $A(0)=1$。$A(0)$ 越接近于 1，系统的稳态误差越小。所以 $A(0)$ 的数值与1相差的大

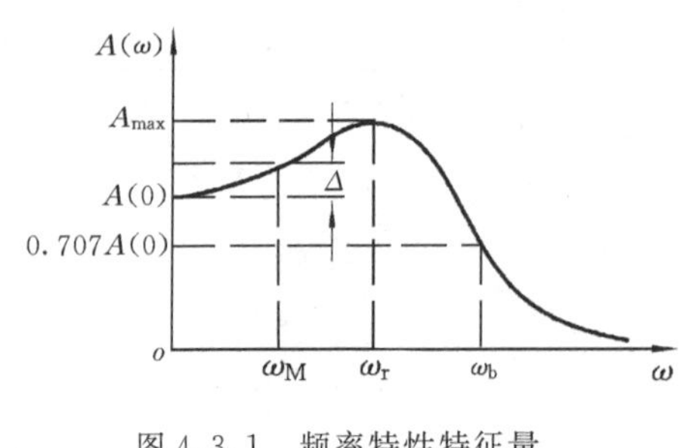

图 4.3.1 频率特性特征量

小,反映了系统的稳态精度。

2. 复现频率与复现带宽

若事先规定一个 Δ 作为反映低频输入信号的允许误差,那么,ω_M 就是幅频特性值与 $A(0)$ 的差第一次达到 Δ 时的频率值,称为复现频率。当频率超过 ω_M 时,输出就不能“复现”输入,所以,$0 \sim \omega_M$ 表征复现低频输入信号的频带宽度,称为复现带宽。

3. 谐振频率及相对谐振峰值

幅频特性 $A(\omega)$ 出现最大值 A_{max} 时的频率称为谐振频率 ω_r。$\omega = \omega_r$ 时的幅值 $A(\omega_r) = A_{max}$ 与 $\omega = 0$ 时的幅值 $A(0)$ 之比 $\dfrac{A_{max}}{A(0)}$ 称为谐振比或相对谐振峰值 M_r。

显然,当 $A(0) = 1$ 时,M_r 与 A_{max} 在数值上相同。

M_r 反映了系统的相对平稳性。一般而言,M_r 越大,系统阶跃响应的超调量也越大,这意味着系统的平稳性较差。在二阶系统中,希望选取 $M_r < 1.4$,因为这时阶跃响应的最大超调量$M_p < 25\%$,系统有较满意的过渡过程。4.2 节已介绍 M_r 与 ξ 的关系:ξ 越小,则 M_r 越大。因此:若 M_r 太大,即 ξ 太小,则 M_p 会过大;若 M_r 太小,即 ξ 太大,则调整时间 t_s 会过长。为了减弱系统的振荡性能,又不失一定的快速性,只有适当地选取 M_r 值。

谐振频率 ω_r 在一定程度上反映了系统瞬态响应的速度。ω_r 值越大,则瞬态响应越快。一般来说,ω_r 与上升时间 t_r 成反比。

4. 截止频率和截止带宽

一般规定幅频特性 $A(\omega)$ 的数值由零频幅值 $A(0)$ 下降 3 dB 时的频率,即$A(\omega)$ 由 $A(0)$ 下降到 $0.707A(0)$ 时的频率称为系统的截止频率 ω_b。

频率 $0 \sim \omega_b$ 的范围称为系统的截止带宽或带宽,超过此频率后,输出就急剧衰减,跟不上输入,形成系统响应的截止状态。对随动系统来说,系统的带宽表征系统允许工作的最高频率范围,若带宽大,则系统的动态性能好。对于低通滤波器,希望带宽要小,即只允许频率较低的输入信号通过系统,而频率稍高的输入信号均被滤掉。对系统响应的快速性而言,带宽越大,响应的快速性越好,即过渡过程的上升时间越短。

4.4 最小相位系统与非最小相位系统

有时会遇到这样的情况,两个系统的幅频特性完全相同,而相频特性却相异。为了说明幅频特性和相频特性的关系,本节将阐明最小相位系统和非最小相位系统的概念,介绍产生非最小相位系统的一些环节。

4.4.1　最小相位传递函数与最小相位系统

在复平面[s]右半部分没有极点和零点的传递函数称为最小相位传递函数，反之，在[s]右半部分有极点和(或)零点的传递函数称为非最小相位传递函数。具有最小相位传递函数的系统称为最小相位系统，反之，具有非最小相位传递函数的系统称为非最小相位系统。

例如有两个系统，其传递函数分别为

$$G_1(s)=\frac{Ts+1}{T_1s+1}$$

$$G_2(s)=\frac{-Ts+1}{T_1s+1}\qquad(0<T<T_1)$$

显然，$G_1(s)$的零点为$z=-1/T$，极点为$p=-1/T_1$，如图4.4.1(a)所示。$G_2(s)$的零点为$z=1/T$，极点为$p=-1/T_1$，如图4.4.1(b)所示。根据最小相位系统的定义，传递函数为$G_1(s)$的系统是最小相位系统，而传递函数为$G_2(s)$的系统是非最小相位系统。

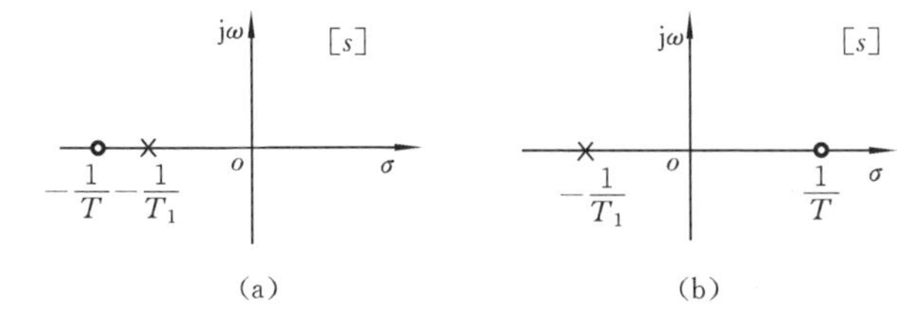

图4.4.1　最小相位系统和非最小相位系统

对于稳定系统，根据最小相位传递函数的定义可推知：最小相位系统的相位变化范围最小。这是因为

$$G(\mathrm{j}\omega)=\frac{K(1+\mathrm{j}\tau_1\omega)(1+\mathrm{j}\tau_2\omega)\cdots(1+\mathrm{j}\tau_m\omega)}{(1+\mathrm{j}T_1\omega)(1+\mathrm{j}T_2\omega)\cdots(1+\mathrm{j}T_n\omega)}\qquad(n\geqslant m)\tag{4.4.1}$$

对于稳定系统，$T_1,T_2,\cdots,T_n$均为正值，$\tau_1,\tau_2,\cdots,\tau_m$可正可负，而最小相位系统的$\tau_1,\tau_2,\cdots,\tau_m$均为正值，从而有

$$\angle G(\mathrm{j}\omega)=\sum_{i=1}^{m}\arctan\tau_i\omega-\sum_{j=1}^{n}\arctan T_j\omega\tag{4.4.2}$$

对于非最小相位系统，若有q个零点在[s]平面的右半部分，则有

$$\angle G(\mathrm{j}\omega)=\sum_{i=q+1}^{m}\arctan\tau_i\omega-\sum_{k=1}^{q}\arctan\tau_k\omega-\sum_{j=1}^{n}\arctan T_j\omega\tag{4.4.3}$$

比较以上的两个相位表达式可知，稳定系统中最小相位系统的相位变化范围最小。在前例中，两个系统具有同一幅频特性，而它们的相频特性如图4.4.2所示，这说明了上述结论。这一结论可以用来判断稳定系统是否为最小相位系统。在对数频率特性曲线上，可以通过检验幅频特性的高频渐近线斜率和频率ω为无穷大时的相位来确定该系统是否为最小相位系统。如果频率趋于无穷大时，幅频特性曲线的渐近线斜

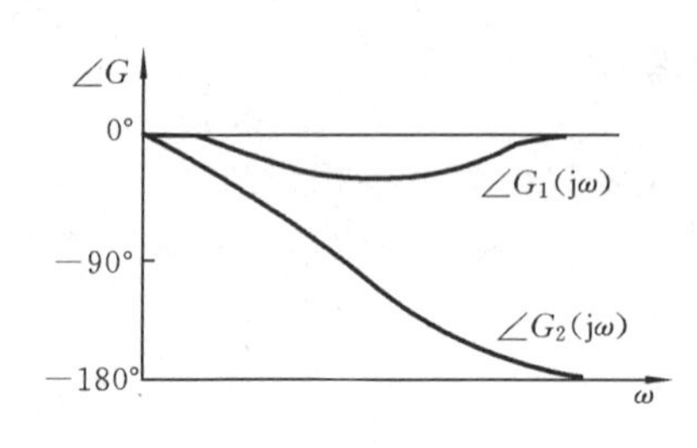

图 4.4.2　最小相位系统与非最小相位系统的相频特性

率为 $-20(n-m)$ dB/dec(其中 n、m 分别为传递函数中分母多项式、分子多项式的阶数),而相角在频率 ω 趋于无穷大时为 $-90°(n-m)$,则该系统为最小相位系统,否则为非最小相位系统。

4.4.2　产生非最小相位的一些环节

1. 延时环节

若将延时环节 $e^{-\tau s}$ 展成幂级数,得

$$e^{-\tau s}=1-\tau s+\frac{1}{2}\tau^2 s^2-\frac{1}{3!}\tau^3 s^3+\cdots$$

因为上式中有些项的系数为负,故可分成以下因子:

$$(s+a)(s-b)(s+c)\cdots$$

式中:$a,b,c,\cdots$ 均为正值。若延时环节串联在系统中,则传递函数 $G(s)$ 的分子有正根,表示延时环节使系统有零点位于[s]平面右半部分,也就是使系统成为非最小相位系统。

2. 不稳定的一阶微分环节和二阶微分环节

不稳定的一阶微分环节 $1-Ts$ 和不稳定的二阶微分环节 $1-2\xi\frac{1}{\omega_n}s+\frac{1}{\omega_n^2}s^2$ 均有零点位于[s]平面的右半部分。

3. 不稳定的惯性环节和振荡环节

不稳定的惯性环节 $\frac{1}{1-Ts}$ 和不稳定的振荡环节 $\frac{1}{1-2\xi\frac{1}{\omega_n}s+\frac{1}{\omega_n^2}s^2}$ 均有极点位于[s]平面的右半部分。

4.5　设计示例:数控直线运动工作台位置控制系统

这一节将分析数控直线运动工作台位置控制系统的频率特性。对照数控直线运动工作台位置控制系统的传递函数方框图(见图 4.5.1),不难求出其开环传递函数和闭环传递函数分别为

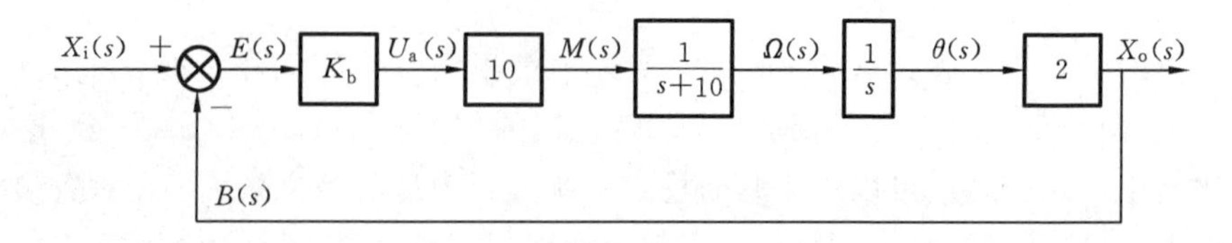

图 4.5.1　系统传递函数框图

$$G_{K}(s)=\frac{20K_{b}}{s(s+10)}$$

$$G_{B}(s)=\frac{20K_{b}}{s^{2}+10s+20K_{b}}$$

可以得到，在 $K_{b}=40$ 时，系统的开环频率特性 Bode 图和闭环频率特性 Bode 图分别如图 4.5.2 和图 4.5.3 所示。

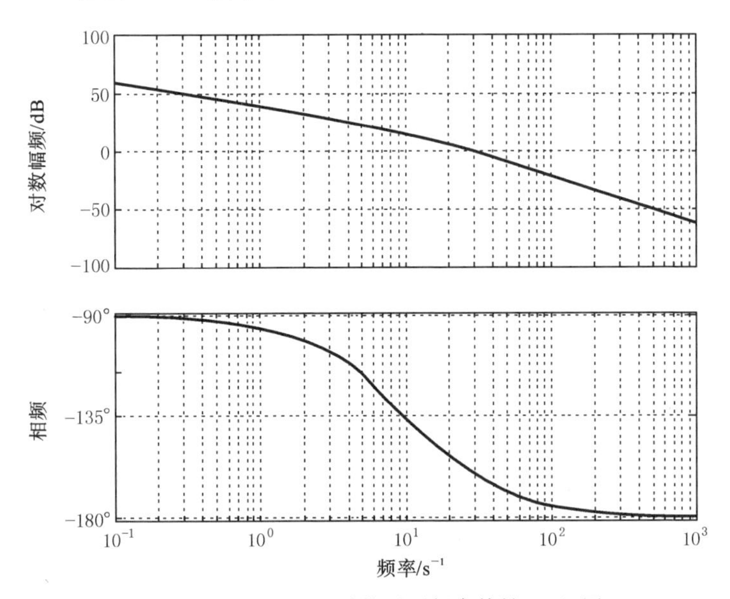

图 4.5.2　$K_{b}=40$ 时的开环频率特性 Bode 图

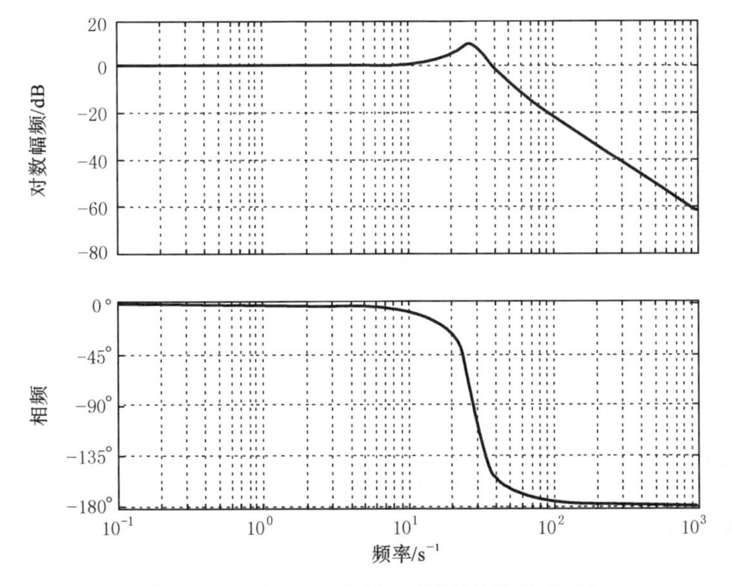

图 4.5.3　$K_{b}=40$ 时的闭环频率特性 Bode 图

从图 4.5.3 得到,零频值为 $A(0)=0$ dB,复现频率为 $\omega_{\mathrm{M}}=46.4159\ \mathrm{s}^{-1}$,谐振频率为 $\omega_{\mathrm{r}}=26.5609\ \mathrm{s}^{-1}$,相对谐振峰值 $M_{\mathrm{r}}=9.0591$。

利用 MATLAB分析频率特性　　本章学习要点　　在线自测

习　　题

4.1　什么是频率特性?

4.2　什么是机械系统的动柔度、动刚度和静刚度?

4.3　已知机械系统在输入力作用下变形时的传递函数为 $2/(s+1)$(单位:mm/kg),求系统的动刚度、动柔度和静刚度。

4.4　已知系统输入为不同频率 ω 的正弦信号 $A\sin\omega t$,其稳态输出响应为 $B\sin(\omega t+\varphi)$,求该系统的频率特性。

4.5　已知系统的单位阶跃响应为 $x_{\mathrm{o}}(t)=1-1.8\mathrm{e}^{-4t}+0.8\mathrm{e}^{-9t}(t\geqslant 0)$,试求系统的幅频特性与相频特性。

4.6　若系统的单位阶跃响应为

$$x_{\mathrm{o}}(t)=1-\mathrm{e}^{-0.1t}$$

求系统在 $x_{\mathrm{i}}(t)=2\sin(2t-0.1)$ 作用下的稳态响应。

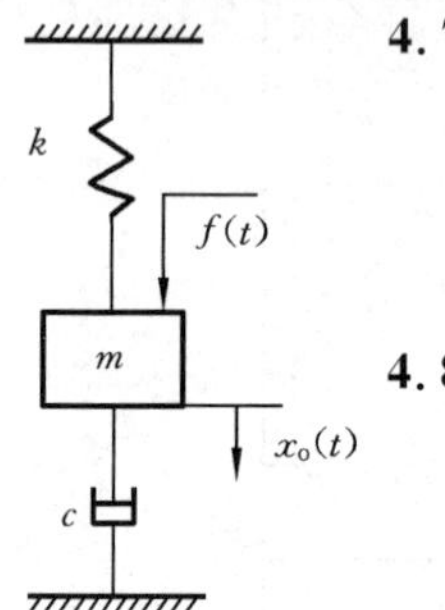

图(题 4.7)

4.7　一质块-弹簧-阻尼机械系统如图(题 4.7)所示,已知质块的质量 $m=1$ kg,k 为弹簧刚度,c 为阻尼系数。若外力 $f(t)=2\sin 2t$,由试验得到系统稳态响应为 $x_{\mathrm{oss}}=\sin(2t-\pi/2)$。试确定 k 和 c。

4.8　试求下列系统的幅频特性 $A(\omega)$、相频特性 $\varphi(\omega)$、实频特性 $u(\omega)$ 和虚频特性 $v(\omega)$。

(1) $G(s)=\dfrac{5}{30s+1}$　　(2) $G(s)=\dfrac{1}{s(0.1s+1)}$

4.9　设系统的闭环传递函数为

$$G_{\mathrm{B}}(s)=\frac{K(T_2s+1)}{T_1s+1}$$

当作用输入信号 $x_{\mathrm{i}}(t)=R\sin\omega t$ 时,试求该系统的稳态输出。

4.10　设单位反馈控制系统的开环传递函数为

$$G_{\mathrm{K}}(s)=\frac{10}{s+1}$$

当系统作用以下输入信号时，试求系统的稳态输出。

(1) $x_i(t) = \sin(t + 30°)$

(2) $x_i(t) = 2\cos(2t - 45°)$

(3) $x_i(t) = \sin(t + 30°) - 2\cos(2t - 45°)$

4.11 设系统的传递函数为 $\dfrac{K}{Ts+1}$，式中，时间常数 $T = 0.5$ s，放大系数 $K = 10$。求在频率 $f = 1$ Hz、幅值 $R = 10$ 的正弦输入信号作用下，系统稳态输出 $x_o(t)$ 的幅值与相位。

4.12 已知系统传递函数方框图为图(题 4.12)，现对系统输入信号 $x_i(t) = \sin 2t$，试求系统的稳态输出。系统的传递函数如下：

(1) $G(s) = \dfrac{5}{s+1}, H(s) = 1$

(2) $G(s) = \dfrac{5}{s}, H(s) = 1$

(3) $G(s) = \dfrac{5}{s+1}, H(s) = 2$

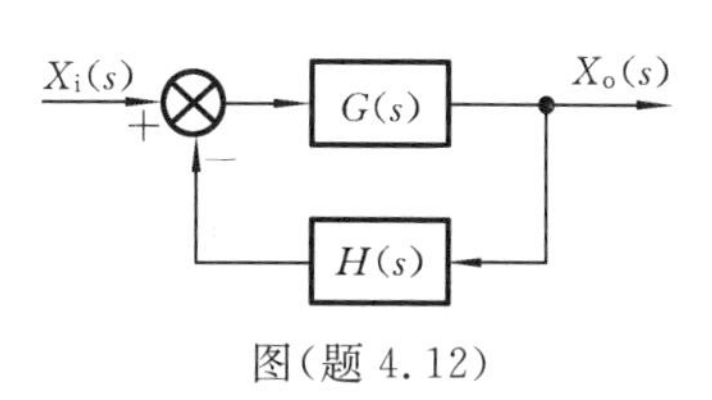

图(题 4.12)

4.13 试绘制具有下列传递函数的各系统的 Nyquist 图：

(1) $G(s) = \dfrac{1}{1-0.01s}$　　(2) $G(s) = \dfrac{1}{s(1+0.1s)}$

(3) $G(s) = \dfrac{1}{1+0.1s+0.01s^2}$　　(4) $G(s) = \dfrac{1}{(1+0.5s)(1+2s)}$

(5) $G(s) = \dfrac{1}{s(1+0.5s)(1+0.1s)}$　　(6) $G(s) = \dfrac{50(0.6s+1)}{s^2(4s+1)}$

4.14 试绘制传递函数为 $G(s) = \dfrac{\alpha Ts+1}{Ts+1}$ 的系统的 Nyquist 图，其中 $\alpha = 0.1, T = 1$ s。

4.15 已知某单位反馈系统的开环传递函数为 $G_K(s) = \dfrac{K}{s(s+a)}$，其中，$K > 0$。若该系统的输入为 $x_i(t) = A\cos 3t$，其稳态输出的幅值为 A，相位比输入滞后 $90°$。

(1) 确定参数 K、a；

(2) 求系统的阻尼比、无阻尼固有频率和有阻尼固有频率；

(3) 若输入为 $x_i(t) = A\cos\omega t$，确定 ω 为何值时能得到最大的稳态响应幅值，并求此最大幅值。

4.16 已知四个系统开环传递函数均可表示为 $G_K(s) = \dfrac{1}{s^\nu(s+1)(s+2)}$，其开环频率特性的极坐标图分别如图(题 4.16)中 a、b、c 和 d 所示，试分别判定各系统的型次。

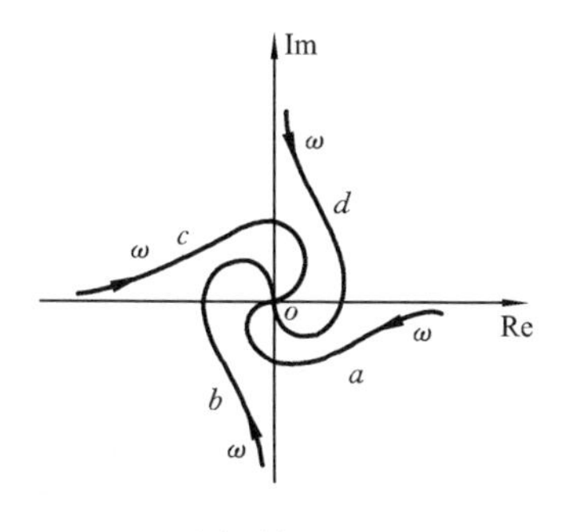

图(题 4.16)

4.17　画出分别具有下列传递函数的系统的 Bode 图，并进行比较，其中，$T_1 > T_2 > 0$。

(1) $G(s) = \dfrac{T_1 s + 1}{T_2 s + 1}$　　(2) $G(s) = \dfrac{T_1 s - 1}{T_2 s + 1}$

(3) $G(s) = \dfrac{-T_1 s + 1}{T_2 s + 1}$

4.18　试绘出具有下列传递函数的系统的 Bode 图：

(1) $G(s) = \dfrac{2.5(s + 10)}{s^2(0.2s + 1)}$　　(2) $G(s) = \dfrac{10(0.02s + 1)(s + 1)}{s(s^2 + 4s + 100)}$

(3) $G(s) = \dfrac{650s^2}{(0.04s + 1)(0.4s + 1)}$　　(4) $G(s) = \dfrac{20s(s + 5)(s + 40)}{s(s + 0.1)(s + 20)^2}$

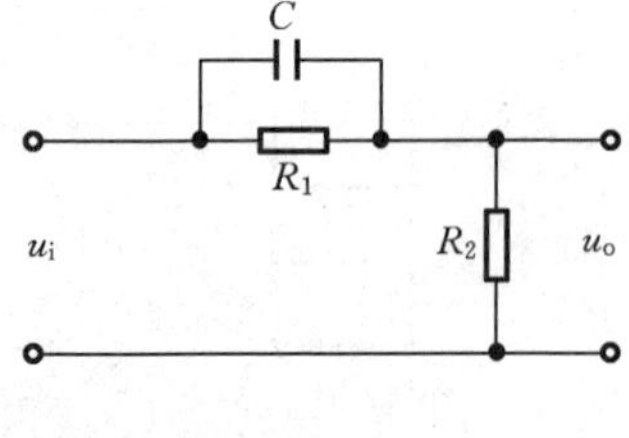

图(题 4.19)

4.19　如图(题 4.19)所示，RC 网络的传递函数为

$$G(s) = \frac{1}{\alpha} \cdot \frac{\tau s + 1}{Ts + 1}，其中$$

$$\alpha = \frac{R_2 + R_1}{R_2} > 1 \quad \tau = CR_1 \quad T = \frac{R_1 R_2}{R_1 + R_2}C$$

试绘制 $\alpha = 10$、30 和 $T = 1$ s 时的 Bode 图。

4.20　求题 4.19 所述网络中最大相位 φ_{m} 与对应的角频率 ω_{m}。

4.21　在题 4.19 所述网络中，当 $\omega_{\mathrm{m}} = 20\ \mathrm{s}^{-1}$ 时，对应的相位 $\varphi_{\mathrm{m}} = 60°$，试求该网络的参数 α、τ、T。

4.22　已知单位反馈系统的开环传递函数为

$$G_{\mathrm{K}}(s) = \frac{10}{s(0.05s + 1)(0.1s + 1)}$$

试计算系统的 M_{r} 和 ω_{r}。

4.23　某Ⅰ型单位反馈的典型欠阻尼二阶系统，在输入谐波角频率 $\omega = \sqrt{2}/2$ 时，系统稳态输出的幅值与输入谐波幅值之比达到最大值 1.154 7。

(1) 求系统的阻尼比和无阻尼固有频率；

(2) 求系统的最大超调量、调整时间和截止频率；

(3) 计算系统在单位速度输入作用下的稳态误差。

本章习题参考答案与题解

系统的稳定性

系统能在实际中应用的必要条件是系统要稳定。分析系统的稳定性(stability)是经典控制理论的重要组成部分。经典控制理论对于判定一个线性定常系统是否稳定提供了多种方法。本章着重介绍几种线性定常系统的稳定性判据及其使用,以及提高系统稳定性的方法。

本章将首先介绍线性系统稳定性的初步概念;接着介绍 Routh 判据;然后重点阐述 Nyquist 稳定判据,即如何通过系统的开环频率特性 $G_K(j\omega)$ 的 Nyquist 图来判定相应的闭环系统的稳定性;在 Nyquist 稳定判据的基础上,介绍 Bode 判据,进而讨论系统相对稳定性的问题;最后介绍设计示例——数控直线运动工作台位置控制系统的稳定性分析。在本章中,读者应特别注意各种稳定性之间的本质联系。

5.1 系统稳定性的初步概念

5.1.1 系统不稳定现象的发生

在图 5.1.1 所示的流体位置随动系统中,从油源来的压力为 p_s 的压力油,经伺服阀和两条软管以流量 q_1、q_2 进入或流出油缸,阀芯相对于阀体获得输入位移 x_i 后,活塞输出位移 x_o,此输出再经活塞与阀体的刚性联系,即经反馈联系 B 反馈到阀体上,从而改变阀芯与阀体的相对位移量。这样就组成一个闭环系统,它保证活塞跟随阀芯的运动而运动。

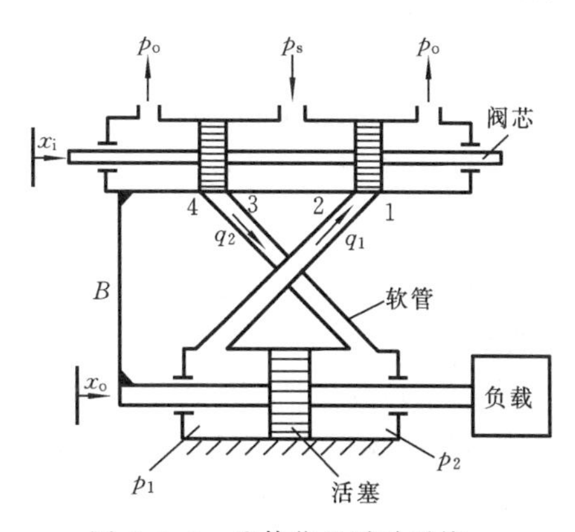

图 5.1.1 流体位置随动系统

当阀芯受外力作用后右移,即输入位移 x_i 后,控制口 2、4 打开,控制口 3、1 关闭,压力油进入左缸,右缸接通回油,使得活塞也向右移动。外力撤除后,阀芯停止运动。此时活塞由于其运动滞后于阀芯而继续右移,直到控制口 2 关闭,即回到原来的平衡位置。但因移动的活塞有惯性,在伺服阀回到原来的平衡位置后,活塞仍不能停止,继续带动阀体右移,因而使控制口 1、3 打开,2、4 关闭。压力油反过来进入右缸,左缸接通回油,这使活塞反向(向左)移动,并带动阀体左移,直至阀体与阀芯回复到原来的平衡位置。但活塞又因惯性继续左移,使油路反向……这样,在阀芯处于原位不动的情况下,活塞与阀体相对阀芯反复振荡。由于所选择的系统各参数(如质量、阻尼和弹性等)不同,当系统是线性系统时,这种振荡可能是衰减的(减幅的),也可能是发散的(增幅的)或等幅的,分别如图 5.1.2(a)、(b)、(c)所示。当这种自由振荡是增幅振荡时,就称系统是不稳定的。

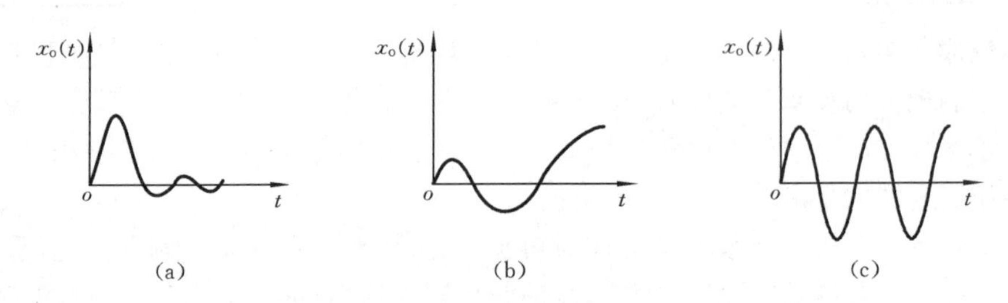

图 5.1.2　系统自由振荡输出三种情况

了解上述不稳定现象发生的原因,对建立系统的数学模型和建立稳定性概念是很有帮助的。因为从上例可知,系统的不稳定现象有如下值得注意之点。

首先,线性系统不稳定现象发生与否,取决于系统内部条件,而与输入无关。如上例,系统是在输入撤除后,从偏离平衡位置所处的初始状态出发,因系统本身的固有特性而产生振动的,故线性系统的稳定性只取决于系统本身的结构与参数,而与输入无关。(非线性系统的稳定性是与输入有关的。)

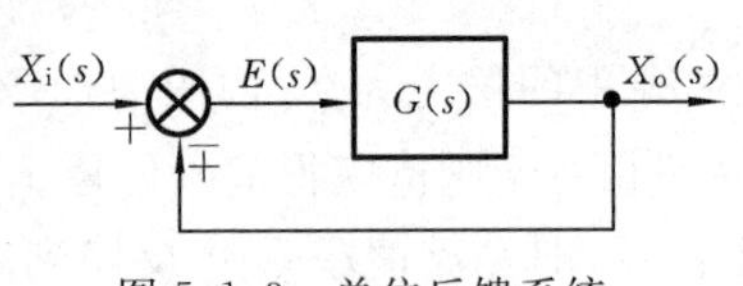

图 5.1.3　单位反馈系统

其次,系统发生不稳定现象必有不适当的反馈作用。例如,图5.1.3所示的单位反馈系统,如原系统 $G(s)$ 是不产生不稳定现象的,那么加入反馈后就成为闭环系统。在输入 $X_i(s)$ 撤除后,此闭环系统就以初始偏差 $E(s)$ 作为进一步运动的信号,产生输出 $X_o(s)$,而反馈联系不断将输出 $X_o(s)$ 反馈回来,从输入 $X_i(s)$ 中不断减去(或加上)$X_o(s)$。若反馈的结果削弱了 $E(s)$ 的作用(即负反馈),则 $X_o(s)$ 越来越小,系统最终趋于稳定;若反馈的结果加强了 $E(s)$ 的作用(即正反馈),则 $X_o(s)$ 越来越大,此时,此闭环系统是否稳定,需视 $X_o(s)$ 是收敛还是发散而定。

最后,控制理论中所讨论的稳定性其实都是指自由振荡下的稳定性,也就是说,讨论的是输入为零,系统仅存在初始状态不为零时的稳定性,即讨论系统自由振荡是收敛的还是发散的;当然,根据 3.7 节的分析,也可以说讨论的是系统初始状态为零时,系统脉冲响应是收敛的还是发散的。至于机械工程系统,往往用激振或加外力的方法使其产生强迫振动或运动，因而造成系统共振（或称谐振）或偏离平衡位置越来越远，这不是控制理论所要讨论的稳定性。

5.1.2　稳定的定义和条件

若由初态（不论是无输入时的初态 $x_o(0^-)$，$\dot{x}_o(0^-)$，…，$x_o^{(n-1)}(0^-)$，还是有输入时的初态 $x_o(0^i)$，$\dot{x}_o(0^i)$，…，$x_o^{(n-1)}(0^i)$，还是这两者之和（此处，n 仍为系统阶数））所引起的系统的时间响应随着时间的推移，逐渐衰减并趋于零（即回到平衡位置），则称该系统为稳定的；反之，若由初态所引起的系统的时间响应随时间的推移而发散（即偏离平衡位置越来越远），则称该系统为不稳定的。

根据上述稳定性的定义，可以用下述两种方法，分别求得线性定常系统稳定性条件。

1. 方法 1

设线性定常系统的微分方程为

$$\begin{aligned}&(a_n p^n + a_{n-1} p^{n-1} + \cdots + a_1 p + a_0) x_o(t)\\ &= (b_m p^m + b_{m-1} p^{m-1} + \cdots + b_1 p + b_0) x_i(t) \qquad (n \geqslant m)\end{aligned} \tag{5.1.1}$$

式中

$$p = \frac{\mathrm{d}}{\mathrm{d}t}$$

若记

$$D(p) = a_n p^n + a_{n-1} p^{n-1} + \cdots + a_1 p + a_0$$

$$M(p) = b_m p^m + b_{m-1} p^{m-1} + \cdots + b_1 p + b_0$$

并对式(5.1.1)进行 Laplace 变换，得

$$X_o(s) = \frac{M(s)}{D(s)} X_i(s) + \frac{N(s)}{D(s)} \tag{5.1.2}$$

式中：$\dfrac{M(s)}{D(s)} = G(s)$ 为系统的传递函数。

$N(s)$ 是与初始条件 $x_o^{(k)}(0^-)$（其中 $k = 0,1,2,\cdots,n-1$）有关的 s 多项式，而 $x_o^{(k)}(0^-)$ 是输出 $x_o(t)$ 及其各阶导数 $x_o^{(k)}(t)$ 在输入作用前 $t = 0$ 时刻的值，即系统在输入作用前的初态。研究此初态影响下系统的时间响应时，可在式(5.1.2)中取 $X_i(s) = 0$，得到在初态影响下系统的这一时间响应（即零输入响应）为

$$X_o(s) = \frac{N(s)}{D(s)}$$

若 s_i $(i = 1,2,\cdots,n)$ 为系统特征方程 $D(s) = 0$ 的根（或称系统的特征根，即系统的传递函数的极点；s_i 可以为复数），且当 s_i 各不相同时，有

$$x_o(t) = \mathrm{L}^{-1}[X_o(s)] = \mathrm{L}^{-1}\left[\frac{N(s)}{D(s)}\right] = \sum_{i=1}^{n} A_{1i} \mathrm{e}^{s_i t} \tag{5.1.3}$$

式中

$$A_{1i} = \left.\frac{N(s)}{\dot{D}(s)}\right|_{s=s_i} \qquad \dot{D}(s) = \frac{\mathrm{d}}{\mathrm{d}s} D(s)$$

由上可知：若系统所有特征根 s_i 的实部均为负值，即 $\mathrm{Re}\,s_i < 0$，则零输入响应最

终将衰减到零，即$\lim\limits_{t\to\infty}x_o(t)=0$。这样的系统就是稳定的。反之，若特征根中有一个或多个根具有正实部，则零输入响应随时间的推移而发散，即$\lim\limits_{t\to\infty}x_o(t)=\infty$。这样的系统就是不稳定的。

上述结论对于任何初态(只要不使系统超出其线性工作范围)都是成立的，而且当系统的特征根具有相同值时，也是成立的。

由上可见，式(5.1.1)右边各项系数对系统稳定性没有影响，这相当于系统传递函数 $G(s)$ 的各零点对稳定性没有影响。因为这些参数反映了系统与外界作用的关系，反映了外界输入作用于同一系统的不同处的特性，而不影响系统稳定性这个系统本身的固有特性。

2. 方法 2

若对线性系统在初态 $x_o(0^-),\dot{x}_o(0^-),\cdots,x_o^{(n-1)}(0^-)$ 为零时输入单位脉冲函数 $\delta(t)$(这实际上也是一些书籍中所讲的瞬间干扰)，正如第 3 章所指出，这等于使系统具有了一个初态。再由此初态出发，可得到一个输出，即单位脉冲响应 $w(t)$。$w(t)$ 的形式与零输入响应的形式相同。显然：若$\lim\limits_{t\to\infty}w(t)=0$，则系统稳定；若$\lim\limits_{t\to\infty}w(t)=\infty$，则系统不稳定。正如第 3 章所指出，因为

$$\left.\begin{aligned}\mathrm{L}[w(t)]=W(s)=G(s)=\frac{M(s)}{D(s)}\\ w(t)=\mathrm{L}^{-1}[G(s)]=\mathrm{L}^{-1}\left[\frac{M(s)}{D(s)}\right]\end{aligned}\right\}\tag{5.1.4}$$

因此系统的单位脉冲响应为

$$w(t)=\sum_{i=1}^{n}\left.\frac{M(s)}{D(s)}\right|_{s=s_i}\mathrm{e}^{s_it}=\sum_{i=1}^{n}A_{2i}\mathrm{e}^{s_it}\tag{5.1.5}$$

这一结论与第 3 章有关结论是一致的，可见只有当系统的全部特征根 s_i $(i=1,2,\cdots,n)$ 都具有负实部时，才有$\lim\limits_{t\to\infty}w(t)=0$。

此处建议读者根据 3.1 节与 3.7 节进一步理解如下论述：如果所指的系统初态包括无输入时的初态与输入所引起的初态，或只有输入时的初态，则系统是否稳定应由此时的过渡过程随着时间的推移是否收敛至一个稳态响应来决定，而这与本小节开始时讲的系统稳定性的定义是一致的。此时，过渡过程是否收敛也仅仅取决于系统的全部特征根是否都具有负实部。

从这点出发，读者还可以考虑，有无可能对系统施加合适的输入进而判明系统的稳定性。

综上所述，可以证明：不论系统的特征根是否相同，系统稳定的充要条件都为系统的全部特征根都具有负实部；反之，特征根中只要有一个或一个以上具有正实部，系统就必不稳定。

也就是说，若系统传递函数 $G(s)$ 的全部极点均位于$[s]$平面的左半部分，则系统

稳定；若有一个或一个以上的极点位于[s]平面的右半部分，则系统不稳定；若有部分极点位于虚轴上，而其余的极点均在[s]平面的左半部分，则称系统为临界稳定的，即 $x_o(t)$ 或 $w(t)$ 趋于等幅谐波振荡。

由于对系统参数的估算或测量可能不够准确，而且系统在实际运行过程中，参数值也可能变动，因此原来处于虚轴上的极点实际上可能变动到[s]平面的右半部分，致使系统不稳定。从工程控制的实际情况看，一般认为临界稳定实际上往往属于不稳定。

应当指出，上述不稳定区虽然包括虚轴 jω，但并不包括虚轴所通过的坐标原点。因为在这一点上，相当于特征根 $s_i=0$，系统仍稳定。($s_i=0$ 表明第 i 个环节为积分环节。)

比较式(5.1.3)、式(5.1.5)可知，上述两种方法从不同的角度出发得到了同一结论：线性定常系统是否稳定完全取决于系统的特征根 s_i，而初态只是决定 $e^{s_i t}$ 的系数而已。

5.1.3　关于稳定性的一些提法

1. Ляпунов 意义下的稳定性

由以上分析可知，对线性定常系统而言，系统由一定初态引起的响应随着时间的推移只有三种情况，即衰减到零、发散到无穷大、趋于等幅谐波振荡，从而定义了系统是稳定的、不稳定的或临界稳定的。但对非线性系统而言，这种响应随着时间的推移不仅可能有上述三种情况，而且还可能趋于某一非零的常值或做非谐波振荡，同时还可能由于初态不同，这种响应随着时间推移的结果也不同。因此，对于非线性系统，以上对线性定常系统所讲的稳定性定义就不够用了。同理，以后对线性定常系统所讲的稳定性判据就不能用了。

俄国学者 A. M. Ляпунов(李雅普诺夫)在统一考虑了线性与非线性系统稳定性问题后，于 1882 年对系统稳定性提出了严密的数学定义，这一定义可以表述如下。

如图 5.1.4 所示，若点 o 为系统的平衡工作点，扰动使系统偏离此工作点的起始偏差(即初态)不超过域 η，由扰动引起的输出(这种初态引起的零输入响应)及其终态不超过预先给定的某值，即不超出域 ε，则称系统为稳定的，或在 Ляпунов 意义下稳定。这也就是说，若要求系统的输出不能超出任意给定的正数 ε，而又能找到不为零的正数 η，系统能在初态为

$$|x_o^{(k)}(0)| < \eta$$

的情况下，满足输出为

$$|x_o^{(k)}(t)| \leqslant \varepsilon \qquad (0 \leqslant t < \infty, k=0,1,2,\cdots) \tag{5.1.6}$$

这一条件，则称系统在 Ляпунов 意义下稳定；反之，若

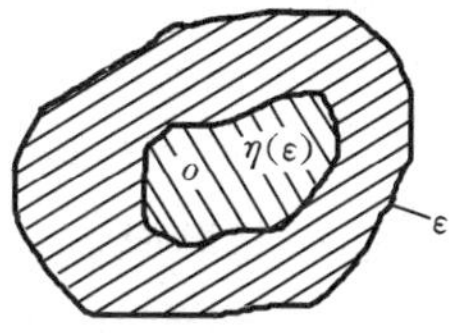

图 5.1.4　Ляпунов 意义下稳定示意图

要求系统的输出不能超出任意给定的正数 ε，但却不能找到不为零的正数 η 来满足式(5.1.6)，则称系统在 Ляпунов 意义下不稳定。

2. 渐近稳定性

渐近稳定性就是前述对线性系统定义的稳定性，它要求由初态引起的响应最终衰减到零。因此，一般所讲的线性系统的稳定性，也就是渐近稳定性，当然，也是 Ляпунов 意义下的稳定性；但对非线性系统而言，这两种稳定性是不同的。

比较渐近稳定性与 Ляпунов 意义下的稳定性可知，前者比后者对系统的稳定性的要求高，系统若是渐近稳定的，则一定是 Ляпунов 意义下稳定的，反之则不尽然。在此应指出，在讨论 Ляпунов 意义下的稳定性问题时，一般都将系统在工作过程中原平衡工作点的状态取为零态。这样做的结果是可将扰动所引起此状态的改变或偏离作为初态，于是就可以简化对问题的讨论与研究。

3. “小偏差”稳定性

“小偏差”稳定性又称“局部稳定性”。由于实际系统往往存在非线性，因此，系统的动力学往往是建立在“小偏差”线性化的基础之上的。在偏差较大时，线性化带来的误差太大。因此，用线性化方程来研究系统的稳定性时，就只限于讨论初始偏差(初态)不超出某一微小范围时的稳定性，称之为“小偏差”稳定性。初始偏差大时，就不能用来讨论系统的稳定性。由于实际系统在发生等幅振荡时的幅值一般并不大，即系统在振荡时偏离平衡位置的偏差一般不大，因此，这种“小偏差”稳定性仍有一定的实际意义。

如果系统在任意初始条件下都保持渐近稳定，则称系统“在大范围内渐近稳定”。在工程控制中，一般希望系统在大范围内渐近稳定，如果系统不是这样的，则需确定系统渐近稳定的最大范围，并使扰动产生的初始偏差不超出此范围。

以下讨论的问题都是线性定常系统稳定性的问题，这种稳定性当然是大范围内的渐近稳定性(关于非线性系统的稳定性将在第 7 章阐述)。

5.2 Routh 稳定判据

5.2 节
讲课视频

线性定常系统稳定的充要条件是其全部特征根均具有负实部。判断系统的稳定性，也就是要解出系统特征方程的根，看这些根是否均具有负实部。但在实际工作系统中，特征方程的阶次往往较高，当阶次高于 4 时，根的求解就较困难。为避开对特征方程的直接求解，就只好讨论特征根的分布，看其是否全部具有负实部，以此来判别系统的稳定性，由此形成了一系列稳定性判据。其中最重要的一个判据就是 1877 年由 E. J. Routh 提出的 Routh 判据。

Routh 判据是基于方程的根和系数的关系建立的，通过对系统特征方程的各项系数进行代数运算，得出全部根具有负实部的条件，从而判断系统的稳定性。这种稳定判据又称代数判据。

5.2.1　系统稳定的必要条件

设系统特征方程为

$$D(s) = a_n s^n + a_{n-1} s^{n-1} + \cdots + a_1 s + a_0 = 0 \tag{5.2.1}$$

将式(5.2.1)中各项同除以 a_n 并分解因式，得

$$\begin{aligned} & s^n + \frac{a_{n-1}}{a_n} s^{n-1} + \cdots + \frac{a_1}{a_n} s + \frac{a_0}{a_n} \\ & = (s - s_1)(s - s_2) \cdots (s - s_n) \end{aligned} \tag{5.2.2}$$

式中：$s_1, s_2, \cdots, s_n$ 为系统的特征根。再将式(5.2.2)右边展开，得

$$\begin{aligned} & (s - s_1)(s - s_2) \cdots (s - s_n) \\ & = s^n - \left(\sum_{i=1}^{n} s_i\right) s^{n-1} + \left(\sum_{\substack{i<j \\ i=1, j=2}}^{n} s_i s_j\right) s^{n-2} - \cdots + (-1)^n \prod_{i=1}^{n} s_i \end{aligned} \tag{5.2.3}$$

比较式(5.2.2)与式(5.2.3)可看出，根与系数有如下的关系：

$$\left.\begin{array}{ll} \dfrac{a_{n-1}}{a_n} = -\displaystyle\sum_{i=1}^{n} s_i & \dfrac{a_{n-2}}{a_n} = \displaystyle\sum_{\substack{i<j \\ i=1, j=2}}^{n} s_i s_j \\ \dfrac{a_{n-3}}{a_n} = -\displaystyle\sum_{\substack{i<j<k \\ i=1, j=2, k=3}}^{n} s_i s_j s_k \cdots & \dfrac{a_0}{a_n} = (-1)^n \displaystyle\prod_{i=1}^{n} s_i \end{array}\right\} \tag{5.2.4}$$

从式(5.2.4)可知，要使全部特征根 $s_1, s_2, \cdots, s_n$ 均具有负实部，就必须满足以下两个条件，即系统稳定的必要条件。

(1) 特征方程的各项系数 $a_i (i = 0, 1, 2, \cdots, n-1, n)$ 都不等于零。

若有一系数为零，则必须出现实部为零的特征根或实部有正有负的特征根，才能满足式(5.2.4)中各式，此时系统为临界稳定或不稳定的。

(2) 特征方程的各项系数 a_i 的符号都相同，这样才能满足式(5.2.4)中各式。

按习惯，一般取 a_n 为正值，因此，上述两个条件可归结为系统稳定的一个必要条件，即

$$a_n > 0,\ a_{n-1} > 0,\ \cdots, a_1 > 0,\ a_0 > 0 \tag{5.2.5}$$

当然，由式(5.2.4)还可看出，仅仅根据各项系数 $a_i > 0$，还不一定能判定 $s_1, s_2, \cdots, s_n$ 均具有负实部，也许特征根的实部有正有负，它们组合起来仍能满足式(5.2.4)的各分式。因此，式(5.2.5)还不能构成稳定的充要条件。也就是说，系统要稳定，必须满足式(5.2.5)；而满足式(5.2.5)，系统可能稳定，也可能不稳定。

5.2.2　系统稳定的充要条件

1. Routh 表

将式(5.2.1)所示的系统特征方程的系数按下列形式排列成 Routh 表：

s^n	a_n	a_{n-2}	a_{n-4}	a_{n-6}	$\cdots$
s^{n-1}	a_{n-1}	a_{n-3}	a_{n-5}	a_{n-7}	$\cdots$
s^{n-2}	A_1	A_2	A_3	A_4	$\cdots$
s^{n-3}	B_1	B_2	B_3	B_4	$\cdots$
$\vdots$	$\vdots$	$\vdots$	$\vdots$	$\vdots$	
s^2	D_1	D_2			
s^1	E_1				
s^0	F_1				

其中第一行与第二行由特征方程的系数直接列出,第三行(s^{n-2} 行)各元 A_i ($i=1,2,\cdots$)由下式计算:

$$A_1=\frac{a_{n-1}a_{n-2}-a_na_{n-3}}{a_{n-1}}$$

$$A_2=\frac{a_{n-1}a_{n-4}-a_na_{n-5}}{a_{n-1}}$$

$$A_3=\frac{a_{n-1}a_{n-6}-a_na_{n-7}}{a_{n-1}}$$

$$\vdots$$

一直进行到其余的 A_i 值全部等于零为止。第四行(s^{n-3} 行)各元 B_i ($i=1,2,\cdots$)由下式计算:

$$B_1=\frac{A_1a_{n-3}-a_{n-1}A_2}{A_1}$$

$$B_2=\frac{A_1a_{n-5}-a_{n-1}A_3}{A_1}$$

$$B_3=\frac{A_1a_{n-7}-a_{n-1}A_4}{A_1}$$

$$\vdots$$

一直进行到其余的 B_i 值全部等于零为止。用同样的方法,递推计算第五行及以后各行,这一计算过程一直进行到第 n 行(s^1 行)为止。第 $n+1$ 行(s^0 行)仅有一项,并等于特征方程常数项 a_0。为简化数值运算,可用一个正整数去乘或除某一行的各项。

2. Routh 稳定判据

Routh 判据指出,Routh 表中第一列各元符号改变的次数等于系统特征方程具有正实部特征根的个数。因此,系统稳定的充要条件是,Routh 表中第一列各元符号均为正,且值不为零(证略)。

例 5.2.1　系统的特征方程为

$$D(s)=s^4+s^3-19s^2+11s+30=0$$

因其系数符号不同,因此,不满足稳定的必要条件,系统不稳定。本来无须再用 Routh 表来检验,但利用 Routh 表还可以确定其具有正实部特征根的个数。列 Routh 表如下:

s^4	1	−19	30	
s^3	1	11	0	
s^2	$\dfrac{1\times(-19)-1\times 11}{1}=-30$	30	0	（改变符号一次）
s^1	$\dfrac{(-30)\times 11-1\times 30}{-30}=12$	0	0	（改变符号一次）
s^0	30	0	0	

第一列各元符号改变次数为 2,从而不但可知系统不稳定,而且可知系统有两个具有正实部的特征根。若直接求解特征方程,可得其四个特征根为 −1、2、3 和 −5,其中有两个为正,故与用 Routh 判据所得结论是一致的。

可见,应用 Routh 判据可在不求解特征根的情况下,判明系统的稳定性。

对于阶次较低的系统(如二阶和三阶系统),Routh 稳定判据可以化为如下的简单形式:

(1) 二阶系统 ($n=2$) 稳定的充要条件为

$$a_2>0,\ a_1>0,\ a_0>0 \tag{5.2.6}$$

(2) 三阶系统 ($n=3$) 稳定的充要条件为

$$a_3>0,\ a_2>0,\ a_1>0,\ a_0>0,\ a_1a_2-a_0a_3>0 \tag{5.2.7}$$

请读者分别列出其 Routh 表加以验证。

式(5.2.7)中,由 $a_1a_2-a_0a_3>0$ 可看出,在 a_3、a_2 和 a_0 均为正的情况下,若 a_1 为负,则该式不能得到满足,因此必须有 $a_1>0$。其实,这就是说,a_3、a_2、a_1、a_0 均应大于零。但是,从 a_3、a_2、a_1、a_0 均大于零却不能导出 $a_1a_2-a_0a_3>0$。

式(5.2.7)中,充要条件之一 $a_1a_2-a_0a_3>0$ 可改写为 $a_1a_2>a_0a_3$,它表示中间两项系数之积应大于前后两项系数之积。因此,对于三阶系统,只需校验其特征方程的系数。若不满足上述条件,就可立即判断系统不稳定;若满足上述条件,且各项系数均为正,则系统稳定。

例 5.2.2　设有系统的方框图为图 5.2.1。已知 $\xi=0.2$ 及 $\omega_n=86.6$,试问:K 取何值时,系统方能稳定?

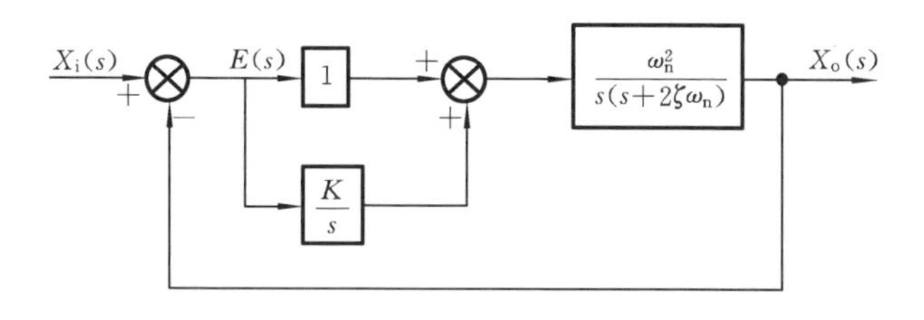

图 5.2.1　系统方框图

解　由图 5.2.1 可分别求得系统的开环及闭环传递函数,即

开环 $$G_K(s)=\frac{X_o(s)}{E(s)}=\frac{\omega_n^2(s+K)}{s^2(s+2\xi\omega_n)}$$

闭环 $$G_B(s)=\frac{X_o(s)}{X_i(s)}=\frac{\omega_n^2(s+K)}{s^3+2\xi\omega_n s^2+\omega_n^2 s+K\omega_n^2}$$

闭环传递函数的特征方程为

$$D(s)=s^3+2\xi\omega_n s^2+\omega_n^2 s+K\omega_n^2=0$$

将已知参数 ξ 及 ω_n 的数值代入该式,得

$$D(s)=s^3+34.6s^2+7\ 500s+7\ 500K=0$$

列出 Routh 表为

s^3	1	$7\ 500$	0
s^2	34.6	$7\ 500K$	0
s^1	$\dfrac{34.6\times 7\ 500-7\ 500K}{34.6}$	0	
s^0	$7\ 500K$	0	

由系统稳定的充要条件,有:

(1) $7\ 500K>0$,亦即 $K>0$,显然这就是由必要条件所得的结果;

(2) $\dfrac{34.6\times 7\ 500-7\ 500K}{34.6}>0$,亦即 $K<34.6$。

因此,能使系统稳定的参数 K 的取值范围为 $0<K<34.6$。这与直接用式(5.2.7)所求的结果相同。

例 5.2.3 设某系统的特征方程

$$D(s)=s^3+(\lambda+1)s^2+(\lambda+\mu-1)s+\mu-1=0$$

试确定待定参数 λ 及 μ,以便使系统稳定。

解 根据特征方程的各项系数,列出 Routh 表为

s^3	1	$\lambda+\mu-1$
s^2	$\lambda+1$	$\mu-1$
s^1	$\dfrac{\lambda(\lambda+\mu)}{\lambda+1}$	0
s^0	$\mu-1$	0

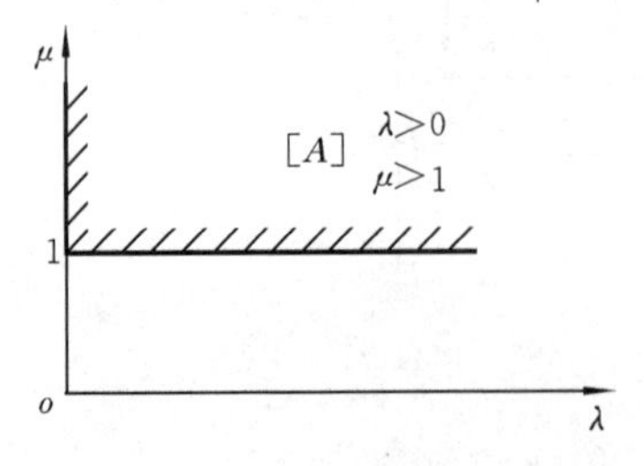

图 5.2.2 系统稳定的 λ、μ 取值

根据 Routh 表,由系统稳定的充要条件,有:

(1) $\lambda+1>0$,即 $\lambda>-1$;

(2) $\lambda(\lambda+\mu)>0$,即 $\lambda>0$,$\lambda>-\mu$;

(3) $\mu-1>0$,即 $\mu>1$。

所以,使系统稳定的 λ、μ 的取值范围为 $\lambda>0$ 及 $\mu>1$(见图 5.2.2 中画有斜线的[A]区域)。

5.2.3　Routh 判据的特殊情况

(1) 如果 Routh 表任意一行的第一个元为零，而其后各元均不为零或部分不为零，则在计算下一行第一个元时，该元必将趋于无穷大。于是，Routh 表的计算将无法进行。为了克服这一困难，可以用一个很小的正数 ε 来代替第一列等于零的元，然后计算 Routh 表的其余各元。

例 5.2.4　设系统的特征方程为 $D(s)=s^3-3s+2=0$，试判别系统的稳定性。

解　根据特征方程的各项系数，列出 Routh 表为

s^3	1	-3	0	
s^2	$0\approx\varepsilon$	2	0	
s^1	$\dfrac{-3\varepsilon-2}{\varepsilon}=-3-\dfrac{2}{\varepsilon}$	0	0	(改变符号一次)
s^0	2	0	0	(改变符号一次)

由于第一列各元符号不完全一致，因此系统不稳定。第一列各元符号改变次数为 2，因此有两个具有正实部的根。其实，从特征方程各项系数不全为正，即可知系统是不稳定的。

若 ε 上下各元符号不变，且第一列元符号均为正，则有共轭虚根，此时系统是临界稳定的，而非渐近稳定。

(2) 如果 Routh 表的任意一行中的所有元均为零，则系统的特征根中，或存在两个符号相异、绝对值相同的实根，或存在一对共轭纯虚根，或上述两种类型的根同时存在，或存在实部符号相异、虚部数值相同的两对共轭复数根。在这种情况下，可利用该行的上一行的元构成一个辅助多项式，并用这个多项式方程的导数的系数组成 Routh 表的下一行。这样，Routh 表中其余各元的计算才可能继续进行。这些数值相同、符号相异的成对的特征根，可通过解由辅助多项式构成的辅助方程得到，即 $2p$ 阶的辅助多项式有 p 对这样的特征根。

例 5.2.5　设系统的特征方程为

$$D(s)=s^5+2s^4+24s^3+48s^2-25s-50=0$$

试用 Routh 表判别系统的稳定性。

解　根据特征方程的系数，列出 Routh 表为

s^5	1	24	-25
s^4	2	48	-50
s^3	0	0	0

由第二行各元求得辅助方程($2p=4,p=2$)

$$F(s)=2s^4+48s^2-50=0$$

上式表明，有两对大小相等、符号相反的根存在。这两对根通过解 $F(s)=0$ 可得到。

取 $F(s)$ 对 s 的导数,得新方程

$$8s^3 + 96s = 0$$

s^3 行中的各元可用此方程中的系数,即 8 和 96 代替,继续进行运算,最后得到如下的 Routh 表:

s^5	1	24	−25	
s^4	2	48	−50	
s^3	8	96	0	
s^2	24	−50	0	
s^1	112.7	0	0	
s^0	−50	0	0	(改变符号一次)

此表第一列各元符号改变次数为 1,因此断定该系统包含一个具有正实部的特征根,系统是不稳定的。

解辅助方程

$$2s^4 + 48s^2 - 50 = 0$$

得 $s=\pm 1$,$s=\pm \mathrm{j}5$,即得出两对数值相同、符号相异的根。这两对根是原方程的根的一部分。

5.3　Nyquist 稳定判据

5.3 节
讲课视频

由 H. Nyquist 于 1932 年提出的稳定判据,在 1940 年以后得到了广泛的应用。虽然这个判据所提出的判别闭环系统稳定性的充要条件仍然是以特征方程 $1+G(s)H(s)=0$ 的根全部具有负实部为基础的,但是它将函数 $1+G(s)H(s)$ 与开环频率特性 $G_K(\mathrm{j}\omega)$,即 $G(\mathrm{j}\omega)H(\mathrm{j}\omega)$ 联系起来,从而将系统特性由复域引入频域来分析。具体地说,它是通过 $G_K(\mathrm{j}\omega)$ 的 Nyquist 图,利用图解法来判明闭环系统的稳定性的。它从代数判据中脱颖而出,可说是一种几何判据。

应用 Nyquist 判据也不需要求取闭环系统的特征根,而是先应用分析法或频率特性试验法获得开环频率特性 $G_K(\mathrm{j}\omega)$ 曲线,即 $G(\mathrm{j}\omega)H(\mathrm{j}\omega)$ 曲线,进而分析闭环系统的稳定性。这种方法使用较方便,特别是当系统的某些环节的传递函数无法用分析法求得时,可以通过试验来获得这些环节的频率特性曲线或系统的 $G_K(\mathrm{j}\omega)$。

Nyquist 判据还能指出系统的稳定性储备——相对稳定性,指出进一步提高和改善系统动态性能(包括稳定性)的途径。若系统不稳定,Nyquist 判据还能如 Routh 判据那样,指出系统不稳定的闭环极点的个数,即具有正实部的特征根的个数。因此,它得到了广泛的应用。

Nyquist 稳定判据的数学基础是复变函数中的辐角原理。

5.3.1　辐角原理(Cauchy 定理)

设有一复变函数

$$F(s)=\frac{K(s-z_1)(s-z_2)\cdots(s-z_m)}{(s-p_1)(s-p_2)\cdots(s-p_n)} \tag{5.3.1}$$

式中：s 为复变量，以$[s]$复平面上的 $s=\sigma+\mathrm{j}\omega$ 表示。复变函数 $F(s)$ 以$[F(s)]$复平面上的 $F(s)=u+\mathrm{j}v$ 表示。

设 $F(s)$ 在$[s]$平面上(除有限个奇点外)为单值的连续正则函数。并设$[s]$平面上解析点 s 映射到$[F(s)]$平面上为点 $F(s)$，或为从原点指向此映射点的向量 $F(s)$。若在$[s]$平面上任意选定一封闭曲线 L_s，只要此曲线不经过 $F(s)$ 的奇点，则在$[F(s)]$平面上必有一对应的映射曲线 L_F，它也是一封闭曲线，如图 5.3.1 所示。当解析点 s 按顺时针方向沿 L_s 移动一圈时，向量 $F(s)$ 将顺时针旋转 N 圈，即 $F(s)$ 以原点为中心顺时针旋转 N 圈，这就等于曲线 L_F 顺时针包围原点 N 次。若令 Z 为包围于 L_s 内的 $F(s)$ 的零点数，P 为包围于 L_s 内的 $F(s)$ 的极点数，则

$$N=Z-P \tag{5.3.2}$$

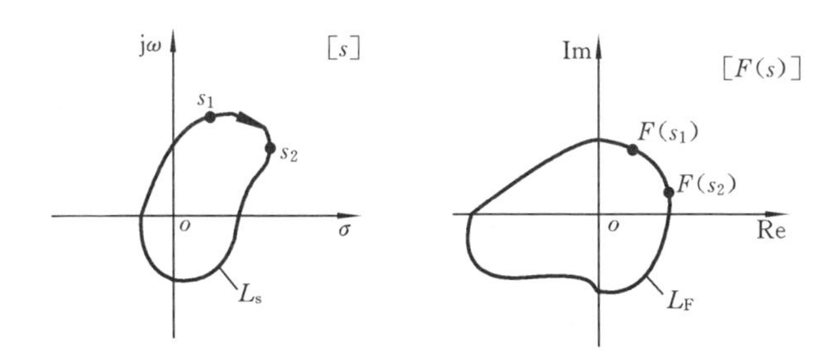

图 5.3.1　辐角原理

现对辐角原理做如下简要说明。

由式(5.3.1)，向量 $F(s)$的相位为

$$\angle F(s)=\sum_{i=1}^{m}\angle(s-z_i)-\sum_{j=1}^{n}\angle(s-p_j) \tag{5.3.3}$$

假设 L_s 内只包围了 $F(s)$ 的一个零点 z_i，其他零极点均位于 L_s 之外，当点 s 沿 L_s 顺时针移动一圈时，向量 $s-z_i$ 的相位变化 -2π，而其他各向量的相位变化为零。即向量 $F(s)$ 的相位变化为 -2π，或者说 $F(s)$在$[F(s)]$平面上沿 L_F 绕原点顺时针旋转一圈，如图 5.3.2 所示。

若$[s]$平面上的封闭曲线包围着 $F(s)$ 的 Z 个零点，则在$[F(s)]$平面上的映射曲线 L_F 将绕原点顺时针旋转 Z 圈。同理可推知，若$[s]$平面内的封闭曲线包围着 $F(s)$ 的 P 个极点，则在$[F(s)]$平面上的映射曲线 L_F 将绕原点逆时针旋转 P 圈。若 L_s 包围了 $F(s)$ 的 Z 个零点和 P 个极点，则$[F(s)]$平面上的映射曲线 L_F 将绕原点顺时针旋转 $N=Z-P$ 圈。

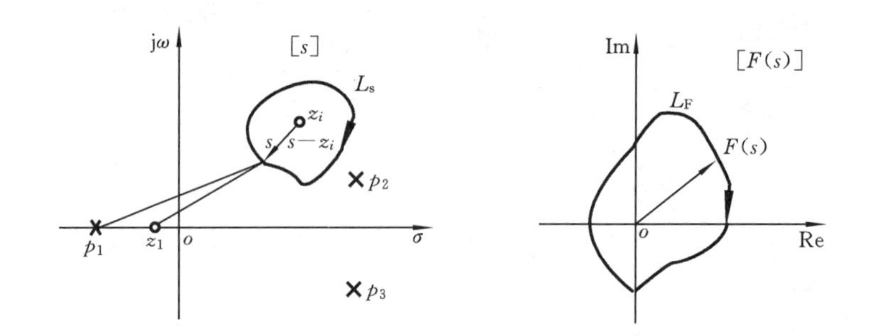

图 5.3.2 辐角与零、极点关系

5.3.2 Nyquist 稳定判据

如图 5.3.3 所示的闭环系统,设其开环传递函数为

$$G_K(s) = G(s)H(s) = \frac{K(s-z_1)(s-z_2)\cdots(s-z_m)}{(s-p_1)(s-p_2)\cdots(s-p_n)} \qquad (n \geqslant m) \tag{5.3.4}$$

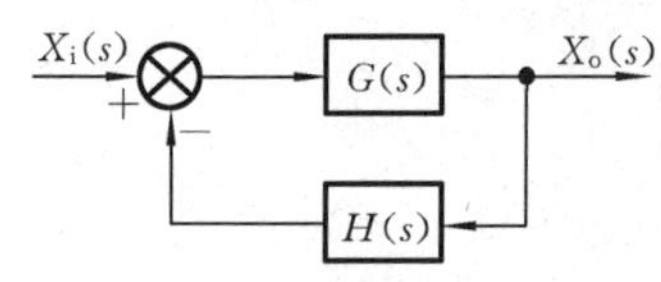

图 5.3.3 闭环系统框图

系统的闭环传递函数为

$$G_B(s) = \frac{G(s)}{1+G(s)H(s)} \tag{5.3.5}$$

特征方程为

$$1+G(s)H(s)=0$$

令

$$F(s) = 1+G(s)H(s) \tag{5.3.6}$$

故有

$$F(s) = \frac{(s-p_1)(s-p_2)\cdots(s-p_n)+K(s-z_1)(s-z_2)\cdots(s-z_m)}{(s-p_1)(s-p_2)\cdots(s-p_n)}$$

$$= \frac{(s-s_1)(s-s_2)\cdots(s-s_{n'})}{(s-p_1)(s-p_2)\cdots(s-p_n)} \qquad (n \geqslant n') \tag{5.3.7}$$

由此可知:$F(s)$ 的零点 $s_1, s_2, \cdots, s_{n'}$ 即为系统闭环传递函数 $G_B(s)$ 的极点,即系统特征方程的根;$F(s)$ 的极点 $p_1, p_2, \cdots, p_n$ 即为开环传递函数 $G_K(s)$ 的极点。

上述各函数零点与极点之间的对应关系可示意如下:

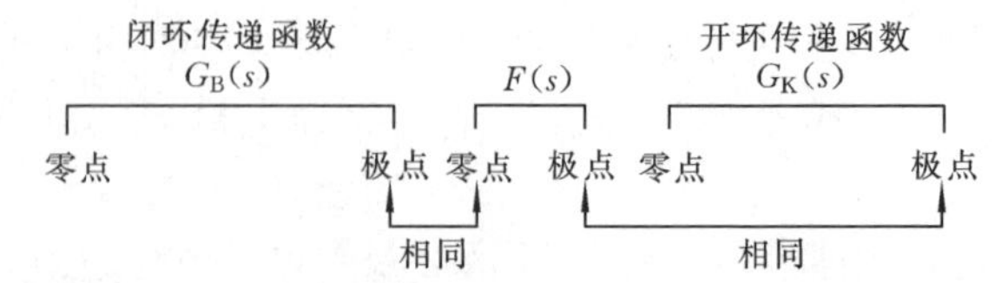

线性定常系统稳定的充要条件是,其闭环系统的特征方程 $1+G(s)H(s)=0$ 的全部根具有负实部,即 $G_B(s)$ 在[s]平面的右半部分没有极点,即 $F(s)$ 在[s]平面的右半部分没有零点。

由此,应用辐角原理,可导出 Nyquist 稳定判据。

为确定 $F(s)$ 有无零点位于[s]平面的右半部分，可选择一条包围整个[s]平面右半部分的封闭曲线 L_s，如图 5.3.4(a) 所示。L_s 由两部分组成，其中，L_1 为 $\omega = -\infty \sim +\infty$ 的整个虚轴，L_2 为半径 R 趋于无穷大的半圆弧。因此，L_s 封闭地包围了整个[s]平面的右半部分。这一封闭曲线 L_s 即为[s]平面上的 Nyquist 轨迹。当 ω 由 $-\infty$ 变到 $+\infty$ 时，轨迹的方向为顺时针方向。

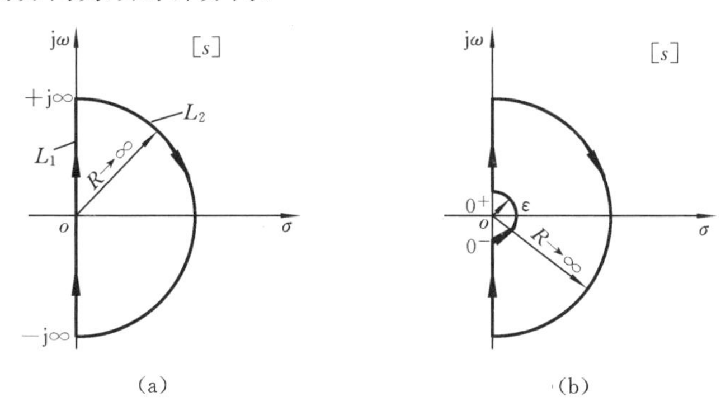

图 5.3.4　[s] 平面上的 Nyquist 轨迹

由于在应用辐角原理时，L_s 不能通过 $F(s)$ 函数的任何极点，因此当函数 $F(s)$ 有若干个极点处于[s]平面的虚轴上或原点处时，L_s 应为以这些点为圆心、以无穷小为半径的圆弧，按逆时针方向绕过这些点，如图 5.3.4(b) 所示。由于绕过这些点的圆弧的半径为无穷小，因此，可以认为 L_s 曲线仍然包围了整个[s]平面的右半部分。

设 $F(s) = 1 + G(s)H(s)$ 在[s]平面右半部分有 Z 个零点和 P 个极点，由辐角原理，当 s 沿[s]平面上的 Nyquist 轨迹移动一圈时，在[F]平面(即[$F(s)$]平面的简写)上的映射曲线 L_F 将顺时针包围原点 $N = Z - P$ 圈。

进一步考察 $F(s)$，由式(5.3.6)，可得 $G(s)H(s) = F(s) - 1$。可见[GH]平面(即[$G(s)H(s)$]平面)是将[F]平面的虚轴右移一个单位所构成的复平面。[F]平面上的坐标原点，就是[GH]平面上的点(-1,j0)，$F(s)$ 的映射曲线 L_F 包围原点的圈数就等于 $G(s)H(s)$ 的映射曲线 L_{GH} 包围点(-1,j0)的圈数，如图 5.3.5 所示。

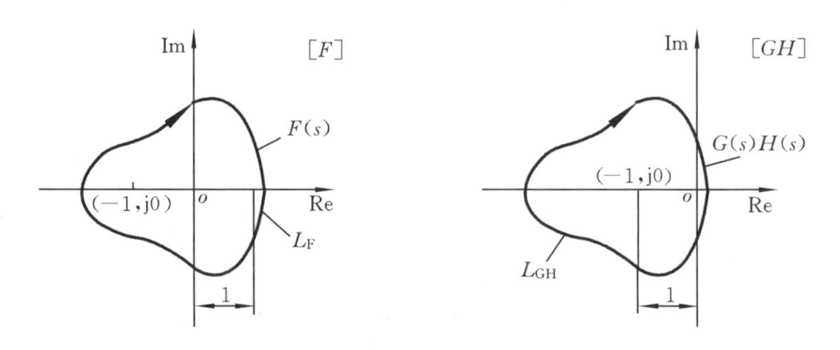

图 5.3.5　[F]与[GH]平面上的 Nyquist 图

由于任何物理上可实现的开环系统,其传递函数 $G_K(s)$ 的分母的阶次 n 必不小于分子的阶次 m,即 $n \geqslant m$,故有

$$\lim_{s \to \infty} G(s)H(s) = \begin{cases} 0 & (n > m) \\ \text{常量} & (n = m) \end{cases}$$

这里 $s \to \infty$ 是对其模而言的,所以,[s] 平面上半径为 ∞ 的半圆映射到[GH] 平面上为原点或实轴上的一点。

因为 L_s 为[s] 平面上的整个虚轴(jω 轴) 再加上半径为 ∞ 的半圆弧,而[s] 平面上半径为 ∞ 的半圆弧映射到[GH] 平面上只是一个点,它对 $G(s)H(s)$ 的映射曲线 L_{GH} 对某点的包围情况无影响,所以对 $G(s)H(s)$ 的绕行情况只需考虑[s] 平面的 jω 轴映射到[GH] 平面上的开环 Nyquist 轨迹 $G(\mathrm{j}\omega)H(\mathrm{j}\omega)$ 即可。

由于闭环系统稳定的充要条件是 $F(s)$ 在[s] 平面的右半部分无零点,即 $Z = 0$。因此,如果 $G(s)H(s)$ 的 Nyquist 轨迹逆时针包围点(-1,j0) 的圈数 N 等于 $G(s)H(s)$ 在[s] 平面的右半部分的极点数 P,则有 $N = -P$,由 $N = Z - P$ 知 $Z = 0$,故闭环系统稳定。

综上所述,可将 Nyquist 稳定判据表述如下:当 ω 由 $-\infty$ 变到 $+\infty$ 时,若[GH] 平面上的开环 Nyquist 轨迹 $G(\mathrm{j}\omega)H(\mathrm{j}\omega)$ 逆时针方向包围点(-1,j0)P 圈,则闭环系统稳定。P 为 $G(s)H(s)$ 在[s] 平面的右半部分的极点数。

对于开环稳定的系统,有 $P = 0$,此时闭环系统稳定的充要条件是,系统的开环 Nyquist 轨迹 $G(\mathrm{j}\omega)H(\mathrm{j}\omega)$ 不包围点(-1,j0)。

例 5.3.1　图 5.3.6 为 $P = 0$ 的系统的开环 Nyquist 图。图 5.3.6(a) 中 Nyquist 轨迹不包围点(-1,j0),故相应的闭环系统稳定。而图 5.3.6(b) 中 Nyquist 轨迹包围点(-1,j0),故相应的闭环系统不稳定,此即开环稳定而闭环不稳定。

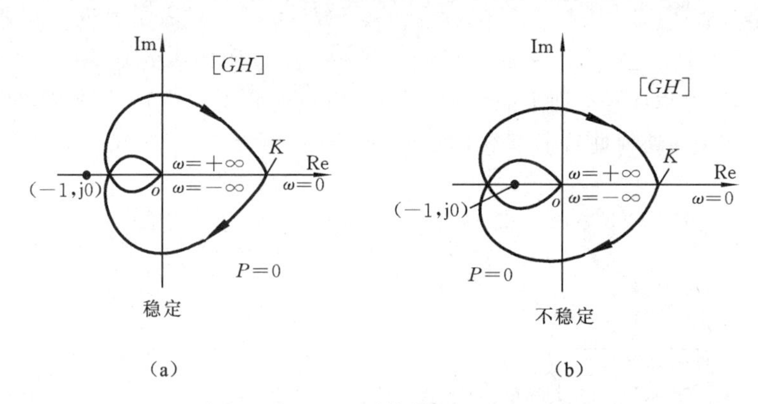

图 5.3.6　$P=0$ 系统的开环 Nyquist 图

例 5.3.2　图 5.3.7 为某系统的开环 Nyquist 图,其开环传递函数为

$$G(s)H(s) = \frac{K(T_a s + 1)(T_b s + 1)}{(T_1^2 s^2 + 2\xi T_1 s + 1)(T_2 s - 1)(T_3 s + 1)}$$

因 $G(s)H(s)$ 在[s] 平面的右半部分有一个极点，为 $s=1/T_2$，所以 $P=1$。

当 ω 由 $-\infty$ 变到 $+\infty$ 时，由于开环 Nyquist 轨迹逆时针包围点$(-1,\mathrm{j}0)$ 一圈，所以，闭环系统仍是稳定的。这就是所谓开环不稳定而闭环稳定。开环不稳定是指开环传递函数在[s] 平面的右半部分有极点。显然，此时的开环系统是非最小相位系统。

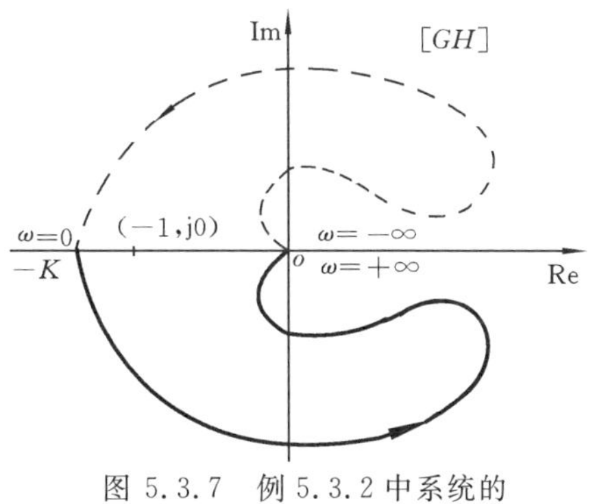

图 5.3.7　例 5.3.2 中系统的开环 Nyquist 图

5.3.3　开环含有积分环节时的 Nyquist 轨迹

当系统中串联有积分环节时，开环传递函数 $G_K(s)$ 有位于[s] 平面坐标原点处的极点。如前所述，应用 Nyquist 判据时，由于 [s] 平面上的 Nyquist 轨迹 L_s 不能经过 $G_K(s)$ 的极点，故应沿半径为无穷小的圆弧$(r\to 0)$ 逆时针绕过开环极点所在的原点，如图 5.3.4(b) 所示。这时开环传递函数在[s] 平面的右半部分的极点数已不再包含原点处的极点。

设开环传递函数为

$$G(s)H(s)=\frac{K\prod_{j=1}^{m}(T_js+1)}{s^{\nu}\prod_{i=1}^{n-\nu}(T_is+1)}$$

式中：ν 为系统中串联积分环节的个数。当 s 沿无穷小半圆逆时针方向移动时，有

$$s=\lim_{r\to 0}r\mathrm{e}^{\mathrm{j}\theta}$$

映射到[GH]平面上的 Nyquist 轨迹为

$$G(s)H(s)\Big|_{s=\lim\limits_{r\to 0}r\mathrm{e}^{\mathrm{j}\theta}}=\left.\frac{K\prod_{j=1}^{m}(T_js+1)}{s^{\nu}\prod_{i=1}^{n-\nu}(T_is+1)}\right|_{s=\lim\limits_{r\to 0}r\mathrm{e}^{\mathrm{j}\theta}}=\lim_{r\to 0}\frac{K}{r^{\nu}}\mathrm{e}^{-\mathrm{j}\nu\theta}$$

因此，当 s 沿小半圆从 $\omega=0^-$ 变到 $\omega=0^+$ 时，θ 角从 $-\pi/2$ 经 $0°$变到 $\pi/2$，这时[GH]平面上的 Nyquist 轨迹将沿无穷大半径的圆弧按顺时针方向从 $\nu\dfrac{\pi}{2}$转到$-\nu\dfrac{\pi}{2}$。

虚轴上有其他非原点处的开环极点时，其 Nyquist 轨迹又当如何？请读者思考。

例 5.3.3　图 5.3.8 为某随动系统的开环 Nyquist 图，开环传递函数为

$$G(s)H(s)=\frac{K}{s(T_1s+1)(T_2s+1)}$$

当 K 取值大、ω 由 $-\infty$ 变到 $+\infty$ 时，开环 Nyquist 轨迹顺时针包围点$(-1,\mathrm{j}0)$ 两圈。由于开环传递函数 $G(s)H(s)$ 在[s] 平面的右半部分无极点，即 $P=0$，所以，闭环系

统不稳定。

本例中,在[s]平面上,当 ω 由 $-\infty$ 变到 $+\infty$,经过原点 $\omega=0$ 时,由于 $G(s)H(s)$ 的分母中含有一个积分环节,所以,映射到[GH]平面就是以 ∞ 为半径、顺时针从 $\pi/2$ 转到 $-\pi/2$ 的圆弧。

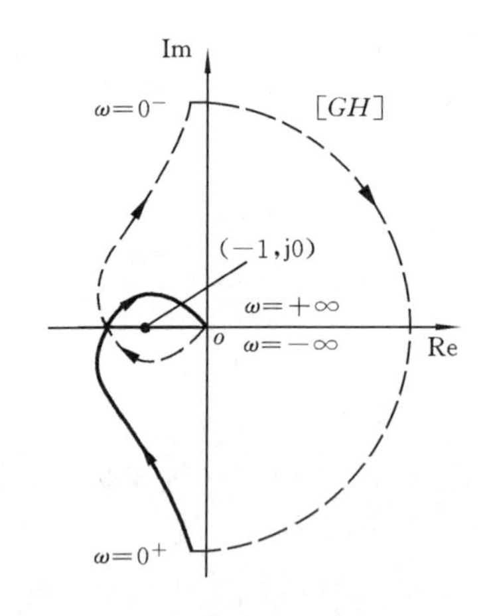

图 5.3.8　某随动系统的开环 Nyquist 图

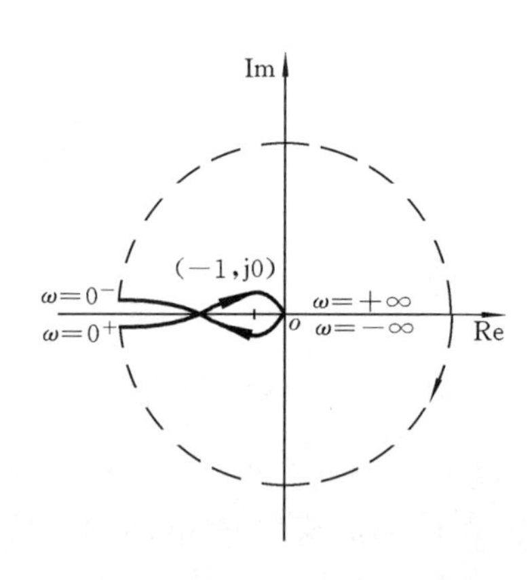

图 5.3.9　例 5.3.4 中系统的开环 Nyquist 图

例 5.3.4　设系统开环传递函数为

$$G(s)H(s)=\frac{(4s+1)}{s^2(s+1)(2s+1)}$$

则:当 $\omega=0$ 时,$\angle G(j\omega)H(j\omega)=-180^\circ$;当 $\omega=\infty$ 时,$\angle G(j\omega)H(j\omega)=-270^\circ$。故 Nyquist 曲线将穿越负实轴,在交点处 $\angle G(j\omega)H(j\omega)=-180^\circ$,即

$$\arctan 4\omega-180^\circ-\arctan\omega-\arctan 2\omega=-180^\circ$$

得

$$\omega=\frac{1}{2\sqrt{2}}$$

$$|G(j\omega)H(j\omega)|_{\omega=1/2\sqrt{2}}=10.6$$

其开环 Nyquist 轨迹如图 5.3.9 所示。由于开环有两个积分环节,所以 ω 从 0^- 变到 $\omega=0^+$ 时,该 Nyquist 轨迹为顺时针从 π 到 $-\pi$ 转过半径为无穷大的圆弧。

由图 5.3.9 可知,当 ω 由 $-\infty$ 变到 $+\infty$ 时,开环 Nyquist 轨迹顺时针包围点 $(-1,j0)$ 两圈,$N=2$,而开环系统为最小相位系统,$P=0$,所以,闭环系统是不稳定的,有两个极点在[s]平面的右半部分。

5.3.4　关于 Nyquist 判据的几点说明

(1) Nyquist 判据并不在[s]平面而在[GH]平面判别系统的稳定性。其间通过辐角原理将[s]平面的 Nyquist 轨迹(虚轴)映射为[GH]平面上的 Nyquist 轨迹 $G(j\omega)H(j\omega)$,然后根据 $G(j\omega)H(j\omega)$ 轨迹包围点 $(-1,j0)$ 的情况来判别闭环系统的稳定性,而 $G(j\omega)H(j\omega)$ 正是系统的开环频率特性 $G_K(j\omega)$。

(2) Nyquist 判据的证明虽较复杂，但应用简单。由于一般系统的开环系统多为最小相位系统，$P=0$，故只要看开环 Nyquist 轨迹是否包围点$(-1,j0)$即可。若不包围，系统就稳定。当开环系统为非最小相位系统，$P\neq 0$ 时，先求出其 P，再看开环 Nyquist 轨迹包围点$(-1,j0)$的圈数，并注意 ω 由小到大时轨迹的方向，若是逆时针包围点$(-1,j0)$ P 圈，则系统稳定。

(3) 当 $P=0$，即开环传递函数 $G_K(s)$ 在$[s]$平面的右半部分无极点时，按习惯有时称系统开环稳定；当$P\neq 0$，即开环传递函数在$[s]$平面的右半部分有极点时，按习惯有时称系统开环不稳定。开环不稳定，闭环仍可能稳定；开环稳定，闭环也可能不稳定。但开环不稳定而闭环却能稳定的系统，在实用上有时是不甚可靠的。

(4) 开环 Nyquist 轨迹关于实轴对称。因为 $G(-j\omega)H(-j\omega)$ 与 $G(j\omega)H(j\omega)$ 的模相同，而相位异号，即

$$|G(-j\omega)H(-j\omega)|=|G(j\omega)H(j\omega)|$$

$$-\angle G(-j\omega)H(-j\omega)=\angle G(j\omega)H(j\omega)$$

所以，ω 由 $-\infty$ 变到 0 与 ω 由 0 变到 $+\infty$ 的开环 Nyquist 轨迹关于实轴对称。因而一般只需绘出 ω 由 0 变到 $+\infty$ 时的曲线即可判别稳定性。如在图 5.3.6(b) 中，Nyquist 轨迹在 ω 由 0 变到 $+\infty$ 时，包围点$(-1,j0)$一圈，故可知 ω 由 $-\infty$ 变到$+\infty$ 时共包围点$(-1,j0)$两圈，所以系统不稳定。

正如第 2 章所指出，系统传递函数的分母反映了系统本身的固有特性，现在闭环系统的传递函数的分母是 $1+G(s)H(s)$，即 $F(s)$。而 $F(s)$ 包围$[F]$平面上原点的情况与 $G(s)H(s)$ 包围$[GH]$平面上的点$(-1,j0)$的情况完全一样，因此，$G(s)H(s)$ 这一开环传递函数包围$[GH]$平面上点$(-1,j0)$的情况就反映了闭环系统的固有特性，因此，用它来判断系统的稳定性，即由 Nyquist 判据用开环传递函数判断闭环系统的稳定性，从物理意义上来说也是容易解释的。

5.3.5 Nyquist 判据应用举例

以下介绍用 Nyquist 判据判断具有各开环传递函数的闭环系统的稳定性(下列各例中 K 与 T_i 均为正值)的例子。

例 5.3.5 设系统的开环传递函数为

$$G(s)H(s)=\frac{K}{(T_1s+1)(T_2s+1)}$$

当 $\omega=0$ 时，$|G(j\omega)H(j\omega)|=K, \angle G(j\omega)H(j\omega)=0^\circ$；

当 $\omega=\infty$ 时，$|G(j\omega)H(j\omega)|=0, \angle G(j\omega)H(j\omega)=-180^\circ$。

其开环 Nyquist 图为图 5.3.10。由于 $G(s)H(s)$ 在$[s]$平面的右半部分无极点，因此 $P=0$，且 $G(j\omega)H(j\omega)$ 不包围点$(-1,j0)$，因此，不论 K 取任何正值，系统总是稳定的。

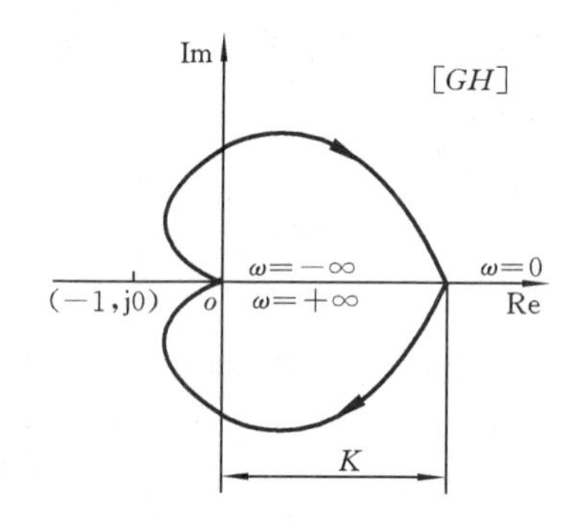

图 5.3.10 例 5.3.5 中系统的开环 Nyquist 图

其实在本例中一看便知：当 $\omega=+\infty$ 时，相位由两个 -90° 相加，那么当 ω 由 0 变到 $+\infty$ 时，相位最多不超过 -180°，可见曲线到不了第二象限，故不可能包围点 $(-1,\mathrm{j}0)$；而当 ω 由 $-\infty$ 变到 0 时，曲线虽然在第一、二象限，但因为它与 ω 由 0 变到 $+\infty$ 时的曲线关于实轴对称，所以也包围不了点 $(-1,\mathrm{j}0)$，故系统是稳定的。

由此可见，若系统开环为最小相位系统，则只有在三阶或三阶以上，闭环系统才有可能不稳定。

例 5.3.6 设系统的开环传递函数为

$$G(s)H(s)=\frac{K(T_4s+1)(T_5s+1)}{(T_1s+1)(T_2s+1)(T_3s+1)}$$

当 $\omega=0$ 时，$|G(\mathrm{j}\omega)H(\mathrm{j}\omega)|=K, \angle G(\mathrm{j}\omega)H(\mathrm{j}\omega)=0^{\circ}$；

当 $\omega=\infty$ 时，$|G(\mathrm{j}\omega)H(\mathrm{j}\omega)|=0, \angle G(\mathrm{j}\omega)H(\mathrm{j}\omega)=-90^{\circ}$。

其开环 Nyquist 图为图 5.3.11。由于 $G(s)H(s)$ 在[s]平面的右半部分无极点，故 $P=0$。

(1) 若 $G(\mathrm{j}\omega)H(\mathrm{j}\omega)$ 如图中曲线 1 所示，包围点 $(-1,\mathrm{j}0)$，则系统不稳定。现减小 K 值，使 $|G(\mathrm{j}\omega)H(\mathrm{j}\omega)|$ 减小，曲线 1 有可能因模减小，相位不变，而不包围点 $(-1,\mathrm{j}0)$，因而系统趋于稳定。

(2) 若 K 不变，亦可增大一阶微分环节的时间常数 T_4、T_5，使相位减小，曲线 1 变成曲线 2。由于曲线 2 不包围点 $(-1,\mathrm{j}0)$，故系统稳定。

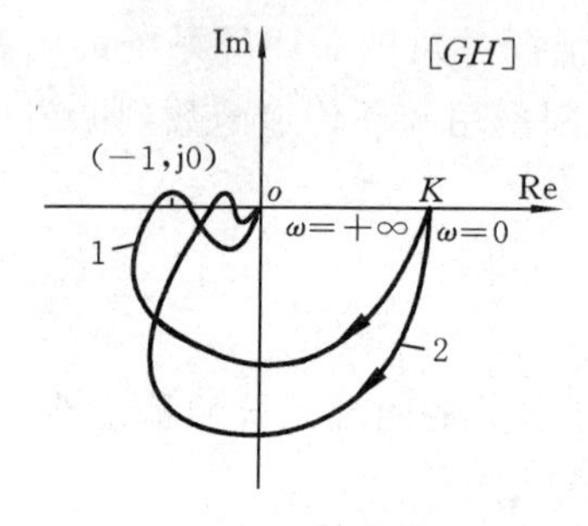

图 5.3.11 例 5.3.6 中系统的开环 Nyquist 图

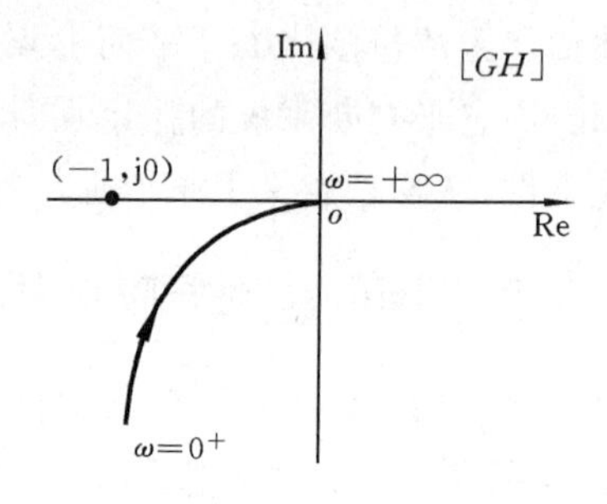

图 5.3.12 例 5.3.7 中系统的开环 Nyquist 图

例 5.3.7 设系统的开环传递函数为

$$G(s)H(s)=\frac{K}{s(Ts+1)}$$

当 $\omega=0$ 时，$|G(\mathrm{j}\omega)H(\mathrm{j}\omega)|=\infty, \angle G(\mathrm{j}\omega)H(\mathrm{j}\omega)=-90^{\circ}$；

当 $\omega=\infty$ 时，$|G(\mathrm{j}\omega)H(\mathrm{j}\omega)|=0, \angle G(\mathrm{j}\omega)H(\mathrm{j}\omega)=-180^{\circ}$。

其开环 Nyquist 图为图 5.3.12。由于 $P=0$，且 $G(\mathrm{j}\omega)H(\mathrm{j}\omega)$ 不包围点 $(-1,\mathrm{j}0)$，故系统稳定。

其实由 $G(s)H(s)$ 即可看出，因为有一个积分环节，故开环 Nyquist 轨迹在 $\omega \to 0$ 时始于$-90°$，又因为系统为二阶的，相位最多至$-180°$，所以闭环系统一定是稳定的。

例 5.3.8　设系统的开环传递函数为

$$G(s)H(s) = \frac{K(T_4 s+1)}{s(T_1 s+1)(T_2 s+1)(T_3 s+1)}$$

当 $\omega = 0$ 时，$|G(j\omega)H(j\omega)| = \infty$，$\angle G(j\omega)H(j\omega) = -90°$；

当 $\omega = \infty$ 时，$|G(j\omega)H(j\omega)| = 0$，$\angle G(j\omega)H(j\omega) = -270°$。

因为开环系统中有一个积分环节，故开环 Nyquist 轨迹（见图 5.3.13）在 $\omega \to 0$ 时始于$-90°$。又因为系统为四阶系统加一个一阶微分环节，故开环 Nyquist 轨迹在 $\omega \to \infty$ 时止于$-270°$，开环 Nyquist 轨迹穿过第三、二象限（当 ω 由 0 变到 ∞ 时）。由于 $P=0$，故：

(1) 当一阶微分环节作用小，即当 T_4 小时，开环 Nyquist 轨迹为曲线 1，它包围点$(-1,j0)$，故闭环系统不稳定；

(2) 当一阶微分环节作用大，即当 T_4 大时，相位减小，开环 Nyquist 轨迹为曲线 2，它不包围点$(-1,j0)$，故闭环系统稳定。

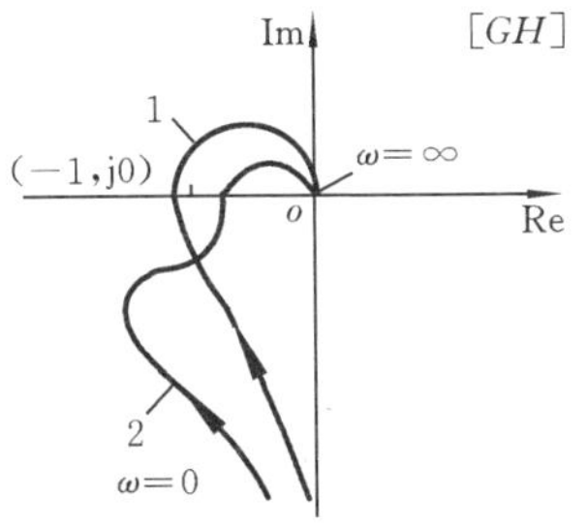

图 5.3.13　例 5.3.8 中系统的开环 Nyquist 图

例 5.3.9　设系统的开环传递函数为

$$G(s)H(s) = \frac{K(T_2 s+1)}{s^2(T_1 s+1)}$$

当 $\omega = 0$ 时，$|G(j\omega)H(j\omega)| = \infty$，$\angle G(j\omega)H(j\omega) = -180°$；

当 $\omega = \infty$ 时，$|G(j\omega)H(j\omega)| = 0$，$\angle G(j\omega)H(j\omega) = -180°$。

对于任意的 ω，有

$$\angle G(j\omega)H(j\omega) = -180° - \arctan T_1\omega + \arctan T_2\omega \tag{5.3.8}$$

(1) 若 $T_1 < T_2$：当 ω 为正时，由式(5.3.8)可知，$G_K(j\omega)$ 相位大于$-180°$，开环 Nyquist 轨迹在第三象限，如图 5.3.14(a) 所示。当 ω 由 $-\infty$ 变到 $+\infty$ 时，开环 Nyquist 轨迹不包围点$(-1,j0)$，故系统稳定。

(2) 若 $T_1 = T_2$：如图 5.3.14(b) 所示，开环 Nyquist 轨迹穿过点$(-1,j0)$，故系统临界稳定。

(3) 若 $T_1 > T_2$：当 ω 为正时，由式(5.3.8)可知，$G_K(j\omega)$ 的相位小于$-180°$，开环 Nyquist 轨迹在第二象限，如图 5.3.14(c) 所示。当 ω 由 $-\infty$ 变到 $+\infty$ 时，开环 Nyquist 轨迹顺时针包围点$(-1,j0)$两圈$(N=2)$。由于 $G_K(j\omega)$ 在[s]平面的右半部分无极点，即 $P=0$，所以系统不稳定。由 $N=Z-P$ 可知 $Z=2$，即 $F(s)$ 函数在[s]平面的右半部分有两个零点，即 $G_B(s)$ 在[s]平面的右半部分有两个极点。

由本例可知：

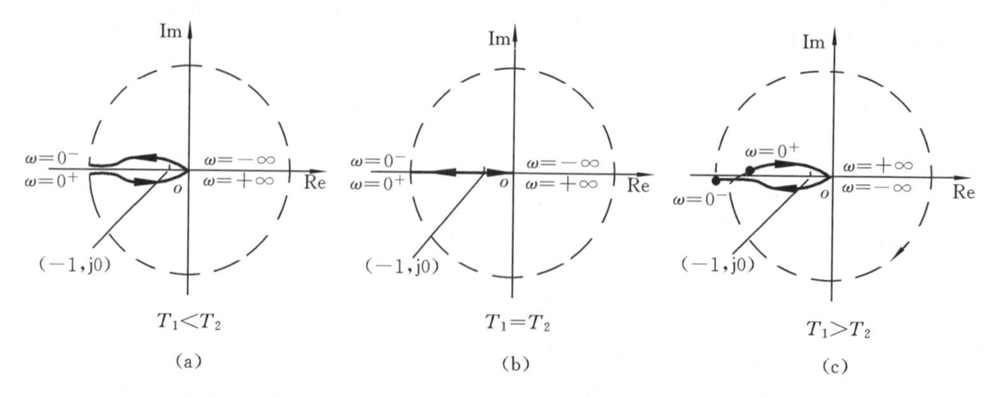

图 5.3.14 例 5.3.9 中系统的开环 Nyquist 图

(1) T_2 大,表示一阶微分环节的作用大,可使系统稳定;T_2 小,表示一阶微分环节的作用小,可使系统不稳定。

(2) 与本小节中前几例比较可知,开环系统中串联的积分环节越多,即系统的型次越高,开环 Nyquist 轨迹越容易包围点(−1,j0),系统越容易不稳定,故一般系统型次不超过Ⅲ型。

5.3.6 具有延时环节的系统的稳定性分析

延时环节是线性环节,在机械工程的许多系统中均存在着延时环节。延时环节的存在将给系统的稳定性带来不利的影响。通常延时环节串联在闭环系统的前向通道或反馈通道中。

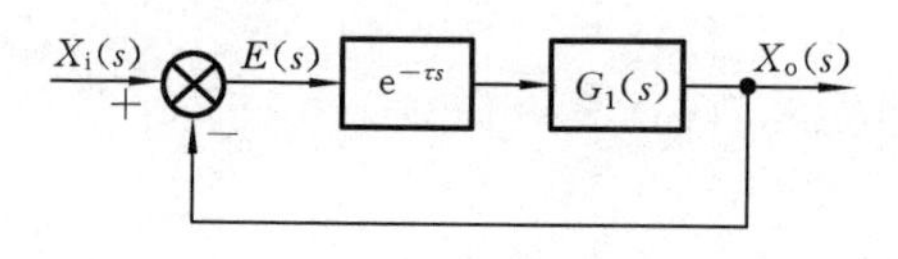

图 5.3.15 具有延时环节的系统方框图

图 5.3.15 为一具有延时环节的系统方框图,其中 $G_1(s)$ 是除延时环节以外的开环传递函数。这时整个系统的开环传递函数为

$$G_K(s) = G_1(s)e^{-\tau s}$$

其开环频率特性、幅频特性和相频特性分别为

$$G_K(j\omega) = G_1(j\omega)e^{-j\tau\omega}$$

$$|G_K(j\omega)| = |G_1(j\omega)|$$

$$\angle G_K(j\omega) = \angle G_1(j\omega) - \tau\omega$$

由此可见,延时环节不改变原系统的幅频特性,而仅仅使相频特性发生变化。

例如,在图 5.3.15 所示系统中,若

$$G_1(s) = \frac{1}{s(s+1)}$$

则开环传递函数和开环频率特性分别为

$$G_K(s) = \frac{1}{s(s+1)}e^{-\tau s} \qquad G_K(j\omega) = \frac{1}{j\omega(j\omega+1)}e^{-j\tau\omega}$$

其开环 Nyquist 图如图 5.3.16 所示。

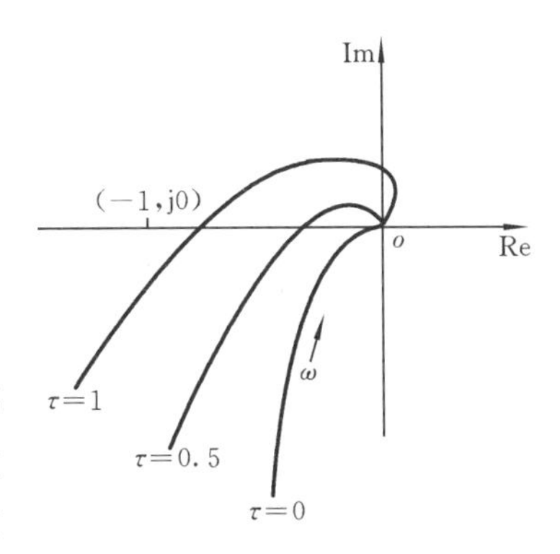

图 5.3.16　具有延时环节的开环 Nyquist 图

由图 5.3.16 可见，当 $\tau=0$，即无延时环节时，Nyquist 轨迹的相位不超过 $-180°$，只到第三象限，此二阶系统肯定是稳定的。随着 τ 值增加，相位也增加，Nyquist 轨迹向左上方偏转，进入第二和第一象限。当 τ 增加到使 Nyquist 轨迹包围点(−1,j0)时，闭环系统就不稳定。所以，由开环 Nyquist 图上可以明显看出，串联延时环节对稳定性是不利的。虽然一阶系统或二阶系统总是稳定的，但若存在延时环节，系统也可能变为不稳定。因此，对存在延时环节的一阶系统或二阶系统，其开环放大系数 K 就不允许取很高的数值，同时，为了提高这些系统的稳定性，还应尽可能地缩短延时时间 τ。

图 5.3.15 所示系统的特征方程为

$$1+G_1(s)\mathrm{e}^{-\tau s}=0$$

当 $G_1(s)\mathrm{e}^{-\tau s}=-1$ 时，系统处于临界稳定状态。故有

$$|G_1(\mathrm{j}\omega)|=1 \tag{5.3.9}$$

$$\angle G_1(\mathrm{j}\omega)-\tau\omega=-\pi \tag{5.3.10}$$

由式(5.3.9)可解出 $\omega=0.786$。代入式(5.3.10)，得

$$\tau=1.15$$

所以：当 $\tau<1.15$ 时，闭环系统稳定；当 $\tau>1.15$ 时，闭环系统不稳定。

5.4　Bode 稳定判据

Nyquist 稳定判据是利用开环频率特性 $G_K(\mathrm{j}\omega)$ 的极坐标图(Nyquist 图)来判定闭环系统的稳定性的。将开环极坐标图改画为开环对数坐标图，即 Bode 图，同样可以利用它来判定系统的稳定性。这种方法称为对数频率特性判据，简称为对数判据或 Bode 判据，它实质上是 Nyquist 判据的引申。

5.4 节
讲课视频

5.4.1　Nyquist 图和 Bode 图的对应关系

如图 5.4.1 所示，系统开环频率特性的 Nyquist 图和 Bode 图有如下对应关系。

(1) Nyquist 图上的单位圆对应 Bode 图上的 0 dB 线，即对数幅频特性图的横轴，因为此时

$$20\lg|G(\mathrm{j}\omega)H(\mathrm{j}\omega)|=20\lg|1|\ \mathrm{dB}=0\ \mathrm{dB}$$

而单位圆之外即对应对数幅频特性图的 0 dB 线之上。

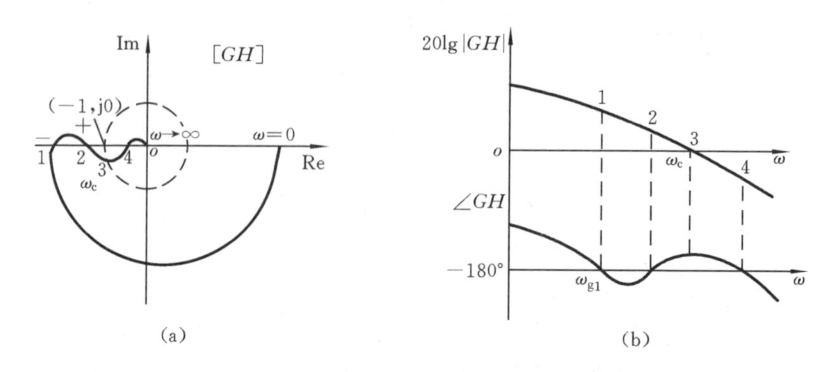

图 5.4.1　Nyquist 图及其对应的 Bode 图

(2) Nyquist 图上的负实轴相当于 Bode 图上的 −180°线,即对数相频特性图的横轴。因为此时

$$\angle G(\mathrm{j}\omega)H(\mathrm{j}\omega)=-180^\circ$$

Nyquist 轨迹与单位圆交点处的频率,即对数幅频特性曲线与横轴交点处的频率,即输入与输出幅值相等时的频率(开环输入与输出的量纲相同),称为剪切频率或幅值穿越频率或幅值交界频率,记为 ω_c。

Nyquist 轨迹与负实轴交点的频率,即对数相频特性曲线与横轴交点的频率,称为相位穿越频率或相位交界频率,记为 ω_g。

5.4.2　穿越的概念

开环 Nyquist 轨迹在点 (−1,j0) 以左穿过负实轴称为“穿越”。沿频率 ω 增大的方向,开环 Nyquist 轨迹自上而下(相位增大) 穿过点(−1,j0) 以左的负实轴称为正穿越;反之,沿频率 ω 增大的方向,开环 Nyquist 轨迹自下而上(相位减小) 穿过点(−1,j0) 以左的负实轴称为负穿越。沿频率 ω 增大的方向,开环 Nyquist 轨迹自点(−1,j0) 以左的负实轴开始向下称为正半次穿越;反之,沿频率 ω 增大的方向,开环 Nyquist 轨迹自点(−1,j0) 以左的负实轴开始向上称为负半次穿越。

对应于 Bode 图,在开环对数幅频特性为正值的频率范围内,沿 ω 增大的方向,对数相频特性曲线自下而上穿过 −180°线为正穿越;反之,沿 ω 增大的方向,对数相频特性曲线自上而下穿过 −180°线为负穿越。对数相频特性曲线自 −180°线开始向上,为正半次穿越;反之,对数相频特性曲线自 −180°线开始向下,为负半次穿越。

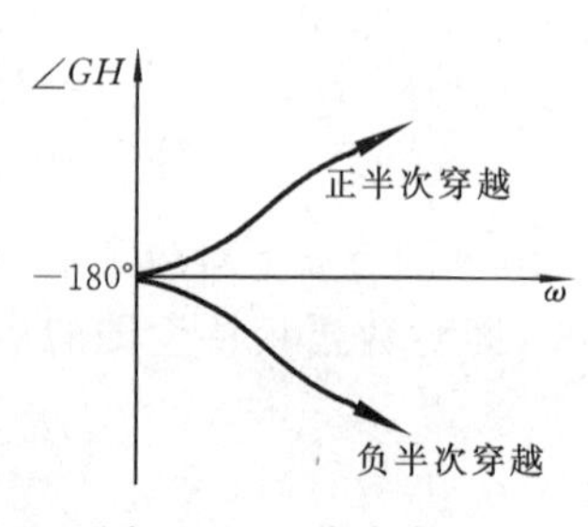

图 5.4.2　半次穿越

如图 5.4.1 中,点 1 处为负穿越一次,点 2 处为正穿越一次。图 5.4.2 为半次穿越的情况。

分析图 5.4.1(a)可知,正穿越一次,对应于 Nyquist 轨迹逆时针包围点(−1,j0)一圈,负穿越一次,对应于 Nyquist 轨迹顺时针包围点(−1,j0)一圈。因此,开环

Nyquist 轨迹逆时针包围点(－1,j0)的次数就等于正穿越和负穿越的次数之差。

5.4.3　Bode 判据

根据 Nyquist 判据和上述对应关系,Bode 判据可表述如下。

闭环系统稳定的充要条件是,在 Bode 图上,当 ω 由 0 变到 $+\infty$ 时,在开环对数幅频特性为正值的频率范围内,开环对数相频特性对 $-180°$线正穿越与负穿越次数之差为 $P/2$ 时,闭环系统稳定;否则不稳定。其中 P 为系统开环传递函数在[s]平面的右半部分的极点数。

如图 5.4.1(b)所示,在 $0\sim\omega_c$ 范围内,对数相频特性正、负穿越次数之差为 0,那么在 $P=0$ 时,系统稳定。此系统实际为一条件稳定系统。

比较由 Nyquist 图来判别稳定性的方法与由 Bode 图来判别稳定性的方法可知,后者有下列优点:

(1) Bode 图可用作渐近线的方法作出,故比较简便;

(2) 用 Bode 图上的渐近线,可粗略地判别系统的稳定性;

(3) 在 Bode 图中,可分别作出各环节的对数幅频、对数相频特性曲线,以便明确哪些环节是造成不稳定的主要因素,从而对其中参数进行合理选择或校正;

(4) 在调整开环增益 K 时,只需将 Bode 图中的对数幅频特性上下平移即可,因此很容易看出为保证系统稳定所需的增益值。

5.5　系统的相对稳定性

从 Nyquist 稳定判据可推知:若系统开环传递函数在[s]平面的右半部分的极点数 $P=0$ 的闭环系统稳定,且开环 Nyquist 轨迹离点(－1,j0)越远,其闭环系统的稳定性越好,开环 Nyquist 轨迹离点(－1,j0)越近,其闭环系统的稳定性越差。这便是通常所说的系统的相对稳定性,它通过 $G_K(j\omega)$ 对点(－1,j0)的靠近程度来表征,其定量表示为相位裕度 γ 和幅值裕度 K_g,如图5.5.1 所示。

5.5 节
讲课视频

5.5.1　相位裕度

在 ω 为剪切频率 $\omega_c(\omega_c>0)$ 时,相频特性曲线 $\angle GH$ 距 $-180°$ 线的相位差值 γ 称为相位裕度。图 5.5.1(c) 所示的系统不仅稳定,而且有相当的稳定性储备,它可以在 ω_c 的频率下,允许相位再减小 γ 才达到 $\omega_g=\omega_c$ 的临界稳定条件。因此,相位裕度 γ 有时又叫作相位稳定性储备。

对于稳定系统,γ 必在 Bode 图 $-180°$以上,这时称为正相位裕度,即有正的稳定性储备,如图 5.5.1(c)所示;若 γ 在 Bode 图 $-180°$线之下,这时称为负相位裕度,即有负的稳定性储备,则系统必不稳定,如图 5.5.1(d)所示。

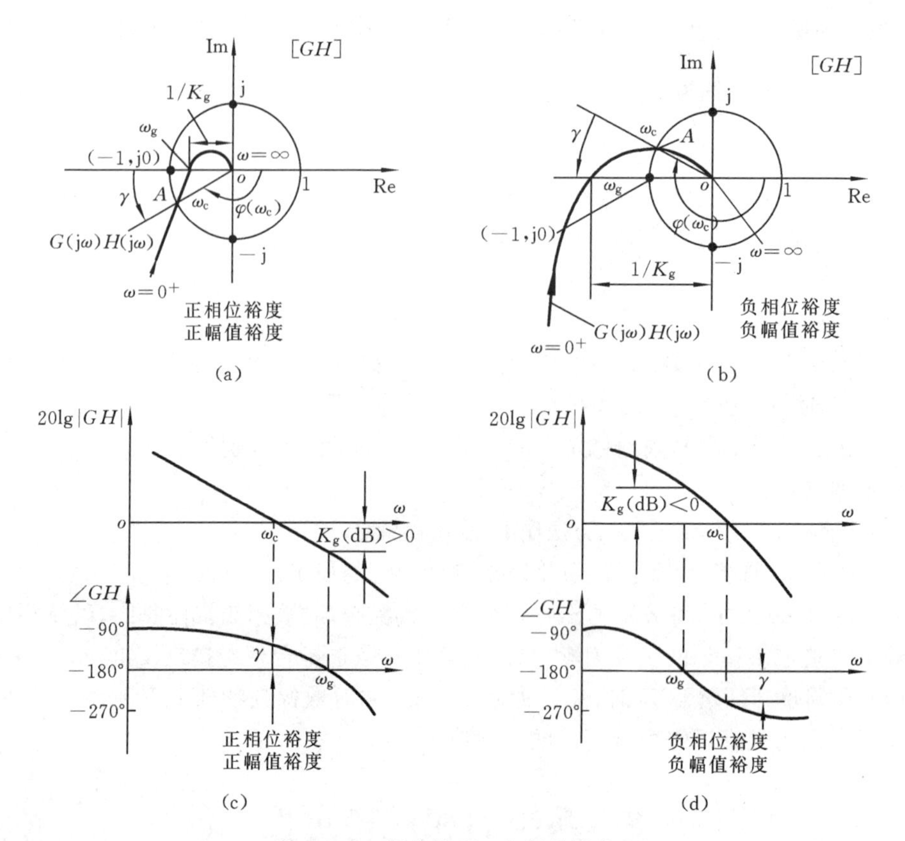

图 5.5.1　相位裕度 γ 与幅值裕度 K_g

相应地,在极坐标图中,如图 5.5.1(a)、图 5.5.1(b)所示,γ 为 Nyquist 轨迹与单位圆的交点 A 对负实轴的相位差值,它表示在剪切频率 ω_c 处,有

$$\gamma = 180° + \varphi(\omega_c)$$

其中 $G_K(j\omega)$ 的相位 $\varphi(\omega_c)$ 一般为负值。

对于稳定系统,γ 必在极坐标图负实轴以下,如图 5.5.1(a) 所示;若 γ 在极坐标图负实轴以上,则系统必不稳定,如图 5.5.1(b) 所示。例如,当 $\varphi(\omega_c)=-150°$ 时,$\gamma=180°-150°=30°$,相位裕度为正。又如,当 $\varphi(\omega_c)=-210°$ 时,$\gamma=180°-210°=-30°$,相位裕度为负。

5.5.2　幅值裕度

当 ω 为相位交界频率 $\omega_g(\omega_g>0)$ 时,开环幅频特性 $|G(j\omega_g)H(j\omega_g)|$ 的倒数称为系统的幅值裕度,即

$$K_g = \frac{1}{|G(j\omega_g)H(j\omega_g)|}$$

在 Bode 图上,幅值裕度改以分贝表示为

$$20\lg K_g = 20\lg \frac{1}{|G(j\omega_g)H(j\omega_g)|} = -20\lg|G(j\omega_g)H(j\omega_g)| \xlongequal{\text{记}} K_g(\text{dB})$$

此时：对于稳定系统，K_g (dB)必在 0 dB 线以下，K_g (dB)>0，此时称为正幅值裕度，如图5.5.1(c)所示；若 K_g (dB)在 0 dB 线以上，即 K_g (dB)<0，此时称为负幅值裕度，则系统必不稳定，如图 5.5.1(d)所示。

上述表明，在图 5.5.1(c)中，对数幅频特性曲线上移 K_g (dB)，才会使系统满足 $\omega_c = \omega_g$ 的临界稳定条件，即系统的开环增益增加 K_g 倍时，才刚刚满足临界稳定条件。因此，幅值裕度有时又称为增益裕度。

在极坐标图上，由于

$$|G(j\omega_g)H(j\omega_g)| = \frac{1}{K_g}$$

所以，Nyquist 轨迹与负实轴的交点至原点的距离即为 $1/K_g$，它代表在 ω_g 频率下开环频率特性的模。显然，对于稳定系统，$1/K_g < 1$，如图 5.5.1(a) 所示；若 $1/K_g > 1$，则系统必不稳定，如图 5.5.1(b)所示。

综上所述，对开环 $P = 0$ 的系统的闭环系统来说：$G(j\omega)H(j\omega)$ 具有正幅值裕度与正相位裕度时，其闭环系统是稳定的；$G(j\omega)H(j\omega)$ 具有负幅值裕度或负相位裕度时，其闭环系统是不稳定的。

由上可见，利用 Nyquist 图或 Bode 图所计算出的 γ、K_g 相同。

由工程控制实践可知，为使上述系统有满意的稳定性储备，一般应使：

$$\gamma = 30^\circ \sim 60^\circ$$

$$K_g(\text{dB}) > 6\ \text{dB}$$

即

$$K_g > 2$$

应当着重指出，为了确定上述系统的相对稳定性，必须同时考虑相位裕度和幅值裕度两个指标，只应用其中一个指标，不足以充分说明系统的相对稳定性，示例如下。

例 5.5.1　设系统的 $G_K(s)$ 为

$$G(s)H(s) = \frac{\omega_n^2}{s(s^2 + 2\xi\omega_n s + \omega_n^2)}$$

试分析当阻尼比 ξ 很小($\xi \approx 0$) 时，该闭环系统的相对稳定性。

解　当 ξ 很小时，此系统的 $G(j\omega)H(j\omega)$ 具有图 5.5.2 所示的形状。其相位裕度 γ 虽较大，但幅值裕度 K_g(dB) 却太小。这是由于在 ξ 很小时，振荡环节的幅频特性峰值很高。也就是说，$G(j\omega)H(j\omega)$ 的剪切频率 ω_c 虽较小，相位裕度 γ 较大，但在频率 ω_g 附近，幅值裕度太小，曲线很靠近[GH] 平面上的点(-1,j0)。所以，如果仅以相位裕度 γ 来评定该系统的相对稳定性，就将得出系统稳定程度高的结论，而系统的实际稳定程度却不高，而是低。若同时根据相位裕度 γ 及幅值裕度 K_g 全面地评价系统的相对稳定性，就可避免得出不符合实际情况的结论。

由于最小相位系统的开环幅频特性与开环相频特性之间具有一定的对应关系，

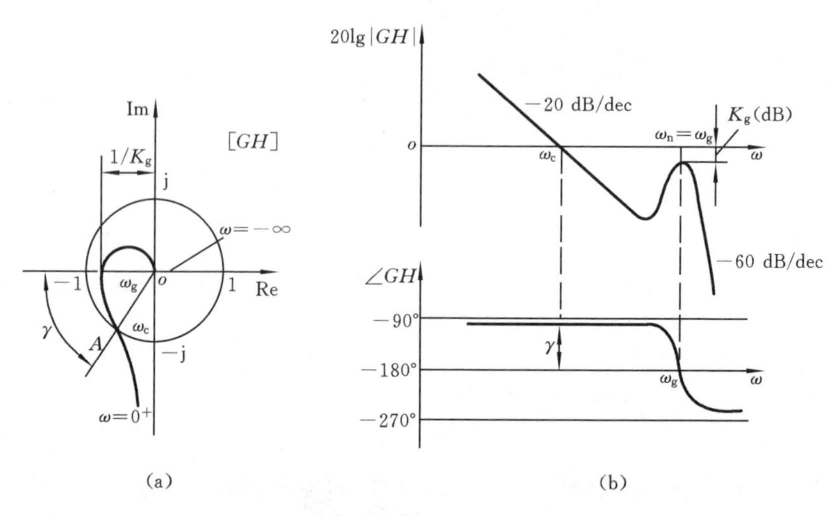

图 5.5.2 例 5.5.1 中系统的 Nyquist 图与 Bode 图

相位裕度 $\gamma=30°\sim60°$ 表明开环对数幅频特性曲线在剪切频率 ω_c 上的斜率(称为剪切率)应大于−40 dB/dec,因此,为保证有合适的相位裕度,一般希望剪切率等于−20 dB/dec。如果剪切率等于−40 dB/dec,则闭环系统可能稳定,也可能不稳定;即使稳定,其相对稳定性也将是很差的。如果剪切率为−60 dB/dec 或更小,则系统一般是不稳定的。由此可知,有时只要讨论系统的开环对数幅频特性就可以大致判别其稳定性。

例 5.5.2 已知控制系统的开环传递函数为

$$G(s)H(s)=\frac{K}{s(s+1)(s+5)}$$

试分别求取 $K=10$ 及 $K=100$ 时的相位裕度 γ 和幅值裕度 K_g(dB)。

解 此开环系统为最小相位系统,$P=0$。

(1) 当 $K=10$ 时,有

$$G(\mathrm{j}\omega)H(\mathrm{j}\omega)=\frac{2}{\mathrm{j}\omega(\mathrm{j}\omega+1)(0.2\mathrm{j}\omega+1)}$$

由前述 Bode 图的绘制方法,作出其 Bode 图,如图 5.5.3(a)所示。

由对数幅频特性曲线的渐近线,在 $\omega=1$ 处,有

$$20\lg2=6.02\ \mathrm{dB}$$

穿过剪切频率 ω_c 的对数幅频特性曲线斜率为−40 dB/dec,所以

$$40\lg\frac{\omega_c}{\omega_1}=40\lg\frac{\omega_c}{1}=6.02\ \mathrm{dB}$$

$$\omega_c=1.414\ \mathrm{s}^{-1}$$

$$\gamma=180°+\varphi(\omega_c)=180°+[-90°-\arctan1.414-\arctan(0.2\times1.414)]=19.5°$$

由

$$\angle G(\mathrm{j}\omega_g)H(\mathrm{j}\omega_g)=-180°$$

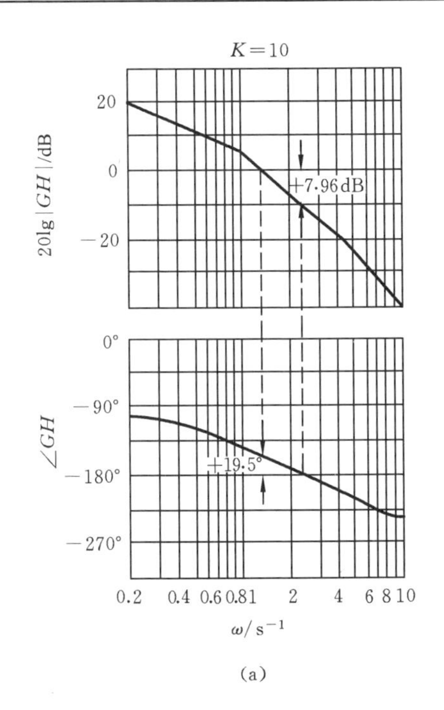

(a)

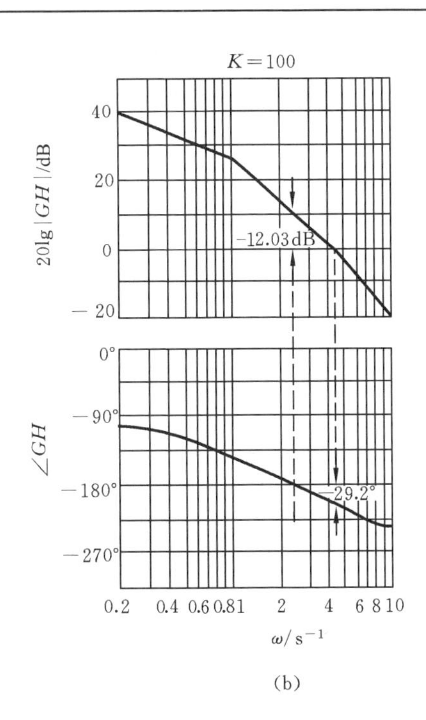

(b)

图 5.5.3　K 值不同的 Bode 图

可解出 $\omega_g = \sqrt{5}\ \mathrm{s}^{-1}$。由此计算得 $K_g(\mathrm{dB}) = 7.96\ \mathrm{dB}$。

因此，当 $K = 10$ 时，系统的相位裕度 $\gamma = 19.5°$，幅值裕度 $K_g(\mathrm{dB}) = 7.96\ \mathrm{dB}$。该系统虽然稳定，且幅值裕度较大，但相位裕度 $\gamma < 30°$，因而并不具有满意的相对稳定性。

(2) 当 $K=100$ 时，有

$$G(\mathrm{j}\omega)H(\mathrm{j}\omega) = \frac{20}{\mathrm{j}\omega(\mathrm{j}\omega+1)(0.2\mathrm{j}\omega+1)}$$

作出其 Bode 图，如图 5.5.3(b)所示。与 $K=10$ 时相比，系统的对数相频特性曲线不变，对数幅频特性曲线上移 20 dB(因为 K 增大为原来的 10 倍)。

由计算可得，$\omega_c = 4.47\ \mathrm{s}^{-1}$。

此时，幅值裕度 $K_g = -12.03\ \mathrm{dB}$，相位裕度 $\gamma = -29.2°$。所以 $K = 100$ 时，闭环系统不稳定。

请读者注意，系统之所以不稳定，归根结底，就是因为特征根中有一个或多个具有正实部，从而导致系统自由振荡(微分方程的通解)发散。系统的特征根具有正实部的本质是什么呢？请参阅图 2.2.5 中一阶惯性环节的 $T = RC$ 与图 2.2.6 中的 $T = \frac{c}{k}$，图2.2.18 中二阶振荡环节的 $\xi = \frac{c}{2\sqrt{Jk}}$ 与图 2.2.19 中的 $\xi = \frac{1}{2R}\sqrt{\frac{L}{C}}$，以及 2.5 节与第 3 章，同时还可考察所有高阶系统所含的一阶环节与二阶环节的特征根。显而易见，特征根具有正实部还是负实部取决于机械系统的质量、刚度、阻尼，电气系统的电感、电容、电阻，流体系统的流感、流容、流阻或其他有关参数。例如，如果阻尼(电阻、流阻)为正(此时特征根具有负实部)，表明系统因为这些环节(元件)的存在而消耗能量，从而可以导致系统的自由振荡衰减而收敛，系统稳定；相反，如果阻尼(电阻、流阻)为负(此时特征根具有正实部)，则自然表明系统通过这些环节(元件)而从外界不断吸收能量，经由反馈作用，从而导致系统的自由振荡因增幅而发散，系统失稳。至于其他参数取负值，如何导致特征根实部为正，读者可自行分析。研究已经表明，负阻尼、负刚度确实存在，例如，切削加工中如果突然发生强烈振动，很可能的重要原因之一就是切削过程中出现了负阻尼。

这里还要再强调一次，读者应特别注意各种稳定性判据之间的联系。另外，还应注意，书中讨论的有关稳定性问题是线性定常系统的稳定性问题，而所涉及的非线性系统稳定性问题只不过是为了有所对比，略加提及而已。

5.6　设计示例:数控直线运动工作台位置控制系统

在第 2 章，建立了数控直线运动工作台位置控制系统的数学模型，注意到系统结构与参数对系统稳定性的影响，现在来分析系统的稳定性。在第 2 章介绍电枢控制式直流电动机原理时曾讲到，若忽略电枢绕组的电感，即 $L=0$，系统是二阶系统，系统是稳定的。但是，当电枢绕组的电感 L 较大时，系统是三阶系统，系统稳定与否与系统的参数有关。例如，根据工作台位置控制系统传递函数框图(见图 2.7.3)，取 $K_b=40, R=200, L=0.2, K_m=2000, J=1, K_d=1$，得到的系统传递函数框图为图 5.6.1。

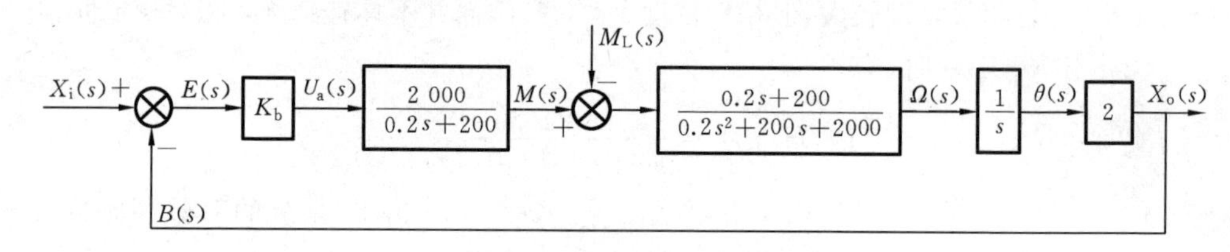

图 5.6.1　系统传递函数框图

该系统的特征方程为

$$0.2s^3+200s+2000s+4000K_b=0$$

建立对应的 Routh 表为

$$\begin{array}{c|cc} s^3 & 0.2 & 2000 \\ s^2 & 200 & 4000K_b \\ s^1 & a_1 & 0 \\ s^0 & 4000K_b & \end{array}$$

其中

$$a_1=\frac{200\times 2000-0.2\times 4000K_b}{0.1}$$

于是，要使系统稳定，K_b 的取值范围应为 $0 < K_b < 500$。

其开环传递函数为

$$G_K(s) = \frac{4000K_b}{s(0.2s^2 + 200s + 2000)}$$

当 $K_b = 40$ 时，其开环频率特性 Bode 图如图 5.6.2 所示。表 5.6.1 所示为 K_b 分别为 10、40 和 600 时，系统的幅值裕度和相位裕度。

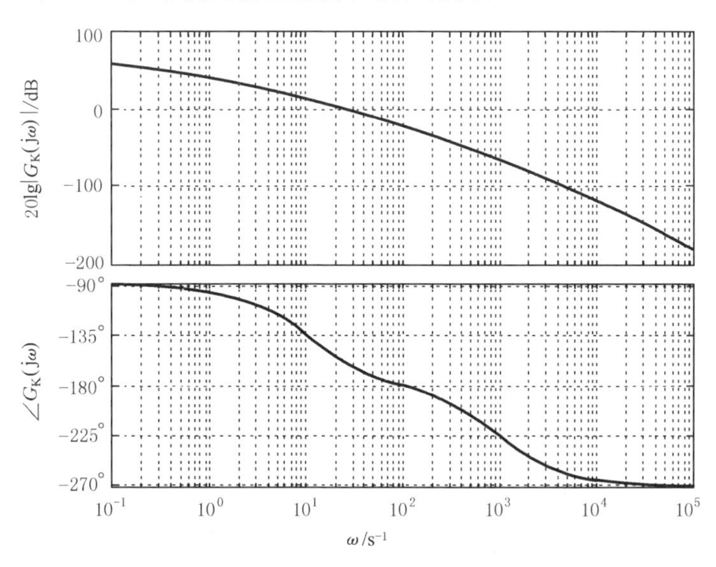

图 5.6.2　开环频率特性 Bode 图

从工程控制的实践可知，为使系统有满意的稳定性储备，一般希望相位裕度 $\gamma = 30° \sim 60°$，幅值裕度 $K_g > 6$ dB。而从表 5.6.1 可知：$K_b = 40$ 时，系统虽稳定，但相位裕度太小；$K_b = 600$ 时，相位裕度值为负的，系统不稳定。这些问题可以通过系统校正解决。

表 5.6.1　不同 K_b 下系统的幅值裕度和相位裕度

K_b	幅值裕度/dB	相位裕度/(°)	相位穿越频率/s^{-1}	幅值穿越频率/s^{-1}
10	33.9794	38.1203	100.0000	12.5437
40	21.938	18.5503	100.0000	27.5397
600	−1.5836	−1.0430	100.0000	109.5165

利用 MATLAB 分析系统的稳定性

本章学习要点

在线自测

习　题

5.1 系统稳定性的定义是什么？

5.2 一个系统稳定的充分和必要条件是什么？

5.3 系统特征方程为

$$s^4 + Ks^3 + s^2 + s + 1 = 0$$

应用 Routh 稳定判据，确定系统稳定时 K 值的范围。

5.4 设单位反馈系统的开环传递函数为

$$G_K(s) = \frac{K}{s(s+1)(s+2)}$$

试确定系统稳定时开环放大系数(开环增益)K 值的范围。

5.5 系统的传递函数方框图如图(题 5.5)所示，K 和 α 取何值时，系统将以角频率 $\omega = 2\ \mathrm{s}^{-1}$ 持续振荡？

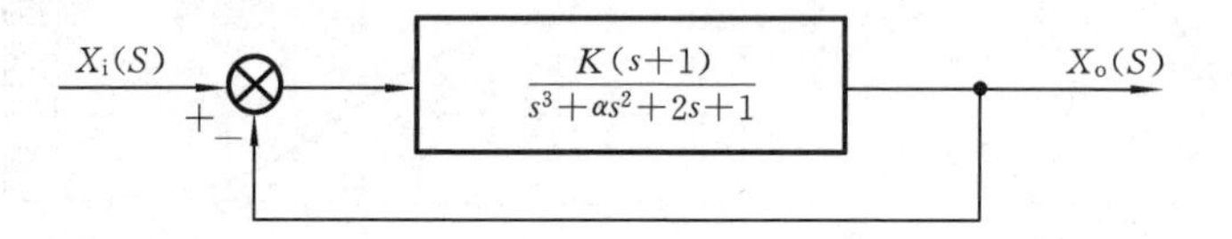

图(题 5.5)

5.6 试判别具有下列传递函数的系统是否稳定：

(1) $G(s) = \dfrac{10(s+1)}{s(s-1)(s+5)}$　　$H(s) = 1$

(2) $G(s) = \dfrac{10}{s(s-1)(2s+3)}$　　$H(s) = 1$

其中，$G(s)$ 为系统的前向通道传递函数，$H(s)$ 为系统的反馈回路传递函数。

5.7 系统传递函数方框图如图(题 5.7) 所示，已知 $T_1 = 0.1, T_2 = 0.25$，试求：

(1) 系统稳定时 K 的取值范围；

(2) 当系统的特征根均位于 $s = -1$ 垂线的左侧时，K 的取值范围。

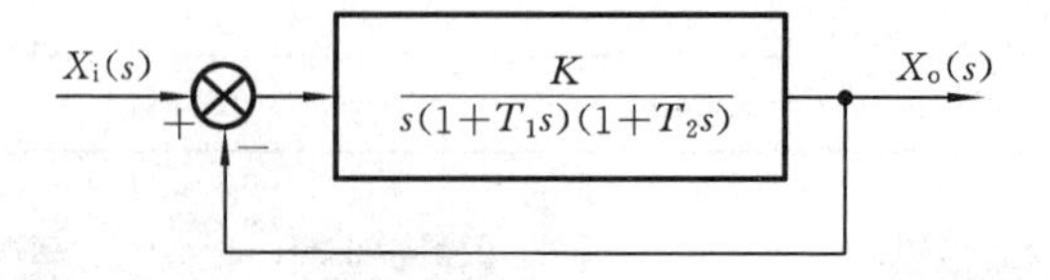

图(题 5.7)

5.8 某垂直起降飞机的高度控制系统如图(题 5.8)所示。

(1) 当 $K = 1$ 时，系统是否稳定？

(2) 试确定使系统稳定的 K 值范围。

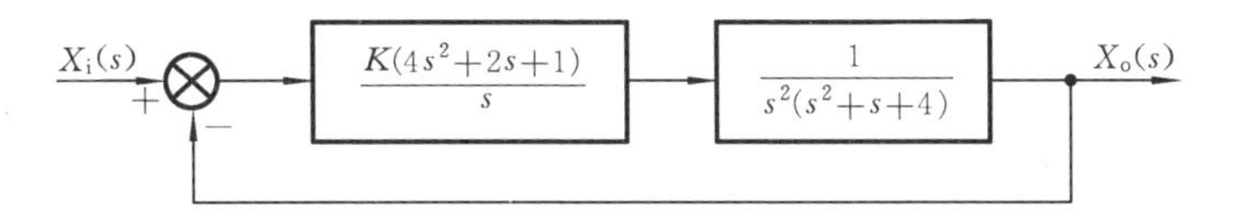

图(题 5.8)

5.9 设控制系统的传递函数方框图如图(题 5.9)所示。

(1) 分析说明反馈 $K_f s$ 的存在对系统稳定性的影响。

(2) 计算系统在位置输入、单位速度输入和单位加速度输入作用下的稳态误差系数,并说明反馈 $K_f s$ 的存在对系统稳态误差的影响。

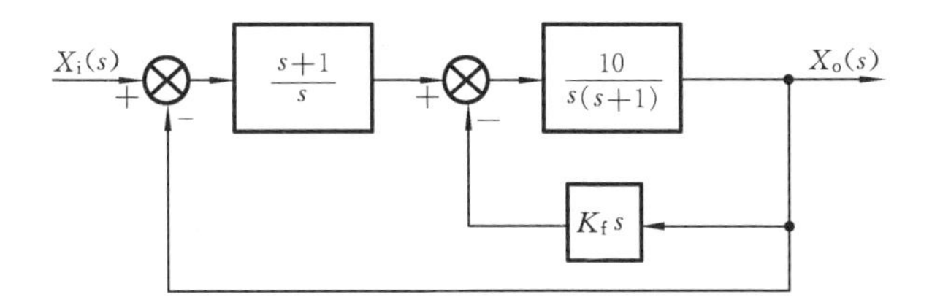

图(题 5.9)

5.10 已知一单位反馈系统的特征方程为 $s^3+As^2+20s+K=0$,在输入 $x_i(t)=\frac{1}{2}t$ 作用下的稳态误差为 0.08,试确定 A、K 的取值范围。

5.11 已知系统的特征方程为

$$2s^3+10s^2+13s+4=0$$

试问:

(1) 系统是否稳定?

(2) 该系统是否存在位于 $s=-1$ 右侧的极点?若有,有几个?

5.12 已知复合控制系统的传递函数方框图如图(题 5.12)所示,其中参数 K_1、K_2、T_1、T_2 均大于零。

(1) K_1、K_2、T_1、T_2 满足什么条件时,系统稳定?

(2) 若要求输入 $x_i(t)=At$ (A 为常数)时,系统的稳态误差为零,试确定 $G_c(s)$。

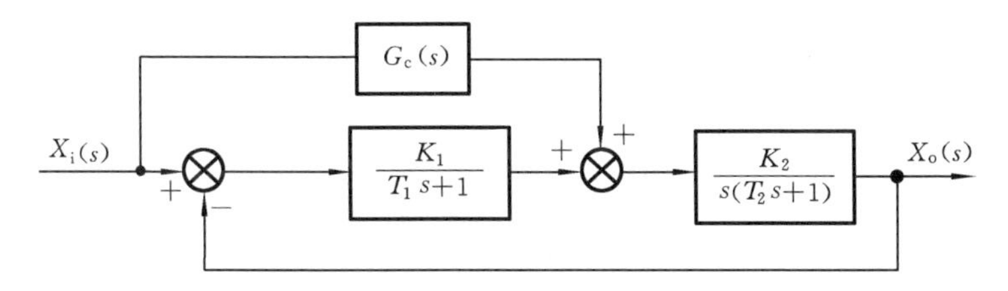

图(题 5.12)

5.13　系统开环频率特性如图(题 5.13)所示,试判断系统的稳定性(图中,p 为开环系统具有正实部特征根的数目,v 为开环中积分环节的个数)。

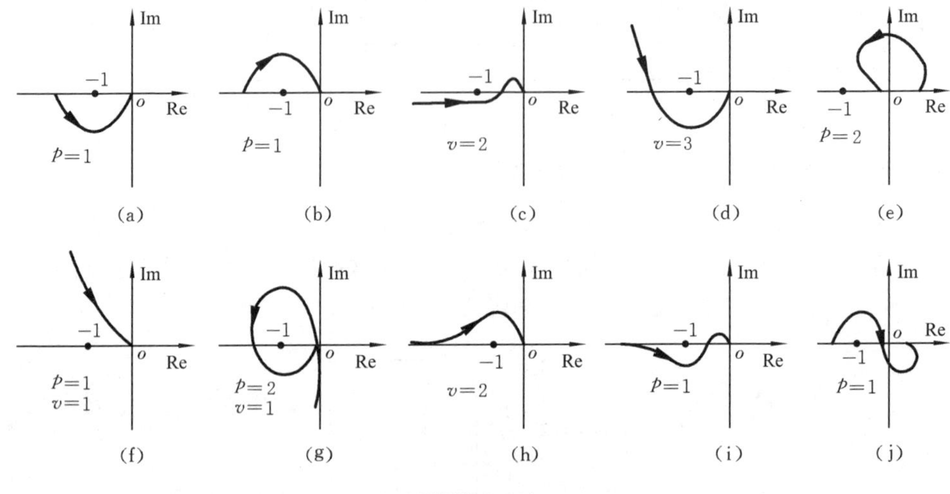

图(题 5.13)

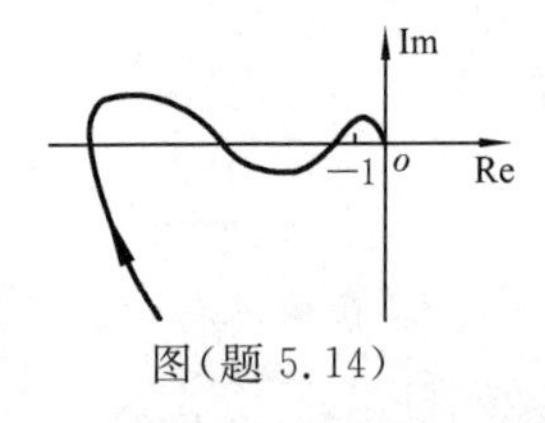

图(题 5.14)

5.14　某开环稳定Ⅰ型系统的开环频率特性的极坐标图如图(题 5.14)所示,试根据 Nyquist 判据判定闭环系统是否稳定。若系统不稳定,则存在几个不稳定的闭环极点?

5.15　试根据下列开环频率特性分析相应系统的稳定性:

(1) $G(\mathrm{j}\omega)H(\mathrm{j}\omega)=\dfrac{10}{(1+\mathrm{j}\omega)(1+\mathrm{j}2\omega)(1+\mathrm{j}3\omega)}$

(2) $G(\mathrm{j}\omega)H(\mathrm{j}\omega)=\dfrac{10}{\mathrm{j}\omega(1+\mathrm{j}\omega)(1+\mathrm{j}10\omega)}$

(3) $G(\mathrm{j}\omega)H(\mathrm{j}\omega)=\dfrac{10}{(\mathrm{j}\omega)^2(1+\mathrm{j}0.1\omega)(1+\mathrm{j}0.2\omega)}$

(4) $G(\mathrm{j}\omega)H(\mathrm{j}\omega)=\dfrac{2}{(\mathrm{j}\omega)^2(1+\mathrm{j}0.1\omega)(1+\mathrm{j}10\omega)}$

5.16　设单位反馈系统的开环传递函数为

$$G_{\mathrm{K}}(s)=\frac{as+1}{s^2}$$

试确定使相位裕度 $\gamma=45^\circ$ 的 a 值。

5.17　设系统的开环传递函数为

$$G_{\mathrm{K}}(s)=\frac{K}{s(s+1)(0.2s+1)}$$

求 $K=10$ 及 $K=100$ 时的相位裕度 γ 和幅值裕度 K_{g}。

5.18　设单位反馈系统的开环传递函数为

$$G_{\mathrm{K}}(s)=\frac{K}{s(s+1)(0.1s+1)}$$

试确定：

(1) 使系统的幅值裕度 $K_{\mathrm{g}}=20\ \mathrm{dB}$ 的 K 值；

(2) 使系统的相位裕度 $\gamma=60^{\circ}$ 的 K 值。

5.19　已知带有比例-积分调节器的控制系统如图(题5.19)所示，图中，τ、T_{a}、K_{s}、K_{c}、T_{i} 参数为定值，且 $\tau>T_{\mathrm{a}}$。试证明该系统的相位裕度有极大值，并计算当相位裕度为最大值时，系统的开环截止频率和增益 K 的值。

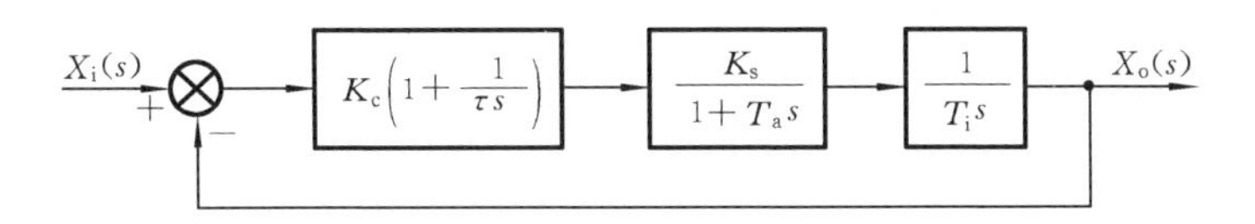

图(题5.19)

5.20　设系统如图(题5.20)所示，试判别该系统的稳定性，并求出其稳定裕度，其中，$K_1=0.5$，且

(1) $G(s)=\dfrac{2}{s+1}$　　　　(2) $G(s)=\dfrac{2}{s}$

5.21　已知某开环稳定的闭环系统，当开环增益 $K=500$ 时，其开环频率特性的 Nyquist 图如图(题5.21)所示，试确定系统稳定时，开环增益 K 的取值范围。

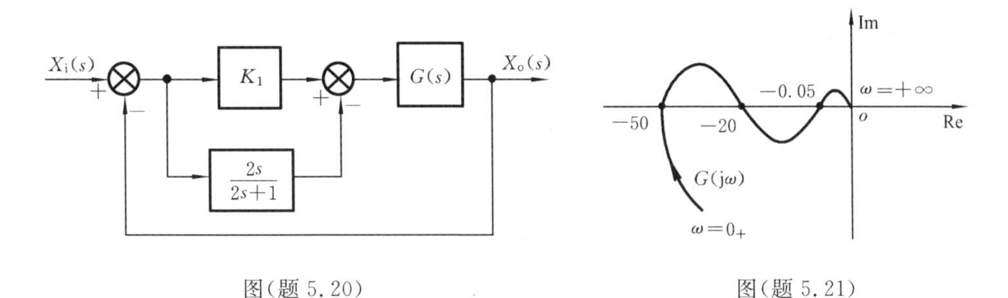

图(题5.20)　　　　图(题5.21)

5.22　已知系统的开环传递函数为

$$G_{\mathrm{K}}(s)=\frac{5\mathrm{e}^{-\tau s}}{s(0.25s+1)}$$

试确定闭环系统稳定时 τ 的取值范围。

5.23　已知某Ⅰ型系统开环稳定，当开环增益 $K=100$ 时，其开环频率特性的 Bode 图如图(题5.23)所示，试确定系统闭环稳定时的 K 值范围。

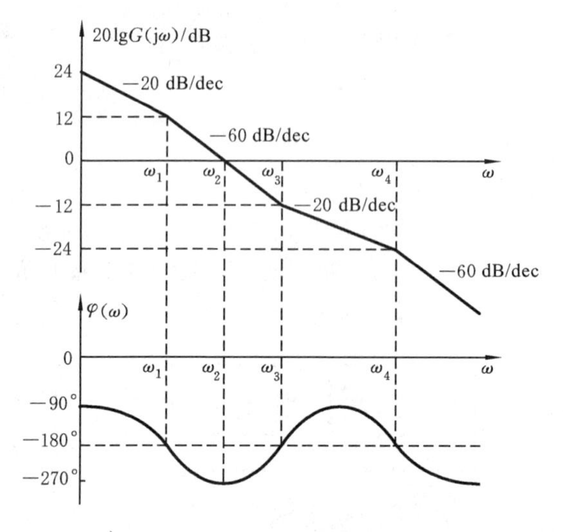

图(题 5.23)

本章习题参考答案与题解

系统的性能指标与校正

系统稳定是系统能正常工作的必要条件。但是，只有稳定还不能确保系统正常工作。例如，对于数字控制仿形铣床的进给系统，超调量过大是不允许的，因为它既影响工件的表面粗糙度，又影响刀具的寿命。因此，系统既要稳定，又要能按给定的性能指标工作，这才是确保系统能正常工作的充要条件。若系统不能全面地满足所要求的性能指标，则可考虑对原已选定的系统增加一些必要的元件或环节，使系统能够全面地满足所要求的性能指标，这就是系统的综合与校正。

本章将首先简单地介绍系统的时域性能指标、频域性能指标与综合性能指标；接着介绍系统的校正，讨论有关问题；然后在此基础上，特别介绍串联校正中的相位超前校正、相位滞后校正、相位滞后-超前校正和PID校正，以及并联校正中的反馈校正与顺馈校正；最后，介绍设计示例——数控直线运动工作台位置控制系统的校正。读者在学习时，要了解所谓的系统校正主要是应用于自动控制系统，也要了解在一般系统中，例如机械系统中，有时仍然有系统校正的问题。

6.1 系统的性能指标

系统的性能指标，按其类型可分为：

(1) 时域性能指标，它包括瞬态性能指标和稳态性能指标；

(2) 频域性能指标，它不仅反映系统在频域方面的特性，而且，当时域性能无法求得时，一般可先用频率特性试验来求得该系统在频域中的动态性能，再由此推出时域中的动态性能；

(3) 综合性能指标(误差准则)，它是在系统的某些重要参数的取值能保证系统获得某一最优综合性能时的测度，即，若对这个性能指标取极值，则可获得有关重要参数值，这些参数值可保证这一综合性能为最优。

分析系统的性能指标能否满足要求及如何满足要求，一般可分三种不同的情况：

(1) 在确定了系统的结构与参数后，计算与分析系统的性能指标(这在前几章中已讨论了)；

(2) 在初步选择系统的结构与参数后，核算系统的性能指标能否达到要求，如果不能，则需修改系统的参数乃至结构，或对系统进行校正；

(3) 给定综合性能指标(如目标函数、性能函数等),设计满足此指标的系统,包含设计必要的校正环节。

6.1.1 时域性能指标

1. 瞬态性能指标

系统的瞬态性能指标一般是在单位阶跃输入下,由输出的过渡过程所给出的,实质上是由瞬态响应所决定的,它主要包括五个方面:

(1) 延迟时间 t_d;

(2) 上升时间 t_r;

(3) 峰值时间 t_p;

(4) 最大超调量或最大百分比超调量 M_p;

(5) 调整时间 t_s。

此外,根据具体情况有时还对过渡过程提出其他要求,如对 t_s 间隔内的振荡次数有要求,或还要求时间响应单调无超调等。上述指标已经在第 3 章中进行了讨论。

2. 稳态性能指标

对系统,特别对控制系统的基本要求之一是所谓准确性,它由稳态性能指标——稳态误差来反映。稳态误差指过渡过程结束后,实际的输出量与希望的输出量之间的偏差。稳态误差是稳态性能的测度。对系统的稳态误差的基本概念、分析与计算,也已经在第 3 章中进行了详细的讨论,这里不再赘述。

6.1.2 频域性能指标

频域的主要性能指标如下:

(1) 相位裕度 γ;

(2) 幅值裕度 K_g;

(3) 复现频率 ω_M 及复现带宽 $0 \sim \omega_M$;

(4) 谐振频率 ω_r 及谐振峰值 M_r,$M_r = A_{max}$;

(5) 截止频率 ω_b 及截止带宽(简称带宽)$0 \sim \omega_b$。

前几章已分别讨论了上述指标,此处不再重复。但是,频域性能指标与时域性能指标间有一定的关系,如峰值时间 t_p 和调整时间 t_s 都与系统的带宽有关。可以证明,$\omega_b t_p$ 及 $\omega_b t_s$ 都是系统阻尼比 ξ 的函数。因此,在系统的阻尼比 ξ 给定后,$\omega_b t_p$ 与 $\omega_b t_s$ 都是常数,故系统的截止频率 ω_b 与 t_p 及 t_s 都成反比关系,或者说,系统的带宽越大,该系统响应输入信号的快速性越好。这表明,带宽表征了系统的响应速度。

例 6.1.1 设有两个系统如图 6.1.1 所示。系统Ⅰ、Ⅱ的传递函数分别是

$$G_1(s) = \frac{1}{s+1} \qquad G_2(s) = \frac{1}{3s+1}$$

试比较这两个系统的带宽，并证明：带宽大的系统反应速度快，跟随性能好。

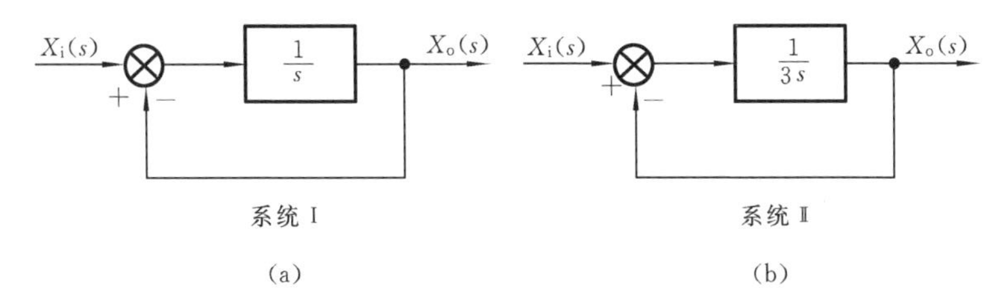

图 6.1.1　系统框图

解　幅频特性的对数坐标图如图 6.1.2(a)所示，此时转角频率 ω_T 即为截止频率 ω_b。可以证明：

对于系统Ⅰ　　$\omega_b = \omega_T = 1\ s^{-1}$

对于系统Ⅱ　　$\omega_b = \omega_T = 0.33\ s^{-1}$

所以，系统Ⅰ的带宽比系统Ⅱ的带宽大。还可证明，一阶惯性系统

$$G(s) = 1/(Ts + 1)$$

的 ω_b 均为 ω_T。

Ⅰ、Ⅱ两系统的单位阶跃响应如图 6.1.2(b)所示，恒速输入响应如图 6.1.2(c)所示。显然，带宽大的系统Ⅰ较带宽较小的系统Ⅱ具有更快的响应速度（见图 6.1.2(b)）和更好的跟随性能（见图 6.1.2(c)）。

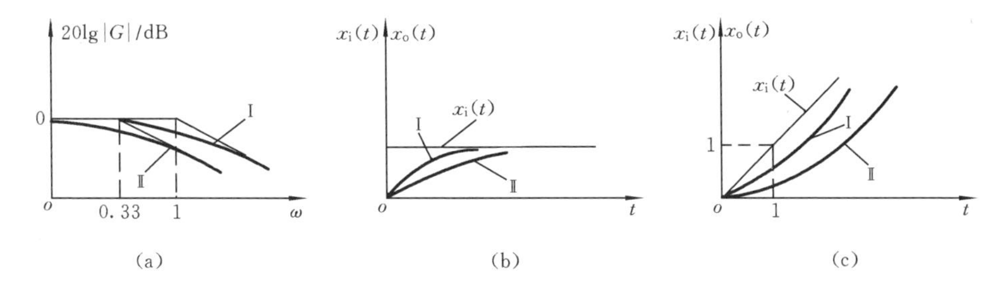

图 6.1.2　对数坐标图及响应曲线

6.1.3　综合性能指标

综合性能指标（误差准则）是系统（特别是自动控制系统）性能的综合测度。它们是系统的希望输出与实际输出之差的函数的积分。因为这些积分是系统参数的函数，因此，当系统的参数（特别是某些重要参数）取最优值时，综合性能指标将取极值，从而可以通过选择适当参数得到综合性能指标最优的系统。目前使用的综合性能指标有多种，现简单介绍以下三种。

1. 误差积分性能指标

对于一个理想的系统，若给予其阶跃输入，则其输出也应是阶跃函数。事实上，

这是不可能的，所希望的输出 $x_{or}(t)$ 与实际的输出之间总存在误差，人们所希望的只能是使误差 $e(t)$ 尽可能小。图 6.1.3(a)所示为系统在单位阶跃输入下无超调的过渡过程，其误差示于图 6.1.3(b)中。

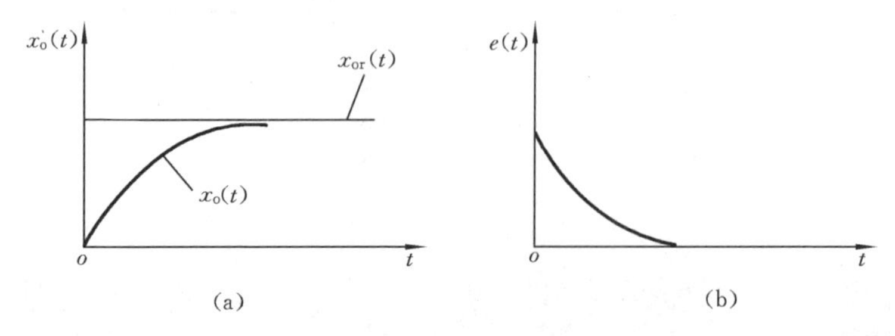

图 6.1.3 响应曲线及其误差

在无超调的情况下，误差 $e(t)$ 总是单调的。因此，系统的综合性能指标可以取为

$$I = \int_0^\infty e(t)\mathrm{d}t \tag{6.1.1}$$

式中：误差 $e(t) = x_{or}(t) - x_o(t)$。因 $e(t)$ 的 Laplace 变换为

$$E_1(s) = \int_0^\infty e(t)\mathrm{e}^{-st}\mathrm{d}t \tag{6.1.2}$$

故

$$I = \lim_{s\to 0}\int_0^\infty e(t)\mathrm{e}^{-st}\mathrm{d}t = \lim_{s\to 0}E_1(s) \tag{6.1.3}$$

只要在阶跃输入下系统的过渡过程无超调，就可以根据式(6.1.3)计算其 I 值，并根据此式计算出系统的使 I 值最小的参数。

例 6.1.2 设单位反馈的一阶惯性系统，其方框图为图 6.1.4，其中开环增益 K 是待定参数。试确定能使 I 值最小的 K 值。

解 当 $x_i(t) = u(t)$ 时，误差 $e(t)$ 的 Laplace 变换式为

$$E(s) = E_1(s) = \frac{1}{1+G(s)}X_i(s) = \frac{1}{1+\dfrac{K}{s}}\cdot\frac{1}{s} = \frac{1}{s+K}$$

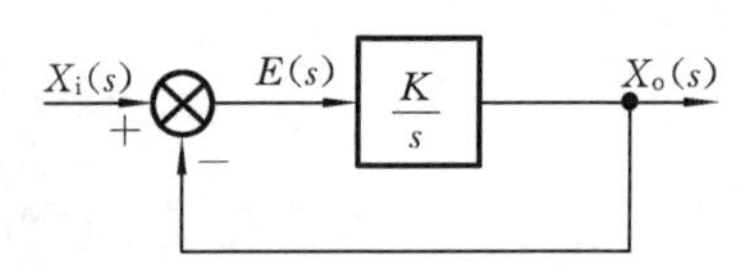

图 6.1.4 单位反馈惯性系统

根据式(6.1.3)，有

$$I = \lim_{s\to 0}\frac{1}{s+K} = \frac{1}{K}$$

可见，K 越大，I 越小。所以从使 I 值减小的角度看，K 值选得越大越好。由前述内容可知，此时的开环增益 K 就是单位反馈系统的 ω_b 或 ω_T。

若不能预先知道系统的过渡过程是否无超调，就不能应用式(6.1.3)计算 I 值。

2. 误差平方积分性能指标

若给系统以单位阶跃输入后，其输出过渡过程有振荡，则常取误差平方的积分为系统的综合性能指标，即

$$I=\int_0^{\infty} e^2(t)\mathrm{d}t \tag{6.1.4}$$

由于被积函数为 $e^2(t)$，因此，在式(6.1.4)中，$e(t)$ 的正负号不会互相抵消；而在式(6.1.1)中，$e(t)$ 的正负号会互相抵消。式(6.1.4)中的积分上限，也可以由足够大的时间 T 来代替，因此性能最优系统就是式(6.1.4)中的积分取极小值的系统。因为用分析和试验的方法来计算式(6.1.4)右边的积分比较容易，所以，在实际应用时，往往采用这种性能指标来评价系统性能的优劣。

图 6.1.5 中：图(a)中粗实线表示实际的输出，细实线表示希望的输出；图(b)、(c)所示分别为误差 $e(t)$ 及误差平方 $e^2(t)$ 的曲线；图(d)所示为积分式 $I=\int_0^{\infty} e^2(t)\mathrm{d}t$ 的曲线，$e^2(t)$ 从 0 到 T 的积分就是曲线 $e^2(t)$ 下的总面积。

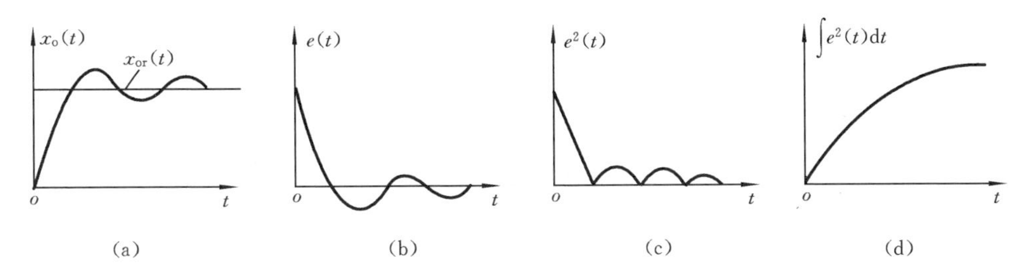

图 6.1.5　系统输出、误差、误差平方及其积分曲线

误差平方积分性能指标的特点是，重视大的误差，忽略小的误差。因为误差大时，其平方更大，对性能指标 I 的影响强烈。所以根据这种指标设计的系统，能使大的误差迅速减小，但系统容易产生振荡。

3. 广义误差平方积分性能指标

取

$$I=\int_0^{\infty}[e^2(t)+\alpha \dot{e}^2(t)]\mathrm{d}t \tag{6.1.5}$$

式中：α 为给定的加权系数，因此，最优系统就是使此性能指标 I 取极小值的系统。

此指标的特点是，既不允许大的动态误差 $e(t)$ 长期存在，又不允许大的误差变化率 $\dot{e}(t)$ 长期存在。因此，按此指标设计的系统，不仅过渡过程结束得快，而且过渡过程的变化也比较平稳。

6.2　系统的校正

一个系统的性能指标总是根据系统所要完成的具体任务规定的。以数控机床进给系统为例，主要的性能指标包括死区、最大超调量、稳态误差和带宽等。性能指标的具体数值根据具体要求而定。

一般情况下，几个性能指标的要求往往是互相矛盾的。例如，减小系统的稳态误差往往会降低系统的相对稳定性，甚至导致系统不稳定。在这种情况下，就要考虑哪个性能要求是主要的，首先加以满足；在另一些情况下，就要采取折中的方案，并加上必要的校正，使两方面的性能要求都能得到适当满足。

6.2.1 校正的概念

所谓校正(compensation)，或称补偿，就是指在系统中增加新的环节，以改善系统的性能的方法。

图6.2.1示出了说明系统校正概念的一个例子。曲线1为系统的开环 Nyquist 图($P=0$)，由于 Nyquist 轨迹包围点$(-1,\mathrm{j}0)$，故相应的系统不稳定。为使系统稳定，可能的方法之一是减小系统的开环放大倍数 K，即由 K 变为 K'，使 $|G(\mathrm{j}\omega)H(\mathrm{j}\omega)|$ 减小。曲线1因模减小，相位不变，而不包围点$(-1,\mathrm{j}0)$，即变为曲线2，这样系统就稳定了。但是，减小 K 会使系统的稳态误差增大，这是不希望的，甚至是不允许的。另一种方法是在原系统中增加新的环节，使 Nyquist 轨迹在某个频率范围(如 ω_1 至 ω_2)内发生变化，例如从曲线1变为曲线3，使原来不稳定的系统变为稳定系统，而且并不改变 K，即不增大系统的稳态误差。

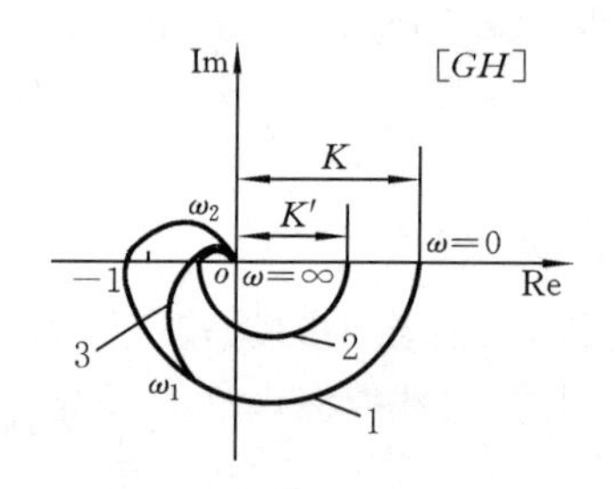

图6.2.1 系统校正改善性能示意图

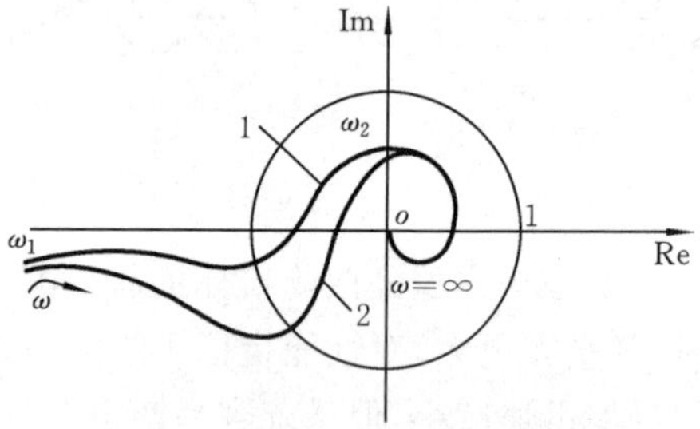

图6.2.2 系统校正兼顾幅值与相位

图6.2.2示出了说明系统校正概念的另一个例子。曲线1为系统的开环 Nyquist 图($P=0$)，系统是稳定的，但是，相位裕度太小，使系统的瞬态响应有很大的超调量，调整时间太长。对这种系统，即使减小 K，系统的性能仍得不到改善。只有加入新的环节，例如使 Nyquist 轨迹变为曲线2，即，使原来的特性在 ω_1 至 ω_2 频率区间产生正的相移，才能使系统的相位裕度得到明显的提高，从而使系统的性能得到改善。

由上可知，从频率法的观点看，增加新的环节，主要是改变系统的频率特性。

6.2.2 校正的分类

根据校正环节 $G_c(s)$ 在系统中的连接方式，校正可分为串联校正、反馈校正和顺馈校正等。

串联校正和反馈校正是在系统主反馈回路中采用的校正方式，如图6.2.3和图6.2.4所示。这是两种最常用的校正形式。

顺馈校正如图 6.2.5 所示。顺馈校正环节既可作为反馈控制系统的附加校正环节而组成复合控制系统,也可单独用于开环控制。

这几种校正方法后面将分别讨论。

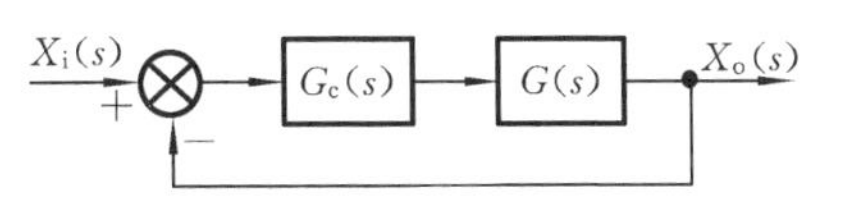

图 6.2.3　串联校正

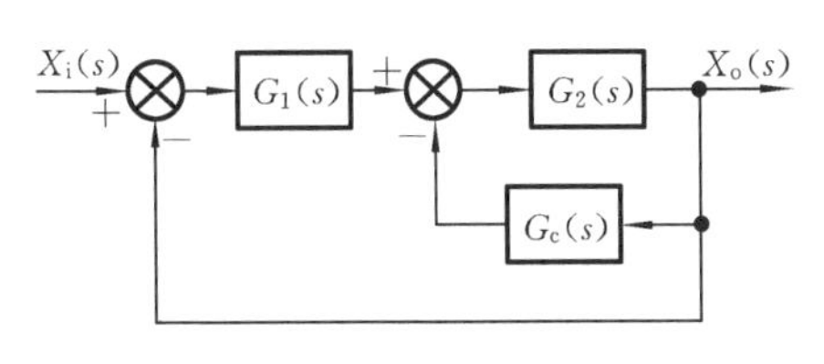

图 6.2.4　反馈校正

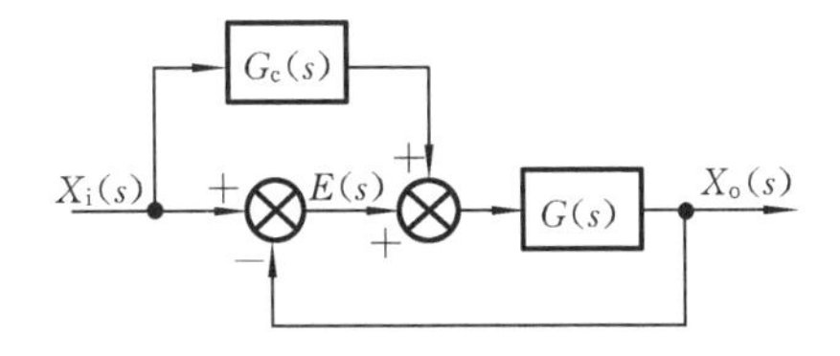

图 6.2.5　顺馈校正

6.3　串联校正

6.3 节
讲课视频

串联校正指校正环节 $G_c(s)$ 串联在原传递函数方框图的前向通道中,如图 6.2.3 所示。为了减少功率消耗,串联校正环节一般都放在前向通道的前端,即低功率部分。

串联校正按校正环节 $G_c(s)$ 的性质可分为:①增益调整;②相位超前校正;③相位滞后校正;④相位滞后-超前校正。

在这几种串联校正中,增益调整的实现比较简单。例如,在流体随动系统中,提高供油压力,即可实现增益调整。但是,仅仅调整增益,难以同时满足静态和动态性能指标,其校正作用有限,如加大开环增益虽可使系统的稳态误差变小,但却会使系统的相对稳定性随之下降。因此,当增益调整不能满足系统的性能要求时,需要采用其他的校正方法。

6.3.1　相位超前校正

由前述分析可知,增加系统的开环增益可以提高系统的响应速度。这是因为,开环增益的提高会使系统的开环频率特性 $G_K(j\omega)$ 的剪切频率 ω_c(或称穿越频率) 变大,其结果是使系统的带宽 ω_b 加大,而带宽大的系统,响应速度就高。然而,仅仅增加增益又会使相位裕度(或增益裕度)减小,从而使系统的稳定性下降。所以,要预先在剪切频率的附近和比它还要高的频率范围内使相位提前一些,这样相位裕度增大了,再增加增益就不会损害稳定性。基于这种考虑,为了既能提高系统的响应速度,又能保证系统的其他特性不变坏,就需对系统进行相位超前校正。

1. 相位超前校正原理及其频率特性

高通滤波器(如图 6.3.1 所示的网络)是一个相位超前环节,其传递函数为

$$G(s)=\frac{U_o(s)}{U_i(s)}=\alpha\,\frac{(Ts+1)}{(\alpha Ts+1)} \tag{6.3.1}$$

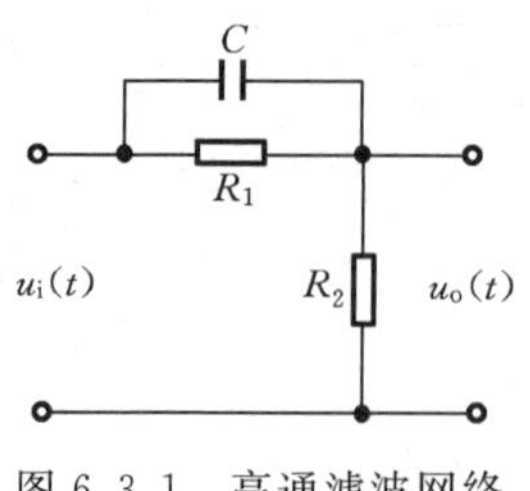

图 6.3.1 高通滤波网络

式中 $\alpha = \dfrac{R_2}{R_1+R_2} < 1 \qquad T = R_1C$

由式(6.3.1)可知,此环节是比例环节、一阶微分环节与惯性环节的串联。当 s 很小时,$G(s)\approx\alpha$,即低频时,此环节相当于比例环节;当 s 较小时,$G(s)\approx\alpha(Ts+1)$,即在中频段,此环节相当于比例微分环节;当 s 很大时,$G(s)\approx 1$,即高频时此环节不起校正作用。

不过,若将其接入系统,由于 $\alpha<1$,系统的开环增益将降低。为补偿增益衰减,图 6.3.1 所示网络可串联一个系数为 $\dfrac{1}{\alpha}$ 的比例环节,则新网络的传递函数为

$$G_c(s) = \frac{1}{\alpha}G(s) = \frac{Ts+1}{\alpha Ts+1}$$

其频率特性为

$$G_c(j\omega) = \frac{jT\omega+1}{j\alpha T\omega+1} \tag{6.3.2}$$

相频特性为

$$\angle G_c(j\omega) = \varphi = \arctan T\omega - \arctan\alpha T\omega > 0$$

可见相位超前,故此网络可作为相位超前校正环节。它的幅频特性为

$$|G_c(j\omega)| = \frac{\sqrt{1+(T\omega)^2}}{\sqrt{1+(\alpha T\omega)^2}}$$

将 $G_c(j\omega)$ 分为虚部 v 和实部 u,可求得

$$\left(u-\frac{1+\alpha}{2\alpha}\right)^2 + v^2 = \left(\frac{1-\alpha}{2\alpha}\right)^2$$

可见,$G_c(j\omega)$ 曲线是一个过点 $\left(\dfrac{1}{\alpha},j0\right)$、半径为 $\dfrac{1-\alpha}{2\alpha}$、圆心为 $\left[\dfrac{1+\alpha}{2\alpha},j0\right]$ 的半圆。又由于相角 $\angle G_c(j\omega)$ 是正的,故 $G_c(j\omega)$ 曲线是上半圆,如图 6.3.2 所示。

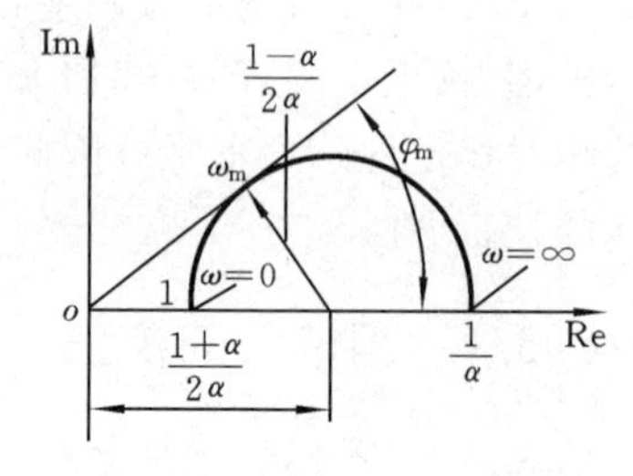

图 6.3.2 超前校正环节的 Nyquist 图

若此环节的最大相位超前角为 φ_m,则由

$$\sin\varphi_m = \frac{\dfrac{1-\alpha}{2\alpha}}{\dfrac{1+\alpha}{2\alpha}} = \frac{1-\alpha}{1+\alpha} \tag{6.3.3}$$

可知,当 α 减小时,φ_m 会增大,如图 6.3.3 所示。从图 6.3.3 中还可看出,幅值 $|G_c(j\omega)|$ 随着频率 ω 的减小而减小,所以,超前环节相当于高通滤波器。

图 6.3.4 是 $\alpha=0.1, T=T_1、T_2、T_3(T_1>T_2>T_3)$ 时,相位超前环节 $G_c(j\omega)=\dfrac{jT\omega+1}{j\alpha T\omega+1}$ 的 Bode 图。其对数幅频特性渐近线均为直线,斜率均为 20 dB/dec;零点

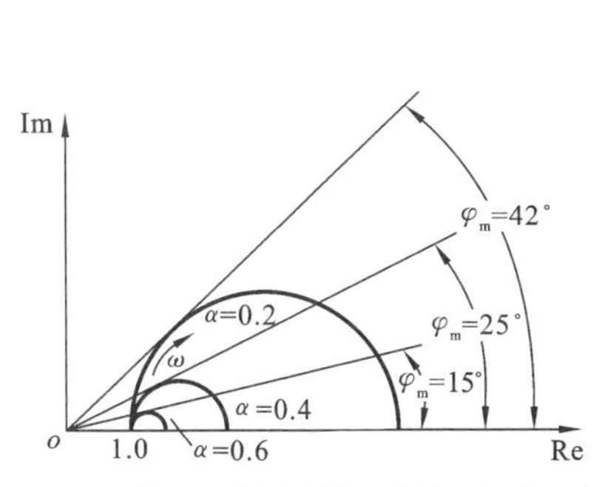

图 6.3.3　不同 α 的超前校正环节的 Nyquist 图

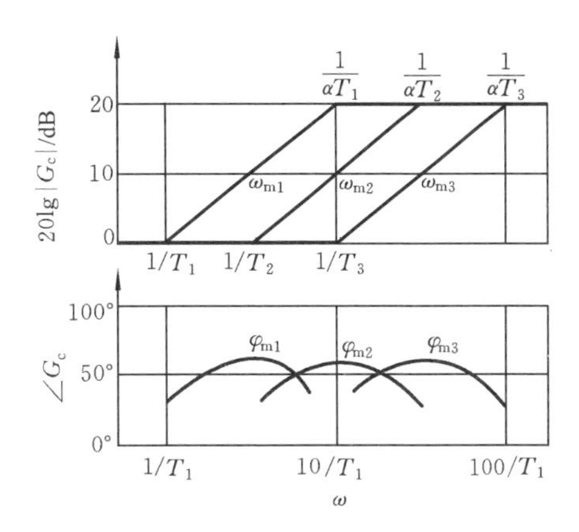

图 6.3.4　超前校正环节 Bode 图

转角频率（即一阶微分环节的转角频率）$\omega_T = 1/T$；极点转角频率（即惯性环节的转角频率）$\omega_T = 1/(\alpha T)$；对应于 φ_m 的频率为 ω_m。ω_m 可如下求出：

令
$$\frac{\partial \angle G_c(j\omega)}{\partial \omega} = 0$$

得
$$\omega_m = \frac{1}{\sqrt{\alpha}T}$$

显然
$$\lg\omega_m = \frac{1}{2}\left(\lg\frac{1}{\alpha T} + \lg\frac{1}{T}\right)$$

即在对数坐标图上，ω_m 在 $1/T$ 和 $1/(\alpha T)$ 这两个转角频率的中点上。

采用了上述相位超前校正环节后，由于在对数幅频特性曲线上有 20 dB/dec 段存在，故加大了系统的剪切频率 ω_c、谐振频率 ω_r 与截止频率 ω_b，其结果是加大了系统的带宽，加快了系统的响应速度；又由于相位超前，还可能加大相位裕度，结果是增加了系统的相对稳定性。

2. 采用 Bode 图进行相位超前校正

在 Bode 图上设计校正环节的依据是给定的稳态性能指标和频域性能指标。现以图 6.3.5 所示的单位反馈控制系统为例进行讨论。

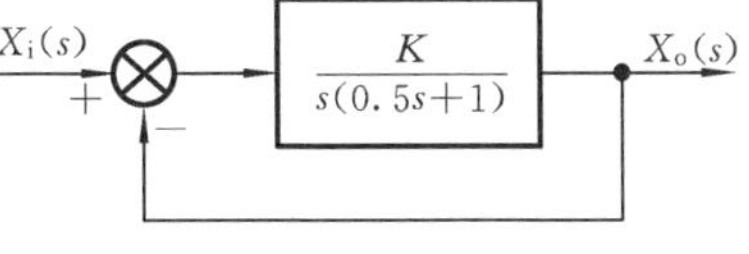

图 6.3.5　单位反馈控制系统

给定的稳态性能指标为单位恒速输入时的稳态误差 $e_{ss} = 0.05$；频域性能指标为相位裕度 $\gamma \geqslant 50°$，增益裕度$20\lg K_g \geqslant 10$ dB。

首先，根据稳态误差确定开环增益 K。因为是 I 型系统，所以

$$K = \frac{1}{\varepsilon_{ss}} = \frac{1}{e_{ss}} = \frac{1}{0.05}\ \text{s}^{-1} = 20\ \text{s}^{-1}$$

图 6.3.6 是开环频率特性 $G_K(j\omega)$（此时即 $G(j\omega)$）的 Bode 图，有

$$G(j\omega) = \frac{20}{j\omega(1 + j0.5\omega)}$$

由图 6.3.6 可知,校正前系统的相位裕度为 17°,增益裕度大于 10 dB,故系统是稳定的。但因相位裕度小于 50°,故相对稳定性不合要求。为了在不减小增益裕度的前提下,将相位裕度从 17°提高到 50°,需要采用超前校正环节进行校正。

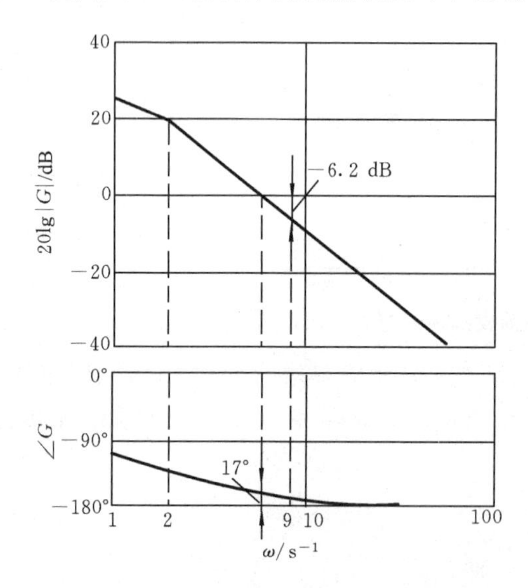

图 6.3.6　系统开环 Bode 图

串联相位超前校正环节会使系统的剪切频率 ω_c 曲线在对数幅频特性的对数坐标轴上右移,因此,在考虑相位超前量时,要增加 5°左右,以补偿这一移动。因而相位超前量为

$$\varphi_m = 50° - 17° + 5° = 38°$$

相位超前校正环节应产生这一相位才能使校正后的系统满足设计要求。

由 $\sin\varphi_m = \dfrac{1-\alpha}{1+\alpha}$,即 $\alpha = \dfrac{1-\sin\varphi_m}{1+\sin\varphi_m}$,得到对应的 α 值约为 0.24。

由前述可知,超前校正环节的零点转角频率 $\omega_T = 1/T$,极点转角频率 $\omega_T = \dfrac{1}{\alpha T}$,$\varphi_m$ 出现在 $\omega_m = \dfrac{1}{\sqrt{\alpha}T}$ 的点上,在这点上超前环节的幅值为

$$20\lg\left|\frac{1+\mathrm{j}T\omega}{1+\mathrm{j}\alpha T\omega}\right| = -10\lg\alpha = 6.2\ \mathrm{dB}$$

这就是超前校正环节在点 ω_m 上造成的对数幅频特性的上移量。

从图 6.3.6 上可以找到幅值为 −6.2 dB 时的频率 $\omega \approx 9\ \mathrm{s}^{-1}$,这一频率就是校正后系统的剪切频率 ω_c,且

$$\omega_c = \omega_m = \frac{1}{\sqrt{\alpha}T} = 9\ \mathrm{s}^{-1}$$

故

$$T = 0.23\ \mathrm{s} \qquad \alpha T = 0.055\ \mathrm{s}$$

由此得相位超前校正环节的频率特性为

$$G_c(j\omega)=\frac{1+jT\omega}{1+j\alpha T\omega}=\frac{1+j0.23\omega}{1+j0.055\omega}$$

校正后，系统的传递函数为

$$G_K(s)=G_c(s)G(s)$$

$$=\frac{1+0.23s}{1+0.055s}\cdot\frac{20}{s(1+0.5s)}$$

图 6.3.7 是校正后的 $G_K(j\omega)$ 的 Bode 图。比较图 6.3.6 与图 6.3.7 可以看出，校正后系统的带宽增加了，相位裕度从 17°增加为 50°，增益裕度也足够。

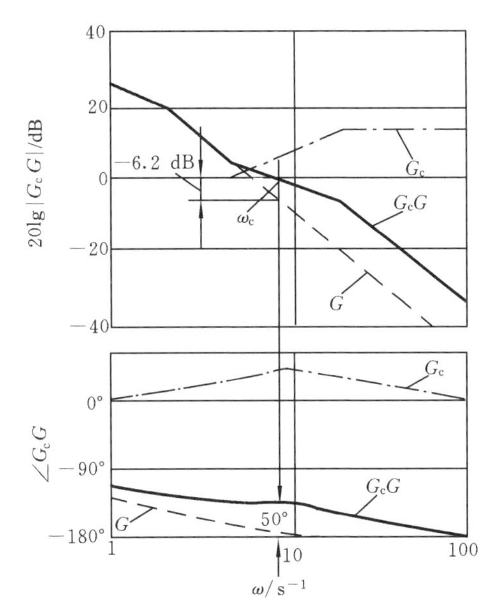

图 6.3.7　超前校正开环 Bode 图

综上所析，串联超前校正环节增大了相位裕度，加大了带宽。这意味着提高了系统的相对稳定性，加快了系统的响应速度，使过渡过程得到显著改善。但由于系统的增益和型次都未变，所以稳态精度提高较少。

相位超前校正仿真

6.3.2　相位滞后校正

系统的稳态误差取决于开环传递函数的型次和增益。要想减小稳态误差而又不影响稳定性和响应的快速性，只需加大低频段的增益即可。为此目的，采用相位滞后校正。

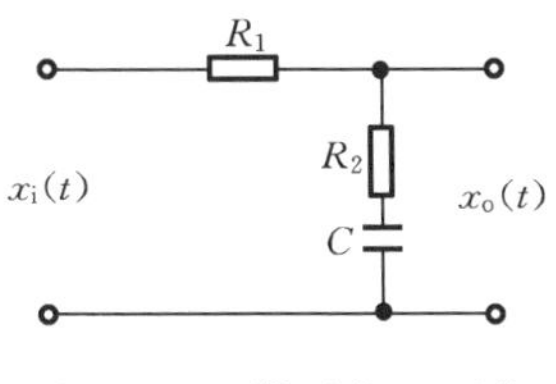

图 6.3.8　滞后校正环节

1. 相位滞后校正原理及其频率特性

图 6.3.8 是由电阻、电容组成的相位滞后校正环节，其传递函数为

$$G_c(s)=\frac{X_o(s)}{X_i(s)}=\frac{Ts+1}{\beta Ts+1}\qquad(6.3.4)$$

式中　$\beta=\dfrac{R_1+R_2}{R_2}>1\qquad T=R_2C$

可见，此环节是一阶微分环节与惯性环节的串联。

由式(6.3.4)可知：当 s 很小时，$G_c(s)\approx1$，即此环节不起校正作用；当 s 较大时，

$G_c(s) \approx \dfrac{Ts+1}{\beta Ts}$,即此环节相当于比例环节、积分环节加一阶微分环节;当 s 很大时,$G_c(s) \approx 1/\beta$,即此环节相当于比例环节,它使输出衰减到原输出的 $1/\beta$。

上述滞后校正环节的频率特性为

$$G_c(\mathrm{j}\omega) = \frac{1+\mathrm{j}T\omega}{1+\mathrm{j}\beta T\omega} \qquad (\beta > 1) \tag{6.3.5}$$

相频特性为

$$\angle G_c(\mathrm{j}\omega) = \varphi = \arctan T\omega - \arctan\beta T\omega < 0$$

可见相位滞后。它的幅频特性为

$$|G_c(\mathrm{j}\omega)| = \frac{\sqrt{1+(T\omega)^2}}{\sqrt{1+(\beta T\omega)^2}}$$

当 $\omega = 0$ 时,$|G_c(\mathrm{j}\omega)| = 1$;当 $\omega \to \infty$ 时,$|G_c(\mathrm{j}\omega)| \to 1/\beta$。

图 6.3.9 是 $\beta = 10$ 的相位滞后校正环节的 Bode 图。此环节的零点(即一阶微分环节的零点)转角频率为 $\omega_T = 1/T$;极点(即惯性环节的极点)转角频率为 $\omega_T = 1/(10T)$。

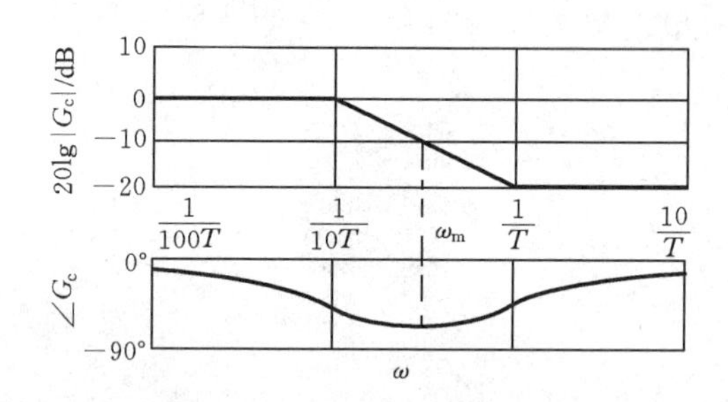

图 6.3.9　滞后校正环节 Bode 图

由图 6.3.9 可知,此滞后校正环节是一个低通滤波器,因为当频率高于 $1/T$ 时,增益全部下降 $20\lg\beta$(dB),而相位减小不多。如果把这段频率范围的增益提高到原来的增益值,当然低频段的增益就提高了。又如果 $1/T$ 比校正前系统的剪切频率 ω_c 小很多,那么即使加入这种相位滞后环节,ω_c 附近的相位也几乎不会发生什么变化,响应速度等也几乎不会受影响。实际上,相位滞后环节校正的机理并不是相位滞后,而是使得大于 $1/T$ 的高频段内的增益全部下降,并且保证在这个频段内的相位变化很小。根据上述理由,β 和 T 要选得尽可能大,但考虑到实现的可能性,也不能选得过分大。一般取它的最大值 $\beta_{max} = 20$,$T = 7 \sim 8$ s。常用的为 $\beta = 10$,$T = 3 \sim 5$ s。

2. 采用 Bode 图进行相位滞后校正

设有单位反馈控制系统,其开环传递函数为

$$G_K(s) = G(s) = \frac{K}{s(s+1)(0.5s+1)}$$

给定的稳态性能指标：单位恒速输入时的稳态误差 $e_{ss}=0.2$ s。给定的频域性能指标：相位裕度 $\gamma\geqslant 40°$，增益裕度 $20\lg K_g\geqslant 10$ dB。

首先，根据稳态性能指标确定开环增益 K。对于Ⅰ型系统，有

$$K=\frac{1}{\varepsilon_{ss}}=\frac{1}{e_{ss}}=\frac{1}{0.2}\ \mathrm{s}^{-1}=5\ \mathrm{s}^{-1}$$

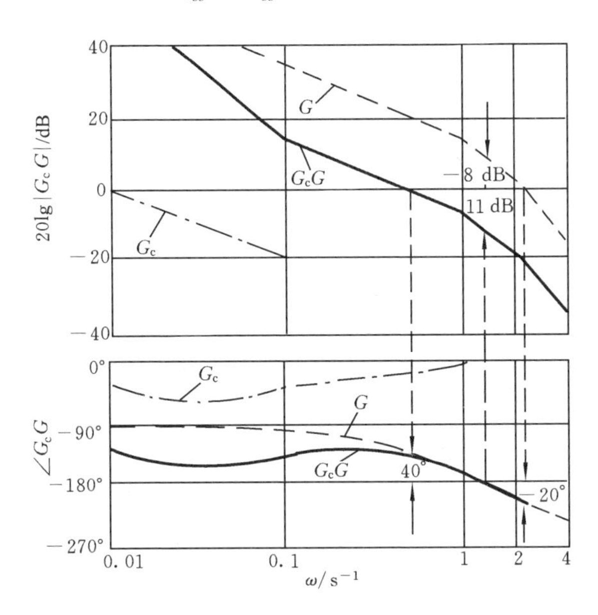

图 6.3.10　滞后校正开环 Bode 图

图 6.3.10 中虚线是开环频率特性 $G_K(j\omega)$（此时即 $G(j\omega)$）的 Bode 图，有

$$G(j\omega)=\frac{5}{j\omega(1+j\omega)(1+j0.5\omega)}$$

由图 6.3.10 可知，原系统的相位裕度 $\gamma=-20°$，增益裕度 $20\lg K_g=-8$ dB，系统是不稳定的。采用相位滞后校正能有效地改进系统的稳定性，但由于在系统中串联相位滞后环节后，对数相频特性曲线在剪切频率 ω_c 处的相位将有所滞后，所以，对给定的相位裕度要增加 $5°\sim12°$ 作为补充。现在取设计相位裕度为 $50°$，在图 6.3.10 中，对应于相位裕度为 $50°$ 的频率大致为 $0.6\ \mathrm{s}^{-1}$，已校正的系统的剪切频率 ω_c 选在这一频率附近，为 $0.5\ \mathrm{s}^{-1}$。

相位滞后校正环节的零点转角频率 $\omega_T=1/T$ 应远低于已校正系统的剪切频率 ω_c，选$\omega_c/\omega_T=5$，因此

$$\omega_T=\frac{\omega_c}{5}=\frac{0.5}{5}\ \mathrm{s}^{-1}=0.1\ \mathrm{s}^{-1}$$

$$T=\frac{1}{\omega_T}=\frac{1}{0.1}\ \mathrm{s}=10\ \mathrm{s}$$

在图 6.3.10 中，要使 $\omega=0.5\ \mathrm{s}^{-1}$ 成为已校正的系统的剪切频率，就需要在该点

将 $G(\mathrm{j}\omega)$ 的对数幅频特性曲线移动 -20 dB，故在剪切频率上，相位滞后校正环节的对数幅频特性分贝值应为

$$20\lg\left|\frac{1+\mathrm{j}T\omega_{\mathrm{c}}}{1+\mathrm{j}\beta T\omega_{\mathrm{c}}}\right|=-20\ \mathrm{dB}$$

当 $\beta T \geqslant 1$ 时，有

$$20\lg\left|\frac{1+\mathrm{j}T\omega_{\mathrm{c}}}{1+\mathrm{j}\beta T\omega_{\mathrm{c}}}\right|\approx-20\lg\beta$$

即

$$-20\lg\beta=-20\ \mathrm{dB}$$

故

$$\beta=10$$

此即校正环节在此以 -20 dB 抵消 20 dB，应有 $\beta=10$。显然，极点转角频率 $\omega_{\mathrm{T}}=1/(\beta T)=0.01\ \mathrm{s}^{-1}$。

相位滞后校正环节的频率特性为

$$G_{\mathrm{c}}(\mathrm{j}\omega)=\frac{1+\mathrm{j}T\omega}{1+\mathrm{j}\beta T\omega}=\frac{1+\mathrm{j}10\omega}{1+\mathrm{j}100\omega}$$

$G_{\mathrm{c}}(\mathrm{j}\omega)$ 的频率特性如图 6.3.10 中的点画线所示。

已校正的系统的开环传递函数为

$$G_{\mathrm{K}}(s)=G_{\mathrm{c}}(s)G(s)=\frac{5(10s+1)}{s(0.5s+1)(s+1)(100s+1)}$$

图 6.3.10 中实线是校正后的 $G_{\mathrm{K}}(\mathrm{j}\omega)$ 的 Bode 图。图中相位裕度 $\gamma=40°$，增益裕度 $20\lg K_{\mathrm{g}}\approx 11$ dB。系统的稳态性能指标及频域性能指标都达到了设计要求。但由于校正后开环系统的剪切频率从约 2 s^{-1} 降到 0.5 s^{-1}，闭环系统的带宽也随之下降，所以，这种校正会使系统的响应速度降低。

相位滞后校正仿真

6.3.3 相位滞后-超前校正

超前校正的作用在于提高系统的相对稳定性和响应快速性，但对稳态性能改善不大。滞后校正的主要作用在于，在基本上不影响原有动态性能的前提下，提高系统的开环放大系数，从而显著改善稳态性能。而采用滞后-超前校正环节，则可同时改善系统的动态性能和稳态性能。这点请读者加深了解。

1. 相位滞后-超前校正原理及其频率特性

相位滞后-超前校正环节的一个简单的例子是由电阻、电容组成的网络，如图 6.3.11所示。此环节的传递函数为

$$G_c(s)=\frac{(T_1s+1)(T_2s+1)}{\left(\frac{T_1}{\beta}s+1\right)(\beta T_2s+1)} \tag{6.3.6}$$

式中　$T_1=R_1C_1$　　$T_2=R_2C_2$　　（取 $T_2>T_1$）

$$\beta=\frac{R_1+R_2}{R_2}>1$$

$$T_1/\beta+\beta T_2\approx R_1C_1+R_2C_2+R_1C_2$$

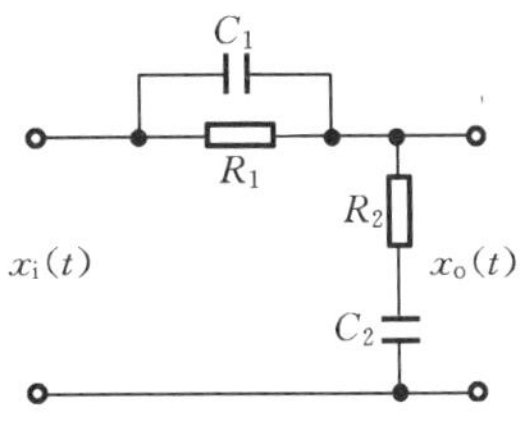

图 6.3.11　滞后-超前校正环节

上述滞后-超前校正环节的频率特性为

$$G_c(j\omega)=\frac{1+jT_1\omega}{1+j\frac{T_1}{\beta}\omega}\cdot\frac{1+jT_2\omega}{1+jT_2\beta\omega}$$

可见，前一项代表超前校正，后一项代表滞后校正。

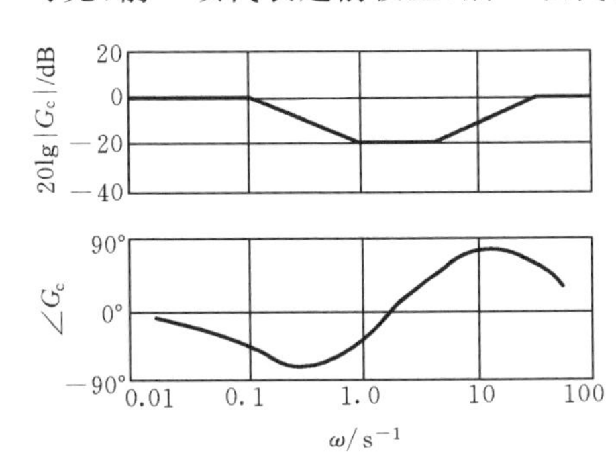

图 6.3.12　滞后-超前校正环节 Bode 图

当 $\beta=10$、$T_2=1$ 和 $T_1=0.25$ 时，滞后-超前校正环节的频率特性的 Bode 图即图 6.3.12。这时，ω_T 分别为 $1/(\beta T_2)$、$1/T_2$、$1/T_1$ 和 β/T_1。显然，滞后校正在先，超前校正在后，且高频段和低频段均无衰减。

2. 采用 Bode 图进行滞后-超前校正

设计滞后-超前校正环节所用的方法，实际上是设计超前校正环节和滞后校正环节这两种方法的结合。现以开环传递函数为

$$G_K(s)=G(s)=\frac{K}{s(s+1)(0.5s+1)}$$

的单位反馈系统为例来说明。给定的稳态性能指标：单位恒速输入时的稳态误差 $e_{ss}=0.1$。给定的频域性能指标：相位裕度 $\gamma\geqslant 50°$，增益裕度 $20\lg K_g\geqslant 10$ dB。

首先，根据稳态性能指标确定开环增益 K。对于Ⅰ型系统，有

$$K=\frac{1}{\varepsilon_{ss}}=\frac{1}{e_{ss}}=\frac{1}{0.1}\ \text{s}^{-1}=10\ \text{s}^{-1}$$

图 6.3.13 中虚线是开环频率特性 $G_K(j\omega)$（即 $G(j\omega)$）的 Bode 图，有

$$G(j\omega)=\frac{10}{j\omega(1+j\omega)(1+j0.5\omega)}$$

由图 6.3.13 可以看出，该系统的相位裕度约为 $-32°$，显然，系统是不稳定的。现采用超前校正，使相角在 $\omega=0.4\ \text{s}^{-1}$ 以上超前。但若单纯采用超前校正，则低频段衰减太大；若附加增益 K_1，则剪切频率右移，ω_c 仍可能在相位交界频率 ω_g 右边，系统仍然不稳定。因此，在此基础上再采用滞后校正，可使低频段有所衰减，因而有利于 ω_c 左移。

若选未校正前的相位交界频率 $\omega_g=1.5\ \text{s}^{-1}$ 为新系统的剪切频率，则取相位裕度 $\gamma=40°+10°=50°$。选滞后部分的零点转角频率远低于 $1.5\ \text{s}^{-1}$，即 $\omega_{T_2}=$

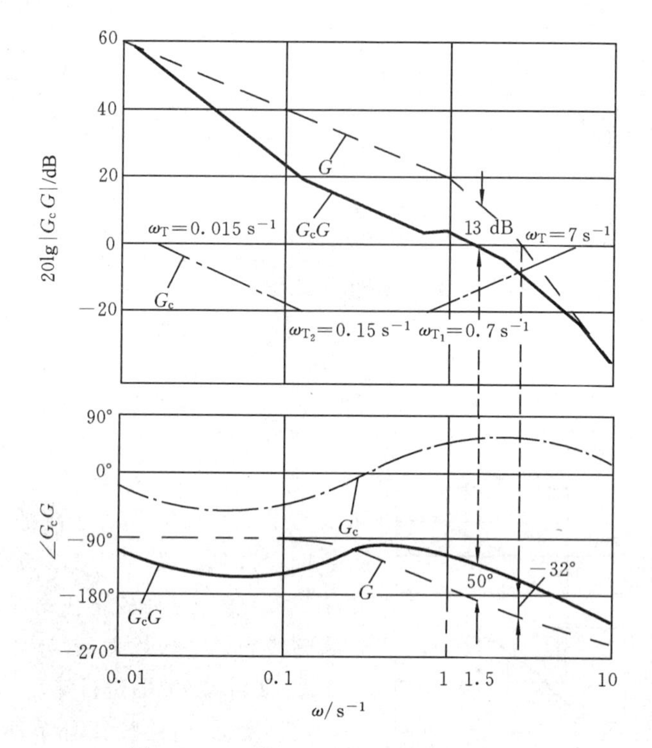

图 6.3.13　滞后-超前校正开环 Bode 图

$1.5/10=0.15\ \mathrm{s}^{-1}$，$T_2=1/\omega_{T_2}=1/0.15=6.67$ s。选 $\beta=10$，则极点转角频率为 $\dfrac{1}{\beta T_2}=0.015\ \mathrm{s}^{-1}$。因此，滞后部分的频率特性为

$$\frac{1+\mathrm{j}T_2\omega}{1+\mathrm{j}\beta T_2\omega}=\frac{1+\mathrm{j}6.67\omega}{1+\mathrm{j}66.7\omega}$$

由图 6.3.13 可知，当 $\omega=1.5\ \mathrm{s}^{-1}$ 时，幅值约为 13 dB。因为 $\omega=1.5\ \mathrm{s}^{-1}$ 的点在校正后对应剪切频率，所以，校正环节在 $\omega=1.5\ \mathrm{s}^{-1}$ 点上应产生 −13 dB 的增益。因此，在 Bode 图上过点($1.5\ \mathrm{s}^{-1}$，−13 dB) 作斜率为 20 dB/dec 的斜线，它和 0 dB 线及 −20 dB 线的交点就分别对应超前部分的极点和零点转角频率。如图 6.3.13 所示，超前部分的零点转角频率 $\omega_{T_1}\approx 0.7\ \mathrm{s}^{-1}$，$T_1=1/\omega_{T_1}=1/0.7$ s。极点转角频率为 7 s^{-1}。超前部分的频率特性为

$$\frac{1+\mathrm{j}T_1\omega}{1+\mathrm{j}\dfrac{T_1}{\beta}\omega}=\frac{1+\mathrm{j}\dfrac{1}{0.7}\omega}{1+\mathrm{j}\dfrac{1}{7}\omega}=\frac{1+\mathrm{j}1.43\omega}{1+\mathrm{j}0.143\omega}$$

由此，滞后-超前校正环节的频率特性为

$$G_c(\mathrm{j}\omega)=\frac{1+\mathrm{j}6.67\omega}{1+\mathrm{j}66.7\omega}\cdot\frac{1+\mathrm{j}1.43\omega}{1+\mathrm{j}0.143\omega}$$

其特性曲线为图 6.3.13 中点画线。

已校正的系统的开环传递函数为

$$\begin{aligned} G_{\mathrm{K}}(s) &= G_{\mathrm{c}}(s)G(s) \\ &= \frac{10(6.67s+1)(1.43s+1)}{s(s+1)(0.5s+1)(66.7s+1)(0.143s+1)} \end{aligned}$$

其对数幅频特性和对数相频特性如图 6.3.13 中实线所示。

相位滞后-超前校正仿真

6.4 PID 校 正

前述相位超前环节、相位滞后环节及相位滞后-超前环节都是由电阻、电容组成的网络，统称为无源校正环节。这类校正环节结构简单，但是本身没有放大作用，而且输入阻抗低，输出阻抗高。当系统要求较高时，常常采用有源校正环节。有源校正环节一般通过由运算放大器和电阻、电容组成的反馈网络连接而成，被广泛地应用于工程控制系统，常常被称为调节器。其中，按偏差的比例（proportional）、积分（integral）和微分（derivative）进行控制的 PID 调节器（或称 PID 校正器）是应用最为广泛的一种调节器。PID 调节器已经形成了典型结构，其参数整定方便，结构改变灵活（P、PI、PD、PID 等），在许多工业过程控制中获得了良好的效果。对于那些数学模型不易精确求得、参数变化较大的被控对象，采用 PID 调节器也往往能得到满意的控制效果。

PID 控制在经典控制理论中技术成熟，自 20 世纪 30 年代末出现的模拟式 PID 调节器，至今仍有非常广泛的应用。今天，随着计算机技术的迅速发展，计算机算法越来越多地代替了模拟式 PID 调节器，实现了数字 PID 控制，其控制作用更灵活、更易于改进和完善。

6.4.1 PID 控制规律

所谓 PID 控制规律，就是一种对偏差 $\varepsilon(t)$ 进行比例、积分和微分变换的控制规律，可表示为

$$m(t) = K_{\mathrm{p}}\left[\varepsilon(t) + \frac{1}{T_{\mathrm{i}}}\int_0^t \varepsilon(\tau)\mathrm{d}\tau + T_{\mathrm{d}}\frac{\mathrm{d}\varepsilon(t)}{\mathrm{d}t}\right] \tag{6.4.1}$$

式中：$K_{\mathrm{p}}\varepsilon(t)$ 为比例控制项，K_{p} 为比例系数；$\frac{1}{T_{\mathrm{i}}}\int_0^t \varepsilon(\tau)\mathrm{d}\tau$ 为积分控制项，T_{i} 为积分时

间常数；$T_d \frac{d\varepsilon(t)}{dt}$ 为微分控制项，T_d 为微分时间常数。

比例控制项与微分、积分控制项的不同组合可分别构成 PD(比例微分)、PI(比例积分)和 PID(比例积分微分)等三种调节器(或称校正器)。PID 调节器通常用作串联校正环节。

1. PD 调节器

PD 调节器的控制结构框图为图 6.4.1。其控制规律可表示为

$$m(t) = K_p\left[\varepsilon(t) + T_d \frac{d\varepsilon(t)}{dt}\right]$$

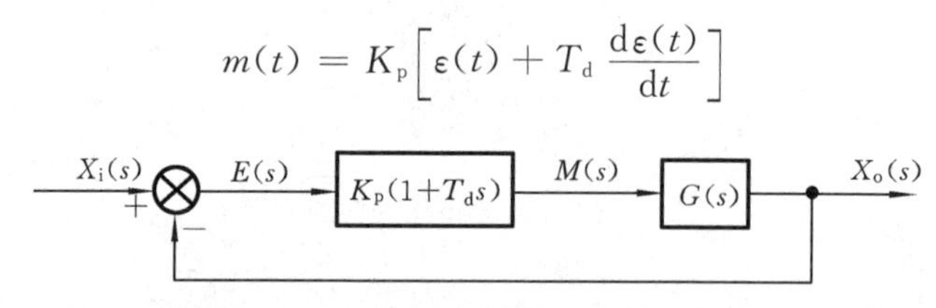

图 6.4.1　具有 PD 调节器的控制框图

传递函数为

$$G_c(s) = \frac{M(s)}{E(s)} = K_p(1 + T_d s)$$

$K_p = 1$ 时，$G_c(s)$ 的频率特性为

$$G_c(j\omega) = 1 + jT_d\omega$$

对应的 Bode 图为图 6.4.2。显然，PD 校正将使相位超前。

PD 调节器的控制作用可用图 6.4.3 来说明。由图可见，未校正系统虽然稳定，但稳定裕度较小，采用 PD 控制后，相位裕度增加，稳定性增强，幅值剪切频率 ω_c 增加，系统的响应速度提高。所以，PD 控制提高了系统的动态性能，但高频增益上升，抗干扰的能力减弱。

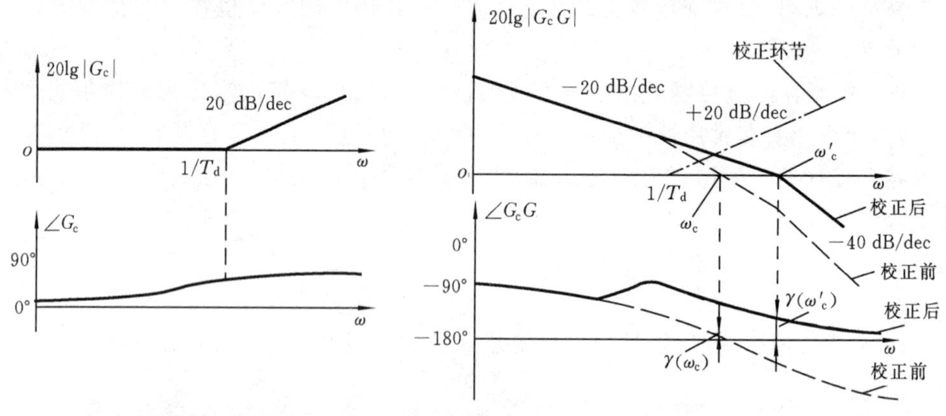

图 6.4.2　PD 调节器的 Bode 图　　　　图 6.4.3　PD 调节器控制作用示意图

2. PI 调节器

PI 调节器的控制结构框图为图 6.4.4。其控制规律可表示为

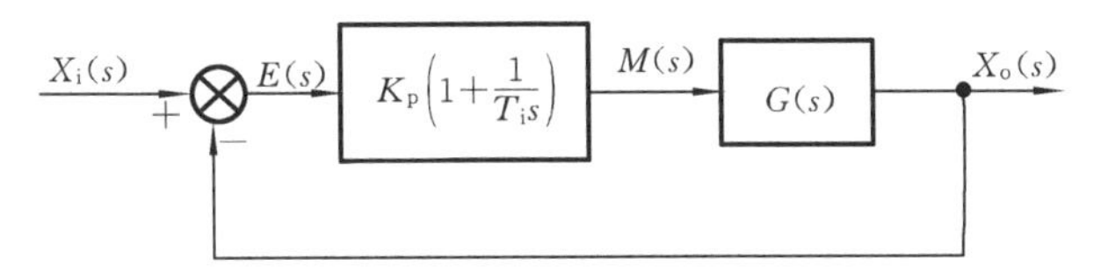

图 6.4.4　具有 PI 调节器的控制框图

$$m(t)=K_p\left[\varepsilon(t)+\frac{1}{T_i}\int_0^t \varepsilon(\tau)\mathrm{d}\tau\right]$$

传递函数为

$$G_c(s)=\frac{M(s)}{E(s)}=K_p\left(1+\frac{1}{T_i s}\right)$$

$K_p=1$ 时，$G_c(s)$ 的频率特性为

$$G_c(\mathrm{j}\omega)=\frac{1+\mathrm{j}T_i\omega}{\mathrm{j}T_i\omega}$$

对应的 Bode 图如图 6.4.5 所示。显然，PI 校正将使相位滞后。

PI 调节器的控制作用可用图 6.4.6 来说明。由图可见，加入 PI 控制后，系统从 0 型提高到 Ⅰ 型，系统的稳态误差得以消除或减小，但相位裕度有所减小，稳定性变差。因此，只有稳定裕度足够大时才能采用这种控制方式。

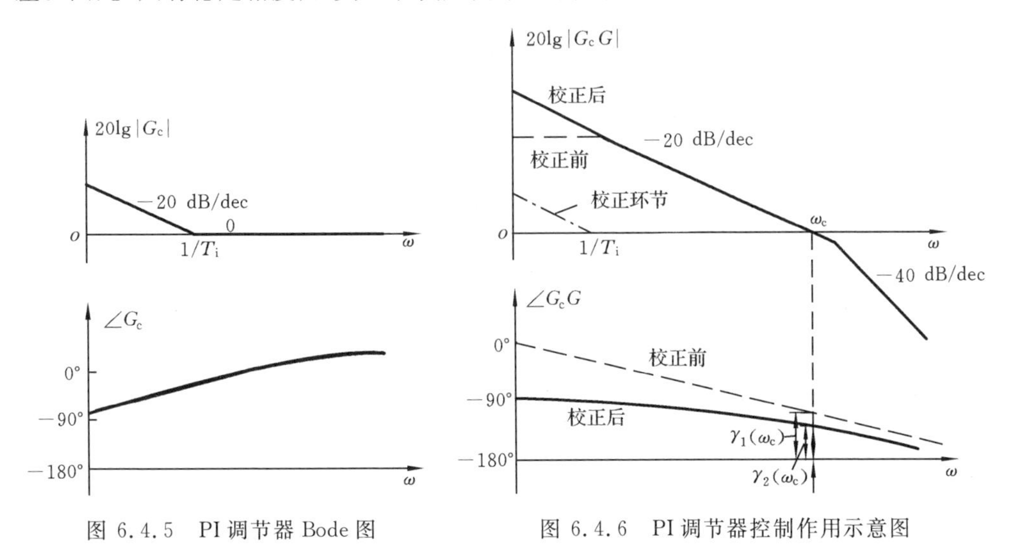

图 6.4.5　PI 调节器 Bode 图　　图 6.4.6　PI 调节器控制作用示意图

3. PID 调节器

式(6.4.1)表示 PID 调节器的控制规律，控制结构方框图为图 6.4.7。其传递函数为

$$G_c(s)=\frac{M(s)}{E(s)}=K_p\left(1+\frac{1}{T_i s}+T_d s\right)$$

$K_p=1$ 时，$G_c(s)$ 的频率特性为

$$G_c(\mathrm{j}\omega)=1+\frac{1}{\mathrm{j}T_i\omega}+\mathrm{j}T_d\omega$$

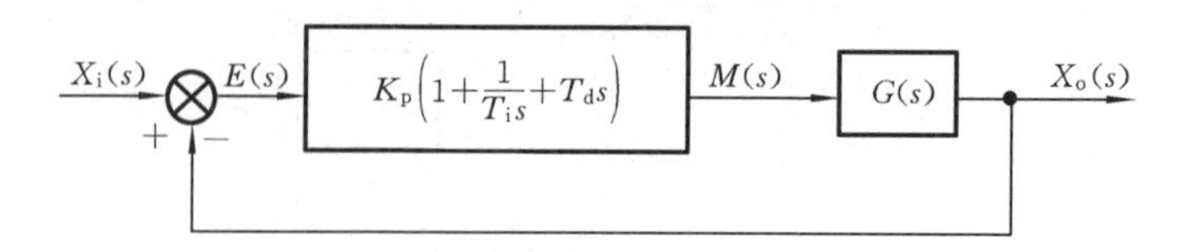

图 6.4.7　具有 PID 调节器的控制方框图

$T_i > T_d$ 时,PID 调节器的 Bode 图为图 6.4.8。PID 调节器在低频段起积分作用,改善系统的稳态性能;在中频段起微分作用,改善系统的动态性能。

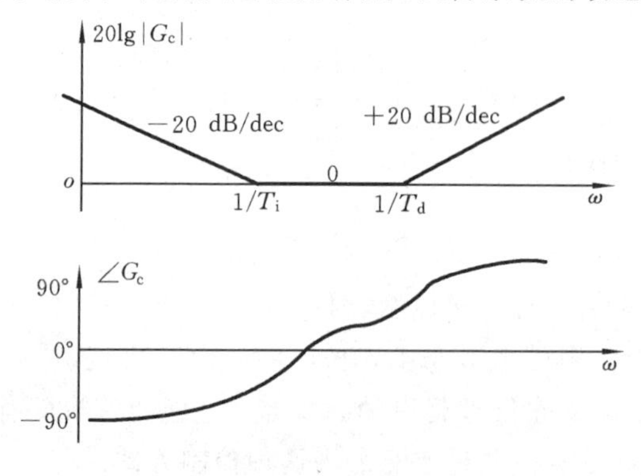

图 6.4.8　PID 调节器 Bode 图

PID 调节器的控制作用有以下几点。

(1) 比例系数 K_p 直接决定控制作用的强弱,加大 K_p 可以减小系统的稳态误差,提高系统的动态响应速度,但 K_p 过大会使动态质量变坏,引起被控制量振荡甚至导致闭环系统不稳定。

(2) 在比例调节的基础上加上积分控制可以消除系统的稳态误差,因为只要存在偏差,它的积分所产生的控制量就用来消除稳态误差,直到积分的值为零,控制作用才停止。但它将使系统的动态过程变慢,而且过强的积分作用会使系统的超调量增大,从而使系统的稳定性变差。

(3) 微分的控制作用是跟偏差的变化速度有关的。微分控制能够预测偏差,产生超前的校正作用,它有助于减少超调,克服振荡,使系统趋于稳定,并能加快系统的响应速度,减少调整时间,从而改善系统的动态性能。微分作用的不足之处是放大了噪声信号。

6.4.2　PID 校正环节

PID 控制规律可用有源校正环节来实现,它由运算放大器和 RC 网络组成。

1. PD 校正环节

对于图 6.4.9 所示的有源网络,根据复阻抗概念,有

$$Z_1 = \frac{R_1}{R_1 C_1 s + 1}$$

$$Z_2 = R_2$$

由

$$\frac{U_i(s)}{Z_1(s)} = \frac{U_o(s)}{Z_2(s)}$$

可得传递函数为

$$G_c(s) = \frac{U_o(s)}{U_i(s)} = \frac{Z_2(s)}{Z_1(s)} = K_p(T_d s + 1)$$

式中　$T_d = R_1 C_1 \qquad K_p = R_2/R_1$

可见,图 6.4.9 所示网络是 PD 校正环节(或称 PD 调节器)。

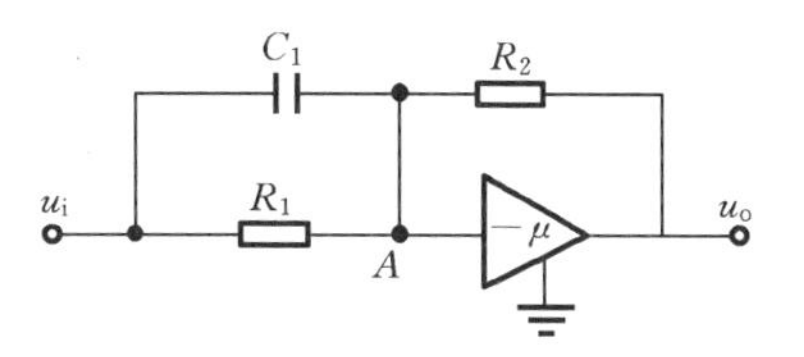

图 6.4.9　PD 校正环节

2. PI 校正环节

对于图 6.4.10 所示的有源网络,根据复阻抗概念,有

$$Z_1 = R_1$$

$$Z_2 = R_2 + \frac{1}{C_2 s}$$

其传递函数为

$$G_c(s) = \frac{U_o(s)}{U_i(s)} = \frac{Z_2(s)}{Z_1(s)} = K_p\left(1 + \frac{1}{T_i s}\right)$$

式中　$T_i = R_2 C_2 \qquad K_p = R_2/R_1$

可见,图 6.4.10 所示网络是 PI 校正环节(或称 PI 调节器)。

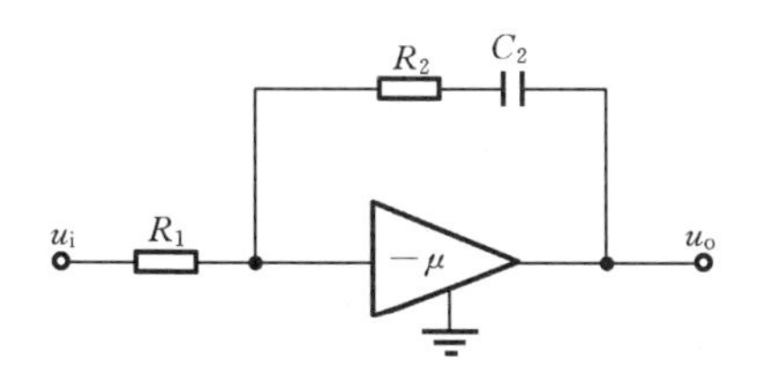

图 6.4.10　PI 校正环节

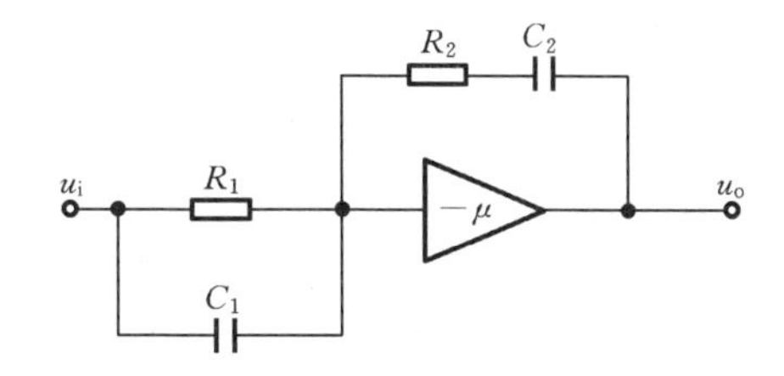

图 6.4.11　PID 校正环节

3. PID 校正环节

对于图 6.4.11 所示的有源网络,有

$$Z_1 = \frac{R_1 \dfrac{1}{C_1 s}}{R_1 + \dfrac{1}{C_1 s}} \qquad Z_2 = R_2 + \frac{1}{C_2 s}$$

其传递函数为

$$G_c(s) = \frac{U_o(s)}{U_i(s)} = \frac{Z_2(s)}{Z_1(s)} = K_p\left(1 + \frac{1}{T_i s} + T_d s\right)$$

式中　$T_i = R_1 C_1 + R_2 C_2 \qquad T_d = \dfrac{R_1 C_1 R_2 C_2}{R_1 C_1 + R_2 C_2} \qquad K_p = \dfrac{R_1 C_1 + R_2 C_2}{R_1 C_2}$

可见,图 6.4.11 所示网络是 PID 校正环节(或称 PID 调节器)。

6.4.3　PID 调节器设计

前已阐明,用有源网络可以实现 PD、PI、PID 控制,这里介绍如何用希望的特性确定有源校正网络的参数。

工程上常采用所希望的两种典型对数频率特性来确定有源校正网络的参数。

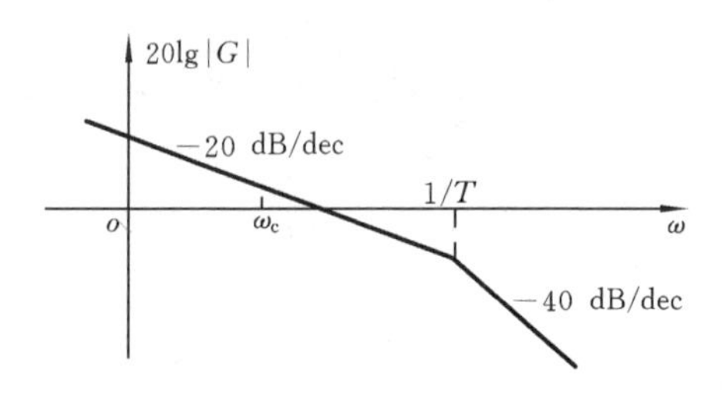

图 6.4.12　二阶系统最优模型 Bode 图

1. 二阶系统最优模型

典型二阶系统的开环 Bode 图如图 6.4.12所示。

其开环传递函数(单位反馈系统)为

$$G_K(s)=\frac{K}{s(Ts+1)}$$

闭环传递函数为

$$G_B(s)=\frac{K}{Ts^2+s+K}=\frac{\omega_n^2}{s^2+2\xi\omega_n s+\omega_n^2}$$

式中:$\omega_n=\sqrt{\dfrac{K}{T}}$,为无阻尼固有频率;$\xi=\dfrac{1}{2\sqrt{KT}}$,为阻尼比。

当阻尼比 $\xi=0.707$ 时,超调量 $M_p=4.3\%$,调节时间 $t_s=6T$,故$\xi=0.707$ 的阻尼比称为工程最佳阻尼系数。此时转折频率 $1/T=2\omega_c$。要保证$\xi=0.707$ 并不容易,常取$0.5\leqslant\xi\leqslant 0.8$。

2. 高阶系统最优模型

图 6.4.13 为三阶系统最优模型的 Bode 图。由图可见,这个模型既保证了中频段斜率为 −20 dB/dec,又使低频段有更大的斜率,提高了系统的稳态精度。显而易见,它的性能比二阶最优模型高,因此工程上也常常采用这种模型。

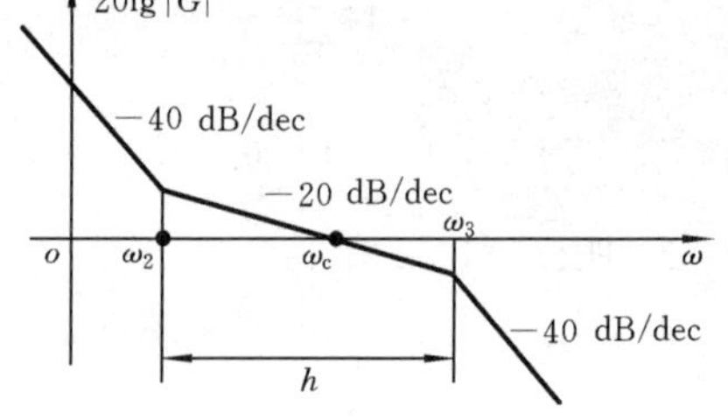

图 6.4.13　三阶系统最优模型的 Bode 图

在初步设计时,可以取 $\omega_c=\omega_3/2$;中频段宽度 h 选为 7 ~ 12 个 ω_2,如希望进一步增大稳定裕度,可把 h 增大至 15 ~ 18 个 ω_2。

例 6.4.1　某单位反馈系统的开环传递函数为

$$G(s)=\frac{K}{s(0.15s+1)(0.877\times10^{-3}s+1)(5\times10^{-3}s+1)}$$

试设计有源串联校正装置,使系统速度误差系数 $K_v\geqslant 40$,幅值剪切频率$\omega_c\geqslant 50\ \mathrm{s}^{-1}$,相位裕度 $\gamma\geqslant 50°$。

解　未校正系统为 Ⅰ 型系统,故 $K=K_v$,按设计要求取 $K=K_v=40$,作未校正系统的 Bode 图(见图 6.4.14),得 $\omega_c = 16\ \mathrm{s}^{-1}$,$\gamma = 17.25°$。

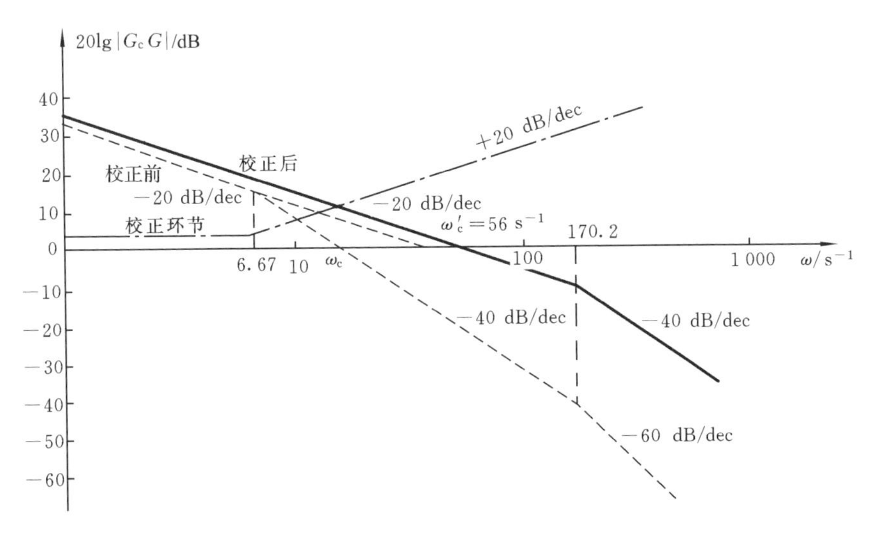

图 6.4.14　PD 校正 Bode 图

确定校正装置:原系统的 ω_c 和 γ 均小于设计要求,为保证系统的稳态精度,提高系统的动态性能,选串联 PD 校正。其校正装置为图 6.4.9 所示的有源网络。选最优二阶模型的频率特性为希望的频率特性,如图 6.4.12 所示。为使原系统结构简单,对未校正部分的高频段小惯性环节做等效处理,即

$$\frac{1}{0.877\times10^{-3}s+1}\cdot\frac{1}{5\times10^{-3}s+1}$$

$$\approx\frac{1}{(0.877\times10^{-3}+5\times10^{-3})s+1}=\frac{1}{5.887\times10^{-3}s+1}$$

所以未校正系统的开环传递函数为

$$G(s)=\frac{40}{s(0.15s+1)(5.877\times10^{-3}s+1)}$$

已知 PD 校正环节的传递函数为

$$G_c(s)=K_p(T_d s+1)$$

为使校正后的开环系统为希望的最优二阶模型,可消去未校正系统的一个极点,故令 $T_d=0.15\ \mathrm{s}$,则

$$G(s)G_c(s)=\frac{40}{s(0.15s+1)(5.877\times10^{-3}s+1)}K_p(T_d s+1)$$

$$=\frac{40K_p}{s(5.877\times10^{-3}s+1)}$$

由图 6.4.14 可知,校正后的开环放大系数 $40K_p=\omega'_c$,根据性能要求 $\omega'_c\geqslant 50\ \mathrm{s}^{-1}$,故选 $K_p=1.4$。校正后的开环传递函数为

$$G(s)G_c(s)=\frac{40}{s(0.15s+1)(5.877\times10^{-3}s+1)}\times1.4(0.15s+1)$$
$$=\frac{56}{s(5.877\times10^{-3}s+1)}$$

校正后开环对数幅频特性如图 6.4.14 所示。

由图 6.4.14 得校正后的幅值穿越频率 $\omega'_c=56\ \mathrm{s}^{-1}$。相位裕度为

$$\gamma=180^\circ-90^\circ-\arctan(5.877\times10^{-3}\omega'_c)=71.78^\circ$$

校正后系统速度误差系数 $K_v=KK_p=56>40$，故校正后系统的动态和稳态性能均满足要求。

PID 校正仿真

6.5　反馈校正

改善控制系统的性能，除了采用串联校正方案外，也广泛采用反馈校正。控制系统采用反馈校正后，除了能收到与串联校正同样的校正效果外，还能消除系统的不可变部分中为反馈所包围的那部分环节的参数波动对系统性能的影响。基于这个特点，当所设计的系统中一些参数可能随着工作条件的改变而发生幅度较大的变动，而在该系统中又能够取出适当的反馈信号，即有条件采用反馈校正时，一般说来，采用反馈校正是恰当的。

与串联校正环节的设计相比较，反馈校正环节的设计，无论用解析方法还是用图解方法都比较烦琐。

在反馈校正中：若 $G_c(s)=K$，则称为位置(比例)反馈；若 $G_c(s)=Ks$，则称为速度(微分)反馈；若 $G_c(s)=Ks^2$，则称为加速度反馈。

6.5.1　位置反馈校正

位置反馈校正的方框图为图 6.5.1。对非 0 型系统，当系统未加校正时(见图 6.5.1(a))，系统的传递函数为

$$G(s)=\frac{K_1\prod_{i=1}^{m}(s-z_i)}{s^\nu\prod_{j=1}^{n}(s-p_{j-\nu})}\qquad(\nu>0)$$

若系统采用单位反馈校正，即 $K=1$ (见图 6.5.1(b))，则其传递函数为

$$\frac{X_o(s)}{X_i(s)}=\frac{G(s)}{1+G(s)}=\frac{K_1\prod_{i=1}^{m}(s-z_i)}{s^{\nu}\prod_{j=1}^{n}(s-p_{j-\nu})+K_1\prod_{i=1}^{m}(s-z_i)}$$

而对于具有传递函数 $G(s)=\dfrac{K_1}{Ts+1}$ 的一阶系统，若加并联反馈校正，$G_c(s)=1$，则传递函数为

$$\frac{X_o(s)}{X_i(s)}=\frac{K_1}{(Ts+1)+K_1}=\frac{\dfrac{K_1}{1+K_1}}{\dfrac{T}{1+K_1}s+1}$$

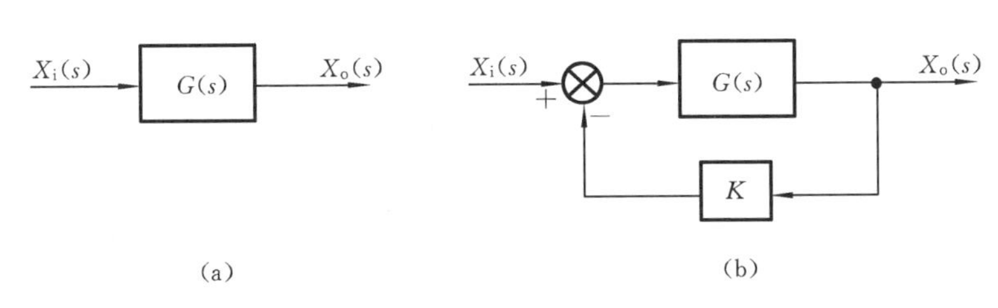

图 6.5.1　位置反馈校正

由上可知：校正后系统型次未变，但时间常数由 T 下降为 $T/(1+K_1)$，即惯性减弱，这导致调整时间t_s（$t_s=4T$）缩短，响应速度加快，同时系统的增益由 K_1 下降至 $K_1/(1+K_1)$。习惯上，一般所讲的（也包括本例所讲的）单位反馈是负的单位反馈，如果本例中采用的单位反馈是正的单位反馈，将有什么结果？建议读者自行考虑。

6.5.2　速度反馈校正

由第 2 章可知，输出的导数可以用来改善系统的性能。在位置随动系统中，常常采用速度反馈的校正方案来改善系统的性能。

图 6.5.2 所示的 Ⅰ 型系统，未加校正前（见图 6.5.2(a)）的传递函数为

$$\frac{X_o(s)}{X_i(s)}=\frac{K}{s(Ts+1)}$$

采用速度反馈（见图 6.5.2(b)）后，系统的传递函数为

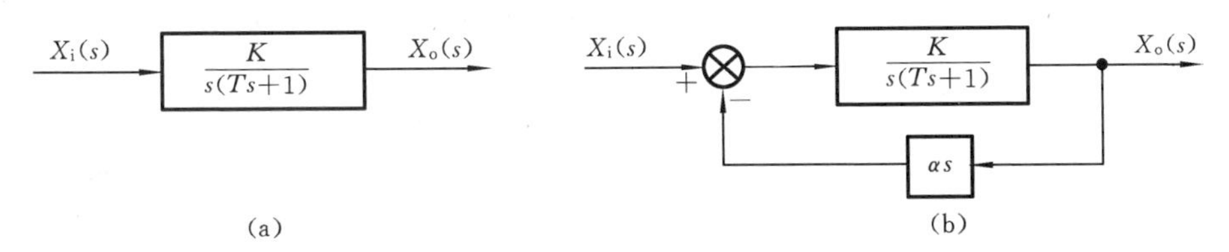

图 6.5.2　速度反馈校正

$$\frac{X_o(s)}{X_i(s)}=\frac{\dfrac{K}{1+K\alpha}}{s\left(\dfrac{T}{1+K\alpha}s+1\right)}$$

显然，经校正后，系统的型次并未改变，时间常数由 T 下降为 $T/(1+K\alpha)$，系统的响应速度加快，同时，系统的增益减小。

下面分析机械传动链中的并联反馈校正。图 6.5.3 所示的滚齿机的差动机构是一种具有两个自由度的机构。假设中心齿轮 1 和转臂为主动件，中心齿轮 4 为被动件，它们分别以 $x_i(t)$、$x_m(t)$、$x_o(t)$ 的转速旋转。记齿轮 1、2、3、4、5、6 的齿数分别为 z_1、z_2、z_3、z_4、z_5、z_6，记蜗杆、蜗轮的齿数分别为 $z_{杆}$、$z_{轮}$。

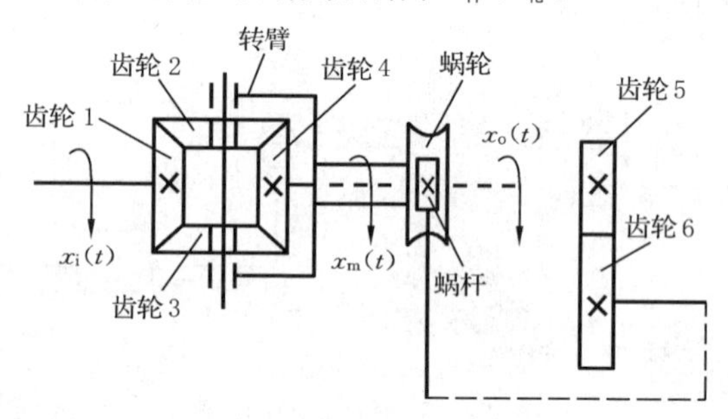

图 6.5.3　滚齿机差动机构

该机构有两条传动路线。

(1) 设转臂不动，即 $x_m(t)=0$，则差动机构变成一般齿轮传动机构，其传动比即此系统的传递函数为

$$\frac{X_o(s)}{X_i(s)}=-\frac{z_1z_3}{z_2z_4}=-1$$

即

$$G(s)=-1$$

式中的负号表示转臂停止时齿轮 1 和齿轮 4 转向相反。

(2) 设中心齿轮 1 不动，即不计输入，$x_i(t)=0$ 时，$x_o(t)$ 通过齿轮 5、齿轮 6，蜗杆、蜗轮、传动转臂和齿轮 4，叠加到 $x_o(t)$ 本身，即反馈。设 $\frac{z_5z_{杆}}{z_6z_{轮}}=p$，而 $x_i(t)=0$ 时，用反转法，易于求得差动机构的传动比为 2，故反馈回路总的传动比为 $2p$，即 $H(s)=2p$（差动机构系统的方框图为图6.5.4）。

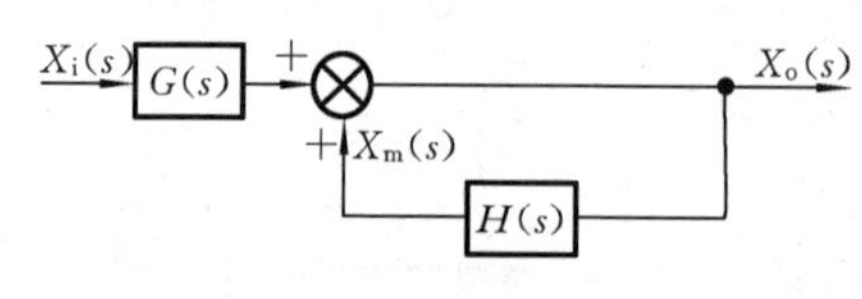

图 6.5.4　差动机构方框图

当 $x_m(t)\neq 0$ 时，由图 6.5.4 得此系统的传递函数为

$$\frac{X_o(s)}{X_i(s)}=\frac{G(s)}{1-H(s)}=\frac{-1}{1-2p}=\frac{1}{2p-1}$$

此结果与机构学中所得的结果是相同的。

这里需要说明的是：

(1) 滚齿机中齿轮 5、齿轮 6、蜗杆和蜗轮构成了一条很长的传动链（即差动传动

链)，机床调整好后，它的传动比 p 仍为一常数，即反馈回路为一比例环节，传动比即为其增益。

(2) 由于 $H(s)$ 是常数，因此系统为位置反馈系统。调整 $H(s)$，也就是调整传动比 p，便可以获得不同的 $X_o(s)/X_i(s)$，以满足滚刀与工件相对运动的要求。

6.6　顺馈校正

前面所讨论的闭环反馈系统，控制作用由偏差 $\varepsilon(t)$ 产生，而 $E(s)=E_1(s)H(s)$，即闭环反馈系统是靠偏差来减少误差的。因此，从原则上讲，误差是不可避免的。

顺馈校正(或称顺馈补偿)的特点是不依靠偏差而直接测量干扰，在干扰引起误差之前就对它进行近似补偿，及时消除干扰的影响。因此，对系统进行顺馈补偿的前提是干扰可以测出。

图 6.6.1 所示是一个单位反馈系统。其中图(a)所示是一般的闭环反馈系统，$E(s)\neq 0$。若要使 $E(s)=0$，即 $X_i(s)=X_o(s)$，则可在系统中加入顺馈校正环节 $G_c(s)$，如图(b) 所示。加入 $G_c(s)$ 后，即

$$X_o(s)=G_1(s)G_2(s)E(s)+G_c(s)G_2(s)X_i(s)=X_{o1}(s)+X_{o2}(s)$$

此式表示顺馈补偿为开环补偿，相当于系统通过 $G_c(s)G_2(s)$ 增加了一个输出 X_{o2}，以补偿原来的误差。图(b)所示系统的等效闭环传递函数为

$$G(s)=\frac{X_o(s)}{X_i(s)}=\frac{G_1(s)G_2(s)+G_c(s)G_2(s)}{1+G_1(s)G_2(s)}$$

当 $G_c(s)=1/G_2(s)$ 时，$G(s)=1$，即 $X_o(s)=X_i(s)$，所以 $E(s)=0$。这称为全补偿的顺馈校正。

上述系统虽然加了顺馈校正，但稳定性并不受影响，因为系统的特征方程仍然是 $1+G_1(s)G_2(s)=0$。这是由于顺馈补偿为开环补偿，其传递路线没有加入到原闭环回路中去。

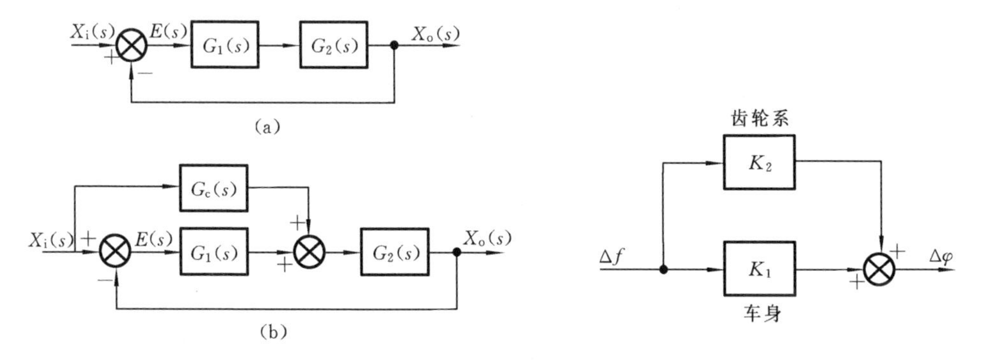

图 6.6.1　顺馈校正　　图 6.6.2　指南车系统方框图

例 6.6.1　我国古代指南车的工作原理如图 1.6.1 所示。从自动控制角度分

析,这是一个顺馈校正系统。被控制量 φ 即确定了木仙人所指的方向。这个系统(指南车的齿轮系等)保证,在车子朝任意方向转弯时(即有扰动作用 Δf 时),被控制量 φ 不变。其方框图为图 6.6.2。K_1 为车转弯时影响方向 φ 的转移系数。K_2 为车转弯时通过齿轮系影响方向 φ 的转移系数。当出现扰动 Δf 时,有

$$\Delta\varphi = K_2\Delta f + K_1\Delta f = (K_2 + K_1)\Delta f$$

由于指南车设计、制作时保证 $K_2 \equiv -K_1$,所以

$$\Delta\varphi = 0$$

即指南车不论朝哪一方向转弯,木仙人指向都不变(指向南方)。

为减小顺馈控制信号的功率,大多将顺馈控制信号加在系统中信号综合放大器的输入端。同时,为了使顺馈校正环节的结构简单,在绝大多数情况下,都不要求实现全补偿,只要通过部分补偿将系统的误差减小至允许范围之内便可。

6.7　设计示例:数控直线运动工作台位置控制系统

在第 5 章对数控直线运动工作台位置控制系统的稳定性进行了分析。通过计算得到 $K_b=40$ 时系统的幅值裕度为 21.938 dB,相位裕度为 18.55°。虽然系统稳定,但其相位裕度较小。若设计要求系统的相位裕度大于或等于 45°,同时为保证系统的稳态精度,提高系统的动态性能,对系统可以采用相位超前校正或 PD 校正。本节将以相位超前校正为例,说明相位超前校正环节的设计和相位超前校正的效果。

图 6.7.1 为加入校正环节后系统的传递函数框图,设所采用相位超前环节的传递函数为 $\dfrac{Ts+1}{\alpha Ts+1}$。超前校正环节的设计过程如下。

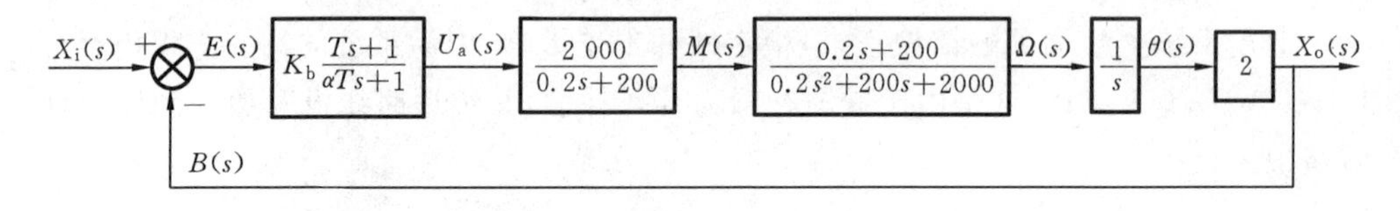

图 6.7.1　传递函数框图

(1) 根据设计要求,相位超前校正环节在新的剪切频率处需要提高的相位超前量 $\varphi_m=45°-18.55°+12°\approx38.5°$。

(2) 根据 $\alpha=\dfrac{1-\sin\varphi_m}{1+\sin\varphi_m}$,计算校正环节的参数 α,本例中 $\alpha=0.233$。

(3) 计算 φ_m 处的增益 $-10\lg\alpha = 6.33$ dB,在校正前系统的 Bode 图上确定与 $10\lg\alpha=-6.33$ dB对应的频率 $\omega_m = 40.3\ \text{s}^{-1}$。该频率也是校正后系统新的剪切频率,即 $\omega_c=\omega_m$。

(4) 根据 $T=\dfrac{1}{\omega_m\sqrt{\alpha}}$,计算校正环节参数 $T=0.0514$,$\alpha T = 0.233\times0.0514 =$

0.012，即系统的校正环节初步定为 $G_c(s)=\dfrac{0.0514s+1}{0.012s+1}$。

(5) 绘制校正后系统的 Bode 图，检验所得系统的相位裕度是否满足设计要求。

校正后系统的 Bode 图如图 6.7.2 所示。通过与图 5.6.2 及表 5.6.1 比较可知，系统校正以后，其相位裕度由校正前的18.5503°变为50.1973°，幅值裕度由校正前 21.938 dB 变为 27.1084 dB。因此，通过相位超前校正环节 $G_c(s)=\dfrac{0.514s+1}{0.012s+1}$，可使系统性能满足设计要求。

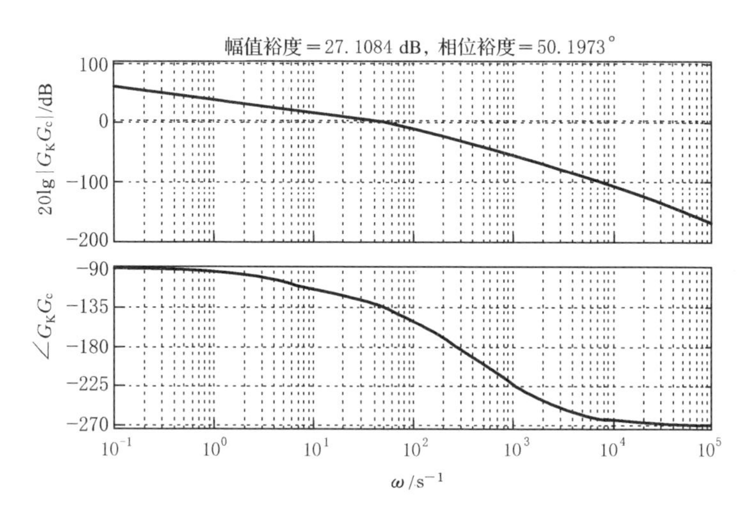

图 6.7.2　超前校正后系统的 Bode 图

6.8　关于系统校正的一点讨论

在自动控制系统中，串联校正、反馈校正和顺馈校正都得到了广泛的应用，而且，在很多情况下同时应用几种校正，可以收到更好的效果。

关于系统的校正问题，应该指出，在机械、流体系统中，加入由机械、流体元件组成的校正环节，往往都会产生负载效应，原系统的方框图中的有关环节将发生变化，在此情况下，本章所讲的“校正”的概念与方法是无法使用的。具体地讲，如果机械、流体系统的校正问题只是涉及位置、速度而不涉及力(特别是动态力)问题，则可采用机械、流体元件作为校正环节，并按本章所讲的“校正”概念与方法来加以实现。例如，在机床加工中，如果能测出零件加工误差的规律，则可按加工误差制造校正尺、校正凸轮等，然后用校正尺、校正凸轮等与有关机械元件一起组成校正装置，附加在机床的有关传动链上，对加工误差进行校正(即补偿)。丝杠磨床采用的校正尺校正装置(在数控机床的控制系统中，螺距误差补偿更加简单、有效)，滚齿机所采用的校正凸轮校正装置，都属于这一类。这时，有关加工误差的数学模型都不涉及力及其效应,更不涉及动态力及其效应。这些校正方法都是顺馈校正,加工误差可视为干扰。又如,用滚齿机加工某些齿轮时,往往要采用差动传动链。其实,这一传动链就是反馈校正回路,校正滚刀与被加工齿轮在相对转动时的相对位置误差。这里也不涉及力及其效应问题。其实这些校正都是静态校正而并非是动态校正。一旦涉及力的效应,涉及动态问题,用机械、流体元件来作为校正环节就难以实现了。

然而,对系统加入电气、电子的校正环节,由于可采用隔离措施来避免负载效应,故可实现本章所讲的"校正"。正因为如此,"校正"大多用于控制系统,因为控制系统一般是用电气、电子元件来实现的。

利用 MATLAB 设计系统校正

本章学习要点

在线自测

习　题

6.1　在系统校正中,常用的性能指标有哪些?

6.2　试分别画出图(题 6.2)中(a)和(b)上表示的超前网络和滞后网络的 Bode 图。

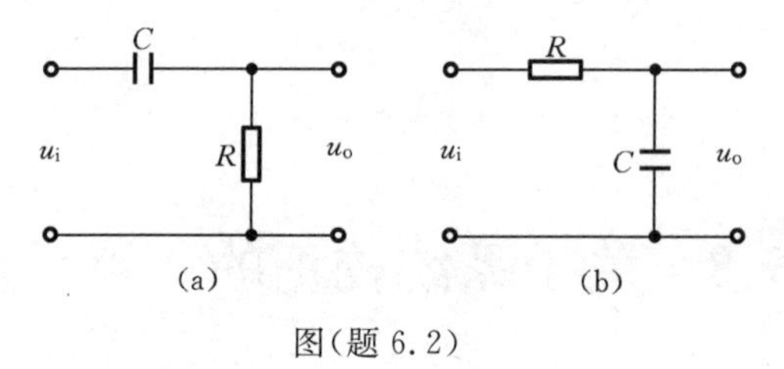

图(题 6.2)

6.3　系统各在何种情况下采用相位超前校正、相位滞后校正和相位滞后-超前校正?为什么?

6.4　已知单位反馈系统如图(题 6.4)所示,其中 K 为前向通道的增益,$\dfrac{1+T_1 s}{1+T_2 s}$ 为超前校正装置,$T_1 > T_2$,试确定使得系统具有最大相位裕度的增益值 K。

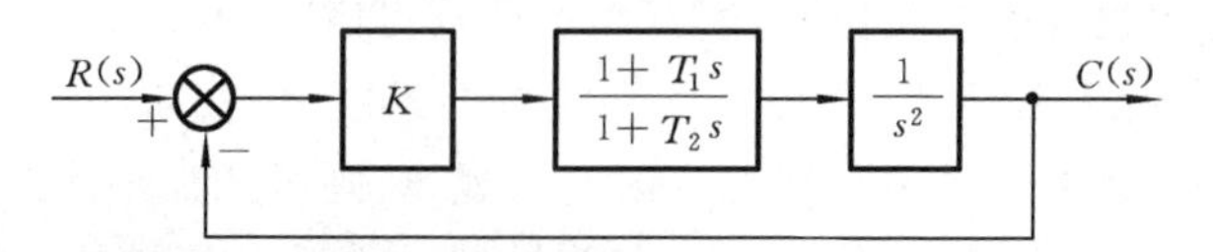

图(题 6.4)

6.5　如图(题 6.5)所示,其中 $\overline{ABCD}$ 是未加校正环节前系统的 Bode 图;$\overline{ABEFL}$ 是加入某种串联校正环节后的 Bode 图,试说明系统采用的是哪种串联校正方法；写出校正环节的传递函数，指出系统哪些性能得到了改善。

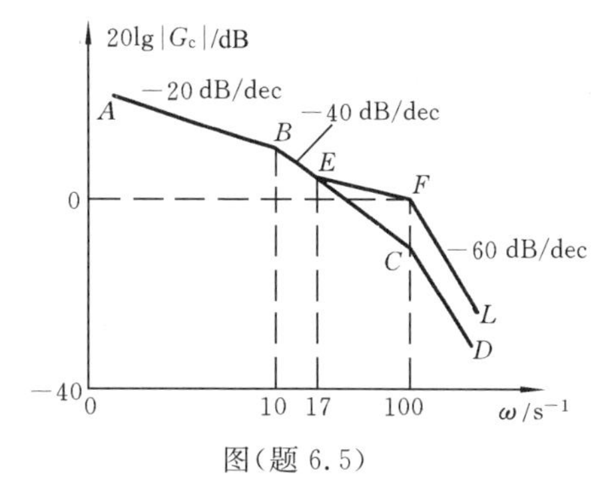

图(题 6.5)

6.6 单位反馈系统的开环传递函数为

$$G_K(s)=\frac{K}{s(0.2s+1)(0.5s+1)}$$

若要求系统在单位速度输入作用下的稳态误差不大于1/6，试求：

(1) 确定满足上述指标的最小 K 值，计算该 K 值下系统的相位裕度和幅值裕度；

(2) 在前向通路中串接超前校正网络

$$G_c(s)=\frac{0.4s+1}{0.08s+1}$$

计算校正后系统的相位裕度和幅值裕度，说明超前校正对系统动态性能的影响。

6.7 如图(题 6.7)所示，$\overline{ABC}$是未加校正环节前系统的 Bode 图，$\overline{GHKL}$是加入某种串联校正环节后的 Bode 图。试说明系统采用的是哪种串联校正方法，并写出校正环节的传递函数，说明它对系统性能的影响。

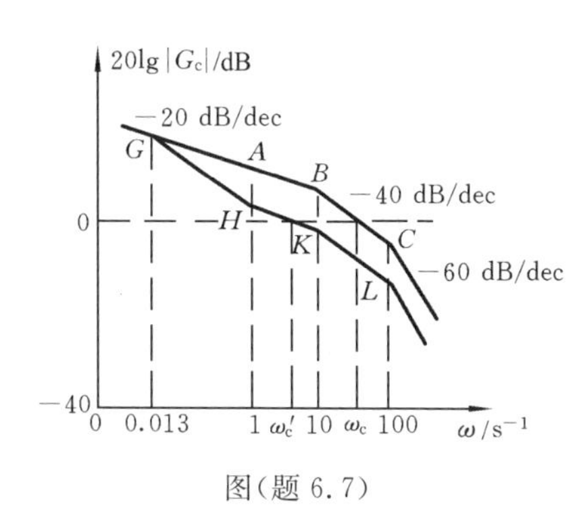

图(题 6.7)

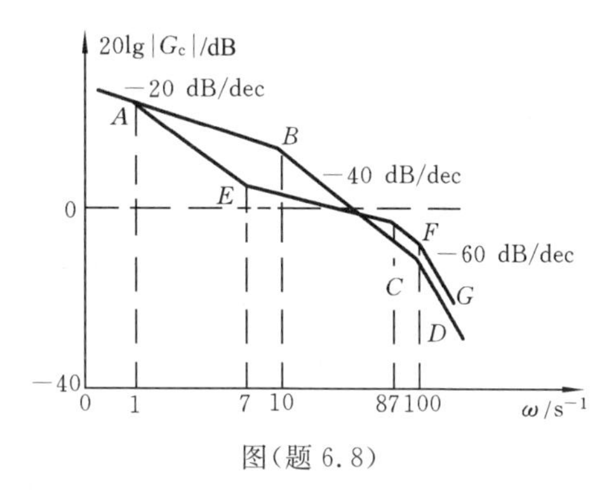

图(题 6.8)

6.8 如图(题 6.8)所示，$\overline{ABCD}$是未加校正环节前系统的 Bode 图，$\overline{AEFG}$是加入某种串联校正环节后的Bode图，试说明系统采用的是哪种串联校正方法，并写出校正环节的传递函数，说明该校正方法的优点。

6.9 已知单位反馈系统的开环传递函数为

$$G_K(s)=\frac{1}{s(0.5s+1)}$$

现要求速度误差系数 $K_v=20\ \mathrm{s}^{-1}$，相位裕度不小于45°，增益裕度不小于10 dB，试确定校正装置的传递函数。

6.10 某一伺服机构的开环传递函数为

$$G_K(s)=\frac{7}{s(0.5s+1)(0.15s+1)}$$

(1) 画出 Bode 图,并确定该系统的增益裕度、相位裕度以及速度误差系数;

(2) 设计串联-滞后校正装置,使其得到增益裕度至少为 15 dB 和相位裕度至少为 45°的特性。

6.11 已知系统开环传递函数

$$G(s)=\frac{K}{s(1+0.5s)(1+0.1s)}$$

试设计 PID 校正装置,使得系统的速度无偏系数 $K_v \geqslant 10$,相位裕度 $\gamma \geqslant 50°$,且幅值穿越频率 $\omega_c \geqslant 4\ s^{-1}$。

6.12 图(题 6.12)所示为三种串联校正网络的对数幅频特性,它们均由稳定环节组成。若有一单位反馈系统,其开环传递函数为

$$G_K(s)=\frac{400}{s^2(0.01+1)}$$

试问:

(1) 这些校正网络特性中,哪一种可使已校正系统的稳定程度最好?

(2) 为了将 12 Hz 的正弦噪声削弱到原来的$\frac{1}{10}$左右,应采用哪一种校正网络特性?

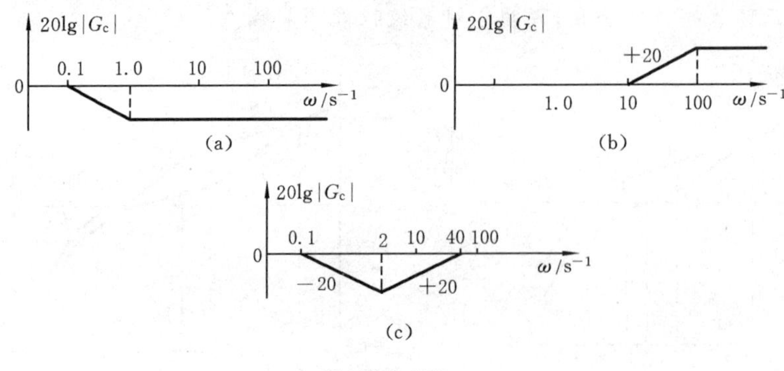

图(题 6.12)

本章习题参考答案与题解

非线性系统初步

前几章基本上只讨论了线性系统的分析和设计方法。严格地讲，所有实际物理系统都是非线性的，采用线性方法来研究实际系统只是近似的。当实际系统接近线性系统，或者在某一范围内、某一特定条件下可以视为线性系统时，采用线性方法研究系统是很有实际意义的。显然，当实际系统与线性系统相差甚大，采用线性方法便会引起很大的误差，甚至得到错误的结论。因此，必须进一步研究分析和处理非线性系统的理论与方法。但是，这些理论与方法是复杂的，本章仅介绍非线性系统的初步知识。

本章首先阐述非线性的基本概念，介绍几种典型的非线性类型，并讨论非线性系统的几种异常特性；接着讨论非线性系统的分析方法，重点讨论非线性系统分析中的描述函数法，它类似于线性系统中的频率分析法；最后，讨论非线性系统分析中的相平面法，它是非线性系统的图解法。

7.1 概　　述

所谓非线性，是指元件或环节的静特性不是按线性规律变化的。例如，图7.1.1所示的伺服电动机控制特性就是一种非线性特性，图中横坐标 u 为电动机的控制电压，纵坐标 ω 为电动机的输出转速，如果伺服电动机工作在 AoA_1 区段，则伺服电动机的控制电压与输出转速的关系近似为线性，因此，可以把伺服电动机作为线性元件来处理。但如果电动机的工作区间在 BoB_1 区段，那么就不能把电动机再作为线性元件来处理，因为其静特性具有明显的非线性。

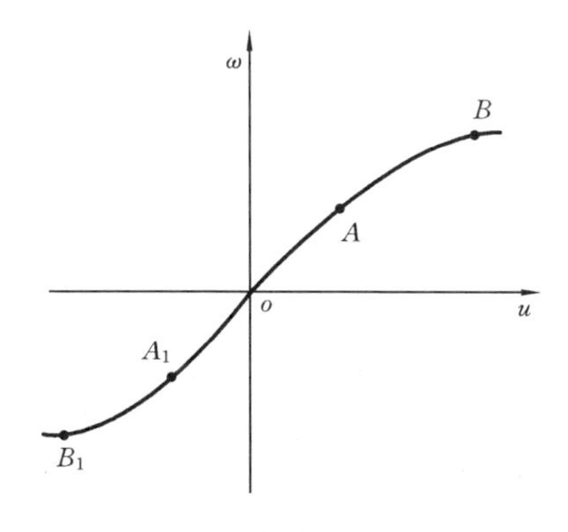

图7.1.1　伺服电动机特性

对非线性系统，由于其没有像线性系统那样的线性依赖关系，因此分析和综合问题更复杂些。但是，在数字计算机飞速发展的现在，对非线性控制系统的分析和设计完全可以用数字计算机进行，使解决问题的方法更接近真实的世界。

7.1.1 典型的非线性类型

1. 饱和

饱和环节的输入、输出特性如图 7.1.2 所示。

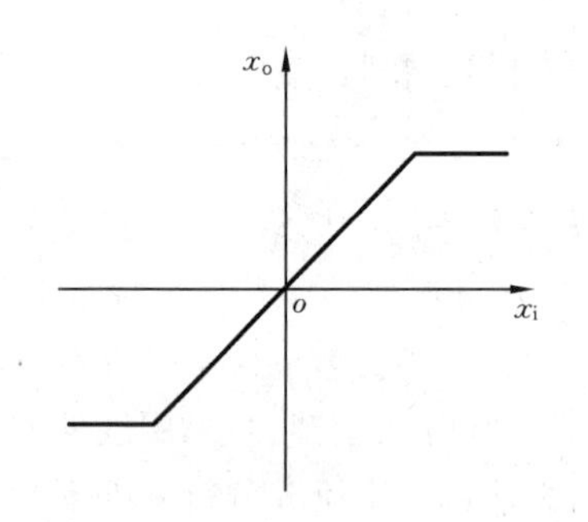

图 7.1.2 饱和环节输入、输出特性

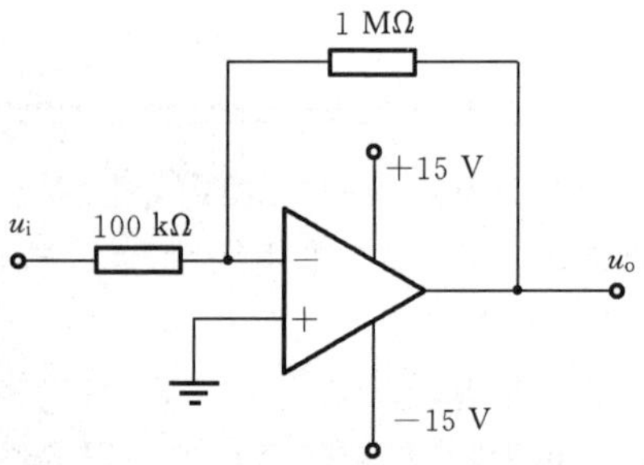

图 7.1.3 运算放大器

例如图 7.1.3 所示的运算放大器，其放大倍数为 10。由于器件本身的电源为 ±15 V，所以当输入大于 ±1.5 V 时，输出量最多也只能是 ±15 V，呈现饱和状态。由于能量输出不可能无限大，所以当输入大于一定值时，对于很多实际环节，其输出都呈现出饱和的特性。

2. 间隙

间隙(或称滞环)环节的输入、输出特性如图 7.1.4 所示。

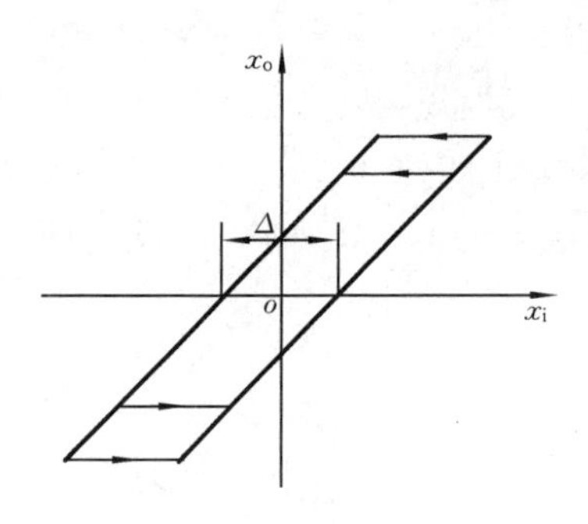

图 7.1.4 间隙环节输入、输出特性

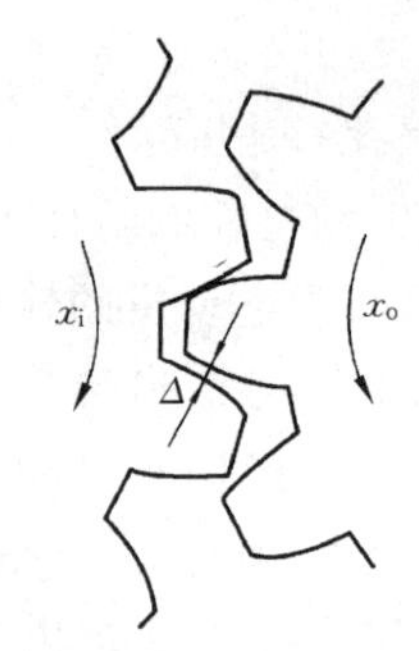

图 7.1.5 齿侧间隙环节

例如图 7.1.5 所示的一般齿轮传动副的齿侧间隙环节，是机械系统中最常见的间隙环节。另外，梯形丝杠螺母传动副、链轮传动副等也往往存在间隙。即使是现代数控机床，其在伺服电动机与滚珠丝杠之间采用直联式挠性联轴器等措施，消除了静态间隙，但加上负载后仍然不能完全消除滞环效应，且滞环宽度与负载大小成正比，这主要是由传动链弹性变形造成的。

3. 死区

死区也称不敏感区,其输入、输出特性如图 7.1.6 所示。

例如图 7.1.7 所示阀控流体系统,在阀的节流口上常有预闭量,形成系统死区。

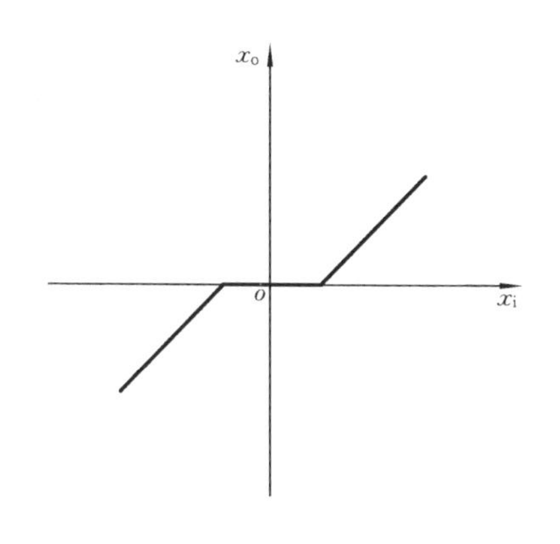

图 7.1.6　死区环节输入、输出特性

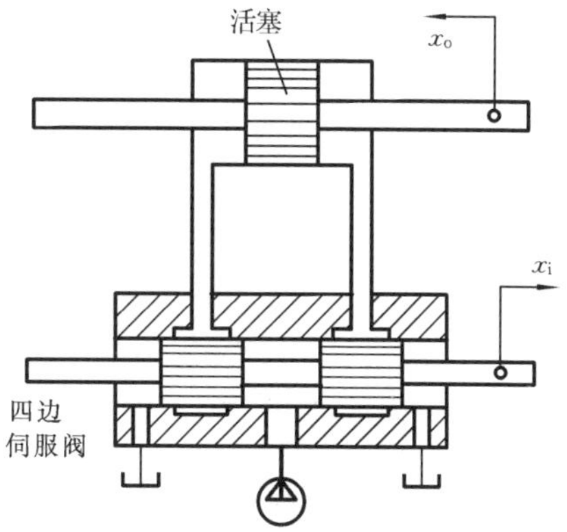

图 7.1.7　阀控流体系统

4. 静摩擦、库仑摩擦以及其他非线性摩擦

库仑摩擦力的输入、输出特性如图 7.1.8 所示。

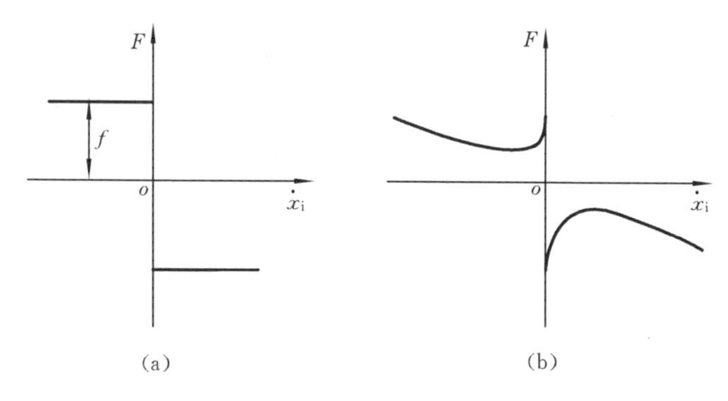

图 7.1.8　库仑摩擦力的输入、输出特性

机械滑动副,例如机床滑动导轨、主轴套筒等存在的摩擦力可近似看作库仑摩擦力,与运动速度 $\dot{x}_i$ 有关,如图 7.1.8(a)所示。实际的滑动副摩擦力如图7.1.8(b)所示。

关于机械滑动副摩擦的影响及其定量分析,我们将在 7.3 节中做比较详细的讨论。

5. 继电特性

继电器分两位置式和三位置式两种,其输入、输出特性分别如图 7.1.9(a)、(b)所示。形成这种非线性的典型元件是两位置式继电器和三位置式(即有死区)继电器。

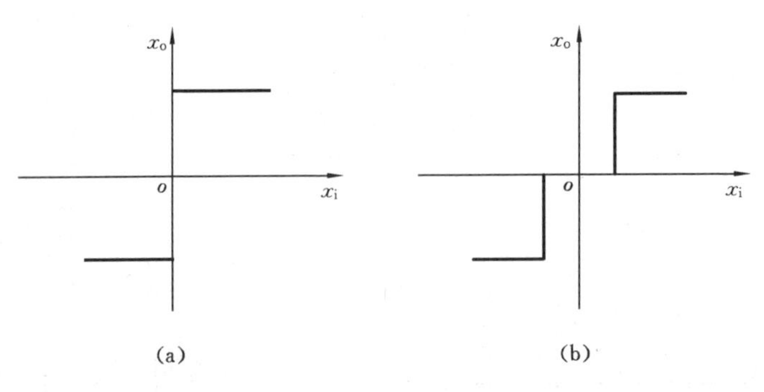

图 7.1.9　继电器输入、输出特性

7.1.2　非线性系统所特有的几种异常特性

非线性系统所特有的某些异常特性在线性系统中是不会发生的。而这些特性，根据其应用的不同，可能是希望的，也可能是不希望的，甚至是必须避免的。

1. 自激振荡或极限环

设某系统的运动微分方程为

$$m\ddot{x}-c(1-x^2)\dot{x}-kx=0 \tag{7.1.1}$$

式中：m、c 和 k 是正值。上述非线性方程的第二项即阻尼项是非线性的。当 $|x|<1$ 时，阻尼为负，向系统输入能量，系统有发散的趋势。当发散到一定程度，即 $|x|>1$ 时，阻尼为正，系统输出能量，系统有收敛的趋势。收敛到 $|x|<1$ 时又发散。因此，该系统将持续振荡，而不受初始条件和外力作用影响，这种振荡称为自激振荡或极限环。

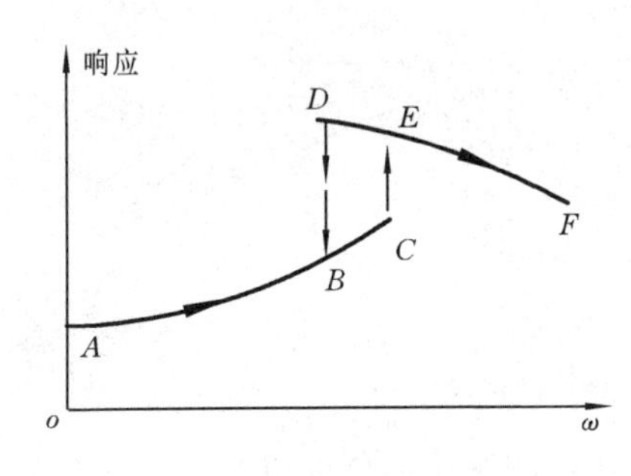

图 7.1.10　跳跃谐振现象

2. 跳跃谐振

在正弦输入的情况下输入幅值恒定，当缓慢地改变其频率时，系统的输出幅值可能出现不连续的跳跃，此现象称为跳跃谐振，如图 7.1.10 所示。当频率 ω 从零开始升高时，其输出响应达点 C 后，突然跳到点 E，从点 E 继续走向点 F；当频率 ω 由点 F 减小到点 D 时，输出振幅向下跳变到点 B，再从点 B 转向点 A。

3. 频率对振幅的依赖性

图 7.1.11 所示二阶系统在自由振荡时，若弹簧为非线性弹簧，则描述该系统动态特性的微分方程为

$$m\ddot{x}+c\dot{x}+kx+k'x^3=0 \qquad (m>0,c>0,k>0)$$

即

$$m\ddot{x}+c\dot{x}+(k+k'x^2)x=0 \tag{7.1.2}$$

上述非线性方程的第三项所表示的系统弹性刚度是非线性的，且与位移有关。

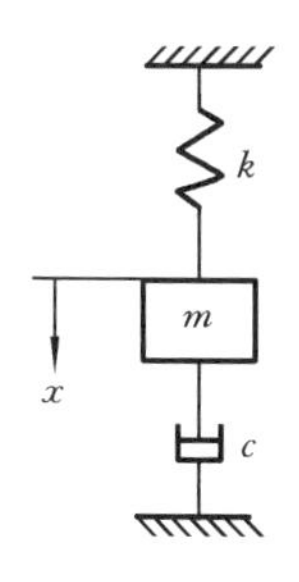

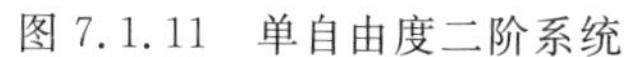
图 7.1.11　单自由度二阶系统

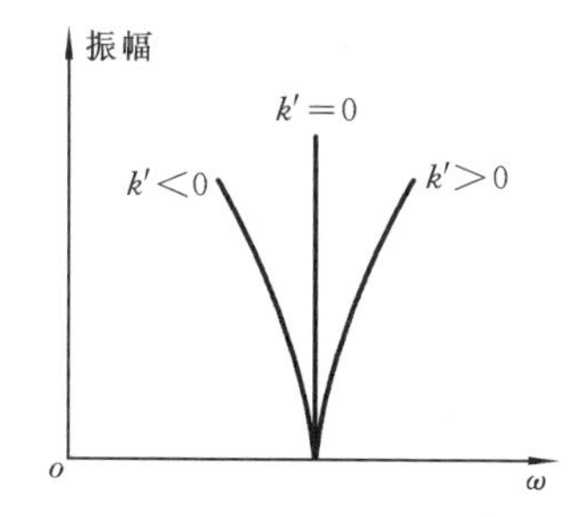

图 7.1.12　非线性弹簧频率与振幅的关系

$k'>0$ 的弹簧称为硬弹簧，随着振幅的加大，弹簧刚度也不断加大，振动频率加大；$k'<0$ 的弹簧称为软弹簧，随着振幅的加大，弹簧刚度不断减小，振动频率减小。图 7.1.12 表示该系统 k' 不同时，频率和振幅的关系。

非线性系统还有一个十分常见又极为重要的现象，即“混沌现象”，所以，常将研究混沌现象的理论，即“混沌理论”，称为 20 世纪重大理论之一。非线性系统的混沌现象表现为系统的运动确似没有规律，貌似随机，对初值极为敏感。虽然可以用非线性方程来确切描述运动过程，但实际上的长期行为，何去何从，无法预测。人们常讲的“蝴蝶效应”，就是指的大气这一非线性系统的混沌现象：一只蝴蝶在某地拍一拍翅膀，远隔千里的另一地就会刮起龙卷风。初值稍有改变，结果就大不相同。《易经》中的一句名言“差若毫厘，谬以千里”，即指系统行为对初值的高度依赖性。人类社会是极为复杂的非线性系统，处理事情，不可不慎。所谓非线性系统的运动表现为确似没有规律，主要表现为：运动的内随机性，运动的非周期性，运动在某些范围内对初值的极端敏感性。

除上述异常特性外，还有多值响应、次谐波振荡、频率捕捉现象、异步抑制等特性。这些特性不可能用线性理论来解释。综上所述，正如本书一开始所讲，非线性科学既有深刻的哲学意义，又有重大的科学意义与实用价值。正因为如此，对非线性理论的研究是当前科学研究中的一个热点与难点。

7.1.3　非线性系统常用分析方法

正如前述，关于非线性系统的分析与设计还没有一个通用的理论与方法。这主要是因为非线性微分方程至今尚没有一个普遍的求解方法，其理论也还不完善。同样，目前在工程上也没有一种可以解决所有非线性问题的通用方法。分析非线性系统要根据不同的特点相应地选用不同的方法。

1. 线性化近似方法

这种方法在第 2 章已经讨论过，它适用于下述情况：①非线性因素对系统影响很小，可以忽略；②系统工作时，其变量只发生微小变化（即所谓小偏差线性化），此时系统模型用变量的增量方程表示。

2. 逐段线性近似法

将非线性系统近似地分为几个线性区域,每个区域用相应的线性微分方程描述。通过给微分方程引入恰当的初始条件,将各段的解合在一起即可得到系统的全解。该方法适用于任何阶次系统的任何非线性的分段线性化。

3. 描述函数法

描述函数法和线性系统中的频率法相似,因此也称非线性系统的频率法。适用于具有低通滤波特性的各种阶次的非线性系统。

4. 相平面法

相平面法是非线性系统的图解法,由于平面在几何上是二维的,因此只限于分析最高为二阶的系统。

5. Ляпунов 法

Ляпунов 法是根据广义能量概念,确定非线性系统稳态稳定性,原则上适用于所有非线性系统。但对于复杂的非线性系统,寻找 Ляпунов 函数相当困难,本书不做进一步讨论。

6. 计算机仿真

运用模拟计算机或数字计算机仿真技术,可以满意地解决相当多的实际工程中的非线性系统问题,可参看 7.4 节。

7.2 描述函数法

本节首先阐述描述函数(describing function)的概念,再结合具体实例,阐明非线性描述函数的推导。

7.2.1 描述函数的概念

由第 4 章可知,对于线性系统,当输入的是正弦信号时,系统的稳态输出是相同频率的正弦信号,其幅值和相位随着频率的变化而变化。这就是利用频率特性分析系统的频率法的基础。

对于非线性系统,当输入是正弦信号时,稳态输出不再是正弦信号,但是,可以借助于 Fourier 级数进行分解,其信号是一系列的不同频率正弦信号的叠加。输出中除有与输入同频率的基波分量,即一次谐波外,还有高次谐波分量。描述函数仅取输出中的基波分量。所谓非线性系统的描述函数就是输出中的基波分量和输入正弦信号的复数比,即

$$N = \frac{Y_1}{X}\angle\varphi_1$$

式中: N 为描述函数; X 为输入正弦信号的幅值; Y_1 为输出的基波分量的幅值; φ_1 为

输出的基波分量的相位。

这一假设是合理的，因为高次谐波各项通常比基波项小。此外，反馈控制系统常由于系统本身的滤波作用，提供了对谐波项的附加衰减作用。

7.2.2　常见非线性描述函数的推导

本节将推导几种常见非线性元件的描述函数。

非线性环节的输入、输出关系可用图 7.2.1 表示。在推导一个给定的非线性环节的描述函数时，必须求出输出的基波分量，即一次谐波。

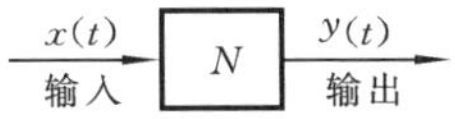

$x(t)$ 输入 → N → $y(t)$ 输出

图 7.2.1　非线性环节的输入、输出关系

设非线性环节的正弦输入为

$$x(t) = X\sin\omega t$$

则输出为

$$y(t) = A_0 + \sum_{n=1}^{\infty}(A_n\cos n\omega t + B_n\sin n\omega t)$$

式中

$$A_n = \frac{1}{\pi}\int_0^{2\pi} y(t)\cos n\omega t\,\mathrm{d}(\omega t)$$

$$B_n = \frac{1}{\pi}\int_0^{2\pi} y(t)\sin n\omega t\,\mathrm{d}(\omega t)$$

而

$$Y_n = \sqrt{A_n^2 + B_n^2} \qquad \varphi_n = \arctan\frac{A_n}{B_n}$$

如果非线性是对称的，那么 $A_0 = 0$，这时输出的基波分量为

$$y_1(t) = A_1\cos\omega t + B_1\sin\omega t = Y_1\sin(\omega t + \varphi_1)$$

$$N = \frac{Y_1}{X}\angle\varphi_1 = \frac{\sqrt{A_1^2 + B_1^2}}{X}\angle\arctan\frac{A_1}{B_1}$$

1. 饱和放大器

饱和放大器输入正弦信号时的输入、输出关系如图 7.2.2 所示。

设

$$x(t) = X\sin\omega t$$

当 $|x(t)| \leqslant s$ 时，有

$$y(t) = kX\sin\omega t$$

当 $|x(t)| > s$ 时，有

$$y(t) = \pm ks$$

因为输出为奇函数，所以将 $y(t)$ 展开成 Fourier 级数时，有

$$A_n = 0$$

取其基波，得

$$y_1(t) = B_1\sin\omega t$$

式中

$$B_1 = \frac{1}{\pi}\int_0^{2\pi} y(t)\sin\omega t\,\mathrm{d}(\omega t)$$

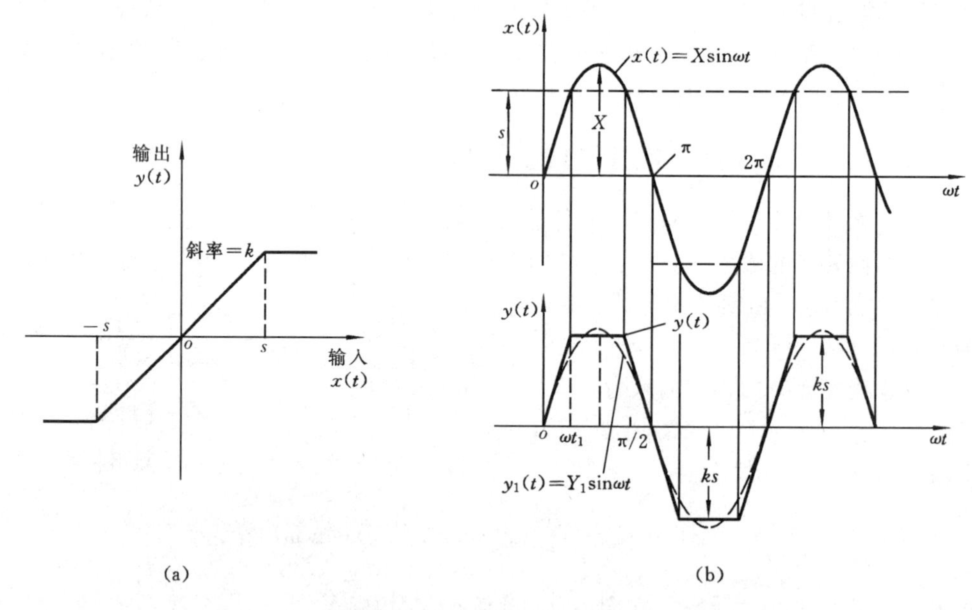

图 7.2.2　饱和放大器输入正弦信号时的输入、输出关系

由于周期在四个象限是对称的,因此可按周期的四分之一积分后再乘以四来得到。所以

$$B_1=\frac{4}{\pi}\int_0^{\pi/2}y(t)\sin\omega t\,\mathrm{d}(\omega t)$$

注意到图 7.2.2(b)中,$\omega t_1=\arcsin\dfrac{s}{X}$,则

$$\begin{aligned}B_1&=\frac{4}{\pi}\left[\int_0^{\arcsin\frac{s}{X}}(kX\sin\omega t)\sin\omega t\,\mathrm{d}(\omega t)+\int_{\arcsin\frac{s}{X}}^{\pi/2}(ks)\sin\omega t\,\mathrm{d}(\omega t)\right]\\&=\frac{2kX}{\pi}\left[\arcsin\frac{s}{X}+\frac{s}{X}\sqrt{1-\left(\frac{s}{X}\right)^2}\right]\end{aligned}$$

则

$$N=\frac{Y_1}{X}\angle\varphi_1=\frac{B_1}{X}\angle 0^\circ=\frac{2k}{\pi}\left[\arcsin\frac{s}{X}+\frac{s}{X}\sqrt{1-\left(\frac{s}{X}\right)^2}\right]$$

当输入 X 幅值较小,不超出线性区间时,该环节是个比例系数为 k 的比例环节,所以饱和放大器的描述函数为

$$N=\begin{cases}\dfrac{2k}{\pi}\left[\arcsin\dfrac{s}{X}+\dfrac{s}{X}\sqrt{1-\left(\dfrac{s}{X}\right)^2}\right] & (X>s)\\ k & (X\leqslant s)\end{cases}$$

同时可见,饱和非线性的描述函数 N 与频率无关,它仅仅是输入信号振幅的函数。

2. 死区

对于死区环节,输入正弦信号时的输入、输出关系如图 7.2.3 所示。

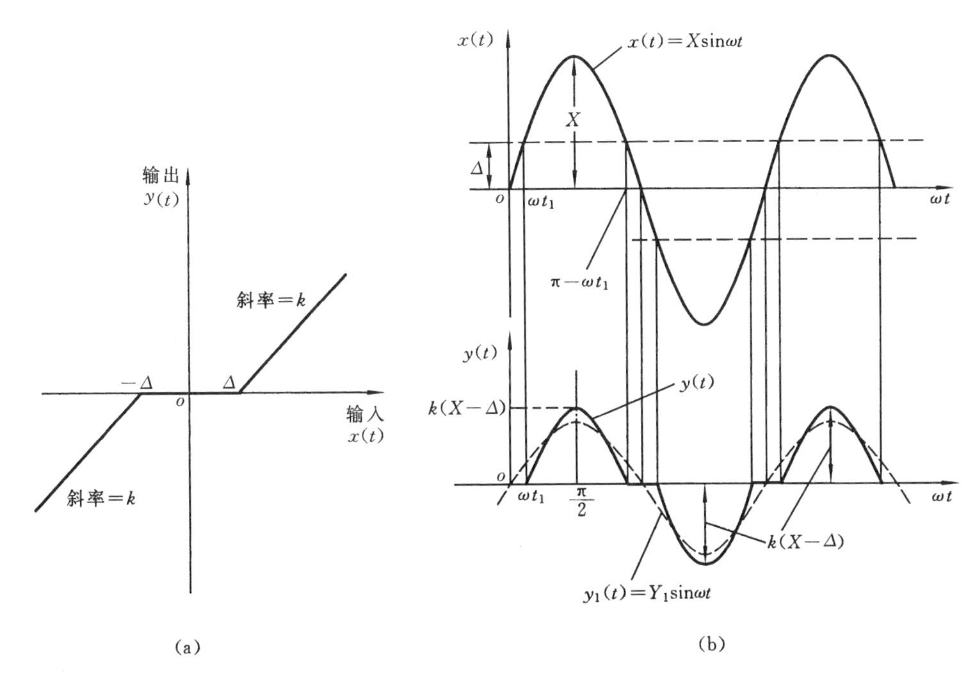

图 7.2.3　死区环节输入正弦信号时的输入、输出关系

设
$$x(t) = X\sin\omega t$$
则当 $0 \leqslant \omega t \leqslant \pi$ 时,有
$$y(t) = \begin{cases} 0 & (0 < \omega t < \omega t_1 \text{ 或 } \pi - \omega t_1 < \omega t < \pi) \\ k(X\sin\omega t - \Delta) & (\omega t_1 < \omega t < \pi - \omega t_1) \end{cases}$$
因输出为奇函数,所以将 $y(t)$ 展开成 Fourier 级数时,有
$$A_n = 0$$
取其基波,得
$$y_1(t) = B_1 \sin\omega t$$
式中
$$B_1 = \frac{1}{\pi}\int_0^{2\pi} y(t)\sin\omega t \,\mathrm{d}(\omega t) = \frac{4}{\pi}\int_0^{\pi/2} y(t)\sin\omega t \,\mathrm{d}(\omega t)$$
$$= \frac{4}{\pi}\int_{\omega t_1}^{\pi/2} k(X\sin\omega t - \Delta)\sin\omega t \,\mathrm{d}(\omega t)$$
$$= \frac{4k}{\pi}\int_{\omega t_1}^{\pi/2}\left(X \cdot \frac{1-\cos 2\omega t}{2} - \Delta\sin\omega t\right)\mathrm{d}(\omega t)$$
考虑到
$$\Delta = X\sin\omega t_1$$
即
$$\omega t_1 = \arcsin\frac{\Delta}{X}$$

则
$$B_1=\frac{4k}{\pi}\left\{\frac{X}{2}\left[\frac{\pi}{2}-\arcsin\frac{\Delta}{X}+\frac{\Delta}{X}\sqrt{1-\left(\frac{\Delta}{X}\right)^2}-\frac{2\Delta}{X}\sqrt{1-\left(\frac{\Delta}{X}\right)^2}\right]\right\}$$
$$=\frac{2kX}{\pi}\left[\frac{\pi}{2}-\arcsin\frac{\Delta}{X}-\frac{\Delta}{X}\sqrt{1-\left(\frac{\Delta}{X}\right)^2}\right]$$

则
$$N=\frac{Y_1}{X}\angle\varphi_1=\frac{B_1}{X}\angle 0^\circ=k-\frac{2k}{\pi}\left[\arcsin\frac{\Delta}{X}+\frac{\Delta}{X}\sqrt{1-\left(\frac{\Delta}{X}\right)^2}\right]$$

当输入 X 幅值小于死区 Δ 时,输出为零,因而描述函数 N 也为零。

同时还可见,死区的描述函数也与频率无关,只是输入振幅的函数。

3. 间隙

当 $h<X<2h$ 时,间隙环节输入正弦信号时的输入、输出特性如图 7.2.4 所示。

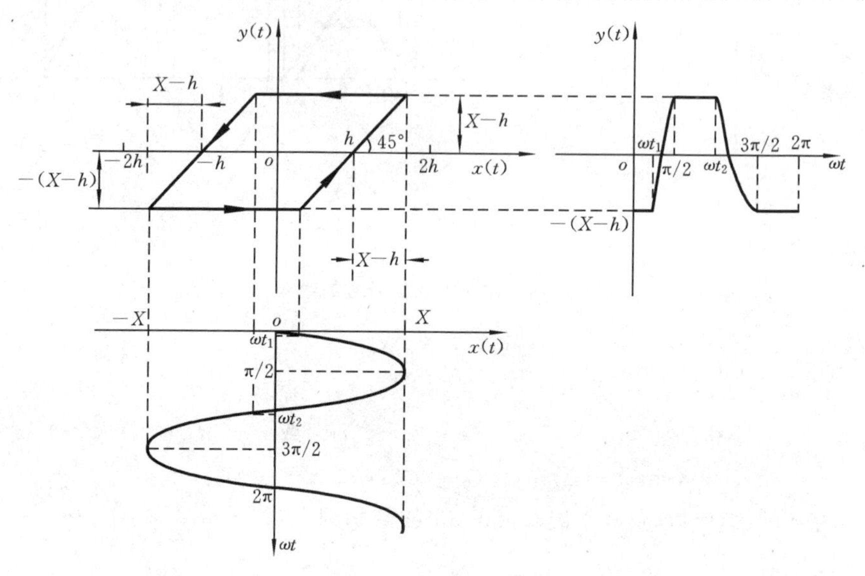

图 7.2.4　间隙环节输入正弦信号时的输入、输出关系

设
$$x(t)=X\sin\omega t$$

显然,输出滞后于输入,输出函数是与输入函数同频率的非正弦周期函数。

当 $0\leqslant\omega t\leqslant 2\pi$ 时,有

$$y(t)=\begin{cases}-(X-h) & (0\leqslant\omega t<\omega t_1)\\ X\sin\omega t-h & (\omega t_1\leqslant\omega t<\pi/2)\\ X-h & (\pi/2\leqslant\omega t<\omega t_2)\\ X\sin\omega t+h & (\omega t_2\leqslant\omega t<3\pi/2)\\ -(X-h) & (3\pi/2\leqslant\omega t<2\pi)\end{cases}$$

其中
$$X\sin\omega t_1=h-(X-h)$$

$$\omega t_1 = \arcsin\left(\frac{2h}{X} - 1\right) \qquad \omega t_2 = \omega t_1 + \pi$$

输出函数既不是奇函数，也不是偶函数，但其直流分量为零。将 $y(t)$ 展开成 Fourier 级数，取其基波，有

$$y_1(t) = A_1 \cos\omega t + B_1 \sin\omega t$$

式中

$$\begin{aligned}
A_1 &= \frac{1}{\pi}\left[\int_0^{2\pi} y(t)\cos\omega t \, \mathrm{d}(\omega t)\right] \\
&= \frac{1}{\pi}\left[\int_0^{\omega t_1} -(X-h)\cos\omega t \, \mathrm{d}(\omega t) + \int_{\omega t_1}^{\pi/2} (X\sin\omega t - h)\cos\omega t \, \mathrm{d}(\omega t)\right. \\
&\quad + \int_{\pi/2}^{\omega t_2} (X-h)\cos\omega t \, \mathrm{d}(\omega t) + \int_{\omega t_2}^{3\pi/2} (X\sin\omega t + h)\cos\omega t \, \mathrm{d}(\omega t) \\
&\quad \left. + \int_{3\pi/2}^{2\pi} -(X-h)\cos\omega t \, \mathrm{d}(\omega t)\right] \\
&= \frac{2h}{\pi X}\left(\frac{2h}{X} - 2\right) X
\end{aligned}$$

$$\begin{aligned}
B_1 &= \frac{1}{\pi}\left[\int_0^{2\pi} y(t)\sin\omega t \, \mathrm{d}(\omega t)\right] \\
&= \frac{1}{\pi}\left\{\int_0^{\omega t_1} [-(X-h)\sin\omega t \, \mathrm{d}(\omega t)] + \int_{\omega t_1}^{\pi/2} (X\sin\omega t - h)\sin\omega t \, \mathrm{d}(\omega t)\right. \\
&\quad + \int_{\pi/2}^{\omega t_2} (X-h)\sin\omega t \, \mathrm{d}(\omega t) + \int_{\omega t_2}^{3\pi/2} (X\sin\omega t + h)\sin\omega t \, \mathrm{d}(\omega t) \\
&\quad \left. + \int_{3\pi/2}^{2\pi} [-(X-h)\sin\omega t \, \mathrm{d}(\omega t)]\right\} \\
&= \frac{1}{\pi}\left\{\frac{\pi}{2} - \arcsin\left(\frac{2h}{X} - 1\right) - \left(\frac{2h}{X} - 1\right)\cos\left[\arcsin\left(\frac{2h}{X} - 1\right)\right]\right\} X
\end{aligned}$$

$$N \doteq \frac{Y_1}{X}\angle\varphi_1 = \frac{1}{X}\sqrt{A_1^2 + B_1^2}\angle\arctan\frac{A_1}{B_1}$$

该描述函数比较复杂，其幅值和辐角都是随输入振幅的变化而变化的，但与频率无关。

4. 三位置式继电器特性

三位置式继电器输入正弦信号时的输入、输出特性如图 7.2.5 所示。

设

$$x(t) = X\sin\omega t$$

则当 $0 \leqslant \omega t \leqslant \pi$ 时，有

$$y(t) = \begin{cases} M & (\omega t_1 \leqslant \omega t < \pi - \omega t_1) \\ 0 & (0 \leqslant \omega t < \omega t_1 \text{ 或 } \pi - \omega t_1 \leqslant \omega t < \pi) \end{cases}$$

因输出为奇函数，所以将 $y(t)$ 展开成 Fourier 级数时，有

$$A_n = 0$$

取其基波，得

$$y_1(t) = B_1 \sin\omega t$$

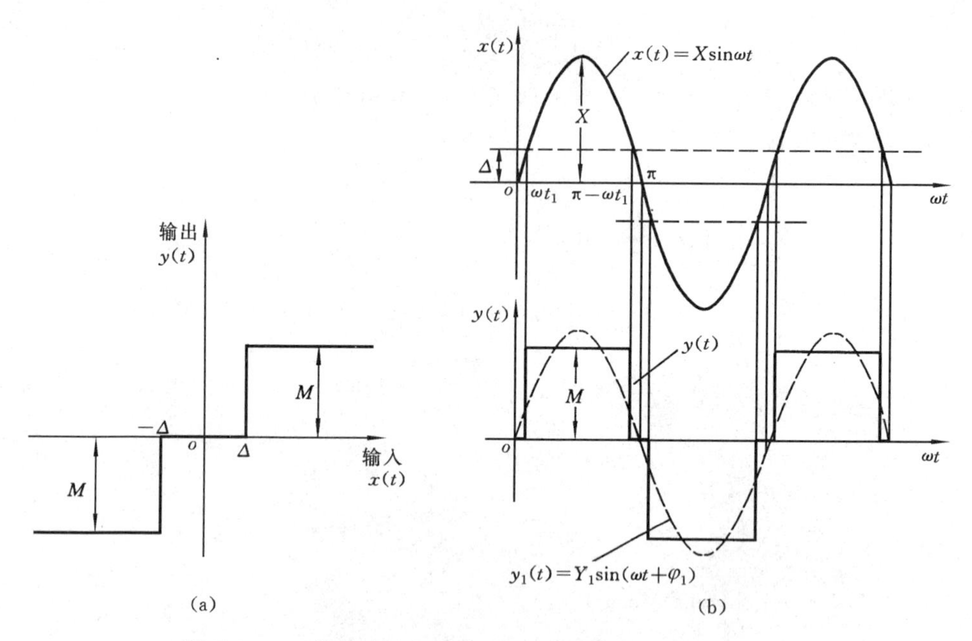

图 7.2.5 三位置式继电器输入正弦信号时的输入、输出关系

式中

$$B_1 = \frac{1}{\pi}\int_0^{2\pi} y(t)\sin\omega t\,\mathrm{d}(\omega t) = \frac{4}{\pi}\int_0^{\pi/2} y(t)\sin\omega t\,\mathrm{d}(\omega t)$$

$$= \frac{4}{\pi}\int_{\omega t_1}^{\pi/2} M\sin\omega t\,\mathrm{d}(\omega t) = \frac{4M}{\pi}\cos\omega t_1$$

又因

$$\sin\omega t_1 = \frac{\Delta}{X}$$

即

$$\omega t_1 = \arcsin\frac{\Delta}{X}$$

所以

$$B_1 = \frac{4M}{\pi}\sqrt{1-\left(\frac{\Delta}{X}\right)^2}$$

则

$$N = \frac{Y_1}{X}\angle\varphi_1 = \frac{B_1}{X}\angle 0^\circ = \frac{4M}{\pi X}\sqrt{1-\left(\frac{\Delta}{X}\right)^2}$$

当输入的幅值 X 小于 Δ 时，输出为零，因而其描述函数也为零，所以

$$N = \begin{cases} \dfrac{4M}{\pi X}\sqrt{1-\left(\dfrac{\Delta}{X}\right)^2} & (X \geqslant \Delta) \\ 0 & (X < \Delta) \end{cases}$$

其描述函数也与频率无关，只是输入振幅的函数。

7.2.3 利用描述函数法分析非线性系统的稳定性

如图 7.2.6 所示非线性系统中，$G(s)$ 表示系统线性部分的传递函数，N 表示系统非线性部分的描述函数。设线性部分 $G(\mathrm{j}\omega)$ 具有低通滤波特性，使非线性部分输出产生的高次谐波能够充分衰减，则其描述函数 N 可作为一个变量的增益来处理。

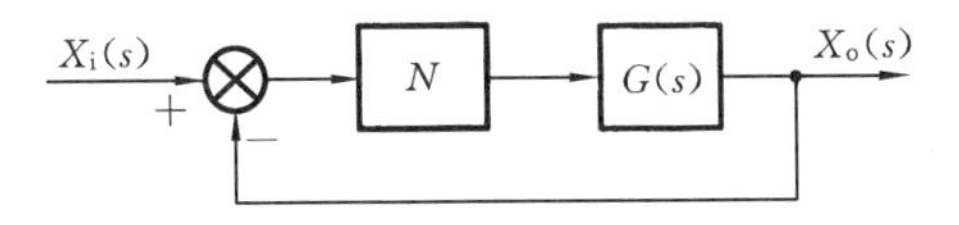

图 7.2.6　典型非线性闭环系统方框图

系统的闭环频率响应为

$$\frac{X_o(j\omega)}{X_i(j\omega)}=\frac{NG(j\omega)}{1+NG(j\omega)}$$

系统的特征方程为

$$1+NG(j\omega)=0$$

当 $G(j\omega)=-1/N$ 时，系统输出将出现自激振荡。这相当于在线性系统中，当系统的开环频率特性 $G(j\omega)=-1$ 时，系统将出现等幅振荡，此时为临界稳定的情况。

对于线性系统，可以用 Nyquist 判据来判断系统的稳定性，即在复平面上以开环频率特性 $G(j\omega)$ 和点 $(-1,j0)$ 的相对位置判断系统的稳定性。在非线性系统的描述函数分析中，则以 $G(j\omega)$ 和 $-1/N$ 在复平面上的相对位置来判断系统的稳定性。

如图 7.2.7 所示，稳定判据是：

(1) 系统线性部分的频率特性 $G(j\omega)$ 轨迹不包围非线性部分描述函数的负倒数 $-1/N$ 的轨迹，系统是稳定的，如图(a)所示。

(2) 系统 $G(j\omega)$ 轨迹包围 $-1/N$ 的轨迹，系统不稳定，如图(b)所示。

(3) 系统 $G(j\omega)$ 轨迹与 $-1/N$ 的轨迹相交，系统的输出存在极限环，如图(c)所示。极限环有稳定极限环和不稳定极限环之分。

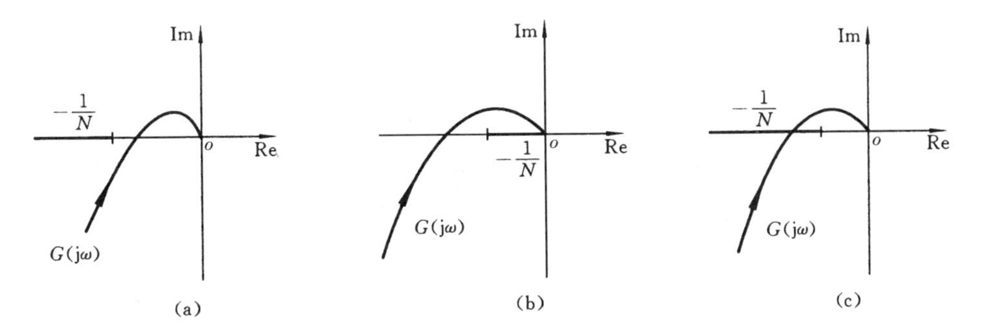

图 7.2.7　非线性系统 Nyquist 判据应用

下面讨论极限环的稳定性。

对于图 7.2.8 所示系统，由前述知道饱和非线性的描述函数为

$$N=\begin{cases}\dfrac{2k}{\pi}\left[\arcsin\dfrac{s}{X}+\dfrac{s}{X}\sqrt{1-\left(\dfrac{s}{X}\right)^2}\right] & (X>s)\\ k & (X\leqslant s)\end{cases}$$

当 $X\leqslant s$ 时，$-1/N=-1/k$；

当 $X\to\infty$ 时，$-1/N\to-\infty$。

对于该系统的线性部分，有

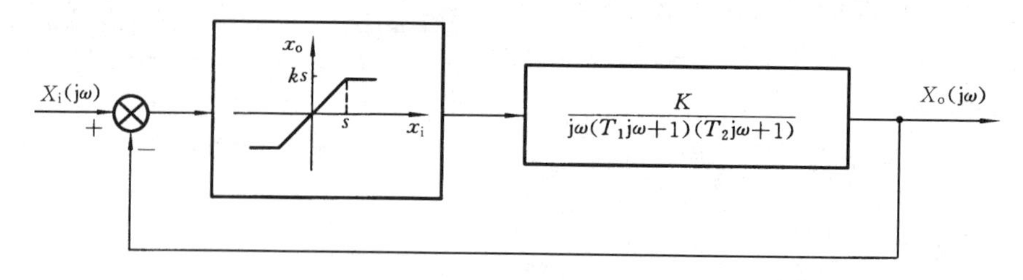

图 7.2.8　饱和非线性系统

当 $\omega \to 0$ 时，$|G(j\omega)| = \infty$，$\angle G(j\omega) = -90°$；

当 $\omega \to \infty$ 时，$|G(j\omega)| = 0$，$\angle G(j\omega) = -270°$。

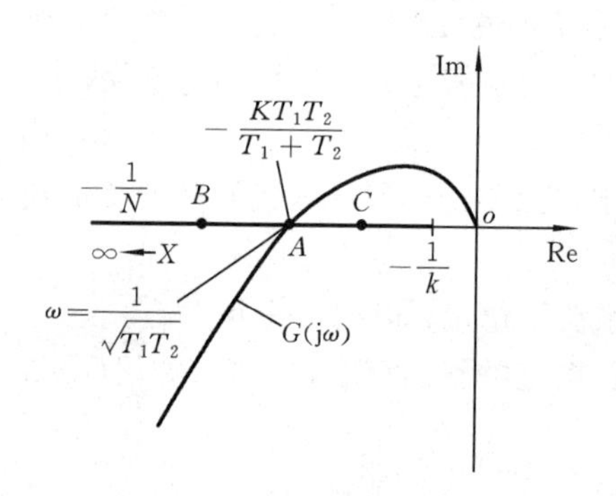

图 7.2.9　稳定极限环例

该系统的饱和非线性描述函数的负倒数特性曲线和线性部分频率特性的 Nyquist 曲线如图 7.2.9 所示。Nyquist 曲线与负实轴有一交点，交点坐标为 $\left(-\frac{KT_1T_2}{T_1+T_2}, j0\right)$，交点频率为 $\frac{1}{\sqrt{T_1T_2}}$。

当线性部分放大倍数 K 充分大，使得 $\frac{KT_1T_2}{T_1+T_2} > \frac{1}{k}$ 时，$G(j\omega)$ 与 $-1/N$ 曲线相交，产生极限环。假设系统最初在点 A 工作，其振荡具有振幅 X_A 和频率 ω_A，它们分别由 $-1/N$ 轨迹和 $G(j\omega)$ 轨迹来确定。假定对工作在点 A 的系统施加一个轻微的干扰，使非线性元件的输入振幅 X 变大，工作点移到交点左侧点 B 处，使得 $G(j\omega)$ 曲线不包围点 B，系统稳定，于是其幅值逐渐变小，又回到交点 A 处。当扰动使得幅值 X 变小时，工作点移到交点右侧点 C 处，使得 $G(j\omega)$ 曲线包围点 C，系统不稳定，于是其幅值逐渐变大，工作点同样回到点 A 处。因此，该极限环为稳定极限环。

对于图 7.2.10 所示的非线性系统，$G(j\omega)$ 为线性部分的频率特性，N 为非线性部分的描述函数。$G(j\omega)$ 曲线与 $-1/N$ 曲线有两个交点 A 和 B，形成两个极限环，如图7.2.10(a)所示。

假设在 $-1/N$ 轨迹上的点 A 相当于一个较小的 X 值，而在 $-1/N$ 轨迹上的点 B 相当于一个较大的 X 值。X 的值在 $-1/N$ 轨迹上朝着点 A 到点 B 的方向增加。

如果系统工作在点 A，当遇到扰动时 X 略有减小，工作点运动到点 D 附近。由于 $G(j\omega)$ 没有包围该点，系统稳定，其幅值逐渐变小，越来越远离点 A；当扰动使工作点离开点 A 到点 C 附近时，由于 $G(j\omega)$ 包围了该点，系统不稳定，其幅值逐渐变大，同样远离点 A，向点 B 方向运动，因此，点 A 具有发散的特性，构成不稳定的极限环。同理，

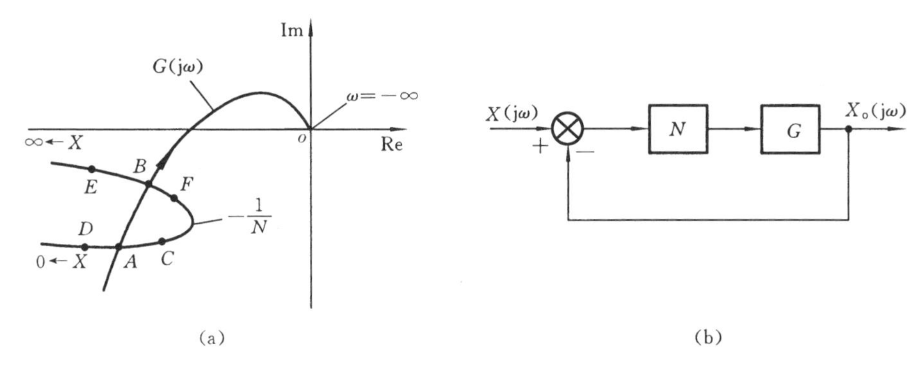

图 7.2.10 稳定和不稳定极限环例

可以说明点 B 具有收敛的特性，构成稳定的极限环。

从以上例子可以归纳出用描述函数法分析系统稳定性的步骤：

(1) 将非线性系统化成如图 7.2.6 所示的典型结构；

(2) 由定义求出非线性部分的描述函数 N；

(3) 在复平面上作出 $-1/N$ 和 $G(\mathrm{j}\omega)$ 的轨迹；

(4) 判断系统是否稳定，是否存在极限环；

(5) 如果系统存在极限环，进一步分析极限环的稳定性，确定该点的频率和幅值。

一般来说，控制系统不希望出现极限环。用描述函数法设计非线性系统时，很重要的一条是避免线性部分的 $G(\mathrm{j}\omega)$ 轨迹与非线性部分的 $-1/N$ 轨迹相交，这可以通过加校正环节实现。如图 7.2.9 所示，如果减小 $G(\mathrm{j}\omega)$ 的增益 K，可使 $-1/N$ 轨迹和 $G(\mathrm{j}\omega)$ 轨迹无交点，且 $-1/N$ 轨迹不被 $G(\mathrm{j}\omega)$ 轨迹所包围，这一非线性控制系统就是稳定的。

7.3 相平面分析法

相平面(phase plane)分析法是适用于二阶非线性系统的几何方法。在相平面上能给出二阶系统相轨迹的清晰图像。

7.3.1 相平面和相轨迹

对于二阶系统，如已知两个状态变量，则该系统的动态性能就完全能被描述。因此，从分析系统状态的角度，相平面分析法又是现代控制理论状态空间分析法的经典基础。一般的二阶系统均可以表示为

$$\ddot{x}+f(x,\dot{x})=0 \tag{7.3.1}$$

式中：$f(\dot{x},x)$ 是关于 x 和 $\dot{x}$ 的线性函数或非线性函数。

正如 1.1 节所述，二阶系统也可以用两个联立的一阶微分方程表示。引入新变

量 x_2 代替$\dot{x}$,并令 $x_1=x$,式(7.3.1)就可以化为下面的联立方程:

$$\left.\begin{aligned}\dot{x}_1&=x_2\\\dot{x}_2&=-f(x_1,x_2)\end{aligned}\right\}\tag{7.3.2}$$

进一步考虑一般情况,式(7.3.2)就变为

$$\left.\begin{aligned}\frac{\mathrm{d}x_1}{\mathrm{d}t}&=f_1(x_1,x_2)\\\frac{\mathrm{d}x_2}{\mathrm{d}t}&=f_2(x_1,x_2)\end{aligned}\right\}\tag{7.3.3}$$

将式(7.3.3)的两式相除,得

$$\frac{\mathrm{d}x_2}{\mathrm{d}x_1}=\frac{f_2(x_1,x_2)}{f_1(x_1,x_2)}\tag{7.3.4}$$

解式(7.3.4)可得

$$x_2=g(x_1)$$

因此系统的解可以用 t 为参变量,用 $x_2(t)$ 和 $x_1(t)$ 的关系图来表示。这时,如果用 x_1 和 x_2 作为平面的直角坐标轴,则系统在每一时刻的状态均对应于该平面的一点。当时间 t 变化时,这一点在 x_1-x_2 平面上便描绘出一条相应的轨迹线。该轨迹线表征系统状态的变化过程,称为相轨迹。由 x_1、x_2 轴所组成的平面坐标系称为相平面。用相轨迹表示系统的动态过程的这种几何方法,叫作系统动态特性的相平面表示法。

根据解析函数的微分方程解的唯一定理,可证明在相平面上对应每一个给定的初始条件,通过由初始条件确定的点的相轨迹只有一条,因此由所有可能初始条件确定的相轨迹不会相交。只有在奇点(或称平衡点)上,由于该点斜率 $\dfrac{\mathrm{d}x_2}{\mathrm{d}x_1}=\dfrac{0}{0}$ 为未定式,可以有无穷多个相轨迹逼近或离开它。由一族相轨迹组成的图像叫作相平面图。

例 7.3.1　设系统的运动方程为

$$\ddot{x}+\omega_0^2x=0$$

以位移 x 和速度$\dot{x}$ 作为状态变量,即令

$$x_1=x\qquad x_2=\dot{x}$$

描述系统相轨迹的相轨迹方程由运动方程求得,为

$$x_2^2+(\omega_0x_1)^2=A^2\omega_0^2$$

式中:A 为由初始条件确定的振幅值。

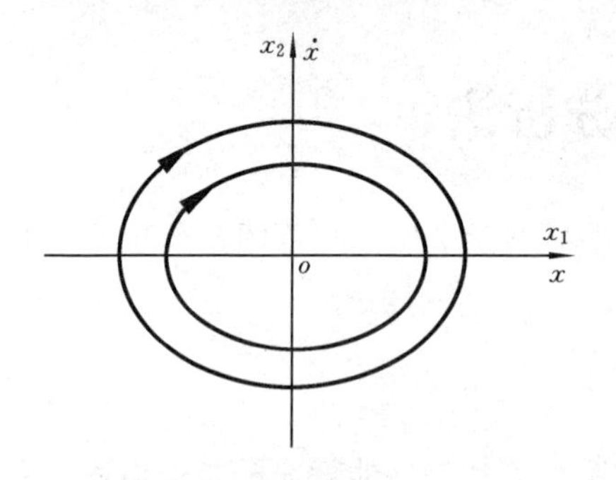

图 7.3.1　椭圆相轨迹

由相轨迹方程求得相应的相平面图为一族椭圆,如图 7.3.1 所示。

在某些情况下,相平面图可能关于 x(即 x_1) 轴、$\dot{x}$(即 x_2) 轴或同时关于 x 轴和$\dot{x}$ 轴对称。相平面图的对称性可由微分方程或相轨迹方程确定。

同样,设描述系统的微分方程为

$$\ddot{x}+f(x,\dot{x})=0$$

将该微分方程改写成

$$\frac{\mathrm{d}\dot{x}}{\mathrm{d}t}=-f(x,\dot{x})$$

两边除以 $\frac{\mathrm{d}x}{\mathrm{d}t}$ 后得

$$\frac{\mathrm{d}\dot{x}}{\mathrm{d}x}=-\frac{f(x,\dot{x})}{\dot{x}} \tag{7.3.5}$$

从式(7.3.5)可以看出，为了使相轨迹关于 x 轴对称，要求对所有 x 值，当 $\dot{x}>0$ 和 $\dot{x}<0$ 时，斜率 $\frac{\mathrm{d}\dot{x}}{\mathrm{d}x}$ 必须大小相等、符号相反。因此，由式(7.3.5)可求得

$$f(x,\dot{x})=f(x,-\dot{x})$$

即 $f(x,\dot{x})$ 必须是 $\dot{x}$ 的偶函数。因此，所有不包含 $\dot{x}$ 的微分方程的相平面，总关于 x 轴对称。如果相平面图关于 x 轴对称，则上半平面内的图形，在运动方向上与下半面内的图形有区别，比如在上半平面内表示点向右方运动，则在下半平面内表示点便向左方运动。相平面图关于 x 轴对称时，只要画出上半平面内的相平面即可。

同理，为了保证相轨迹关于 $\dot{x}$ 轴对称，则对于所有的 $\dot{x}$ 值，当 $x>0$ 和 $x<0$ 时，斜率 $\frac{\mathrm{d}\dot{x}}{\mathrm{d}x}$ 必须大小相等、符号相反，因此，由式(7.3.5)求得

$$f(x,\dot{x})=-f(-x,\dot{x})$$

即 $f(x,\dot{x})$ 必须是 x 的奇函数。

若同时要求相轨迹关于 x 轴和 $\dot{x}$ 轴对称，则要求

$$f(-x,\dot{x})=-f(x,-\dot{x})$$

7.3.2　相轨迹的作图法

相轨迹既可以通过解析法求得，也可以通过图解法或试验方法作出。

1. 解析法

解析法一般用于系统的微分方程比较简单或可以分段线性化的方程。因为这时应用解析法可以很容易求得方程的解。

另外，当综合非线性系统时，如需要简单的线性微分方程的相轨迹解析表达式，或需要证明在相平面上存在封闭曲线时，也常常应用解析法。应用解析法求取相轨迹方程，一般有两种方法。

一种方法是对方程

$$\frac{\mathrm{d}\dot{x}}{\mathrm{d}x}=-\frac{f(x,\dot{x})}{\dot{x}}$$

进行直接积分，求出相轨迹方程。这种方法只有当上述方程可以进行积分时才适用。一旦得到 $\dot{x}=f(x)$ 的关系式，便可作出相应的相轨迹。

另一种方法是求出 x 和 $\dot{x}$ 对 t 的函数关系，然后从两方程中消去 t，从而求得相轨迹方程。

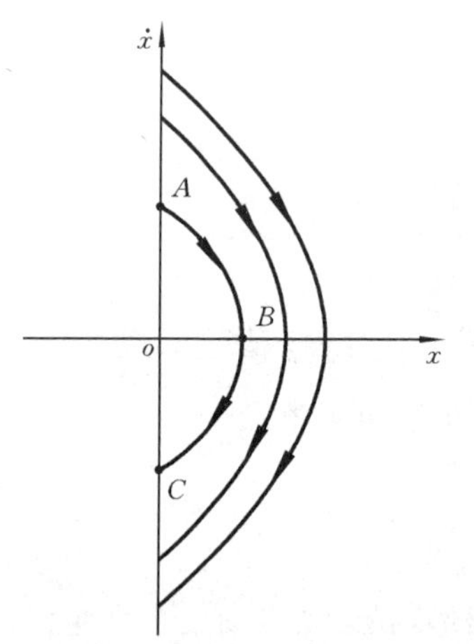

图 7.3.2　单位质量质点自由落体运动相轨迹

例 7.3.2　忽略大气的影响，单位质量质点在接近地面处的自由落体运动方程为

$$\ddot{x}=-g$$

由例 7.3.1 知

$$\ddot{x}=\dot{x}\frac{\mathrm{d}\dot{x}}{\mathrm{d}x}$$

所以

$$\dot{x}\frac{\mathrm{d}\dot{x}}{\mathrm{d}x}=-g$$

即

$$\dot{x}\mathrm{d}\dot{x}=-g\mathrm{d}x$$

两边积分，整理得

$$\dot{x}^2=-2gx+c$$

大家知道，这是抛物线方程。以 x 为横坐标，以 $\dot{x}$ 为纵坐标作相平面图，如图 7.3.2 所示。箭头表示时间增加的流线方向。注意到这个流线表示了系统状态的变化，点 A 假设为初始状态。例如质点是球，从地面向上抛，这时 $x(0)=0$，而 $\dot{x}(0)$ 表示初速度是正的量，球从点 A 出发，沿着抛物线到达点 B，在点 B 球达到最高的高度。同时球开始下落，下落的状态变化用 BC 表示，应注意这时球的速度为负。点 C 表示球与地面相碰。

当应用解析法求解微分方程比较困难，甚至不可能时，建议采用图解法，应用图解法既可求解线性微分方程，也可求解非线性微分方程。

2. 相轨迹的图解法——等倾线法

设系统的微分方程为

$$\ddot{x}=-f(x,\dot{x})$$

式中：$f(x,\dot{x})$ 为解析函数。若以 x 为自变量，$\dot{x}$ 为因变量，则该方程可改写为

$$\frac{\mathrm{d}\dot{x}}{\mathrm{d}x}=-\frac{f(x,\dot{x})}{\dot{x}}$$

用 k 表示相轨迹的斜率，即令 $k=\frac{\mathrm{d}\dot{x}}{\mathrm{d}x}$，则系统的微分方程还可改写为

$$k=\frac{-f(x,\dot{x})}{\dot{x}} \tag{7.3.6}$$

根据式(7.3.6)可求得同一斜率下所有点 $\dot{x}$ 和 x 的数值，若将这些具有相同斜率的点连成一线，则此线称为相轨迹的等倾线(isocline)。给出不同的 k 值，则可在相平面上画出相应的等倾线。如在这些等倾线的各点上画出斜率等于等倾线值的短线段，则这些短线段便在整个相平面上构成相轨迹切线的方向场。这时，只需从由初始条件确定的点出发，沿着切线场方向将这些短线段用光滑连续曲线连接起来，便可得到系统的相轨迹。

等倾线和表示切线方向场的短线段示于图7.3.3。

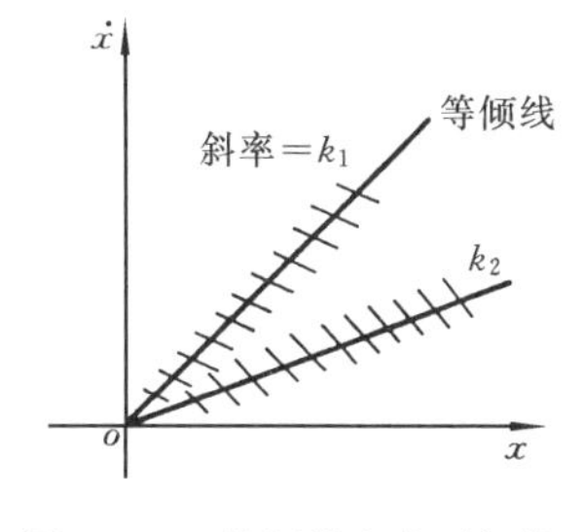

图 7.3.3　等倾线和表示切线方向场的短线段

例 7.3.3　设系统的微分方程为

$$\ddot{x}+2\xi\omega\dot{x}+\omega^2x=0$$

试用等倾线法绘制其相轨迹。

上述方程可改写为

$$\ddot{x}=-2\xi\omega\dot{x}-\omega^2x$$

从而求得

$$\frac{\mathrm{d}\dot{x}}{\mathrm{d}x}=\frac{-(2\xi\omega\dot{x}+\omega^2x)}{\dot{x}}$$

令

$$\frac{\mathrm{d}\dot{x}}{\mathrm{d}x}=k$$

则得

$$k\dot{x}=-2\xi\omega\dot{x}-\omega^2x$$

或

$$\frac{\dot{x}}{x}=\frac{-\omega^2}{2\xi\omega+k}$$

以上方程便是等倾线方程，它代表一条通过相平面原点的直线，根据等倾线方程可在相平面上画出一族等倾线。

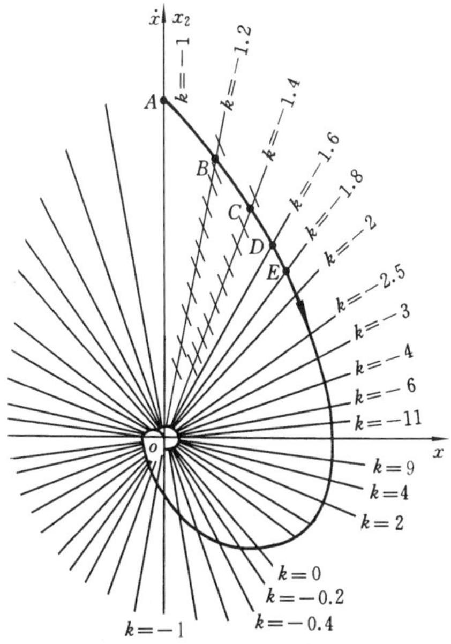

若取 $\omega=1$ 及 $\xi=0.5$，则相应的一族等倾线如图 7.3.4 所示。

图 7.3.4　相轨迹例

在图 7.3.4 中，等倾线上各短线段的斜率与等倾线代表的 k 值相等。若从初始条件确定的点 A 作系统的相轨迹，需自点 A 开始，按图上的短线段确定的方向，依次连接 A、B、C、D、E 各点直到平面的原点 o。在作图过程中相邻两等倾线之间相轨迹的斜率由两等倾线斜率和的一半来确定，如在点 A 和点 B 之间的斜率可取

$$k=\frac{-1+(-1.2)}{2}=-1.1$$

这样，从点 A 出发作斜率 $k=-1.1$ 的直线交 $k=-1.2$ 的等倾线于点 B，求得的 AB 线便是相轨迹的一部分。

在点 B 和点 C 之间也可用类似的方法求取相轨迹。如此继续下去，直至整个相轨迹作出为止。

为了得到足够准确的相轨迹，一般等倾线的间隔以 $5^\circ\sim10^\circ$ 为宜。

例 7.3.4　非线性方程

$$\ddot{x}+0.2(x^2-1)\dot{x}+x=0$$

令

$$x_1=x\qquad x_2=\dot{x}$$

则该系统可表示为

$$\left.\begin{aligned}\dot{x}_1 &= x_2 \\ \dot{x}_2 &= -0.2(x_1^2-1)x_2 - x_1\end{aligned}\right\} \tag{7.3.7}$$

则
$$\frac{dx_2}{dx_1} = \frac{-0.2(x_1^2-1)x_2 - x_1}{x_2} = -0.2(x_1^2-1) - \frac{x_1}{x_2}$$

即
$$k = -0.2(x_1^2-1) - \frac{x_1}{x_2}$$

则
$$x_2 = \frac{x_1}{0.2(1-x_1^2) - k} \tag{7.3.8a}$$

当等倾线倾角为0°时，其斜率 k 为0，式(7.3.8a)成为

$$x_2 = \frac{x_1}{0.2(1-x_1^2)} \tag{7.3.8b}$$

当式(7.3.7)表示的系统的相轨迹与式(7.3.8b)所表示的曲线相交时，相轨迹在这个交点附近的斜率就为0。

当等倾线倾角为−45°时，其斜率 k 为−1，式(7.3.8b)成为

$$x_2 = \frac{x_1}{1.2 - 0.2x_1^2} \tag{7.3.8c}$$

这时，式(7.3.7)的相轨迹与式(7.3.8c)所示曲线相交处的斜率就是−1。这样反复地继续下去，就可作出图7.3.5所示的斜率的分布场。实际作图时，先定下初始状态的点，再把具有各种斜率的折线顺序连接起来，即可作出近似的相轨迹图。

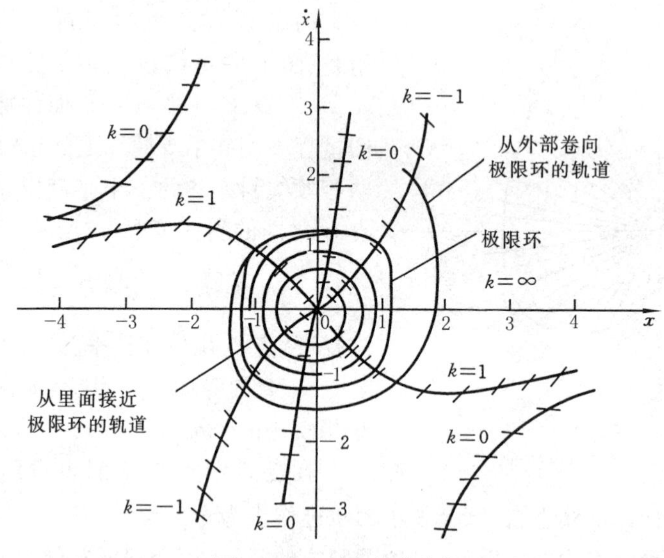

图 7.3.5 斜率的分布场

7.3.3 相平面分析

例 7.3.5 机床进给系统的低速爬行现象。

为了便于分析，将进给传动链归算为一个弹性-阻尼-惯性质量系统，如图7.3.6所示。

系统的动力学方程为

$$m\ddot{x}_o - c(\dot{x}_o)\dot{x}_o = k(x_i - x_o) \tag{7.3.9a}$$

式中，速度阻尼力 $c(\dot{x}_o)\dot{x}_o$ 项和 $\dot{x}_o$ 的关系如图 7.3.7 所示。

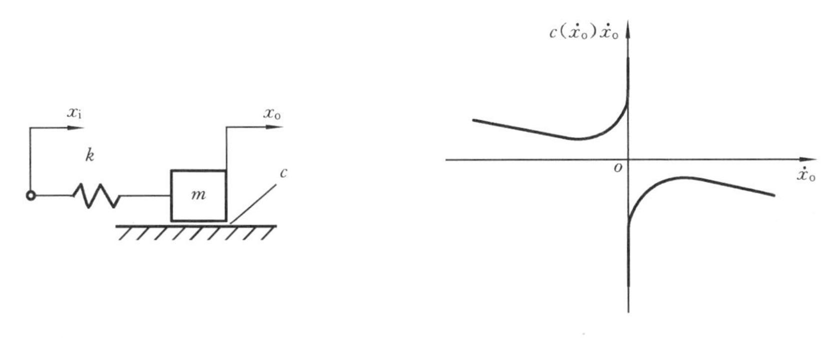

图 7.3.6　低速爬行系统　　　　图 7.3.7　速度阻尼力 $c(\dot{x}_o)\dot{x}_o$ 项和 $\dot{x}_o$ 的关系

将这一关系近似分解为线性项和非线性项，即

$$c(\dot{x}_o)\dot{x}_o = c\dot{x}_o + F(\dot{x}_o)\dot{x}_o$$

如图 7.3.8 所示。其中图(a)所示为非线性项，图中 F_1 为静摩擦力，F_0 为库仑摩擦力；图(b)所示为线性项。

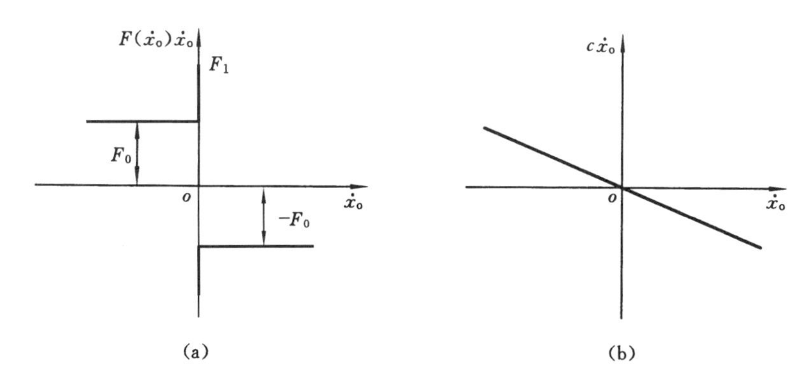

图 7.3.8　速度阻尼力的非线性项与线性项

此时系统动力学方程(7.3.9a)变为

$$m\ddot{x}_o - c\dot{x}_o - F(\dot{x}_o)\dot{x}_o = k(x_i - x_o) \tag{7.3.9b}$$

将 $F(\dot{x}_o)$ 视为非线性系数，对式(7.3.9b)进行 Laplace 变换，则近似有

$$[ms^2 - cs - F(\dot{x}_o)s]X_o(s) = k[X_i(s) - X_o(s)]$$

即

$$\frac{X_o(s)}{X_i(s) - X_o(s)} = \frac{k}{ms^2 - cs - F(\dot{x}_o)s} = \frac{\dfrac{1}{ms - c}}{1 - \dfrac{1}{ms - c}F(\dot{x}_o)}\frac{k}{s} \tag{7.3.10}$$

式(7.3.10)的控制作用方框图如图 7.3.9 所示。

由图 7.3.9，可以导出 $E(s) = X_i(s) - X_o(s)$ 和 $X_i(s)$ 间的关系式为

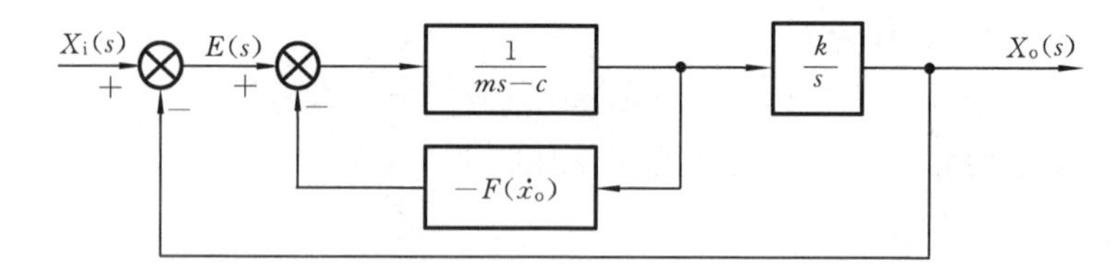

图 7.3.9　式(7.3.10)的控制作用方框图

$$\frac{E(s)}{X_i(s)} = \frac{1}{1+\dfrac{k}{ms^2 - cs - F(\dot{x}_o)s}}$$

即
$$[ms^2 - cs - F(\dot{x}_o)s + k]E(s) = [ms^2 - cs - F(\dot{x}_o)s]X_i(s)$$

对应的时域方程为

$$m\ddot{\varepsilon} - c\dot{\varepsilon} - F(\dot{x}_o)\dot{\varepsilon} + k\varepsilon = m\ddot{x}_i - c\dot{x}_i - F(\dot{x}_o)\dot{x}_i \tag{7.3.11}$$

式中
$$\varepsilon = \varepsilon(t) = \mathrm{L}^{-1}E(s)$$

给 x_i 以恒速输入,即

$$x_i = vt$$

代入式(7.3.11),有

$$m\ddot{\varepsilon} - c\dot{\varepsilon} - F(\dot{x}_o)\dot{\varepsilon} + k\varepsilon = [-c - F(\dot{x}_o)]v \tag{7.3.12}$$

已知
$$\left.\begin{aligned} \varepsilon &= x_i - x_o \\ \dot{\varepsilon} &= \dot{x}_i - \dot{x}_o = v - \dot{x}_o \end{aligned}\right\} \tag{7.3.13}$$

将式(7.3.13)代入式(7.3.12)得

$$m\ddot{\varepsilon} - c\dot{\varepsilon} - F(\dot{x}_o)(v - \dot{x}_o) + k\varepsilon = -cv - F(\dot{x}_o)v$$

整理后有

$$m\ddot{\varepsilon} - c\dot{\varepsilon} + k\varepsilon = -cv - F(\dot{x}_o)\dot{x}_o \tag{7.3.14}$$

讨论:若 $\dot{x}_o = 0$,即$\dot{\varepsilon} = v$,由图 7.3.8,$|F(\dot{x}_o)\dot{x}_o| \leqslant F_1$,则式(7.3.14)将成为

$$m\ddot{\varepsilon} + k\varepsilon = -F(\dot{x}_o)\dot{x}_o \tag{7.3.15}$$

若 $\dot{x}_o > 0$,即$\dot{\varepsilon} < v$,由图 7.3.8,$F(\dot{x}_o)\dot{x}_o = -F_0$,则式(7.3.14)将成为

$$m\ddot{\varepsilon} - c\dot{\varepsilon} + k\varepsilon = -cv + F_0 \tag{7.3.16}$$

若 $\dot{x}_o < 0$,即$\dot{\varepsilon} > v$,由图 7.3.8,$F(\dot{x}_o)\dot{x}_o = F_0$,则式(7.3.14)将成为

$$m\ddot{\varepsilon} - c\dot{\varepsilon} + k\varepsilon = -cv - F_0 \tag{7.3.17}$$

将式(7.3.15)、式(7.3.16)、式(7.3.17)分别改写为

$$\ddot{\varepsilon} + \omega_n^2\varepsilon = \frac{-F(\dot{x}_o)\dot{x}_o}{m} \quad (\dot{x}_o = 0 \quad \dot{\varepsilon} = v) \tag{7.3.18}$$

$$\ddot{\varepsilon} - 2\xi\omega_n\dot{\varepsilon} + \omega_n^2\varepsilon = \frac{-cv + F_0}{m} \quad (\dot{x}_o > 0 \quad \dot{\varepsilon} < v) \tag{7.3.19}$$

$$\ddot{\varepsilon} - 2\xi\omega_n\dot{\varepsilon} + \omega_n^2\varepsilon = \frac{-cv - F_0}{m} \quad (\dot{x}_o < 0 \quad \dot{\varepsilon} > v) \tag{7.3.20}$$

式中：ω_n 为自振频率，$\omega_n=\sqrt{\dfrac{k}{m}}$；$\xi$ 为阻尼比，$\xi=\dfrac{c}{2\sqrt{mk}}$。

式(7.3.18)、式(7.3.19)和式(7.3.20)就是爬行过程的相轨迹方程，描述了爬行系统的动态性能。

由式(7.3.18)可知，当 $\dot{\varepsilon}=v\ (\dot{x}_o=0)$ 且 $\ddot{\varepsilon}=0$ 时，有

$$\varepsilon=\frac{-F(\dot{x}_o)\,\dot{x}_o}{k}$$

但是 $|F(\dot{x}_o)\,\dot{x}_o|\leqslant F_1$，所以有

$$|\varepsilon|\leqslant\frac{F_1}{k} \tag{7.3.21}$$

这时 ε 值变化而质块静止不动。

由式(7.3.19)可知，当 $\ddot{\varepsilon}=\dot{\varepsilon}=0$ 时，有

$$\varepsilon=\frac{-cv+F_0}{k} \tag{7.3.22}$$

这表示，当 $\dot{x}_o>0$，即 $\dot{\varepsilon}<v$ 时，相轨迹将收敛于点 $\left(\dfrac{-cv+F_0}{k},0\right)$。

由式(7.3.20)可知，当 $\ddot{\varepsilon}=\dot{\varepsilon}=0$ 时，有

$$\varepsilon=\frac{-cv-F_0}{k} \tag{7.3.23}$$

这表示，当 $\dot{x}_o<0$，即 $\dot{\varepsilon}>v$ 时，相轨迹将收敛于点 $\left(\dfrac{-cv-F_0}{k},0\right)$，这和 $\dot{\varepsilon}>v$ 有矛盾，所以该点是个虚点。

在相平面上相轨迹由三部分组成，式(7.3.18)和式(7.3.21)所示系统的相轨迹是一段水平直线，其左、右端点坐标分别是 $\left(-\dfrac{F_1}{k},v\right)$ 和 $\left(\dfrac{F_1}{k},v\right)$；式(7.3.19) 所示系统是一个有阻尼的二阶振荡系统，只是相轨迹不收敛于原点而收敛于点 $\left(\dfrac{-cv+F_0}{k},0\right)$，而式(7.3.20) 所示系统也是一个二阶振荡系统，其相轨迹收敛点的坐标为 $\left(\dfrac{-cv-F_0}{k},0\right)$。

取 $\xi=0.5,\omega_n=1,F_1=2F_0$，有 $-c=k=m$，则爬行相轨迹如图 7.3.10 所示。

对照图 7.3.6，设起始时刻质块静止，弹簧处于自由状态，给 x_i 为低恒速输入，即 $x_i=vt$，则系统初始状态点为$(0,v)$，位于式(7.3.21) 所表示的相轨迹上。此后，状态点沿 $\dot{\varepsilon}=v$ 所表示的相轨迹右移，即弹簧不断被压缩，至 $\varepsilon=\varepsilon_1=\dfrac{2F_0}{k}$ 时，弹簧克服静摩擦力，这时状态点即进入 $\dot{\varepsilon}<v$，相平面沿相轨迹左行，再次和 $\dot{\varepsilon}=v$ 水平线相交，此后状态点又沿 $\dot{\varepsilon}=v$ 相轨迹右移，直至 $\varepsilon=\dfrac{2F_0}{k}$，再重复上述过程。这就是爬行相轨迹

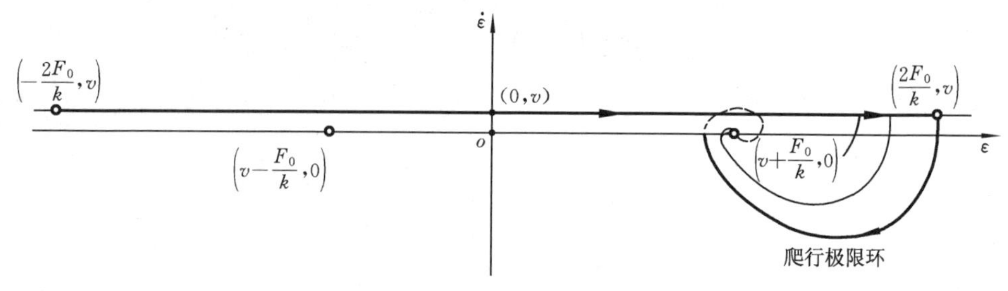

图 7.3.10 爬行相轨迹

极限环,是一种运动中的自激振荡。

图 7.3.10 所示相平面图还显示,不产生爬行的条件是消除产生爬行极限环的条件,这包括:

(1) 提高 v 值,使式(7.3.19)所示系统的相轨迹和$\dot{\varepsilon}=v$表示的相轨迹无交点;

(2) 减小 m,使式(7.3.19)所示系统的相轨迹无超调地趋于收敛点,避免这一相轨迹和$\dot{\varepsilon}=v$表示的相轨迹相交;

(3) 减小 F_1-F_0 值,效果也是使式(7.3.19)相轨迹和$\dot{\varepsilon}=v$无交点;

(4) 加大 k 值,效果同上(v 值一定)。

机床进给系统的低速爬行,会使精密切削无法实现,甚至使系统无法正常工作。根据上述的分析结论:不产生爬行的条件是消除产生爬行极限环的条件,如减小 F_1-F_0 值,即减小导轨静、动摩擦因数的差。目前已经研究出多种工程塑料软带,贴在机床导轨上,构成贴塑导轨,使导轨的静、动摩擦因数差很小,很好地解决了机床进给系统低速爬行的难题(见参考文献[18])。

7.3.4 相平面的特性

相平面图反映初始条件下,由二阶微分方程描述的系统的状态点的运动轨迹,即系统的时间响应。以下扼要介绍由相轨迹求时间解的方法以及奇点和极限环等基本概念。

1. 由相轨迹求时间解

x-$\dot{x}$ 相平面上的相轨迹,是$\dot{x}$ 作为 x 的函数的一种图象,在这里,时间信息没有得到清晰的显示。为了分析所研究的系统与时间有关的性能指标,需要在相轨迹的基础上求时间信息。

设系统的相平面图如图 7.3.11 所示,可以看出,对于小增量 Δx 和 Δt,其平均速度为

$$\dot{x}=\frac{\Delta x}{\Delta t}$$

或写成

$$\Delta t=\frac{\Delta x}{\dot{x}} \tag{7.3.24}$$

按式(7.3.24),可分别求得函数 $x(t)$ 由点 A 至点 B 以及由点 B 至点 C 所需的时间 Δt_{AB} 及 Δt_{BC},即

$$\Delta t_{AB} = \frac{\Delta x_{AB}}{\dot{x}_{AB}} \qquad \Delta t_{BC} = \frac{\Delta x_{BC}}{\dot{x}_{BC}}$$

求取系统时间解的过程示于图 7.3.12。

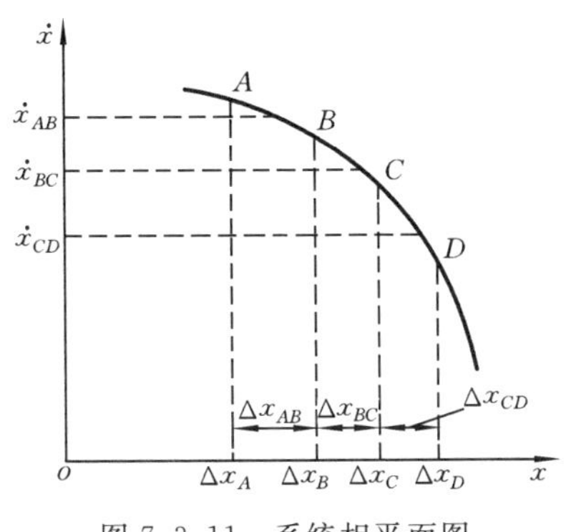

图 7.3.11　系统相平面图

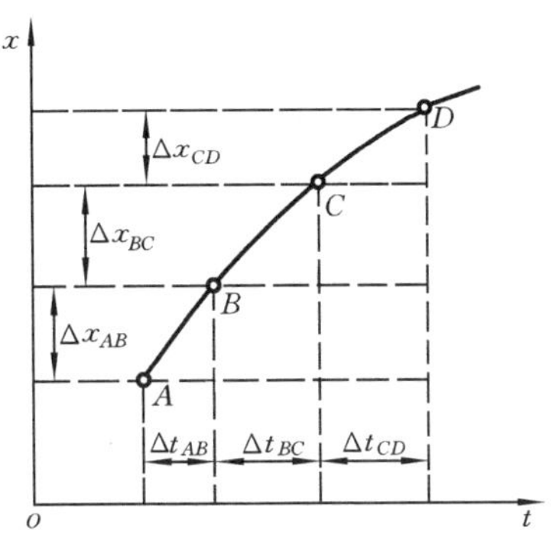

图 7.3.12　系统时间解

为使求得的时间解有足够的准确性，位移增量 Δx 必须取得足够小，以便使 $\dot{x}$ 和 t 的相应增量也相当小，但 Δx 并非一定取常值，也可根据相轨迹的形状确定其值的大小，在保证一定准确性的前提下使作图、计算工作量减至最小。

求时间解的另一方法是：根据式(7.3.24)，可得

$$\mathrm{d}t = \frac{\mathrm{d}x}{\dot{x}} \qquad t = \int \frac{1}{\dot{x}}\mathrm{d}x$$

通过积分，可得

$$t_2 - t_1 = \int_{x_1}^{x_2} \frac{1}{\dot{x}}\mathrm{d}x$$

2. 奇点

奇点即平衡点，是系统处于平衡状态相平面上的点。以 x 为横坐标，$\dot{x}$ 为纵坐标，相轨迹在奇点处的斜率 $\frac{\mathrm{d}\dot{x}}{\mathrm{d}x} = \frac{0}{0}$ 为未定式，因此可以有无穷多条相轨迹进入或离开该点，而奇点以外的相平面上的每一点，其相轨迹都有确定的斜率。

例 7.3.6　设系统的运动方程为 $\ddot{x} + 2\xi\omega\dot{x} + \omega^2 x = 0$，即

$$\dot{x}\frac{\mathrm{d}\dot{x}}{\mathrm{d}x} + 2\xi\omega\dot{x} + \omega^2 x = 0$$

则

$$\frac{\mathrm{d}\dot{x}}{\mathrm{d}x} = \frac{-2\xi\omega\dot{x} - \omega^2 x}{\dot{x}}$$

系统奇点须满足

$$\frac{\mathrm{d}\dot{x}}{\mathrm{d}x} = \frac{0}{0}$$

即

$$\left.\begin{aligned} -2\xi\omega\dot{x} - \omega^2 x &= 0 \\ \dot{x} &= 0 \end{aligned}\right\}$$

解得

$$\left.\begin{aligned} x &= 0 \\ \dot{x} &= 0 \end{aligned}\right\}$$

的点为该系统的奇点。

对应不同类型的阻尼比 ξ，上述二阶系统的相平面图也不同，如图 7.3.13 所示。

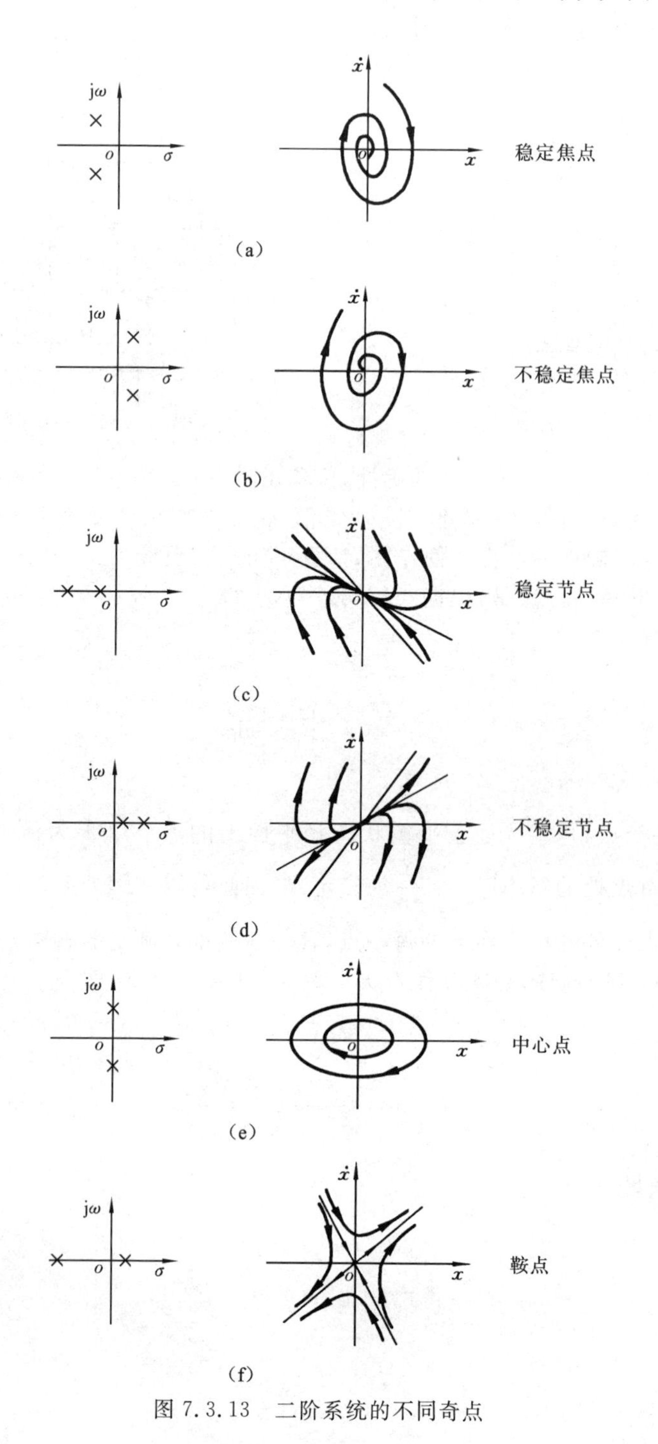

图 7.3.13　二阶系统的不同奇点

当阻尼比为 $0<\xi<1$ 时，系统有一对负实部的共轭复根，系统稳定，其相轨迹呈螺线形，轨迹族收敛于奇点，这种奇点称为稳定焦点，如图 7.3.13(a)所示。

当阻尼比为 $-1<\xi<0$ 时，系统有一对正实部的共轭复根，系统不稳定，其相轨迹也呈螺线形，但轨迹族从奇点发散出来，这种奇点称为不稳定焦点，如图 7.3.13(b)所示。

当阻尼比 $\xi>1$ 时，系统有两个负实根，系统稳定，相平面内的轨迹族无振荡地收敛于奇点，这种奇点称为稳定节点，如图 7.3.13(c)所示。

当阻尼比 $\xi<-1$ 时，系统有两个正实根，系统不稳定，相平面内的轨迹族直接从奇点发散出来，这种奇点称为不稳定节点，如图 7.3.13(d)所示。

当阻尼比 $\xi=0$ 时，系统有一对共轭虚根，系统等幅振荡，其相轨迹为一族围绕奇点的封闭曲线，这种奇点称为中心点，如图 7.3.13(e)所示。

如果线性二阶系统的 $\ddot{x}$ 项和 x 项异号，即

$$-\ddot{x}+2\xi\omega\dot{x}+\omega^2x=0$$

则系统有一个正实根，有一个负实根，系统是不稳定的，其相轨迹呈鞍形，中心是奇点，这种奇点称为鞍点，如图 7.3.13(f)所示。

3. 极限环

由前述已知，极限环就是相平面图上一个孤立的封闭相轨迹。它表征了非线性系统所特有的自激振荡现象。当极限环附近的相轨迹都收敛于极限环时，那么这一自激振荡就是稳定的，称为稳定极限环，如图 7.3.14 所示。图 7.3.15 所示是不稳定极限环。图 7.3.16 所示是两个半稳定极限环。

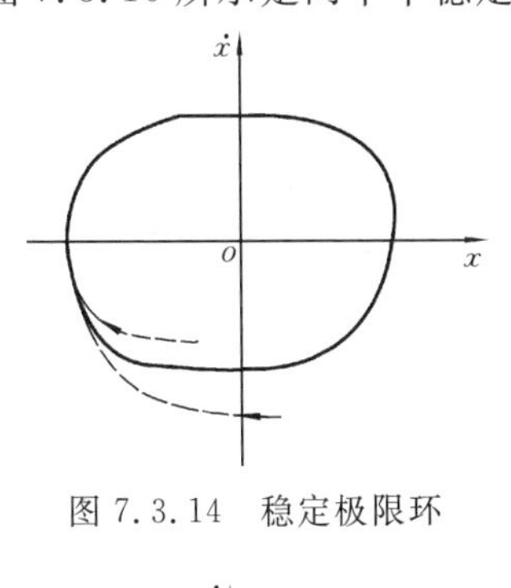

图 7.3.14　稳定极限环

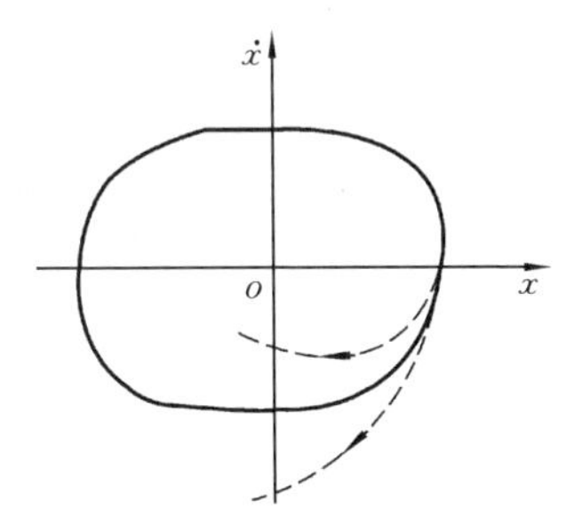

图 7.3.15　不稳定极限环

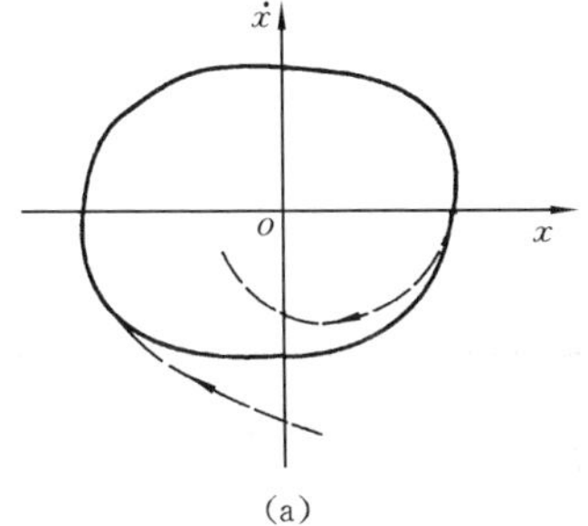

(a)

(b)

图 7.3.16　两个半稳定极限环

利用 MATLAB 绘制相轨迹

本章学习要点

在线自测

习　　题

7.1 图(题 7.1(a))所示系统,$G(j\omega)$ 轨迹和 $-1/N$ 轨迹见图(题 7.1(b)),轨迹数据如表(题 7.1-1)、表(题 7.1-2)所示。试问:系统是否存在极限环?如果存在,是否稳定?指出极限环对应的振幅和频率。

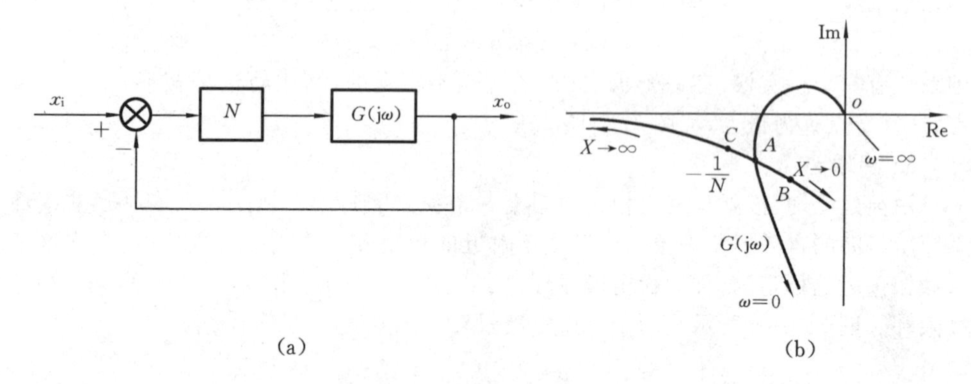

图(题 7.1)

表(题 7.1-1)

ω/s^{-1}	0.5	1.1	2.1	3.2	5.2	∞
$\lvert G(j\omega)\rvert$	1.90	1.30	1.10	1.00	0.85	0
$\angle G(j\omega)$	−100°	−120°	−135°	−160°	−180°	−270°

表(题 7.1-2)

X	0.10	0.24	0.51	0.8	∞
$\left\lvert -\frac{1}{N}\right\rvert$	0.95	0.70	0.75	1.00	∞
$\angle -\frac{1}{N}$	−100°	−120°	−135°	−160°	−180°

7.2 三个系统的非线性环节完全一样,线性部分分别为

(1) $G_1(s)=\dfrac{2}{s(0.1s+1)}$　　(2) $G_2(s)=\dfrac{2}{s(s+1)}$

(3) $G_3(s)=\dfrac{2(1.5s+1)}{s(s+1)(0.1s+1)}$

试问：用描述函数法分析时，哪个系统分析的准确性高？

7.3 试求由非线性特性

$$y=x^3$$

所表示的非线性元件的描述函数。式中，x 为非线性元件的输入（正弦信号）；y 为非线性元件的输出。

7.4 试确定图（题 7.4）所示系统极限环的振幅和频率。

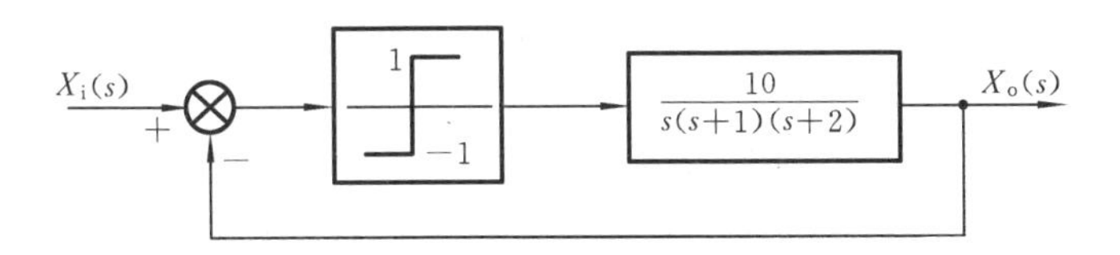

图（题 7.4）

7.5 判断图（题 7.5）所示系统是否稳定。

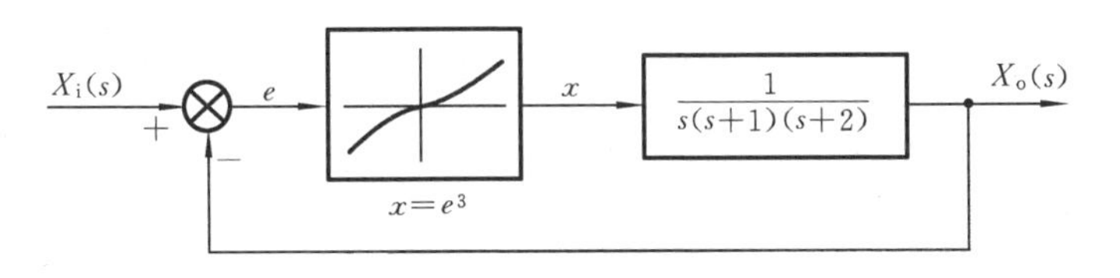

图（题 7.5）

7.6 画出系统 $\ddot{\theta}+\dot{\theta}+\sin\theta=0$ 的相平面图。

7.7 设系统如图（题 7.7）所示。输入 x_i 为单位斜坡函数。试画出 e-$\dot{e}$ 平面上的典型相轨迹图。

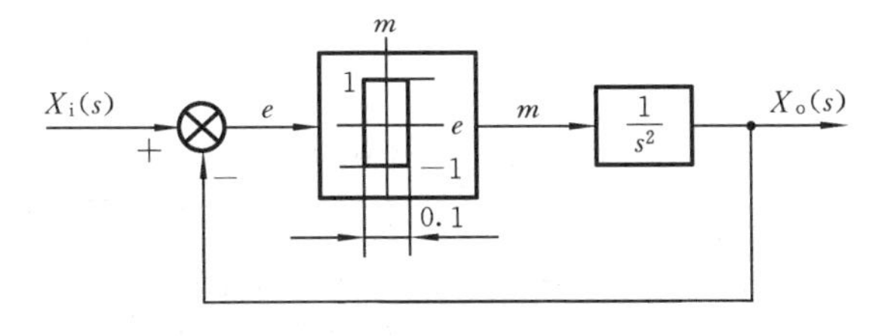

图（题 7.7）

本章习题参考答案与题解

线性离散系统初步

由于微电子技术、数字计算机技术和网络技术的迅速发展，数字计算机作为信号处理的工具以及作为控制器在控制系统中的应用不断扩大。这种用数字计算机控制的系统是一类离散控制系统，亦即数字控制系统。所谓离散化就是数字化，这种系统已经得到应用并将进一步得到愈来愈广泛的应用，这是数字化技术发展的必然趋势。信息化的核心是数字化。因此，研究离散系统的控制理论与方法有着重要的现实意义。

离散系统从模型的描述到系统的分析方法等与前面各章讨论的连续系统均有所不同。本章仅介绍离散系统的初步知识。

本章首先概括地讨论连续信号转换为离散信号，离散信号恢复到连续信号的问题，以使读者对离散系统有概略的了解；其次比较详细地介绍信号的采样应遵循的定理，这对建立正确的线性离散系统是十分重要的；然后介绍Z变换，这是研究线性离散系统的重要数学基础，在此基础上引入线性离散系统的稳定性分析；接着简要介绍线性离散控制系统的设计与校正；最后介绍设计示例——数控直线运动工作台位置控制系统最少拍控制器的设计。

8.1 概　　述

数字控制系统或采样系统也称为离散系统(discrete system)。离散系统和连续系统的区别是：系统中一处或几处的信号是一串脉冲或数码。

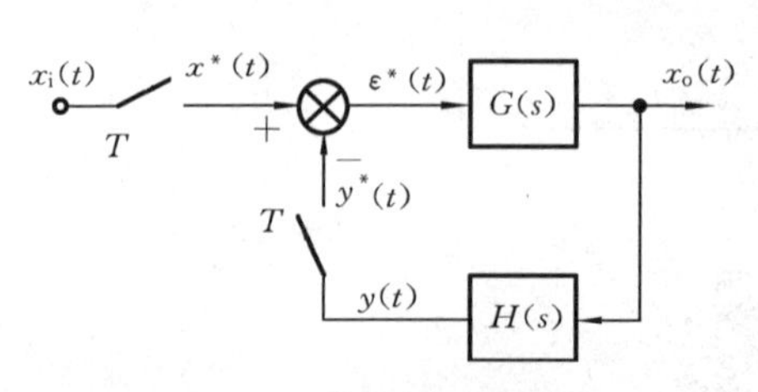

图 8.1.1　离散系统方框图

在图 8.1.1 中，离散反馈信号 $y^*(t)$ 是由连续型的时间函数 $y(t)$ 通过采样开关的采样而获得的。采样开关经一定时间 T 重复闭合，每次闭合时间为 τ，且有 $\tau < T$，如图 8.1.2所示。

例 8.1.1　图 8.1.3 是一个位置数字控制系统。在这个系统中，指令输入 $u(t)$ 由键盘编程或软盘输入计算机。工作台的实际位置由丝杠前端的旋转编码器测得并由模数(A/D)转换器转换成数字量，反馈到计算机，与给定的位置数字量进行比较，得出位置偏差信号。计算机实现 PID 算法，把偏差电压转换成所需的控制信号，该控制信号经数模(D/A)转换器将数字信号转变成直流电压输出到伺服电动机去控制丝杠的运动，将工作台的位置控制在要求的范围内。

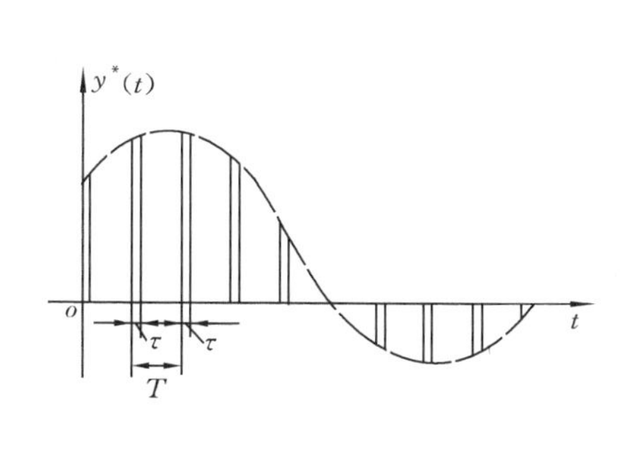

图 8.1.2　采样后的时间序列

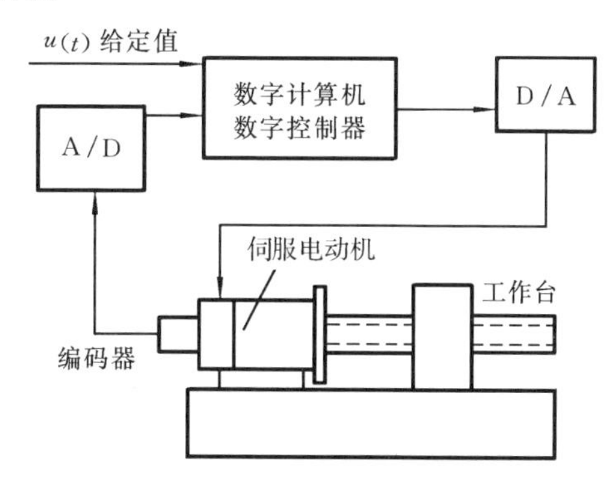

图 8.1.3　位置数字控制系统

由此例可知，数字控制系统与连续系统一样，也是闭环的反馈控制系统。所不同的是，计算机的输入和输出都是二进制编码的数字信号，其在时间和幅值上都是离散的。而系统中的被控对象或测量元件的输入和输出都是连续信号。所以在计算机控制系统中，计算机作为控制器在实时控制时，每隔一定时间 T 进行一次控制修正，这个 T 就是采样周期；并且在每个采样周期中，它要完成对连续信号的采样的 A/D 转换过程及将数字信号转换成模拟信号的 D/A 转换过程。A/D 与 D/A 转换器是数字控制系统中的两个特殊环节。

8.1.1　A/D 转换过程及 A/D 转换器

把连续的模拟信号转换成离散的数字信号的装置称为模数(A/D)转换器，这个转换过程称为 A/D 转换过程。它一般包括两个步骤：首先是采样，A/D 转换器每隔时间 T 对输入的连续信号 $x(t)$（见图 8.1.4(a)）进行一次采样，得到采样后的离散模拟信号 $x^*(t)$（见图8.1.4(b)），因此计算机中的信号在时间上是断续的。其次是整量化，即将采样信号 $x^*(t)$ 在数值上表达成最低位二进制数的整倍数。A/D 转换器

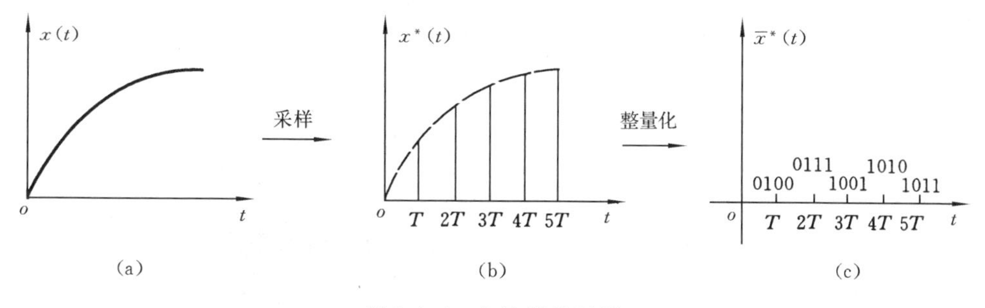

图 8.1.4　A/D 转换过程

用一组二进制的数码来逼近离散模拟信号的幅值，将其转换成数字信号，转换中最低位所代表的模拟量数值称为量化单位，用 q 表示。

$$q=\frac{x_{\max}^{*}-x_{\min}^{*}}{2^{n-1}}\approx\frac{x_{\max}^{*}-x_{\min}^{*}}{2^{n}}$$

式中：$x_{\max}^{*}$ 为 A/D 转换器输入的最大幅值；$x_{\min}^{*}$ 为 A/D 转换器输入的最小幅值；n 为 A/D 转换器的位数。

例 8.1.2　$x_{\max}^{*}=10\ \mathrm{V}$，$x_{\min}^{*}=0\ \mathrm{V}$，$n=8$，则量化单位

$$q=\frac{10-0}{2^{8}}\ \mathrm{V}=0.039\ 1\ \mathrm{V}=39.1\ \mathrm{mV}$$

经过整量化后的离散的模拟信号 $x^{*}(t)$ 就变成二进制编码的数字信号 $\overline{x}^{*}(t)$，如图 8.1.4(c)所示。这个过程也称为编码过程。所以计算机中的信号的幅值也是离散的。

通常，A/D 转换器采用四舍五入的整量方法，即把小于 $q/2$ 的值舍去，大于 $q/2$ 的值进位。这种量化过程会使信号失真，带来噪声。为减小噪声，提高系统精度，希望 q 值足够小，同时希望计算机中的数码有足够长的字长。

8.1.2　D/A 转换过程及 D/A 转换器

把离散的数字信号转换成连续的模拟信号的过程称为数模(D/A)转换过程，所用的装置称为 D/A 转换器。D/A 转换也包括两个步骤：第一是解码，如 D/A 转换器将图 8.1.5(a)所示的离散数字信号 $\overline{x}^{*}(t)$ 转换成离散的模拟信号 $x^{*}(t)$(见图8.1.5(b))；第二是信号的复原过程，最简单的办法是利用计算机的输出寄存器，使数字信号在每个采样周期内保持为常值，然后经解码网络，将数字信号转换为模拟信号 $x_{\mathrm{h}}(t)$(见图 8.1.5(c))。$x_{\mathrm{h}}(t)$ 是一个阶梯信号，计算机的输出寄存器和解码网络起到了信号保持的作用。当采样频率足够高时，$x_{\mathrm{h}}(t)$ 就趋于连续信号。

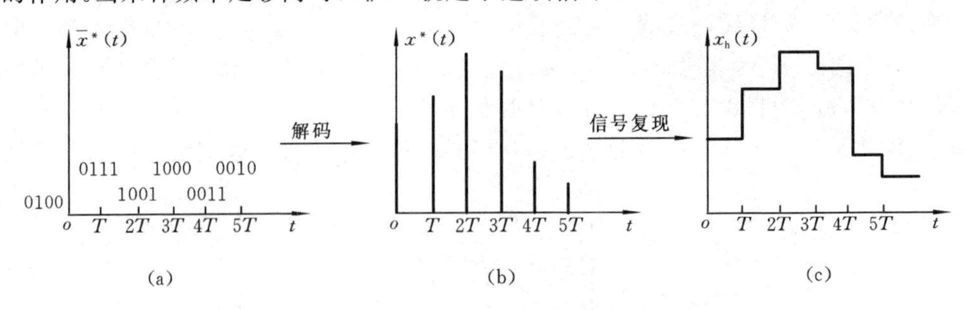

图 8.1.5　D/A 转换过程

离散系统与连续系统相比，具有以下优点：

(1) 在离散系统中，允许采用高灵敏度的控制元件，如光栅、码盘、磁栅等来提高系统的灵敏度；

(2) 当数码信号的位数足够多时，能够保证足够的计算精度；

(3) 采样信号特别是数码信号的传递，可以有效地抑制噪声，从而可以有效地提高系统的抗干扰能力；

(4) 可采用一台计算机或控制器，利用采样进行分时控制，从而可以同时控制几个被控对象，提高设备利用率；

(5) 计算机程序易于改变，从而使控制系统的信息处理和校正更具柔性；

(6) 目前，数字计算机的运算速度极快，内存容量大，极易实现系统的实时控制；

(7) 数字信号易于实现保密，安全。

离散系统由于有上述优点，所以在自动控制领域中得到了广泛的应用。

如何研究线性离散系统？对于线性连续系统的动态过程，可用微分方程描述，采用 Laplace 变换的方法进行分析。而对于线性离散系统的动态过程，由于在线性离散系统中存在脉冲信号或数字信号，如果仍用 Laplace 变换的方法来建立各环节的传递函数，则会在运算中出现复变量 s 的超越函数。因此，用差分方程来描述线性离散系统，用 Z 变换的方法来分析线性离散系统。通过 Z 变换，可以把传递函数、频率特性、时间响应等概念用于线性离散系统。

8.2　信号的采样与采样定理

8.2.1　信号的采样

图 8.2.1(a)所示为连续信号，通过采样开关（也称采样器）对其进行采样。采样开关每隔时间 T 闭合一次，每次闭合时间为 τ，这样就得到相应的脉冲序列（也称采样函数）$x^*(t)$，如图 8.2.1(b)所示。把连续信号变成脉冲序列的过程称为采样过程。这个理想的脉冲序列可以用它所包含的所有单个脉冲之和来表示，即

$$x^*(t) = x_0 + x_1 + x_2 + \cdots + x_n \tag{8.2.1}$$

式中：x_n $(n = 0,1,2,\cdots)$ 为时刻 $t = nT$ 的单个脉冲，而所有单个脉冲都可以表示为两个函数的乘积，即

$$x_n(t) = x(nT)\delta(t - nT) \tag{8.2.2}$$

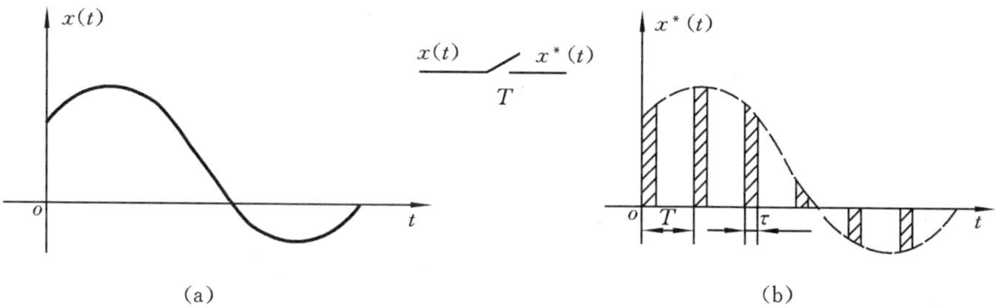

(a)　(b)

图 8.2.1　实际的采样脉冲序列

其中 $\delta(t-nT)$ 是发生在时刻 $t=nT$ 的、具有单位强度的理想脉冲,即

$$\delta(t-nT)=\begin{cases}\infty & (t=nT)\\ 0 & (t\neq nT)\end{cases}$$

$$\int_{-\infty}^{+\infty}\delta(t-nT)\mathrm{d}t=1$$

理想脉冲的宽度为零,幅值为无穷大,这纯属数学上的假设,实际是不存在的,也无法用图形表示,只有它的面积或强度才有意义。在式(8.2.2)中,$\delta(t-nT)$ 的强度总是为1,它的作用仅在于指出脉冲出现的时刻 $t=nT$,而脉冲的强度则由采样时刻的函数值 $x(nT)$ 来确定。于是采样信号可以用下式表示:

$$x^*(t)=\sum_{n=-\infty}^{+\infty}x(nT)\delta(t-nT) \tag{8.2.3}$$

从物理意义上讲,采样过程可以理解为脉冲调制过程。这里,采样开关起着脉冲发生器的作用,通过它将连续信号 $x(t)$ 调制成脉冲序列 $x^*(t)$。图8.2.2是采样过程的图解,图(a)与图(b)相乘等于图(c)。

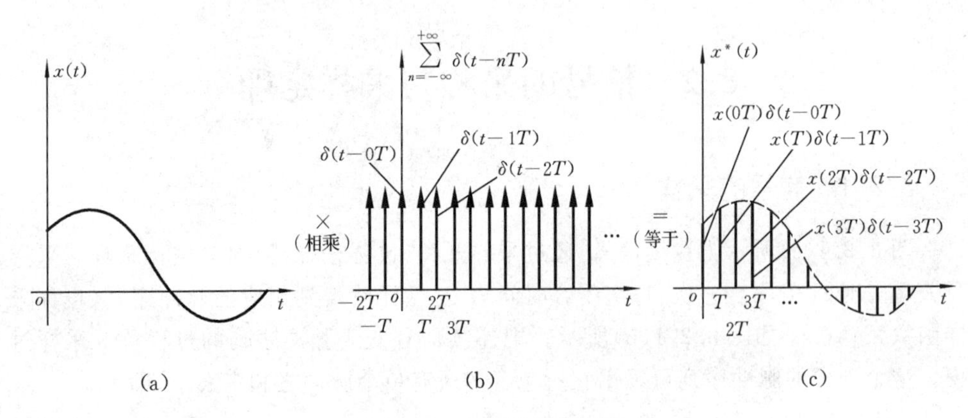

图 8.2.2　采样过程的图解

8.2.2　Shannon 采样定理

离散系统的采样周期显然没有下限,因为采样周期 T 越小,离散系统越接近于连续系统。但是,图8.2.3(a)表明,若采样周期 T(例如图中 T_1)太大,采样点很少,在两个采样点之间很可能丢失信号中的重要信息。当把采样周期 T(例如图中 T_2)减小时(见图8.2.3(b)),得到的采样值才保留了原信号的特征。因此要根据信号所包含的频率成分合理地选择 T。由于采样周期 T 与采样频率 f_s 之间有下列关系:

$$f_s=\frac{1}{T}$$

所以合理选择不丢失原信号信息的采样周期 T,也就是选择采样频率 f_s。

令 $\delta_s(t)$ 表示等间隔单位脉冲序列

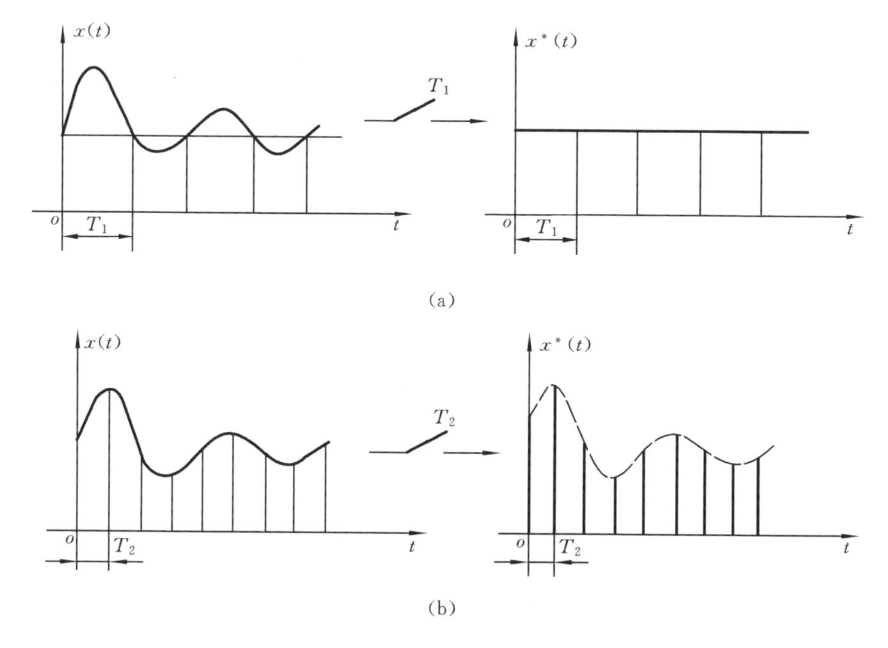

图 8.2.3　采样周期 T 对采样信号的影响

$$\delta_s(t)=\sum_{n=-\infty}^{+\infty}\delta(t-nT)$$

则式(8.2.3)可表示为

$$x^*(t)=x(t)\delta_s(t)=x(t)\sum_{n=-\infty}^{+\infty}\delta(t-nT)=\sum_{n=-\infty}^{+\infty}x(nT)\delta(t-nT)\quad(8.2.4)$$

在 $t<0$ 时，$x(t)=0$，即 $n<0$，$x(nT)=0$，式(8.2.4)变为

$$x^*(t)=\sum_{n=0}^{+\infty}x(nT)\delta(t-nT)\quad(8.2.5)$$

根据频率卷积定理，有

$$x(t)\delta_s(t)\rightleftharpoons X(f)*\Delta_s(f)\quad(8.2.6)$$

此式表明，$x(t)$ 与 $\delta_s(t)$ 相乘的结果，在频率域中为 $x(t)$ 的 Fourier 变换 $X(f)$ 与 $\delta_s(t)$ 的 Fourier 变换 $\Delta_s(f)$ 的卷积。而

$$\begin{aligned}X(f)*\Delta_s(f)&=X(f)*\mathrm{F}\Big[\sum_{n=-\infty}^{+\infty}\delta(t-nT)\Big]=X(f)*\frac{1}{T}\sum_{n=-\infty}^{+\infty}\delta(f-nf_s)\\&=\frac{1}{T}\sum_{n=-\infty}^{+\infty}X(f)*\delta(f-nf_s)=\frac{1}{T}\sum_{n=-\infty}^{+\infty}X(f-nf_s)\end{aligned}\quad(8.2.7)$$

$\frac{1}{T}\sum_{n=-\infty}^{+\infty}X(f-nf_s)$ 对应的图形为图 8.2.4。

可用图 8.2.5 将式(8.2.6)形象地表示出来。从图中可看出，在时域中，信号 $x(t)$ 的采样，相当于在频域中 $X(f)$ 与 $\Delta_s(f)$ 的卷积。连续信号的频率谱 $X(f)$ 通常

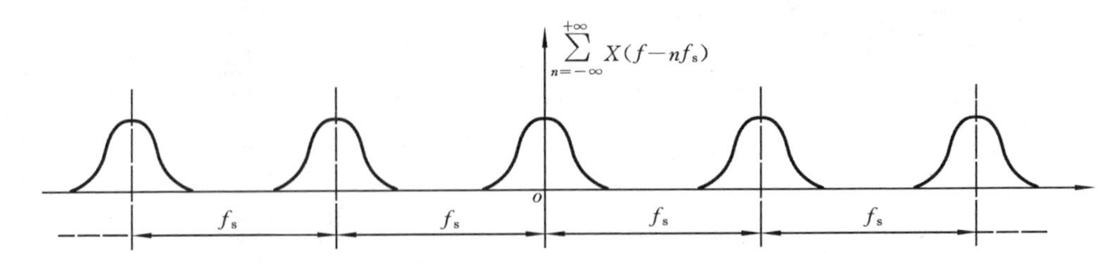

图 8.2.4　函数 $x(t)$ 采样后的频谱

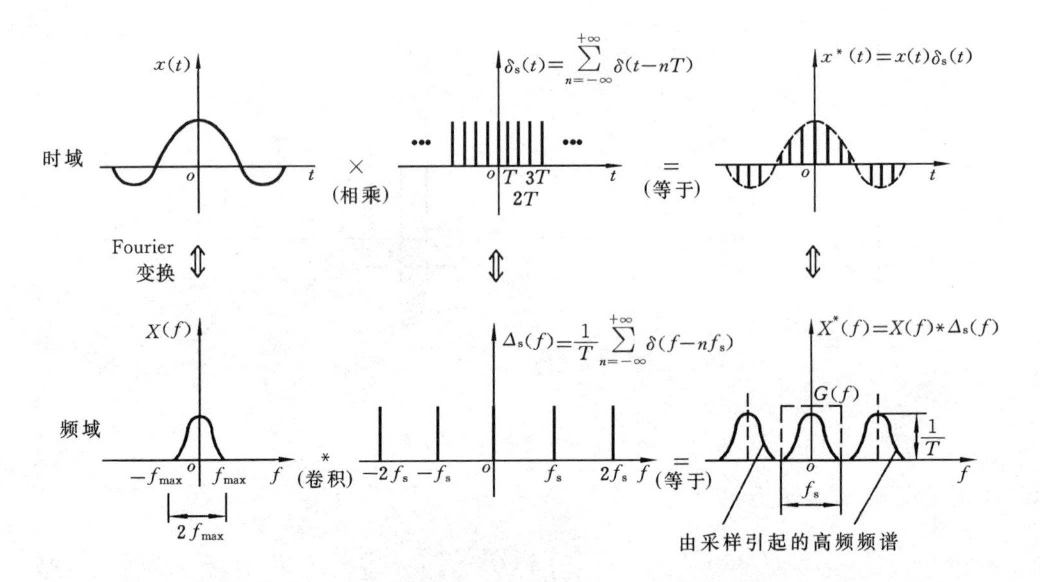

图 8.2.5　时间域的采样(函数相乘)相当于频率域的卷积

是一个单一的连续频谱,其最高频率记为 f_{max}。采样信号的频谱根据 Fourier 变换应为 $\frac{1}{T}\sum_{n=-\infty}^{+\infty}\delta(f-nf_s)$,其中 $f_s=\frac{1}{T}$。从图中看出,与原信号相比,采样信号 $x^*(t)$ 的频谱 $X^*(f)$ 已不仅有原来的从 $-f_{max}$ 到 $+f_{max}$ 的频谱,而且增加了两侧的频谱。也即采样信号 $x^*(t)$ 的频谱 $X^*(f)$ 是以采样频率 f_s 为周期的无限个频谱之和。其中 $n=0$ 时的频谱,即是采样前连续信号的频谱,只不过在幅值上变化了 $1/T$ 倍,其余各频谱,即 $n=\pm 1,\pm 2,\pm 3,\cdots$ 时的频谱,都是由采样引起的。为不失真地恢复原来的信号 $x(t)$,只要加上低通滤波器 $G(f)$(见图 8.2.5) 即可。但是当采样周期 T 太长,即采样频率太低时,就会产生频率"混叠现象",这时加什么样的滤波器都无法将原来的信号不失真地恢复出来,如图 8.2.6 所示。显然,为从采样信号 $x^*(t)$ 中完全复现出采样前的连续信号 $x(t)$,必须使

$$f_s \geqslant 2f_{max}$$

即采样频率 f_s 大于或等于两倍的被采样的连续信号 $x(t)$ 频谱中的最高频率 f_{max},这就是 Shannon 采样定理。对于满足采样定理的采样信号 $x^*(t)$,为了不失真地复现采

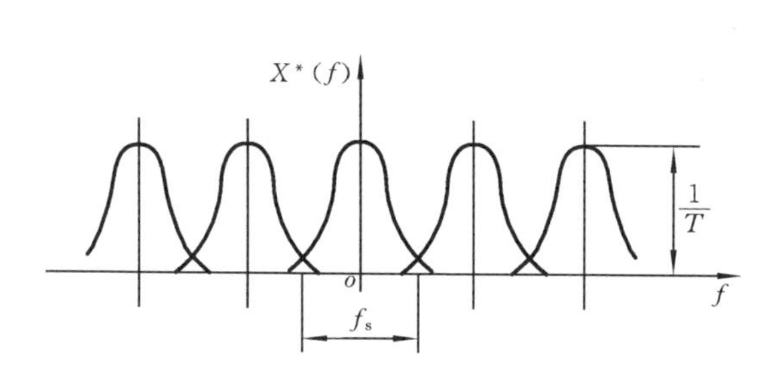

图 8.2.6　频谱的“混叠现象”

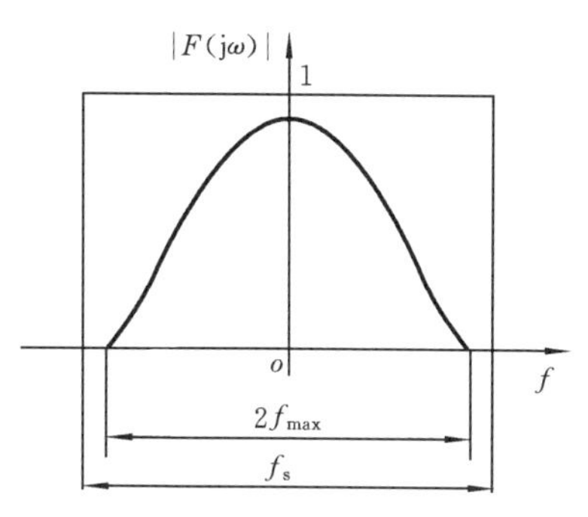

图 8.2.7　理想滤波器的频率特性

样器的输入信号 $x(t)$，可用图 8.2.7 所示的理想滤波器。这种滤波器的频率特性是在采样频率一半的频率处突然截止。由于工程实际中不存在这种理想的滤波器，故只能用接近理想滤波器的性能的低通滤波器来近似代替。

8.3　Z 变换与 Z 逆变换

线性连续系统的数学模型是线性微分方程。为了对线性连续系统进行定量的分析和研究，采用了 Laplace 变换；而对于线性离散系统，可用差分方程来描述。为了对这类系统进行定量的分析和研究，采用了 Z 变换。因此，在线性离散系统中 Z 变换是线性变换，具有与 Laplace 变换同样重要的作用，它是研究线性离散系统的重要数学基础。

8.3.1　Z 变换的定义

根据式(8.2.5)，连续信号 $x(t)$、采样输出信号 $x^*(t)$ 和单位脉冲序列 $\delta_s(t)$ 之间有以下关系：

$$x^*(t) = \sum_{n=0}^{\infty} x(nT)\delta(t-nT)$$

当 $n \geqslant 0$ 时，对上式进行 Laplace 变换，得

$$\begin{aligned}
\mathrm{L}[x^*(t)] &= \mathrm{L}\Big[\sum_{n=0}^{\infty} x(nT)\delta(t-nT)\Big] \\
&= \int_0^{\infty}\Big[\sum_{n=0}^{\infty} x(nT)\delta(t-nT)\Big]\mathrm{e}^{-st}\,\mathrm{d}t \\
&= \sum_{n=0}^{\infty} x(nT)\int_0^{\infty}\delta(t-nT)\mathrm{e}^{-st}\,\mathrm{d}t \\
&= \sum_{n=0}^{\infty} x(nT)\mathrm{e}^{-snT} \qquad (8.3.1)
\end{aligned}$$

将连续函数进行 Laplace 变换得到 s 的代数方程,使分析和计算简化。但由式(8.3.1)可见,采样函数经过 Laplace 变换后得到的是 s 的超越方程,变量 s 在指数位置上,使数学分析很不方便,故引入由复数[z]平面定义的一个复变量 z,令

$$z = e^{sT}$$

即得到 Z 变换式

$$\begin{aligned} Z[x(t)] &= Z[x^*(t)] = L[x^*(t)] \\ &= \sum_{n=0}^{\infty} x(nT)z^{-n} = X(z) \end{aligned} \tag{8.3.2}$$

其中 $x(t)$ 虽然写成连续函数,但 $Z[x(t)]$ 的含义仍然是指对采样信号 $x^*(t)$ 的 Z 变换。

例 8.3.1 求单位阶跃函数 $u(t)$ 的 Z 变换。

解 因为 $u(t)$ 在任何采样时刻的值均为 1,所以

$$x(nT) = u(nT) = 1 \qquad (n = 0,1,2,\cdots)$$

将上式代入式(8.3.2),得

$$X(z) = \sum_{n=0}^{\infty}(1 \cdot z^{-n}) = 1 \cdot z^0 + 1 \cdot z^{-1} + 1 \cdot z^{-2} + \cdots = \frac{z}{z-1}$$

例 8.3.2 求 $x(t) = e^{-at}$ 的 Z 变换。

解
$$Z[e^{-at}] = \sum_{n=0}^{\infty} e^{-anT}z^{-n} = 1 + e^{-aT}z^{-1} + e^{-2aT}z^{-2} + \cdots = \frac{z}{z - e^{-aT}}$$

例 8.3.3 求 $\delta(t)$ 的 Z 变换。

解 因为
$$L[\delta(t-nT)] = e^{-nTs}$$
所以
$$Z[\delta(t-nT)] = z^{-n}$$

依照以上各例,可求出常用时间函数的 Z 变换,如表 8.3.1 所示。

表 8.3.1 Z 变换表

序号	$X(s)$	$x(t)$ 或 $x(k)$	$X(z)$
1	1	$\delta(t)$	1
2	e^{-kTs}	$\delta(t-kT)$	z^{-k}
3	$\frac{1}{s}$	$1(t)$	$\frac{z}{z-1}$
4	$\frac{1}{s^2}$	t	$\frac{Tz}{(z-1)^2}$
5	$\frac{1}{s+a}$	e^{-at}	$\frac{z}{z-e^{-aT}}$
6	$\frac{a}{s(s+a)}$	$1-e^{-at}$	$\frac{(1-e^{-aT})z}{(z-1)(z-e^{-aT})}$

续表

序号	$X(s)$	$x(t)$ 或 $x(k)$	$X(z)$
7	$\frac{\omega}{s^2+\omega^2}$	$\sin\omega t$	$\frac{z\sin\omega T}{z^2-2z\cos\omega T+1}$
8	$\frac{s}{s^2+\omega^2}$	$\cos\omega t$	$\frac{z(z-\cos\omega T)}{z^2-2z\cos\omega T+1}$
9	$\frac{1}{(s+a)^2}$	$t\mathrm{e}^{-at}$	$\frac{Tz\mathrm{e}^{-aT}}{(z-\mathrm{e}^{-aT})^2}$
10	$\frac{\omega}{(s+a)^2+\omega^2}$	$\mathrm{e}^{-at}\sin\omega t$	$\frac{z\mathrm{e}^{-aT}\sin\omega T}{z^2-2z\mathrm{e}^{-aT}\cos\omega T+\mathrm{e}^{-2aT}}$
11	$\frac{s+a}{(s+a)^2+\omega^2}$	$\mathrm{e}^{-at}\cos\omega t$	$\frac{z^2-z\mathrm{e}^{-aT}\cos\omega T}{z^2-2z\mathrm{e}^{-aT}\cos\omega T+\mathrm{e}^{-2aT}}$
12	$\frac{2}{s^3}$	t^2	$\frac{T^2z(z+1)}{(z-1)^3}$
13	—	a^k	$\frac{z}{z-a}$
14	—	$a^k\cos k\pi$	$\frac{z}{z+a}$
15	$\frac{1}{1-\mathrm{e}^{-sT}}$	$\delta_T(t)=\sum_{n=0}^{\infty}\delta(t-nT)$	$\frac{z}{z-1}$

连续函数、采样函数、Laplace 变换和 Z 变换的相互关系如图 8.3.1 所示。

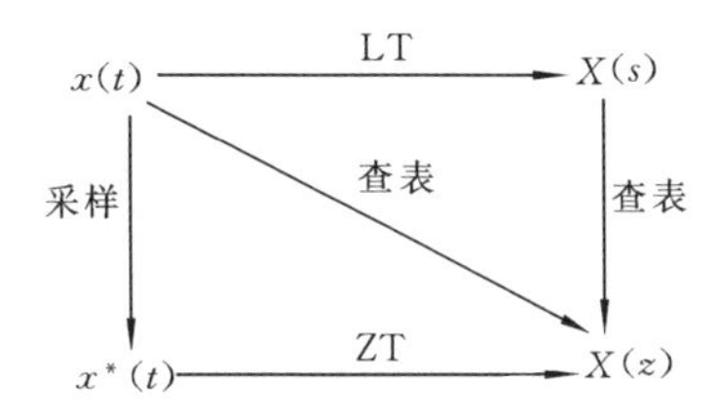

图 8.3.1　$x(t)$、$x^*(t)$、$X(s)$、$X(z)$ 的相互关系

8.3.2　Z 变换的性质

1. 线性性质

若 $$Z[x_1(t)]=X_1(z)\qquad Z[x_2(t)]=X_2(z)$$

则 $$Z[ax_1(t)+bx_2(t)]=aX_1(z)+bX_2(z)\tag{8.3.3}$$

该性质由式(8.3.2)不难证明。

2. 延迟定理

设 $Z[x(t)]=X(z)$，且 $t<0$ 时，$x(t)=0$，则

$$Z[x(t-mT)] = z^{-m}X(z) \tag{8.3.4}$$

证　根据Z变换的定义,有

$$Z[x(t-mT)] = \sum_{n=0}^{\infty} x(nT-mT)z^{-n}$$

$$= z^{-m}\sum_{n=0}^{\infty} x(nT-mT)z^{-(n-m)}$$

令 $n-m=k$, 则

$$Z[x(t-mT)] = z^{-m}\sum_{k=-m}^{\infty} x(kT)z^{-k} = z^{-m}\sum_{k=0}^{\infty} x(kT)z^{-k}$$

$$= z^{-m}X(z) \qquad (k<0, x(kT)=0)$$

例 8.3.4　已知 $Z[\delta(t)]=1$, 则有

$$Z[\delta(t-kT)] = z^{-k}$$

3. 超前定理

设 $Z[x(t)] = X(z)$, 则

$$Z[x(t+mT)] = z^{m}\left[X(z) - \sum_{k=0}^{m-1} x(kT)z^{-k}\right] \tag{8.3.5}$$

证　根据Z变换的定义,有

$$Z[x(t+mT)] = \sum_{n=0}^{\infty} x(nT+mT)z^{-n} = z^{m}\sum_{n=0}^{\infty} x(nT+mT)z^{-(n+m)}$$

令 $n+m=k$, 则

$$Z[x(t+mT)] = z^{m}\sum_{k=m}^{\infty} x(kT)z^{-k}$$

$$= z^{m}\left[\sum_{k=0}^{\infty} x(kT)z^{-k} - \sum_{k=0}^{m-1} x(kT)z^{-k}\right]$$

$$= z^{m}\left[X(z) - \sum_{k=0}^{m-1} x(kT)z^{-k}\right]$$

特别地,当 $m=1$ 时, 有

$$Z[x(t+T)] = zX(z) - zx(0)$$

若 $x(0) = x(T) = \cdots = x[(n-1)T] = 0$, 则

$$Z[x(t+mT)] = z^{m}X(z)$$

4. 初值定理

设 $Z[x(t)] = X(z)$, 则

$$x(0) = \lim_{z\to\infty} X(z) \tag{8.3.6}$$

证　$X(z) = \sum_{n=0}^{\infty} x(nT)z^{-n} = x(0) + x(T)z^{-1} + x(2T)z^{-2} + \cdots$

显然,当 $z\to\infty$ 时, $X(z) = x(0)$。

5. 终值定理

设 $Z[x(t)] = X(z)$，且 $(z-1)X(z)$ 的全部极点位于单位圆内，则

$$x(\infty) = \lim_{z\to 1}[X(z)(z-1)] \tag{8.3.7}$$

证略。

Z 变换的其他性质，请读者参阅其他有关文献。

8.3.3 Z逆变换

Z 变换是将连续时间函数 $x(t)$ 变换成以 $z = e^{Ts}$ 为自变量的函数 $X(z)$。Z 逆变换则是将函数 $X(z)$ 变换成离散时间函数 $x^*(t)$。也就是说，通过 Z 逆变换得到的是在各采样时刻 $0, T, 2T, 3T, \cdots$ 上连续时间函数的函数值 $x(nT)$ $(n = 0,1,2,\cdots,\infty)$。而在非采样时刻上不能得到有关连续时间函数的信息。

下面介绍计算 Z 逆变换的两种常用方法。

1. 长除法

如将 $X(z)$ 展开成 z^{-1} 的无穷级数，即

$$\begin{aligned} X(z) &= \sum_{n=0}^{\infty} x(nT)z^{-n} \\ &= x(0) + x(T)z^{-1} + x(2T)z^{-2} + x(3T)z^{-3} + \cdots \\ &\quad + x(nT)z^{-n} + \cdots \end{aligned} \tag{8.3.8}$$

则 $x(0), x(T), x(2T), \cdots, x(nT), \cdots$ 的值可通过对照方法确定。由 $X(z)$ 用长除法求取无穷级数式(8.3.8)时，需将 $X(z)$ 的分子和分母多项式均按 z^{-1} 的升幂级数排列。

例 8.3.5　求 $X(z) = \dfrac{z}{z-1}$ 的 Z 逆变换。

解　将 $X(z) = \dfrac{z}{z-1}$ 的分子和分母的多项式写成 z^{-1} 的升幂形式，即

$$X(z) = \frac{1}{1-z^{-1}}$$

进行长除，即

$$\begin{array}{r|l} & 1 + z^{-1} + z^{-2} + \cdots \\ \hline 1 - z^{-1} & 1 \\ & \underline{1 - z^{-1}} \\ & \quad z^{-1} \\ & \quad \underline{z^{-1} - z^{-2}} \\ & \qquad z^{-2} \\ & \qquad z^{-2} - z^{-3} \\ & \qquad \vdots \end{array}$$

所以得　$$X(z) = 1 + z^{-1} + z^{-2} + \cdots$$

与式(8.3.8)进行对比，得所示函数在各个采样时刻 nT $(n = 0,1,2,\cdots)$ 上的函

数值为

$$x(0)=1,\quad x(T)=1,\quad x(2T)=1,\quad \cdots,\quad x(nT)=1,\quad \cdots$$

用时域表示为

$$x^*(t)=1\delta(t)+\delta(t-T)+\delta(t-2T)+\cdots$$

由长除法只能得到离散的时间序列,得不到 $x^*(t)$ 的解析式。当 $X(z)$ 的分子、分母的项数较多时,用长除法求 Z 逆变换比较麻烦,但是使用计算机求解比较方便。

2. 部分分式法

若 $X(z)$ 是 z 的有理分式函数,设 $X(z)$ 没有重极点,部分分式法是先求出 $X(z)$ 的极点 $z_1,z_2,\cdots,z_n$,再将 $X(z)/z$ 展开成部分分式之和的形式,即

$$\frac{X(z)}{z}=\sum_{i=1}^{n}\frac{A_i}{z-z_i}$$

由 $X(z)/z$ 求出 $X(z)$ 的表达式

$$X(z)=\sum_{i=1}^{n}\frac{A_i z}{z-z_i}$$

然后逐项查 Z 变换表,求出与每一项 $A_i z/(z-z_i)$ 对应的时间函数 $x_i(t)$,并将其转变成为采样函数 $x_i^*(t)$,最后将这些采样函数相加,便可求得 $X(z)$ 的 Z 逆变换为

$$x^*(t)=\sum_{k=0}^{\infty}\sum_{i=1}^{n}Z^{-1}\left(\frac{A_i z}{z-z_i}\right)\cdot\delta(t-kT) \tag{8.3.9}$$

部分分式法对 $X(z)$ 具有重极点的情况同样适用。

例 8.3.6　求 $X(z)=\dfrac{(1-e^{-aT})z}{(z-1)(z-e^{-aT})}$ 的 Z 逆变换。

解

$$\frac{X(z)}{z}=\frac{1-e^{-aT}}{(z-1)(z-e^{-aT})}=\frac{1}{z-1}-\frac{1}{z-e^{-aT}}$$

$$X(z)=\frac{z}{z-1}-\frac{z}{z-e^{-aT}}$$

查表 8.3.1,得

$$x(t)=1-e^{-at}$$

所以

$$x^*(t)=Z^{-1}[X(z)]=\sum_{n=0}^{\infty}(1-e^{-at})\cdot\delta(t-nT)$$

8.4　线性离散系统的传递函数

8.4.1　线性常系数差分方程

一个线性连续系统可以用线性微分方程来表达。一个数字控制系统,由于它的输入是一个离散序列,输出也是一个离散序列,它的本质是将输入序列变成输出序列的一种运算,而它的运算规律又取决于前后序列数。

在线性连续时间系统中，用 $x_i(t)$ 表示系统的输入量，$x_o(t)$ 为输出量；在线性离散时间系统中，将 t 变成 nT，相应的离散时间输入量和输出量分别写为

$$x_i^*(t)\quad 或\quad x_i(nT)\quad 或\quad x_i(n)$$
$$x_o^*(t)\quad 或\quad x_o(nT)\quad 或\quad x_o(n)$$

由于变量 n 是离散的整型变量，所以对这类信号，系统就很难用时间的微商来描述，而是用常系数线性差分方程来反映它的输入输出间的运算关系。常系数差分方程的一般形式为

$$\begin{aligned}&x_o(n)+b_1x_o(n-1)+b_2x_o(n-2)+\cdots+b_kx_o(n-k)\\&=a_ox_i(n)+a_1x_i(n-1)+a_2x_i(n-2)+\cdots+a_lx_i(n-l)\end{aligned}\tag{8.4.1}$$

方程中的各项包含有离散变量的函数如 $x(n)$，还包含有函数序列增加或减少的函数如 $x(n+1),x(n+2),\cdots$ 和 $x(n-1),x(n-2),\cdots$ 等。式中 $k\geqslant l$，k 为差分方程的阶数。$a_0,a_1\cdots a_l$ 和 $b_0,b_1\cdots b_k$ 为常数。$x_i(n)$ 和 $x_o(n)$ 分别表示系统输入和输出的脉冲序列或数值序列。如果输入信号在 $n=0$ 时加入，那么 $x_o(-1),x_o(-2),\cdots,x_o(-k)$ 就代表系统的初始条件。

式(8.4.1)说明，离散系统在任意采样时刻的输出值 $x_o(n)$，不仅与这一时刻的输入值 $x_i(n)$ 有关，而且与过去时刻的输入值 $x_i(n-1),x_i(n-2),\cdots$ 及输出值 $x_o(n-1),x_o(n-2),\cdots$ 有关。

下面用例子说明如何由微分方程和 Z 变换导出差分方程。

例 8.4.1　将微分方程 $m\dfrac{d^2x}{dt^2}+c\dfrac{dx}{dt}+kx=0$ 化为差分方程。

解　用差分代替微分，根据前向差分的定义，一阶前向差分为

$$\Delta x(n)=x(n+1)-x(n)$$

二阶前向差分为

$$\begin{aligned}\Delta^2x(n)&=\Delta[\Delta x(n)]=\Delta[x(n+1)-x(n)]\\&=\Delta x(n+1)-\Delta x(n)\\&=[x(n+2)-x(n+1)]-[x(n+1)-x(n)]\\&=x(n+2)-2x(n+1)+x(n)\end{aligned}$$

可得

$$\frac{d^2x}{dt^2}\approx\frac{\Delta^2x(n)}{T^2}=\frac{x(n+2)-2x(n+1)+x(n)}{T^2}$$

$$\frac{dx}{dt}\approx\frac{\Delta x(n)}{T}=\frac{x(n+1)-x(n)}{T}$$

$$x(t)\approx x(n)$$

将以上三式代入微分方程，得到所求的二阶差分方程

$$\alpha x(n+2)+\beta x(n+1)+\gamma x(n)=0$$

式中，$\alpha=m,\beta=cT-2m,\gamma=m-cT+kT^2$。

此例表明，微分方程可以近似为差分方程，只要采样周期 T 足够小。

例 8.4.2　已知离散系统输出的 Z 变换函数为

$$X_o(z) = \frac{1 + z^{-1} + 2z^{-2}}{2 + 3z^{-1} + 5z^{-2} + 4z^{-3}} X_i(z)$$

求系统的差分方程。

解 根据 $X_o(z)$ 的表达式有

$$(2 + 3z^{-1} + 5z^{-2} + 4z^{-3}) X_o(z) = (1 + z^{-1} + 2z^{-2}) X_i(z)$$

对上式两边进行 Z 逆变换，并根据延迟定理，得系统的差分方程

$$\begin{aligned} & 2x_o(n) + 3x_o(n-1) + 5x_o(n-2) + 4x_o(n-3) \\ & = x_i(n) + x_i(n-1) + 2x_i(n-2) \end{aligned}$$

8.4.2 差分方程的解法

在线性连续系统中引入 Laplace 变换后，求解复杂的微分方程问题变成了简单的代数运算。在线性离散系统中引入 Z 变换后，同样，求解差分方程的问题变得简便了。其求解步骤为：

(1) 应用 Z 变换的实域位移定理(即延迟定理和超前定理)，将时域的差分方程化为 Z 域的代数方程，同时引入初始条件；

(2) 求 Z 域代数方程的解；

(3) 由 Z 域代数方程的解经 Z 逆变换求得差分方程的时域解。

例 8.4.3 解差分方程

$$x(n+2) + 5x(n+1) + 4x(n) = 0$$

已知边界条件

$$x(0) = 0 \qquad x(1) = 1$$

解 对差分方程中每一项进行 Z 变换，并根据超前定理得

$$Z[x(n+2)] = z^2 X(z) - z^2 x(0) - zx(1) = z^2 X(z) - z$$

$$Z[x(n+1)] = zX(z) - zx(0) = zX(z)$$

$$Z[x(n)] = X(z)$$

把每一项的 Z 变换代入差分方程，得

$$z^2 X(z) - z + 5zX(z) + 4X(z) = 0$$

解得

$$X(z) = \frac{z}{z^2 + 5z + 4}$$

则

$$x(nT) = Z^{-1}[X(z)] = \left[\frac{1}{3}(+1)^n - \frac{1}{3}(+4)^n\right]\cos n\pi \qquad (n = 0,1,2,\cdots)$$

该式可写为

$$x(nT) = \frac{1}{3}(-1)^n - \frac{1}{3}(-4)^n$$

则

$$x^*(t) = \sum_{n=0}^{\infty}\left[\frac{1}{3}(-1)^n - \frac{1}{3}(-4)^n\right]\delta(t - nT) \qquad (n = 0,1,2,\cdots)$$

8.4.3 脉冲传递函数

在线性连续系统中是通过研究传递函数来研究系统的动态特性的，而在线性离散系统中则要通过研究脉冲传递函数(impulse transfer function)来研究系统的动态特性。脉冲传递函数是分析和设计线性离散系统的重要工具。为此对式(8.4.1)两边进行 Z 变换，得

$$\begin{aligned}&(1+b_1z^{-1}+b_2z^{-2}+\cdots+b_kz^{-k})X_o(z)\\&=(a_0+a_1z^{-1}+a_2z^{-2}+\cdots+a_lz^{-l})X_i(z)\end{aligned}\tag{8.4.2}$$

离散系统的传递函数为

$$G(z)=\frac{X_o(z)}{X_i(z)}=\frac{a_0+a_1z^{-1}+a_2z^{-2}+\cdots+a_lz^{-l}}{1+b_1z^{-1}+b_2z^{-2}+\cdots+b_kz^{-k}}\tag{8.4.3}$$

$G(z)$ 也称为脉冲传递函数或 Z 传递函数。

脉冲传递函数的引入给线性离散系统的分析带来了极大的方便。在知道传递函数及典型输入的情况下，就可求出线性离散系统的时间响应。

例 8.4.4　已知 $G(z)=\dfrac{z(z+1)}{\left(z-\dfrac{2}{5}\right)\left(z+\dfrac{1}{2}\right)}$，求系统的单位脉冲响应及单位阶跃响应。

解　(1) 当 $x_i(t)=\delta(t)$ 时，有

$$X_i(z)=1$$

$$X_o(z)=G(z)X_i(z)=\frac{z(z+1)}{\left(z-\dfrac{2}{5}\right)\left(z+\dfrac{1}{2}\right)}=\frac{\dfrac{14}{9}z}{z-\dfrac{2}{5}}-\frac{\dfrac{5}{9}z}{z+\dfrac{1}{2}}$$

系统的单位脉冲响应为

$$x_o(k)=\frac{14}{9}\left(\frac{2}{5}\right)^k-\frac{5}{9}\left(-\frac{1}{2}\right)^k$$

(2) 当 $x_i(t)=1(t)$ 时，有

$$X_i(z)=\frac{z}{z-1}$$

$$X_o(z)=G(z)X_i(z)=\frac{z(z+1)}{\left(z-\dfrac{2}{5}\right)\left(z+\dfrac{1}{2}\right)}\cdot\frac{z}{z-1}$$

$$=\frac{\dfrac{20}{9}z}{z-1}-\frac{\dfrac{28}{27}z}{z-\dfrac{2}{5}}-\frac{\dfrac{5}{27}z}{z+\dfrac{1}{2}}$$

所以系统的单位阶跃响应为

$$x_o(k)=\frac{20}{9}-\frac{28}{27}\left(\frac{2}{5}\right)^k-\frac{5}{27}\left(-\frac{1}{2}\right)^k$$

1. 脉冲传递函数的求法

脉冲传递函数通常有两种求法。

(1) 已知系统的连续部分的传递函数 $G(s)$,则可利用表 8.3.1 对 $G(s)$ 进行 Z 变换,即得脉冲传递函数。也可对 $G(s)$ 进行 Laplace 逆变换,得到 $g(t)$,再令 $t=nT$,得 $\sum_{n=0}^{\infty} g(nT)z^{-n}$,这就是脉冲传递函数。

(2) 若已知系统的差分方程,则对差分方程进行 Z 变换,即得脉冲传递函数。

例 8.4.5 设有传递函数 $G(s)=\dfrac{1}{s}$,求 $G(z)$,如图 8.4.1 所示。

解 根据上述脉冲传递函数的求法,其步骤应为

$$G(s) \xrightarrow[\text{因式分解后 Laplace 逆变换}]{} g(t) \xrightarrow[\text{令 } t=nT]{} g(nT) \xrightarrow[\text{乘以 } z^{-n}\text{,并令 } n=0\sim+\infty\text{,求诸项之和}]{}$$

$$\sum_{n=0}^{\infty} g(nT)z^{-n} = G(z)$$

$$g(t) = \mathrm{L}^{-1}\left[\frac{1}{s}\right] = u(t)$$

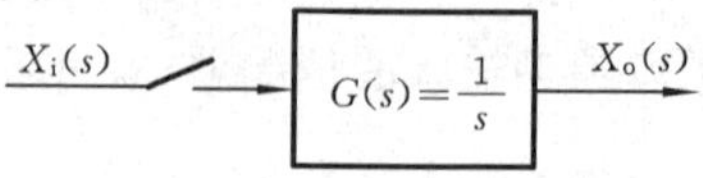

图 8.4.1 求脉冲传递函数

本例中 $$g(nT) = u(nT)$$

故 $$G(z) = \sum_{n=0}^{\infty} u(nT)z^{-n} = 1 + z^{-1} + z^{-2} + \cdots + z^{-n} + \cdots = \frac{1}{1-z^{-1}}$$

2. 串联环节的脉冲传递函数

在求脉冲传递函数时,要特别注意,采样开关位置不同,结果将完全不同。这点和连续系统中传递函数的求法有明显差别,如图 8.4.2 所示。

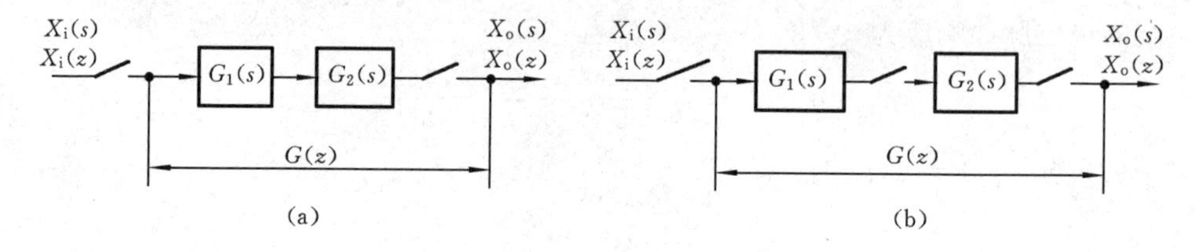

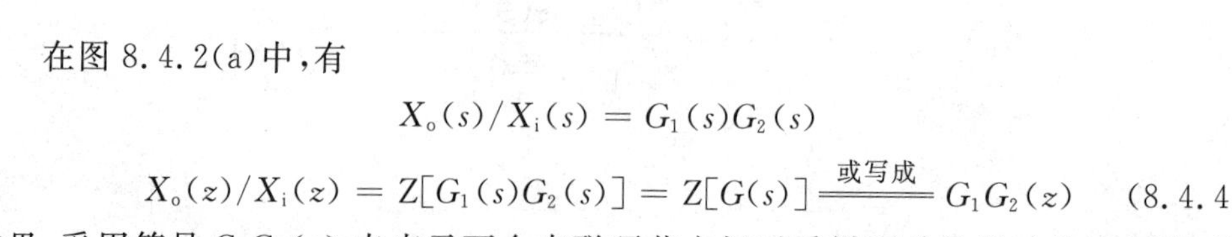

图 8.4.2 串联环节

在图 8.4.2(a)中,有

$$X_o(s)/X_i(s) = G_1(s)G_2(s)$$

$$X_o(z)/X_i(z) = \mathrm{Z}[G_1(s)G_2(s)] = \mathrm{Z}[G(s)] \xlongequal{\text{或写成}} G_1G_2(z) \qquad (8.4.4)$$

这里,采用符号 $G_1G_2(z)$ 来表示两个串联环节之间无采样开关的脉冲传递函数,即两个传递函数相乘后再求 Z 变换。

在图 8.4.2(b)中,两个串联环节之间有采样开关,因为脉冲传递函数总是从采样开关到采样开关之间的传递函数,所以在图 8.4.2(b) 中,两个环节的脉冲传递函

数分别为 $G_1(z)$ 及 $G_2(z)$，两个环节串联后总的脉冲传递函数为两个单独的脉冲传递函数的乘积，即

$$G(z) = X_o(z)/X_i(z) = G_1(z)G_2(z) \tag{8.4.5}$$

显然
$$G_1G_2(z) \neq G_1(z)G_2(z)$$

从上述分析可看出，在求脉冲传递函数时，应从采样开关开始，沿通路方向直至到达下一个采样开关为止，求出这个通路总的脉冲传递函数。

3. 并联环节的脉冲传递函数

对于并联环节，其总的脉冲传递函数为各并联环节的脉冲传递函数之和。对于图 8.4.3 所示的两种情况，其脉冲传递函数均为

$$\frac{X_o(z)}{X_i(z)} = G_1(z) + G_2(z) = Z[G_1(s)] + Z[G_2(s)] \tag{8.4.6}$$

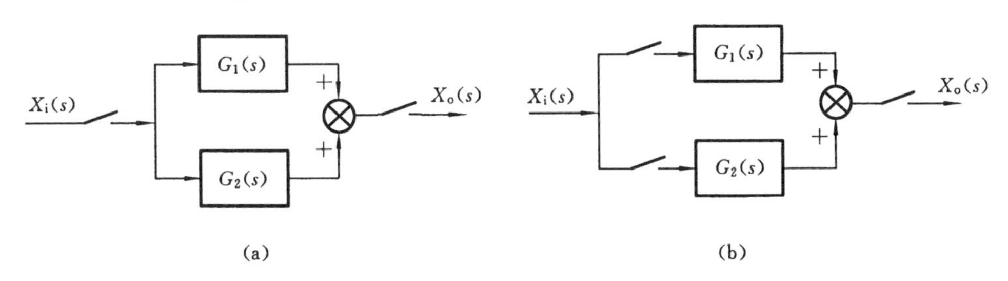

图 8.4.3 并联环节

4. 闭环系统的脉冲传递函数

对于闭环系统，采样开关的不同设置，同样影响其脉冲传递函数。图 8.4.4 给出了两种基本的闭环形式。对于图 8.4.4(a)所示的情况，有

$$\frac{X_o(z)}{X_i(z)} = \frac{G(z)}{1+GH(z)} \tag{8.4.7}$$

这里
$$GH(z) = Z[G(s)H(s)]$$

证
$$E(z) = Z[X_i(s) - B(s)] = X_i(z) - B(z) \tag{8.4.8}$$

$$B(z) = GH(z)E(z) \tag{8.4.9}$$

将式(8.4.9)代入式(8.4.8)，有

$$E(z) = X_i(z) - GH(z) \cdot E(z)$$

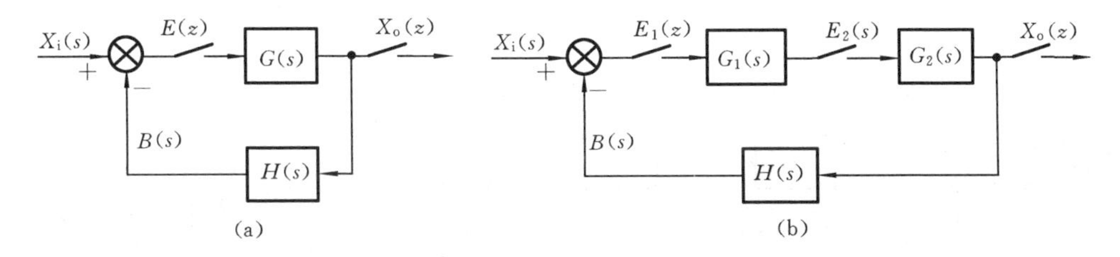

图 8.4.4 闭环系统

$$E(z)=\frac{X_{\mathrm{i}}(z)}{1+GH(z)} \tag{8.4.10}$$

又因为

$$X_{\mathrm{o}}(z)=E(z)G(z)$$

故

$$X_{\mathrm{o}}(z)=\frac{G(z)X_{\mathrm{i}}(z)}{1+GH(z)}$$

即有

$$\frac{X_{\mathrm{o}}(z)}{X_{\mathrm{i}}(z)}=\frac{G(z)}{1+GH(z)} \tag{8.4.11}$$

对于图 8.4.4(b)所示的情况，有

$$\frac{X_{\mathrm{o}}(z)}{X_{\mathrm{i}}(z)}=\frac{G_1(z)G_2(z)}{1+G_1(z)G_2H(z)} \tag{8.4.12}$$

证略。

典型闭环离散系统的方框图及相应的输出函数如表 8.4.1 所示。

表 8.4.1　典型闭环离散系统的方框图及相应的输出函数 $X_{\mathrm{o}}(z)$

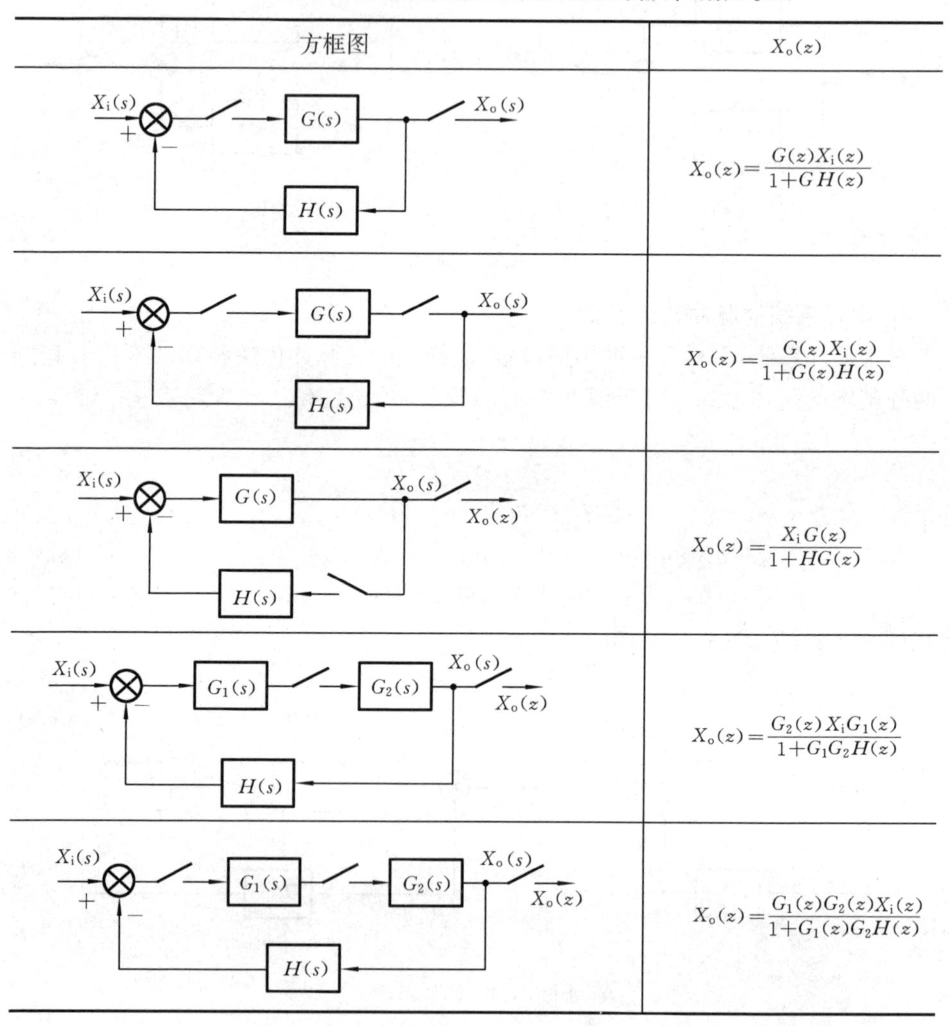

方框图	$X_{\mathrm{o}}(z)$
	$X_{\mathrm{o}}(z)=\frac{G(z)X_{\mathrm{i}}(z)}{1+GH(z)}$
	$X_{\mathrm{o}}(z)=\frac{G(z)X_{\mathrm{i}}(z)}{1+G(z)H(z)}$
	$X_{\mathrm{o}}(z)=\frac{X_{\mathrm{i}}G(z)}{1+HG(z)}$
	$X_{\mathrm{o}}(z)=\frac{G_2(z)X_{\mathrm{i}}G_1(z)}{1+G_1G_2H(z)}$
	$X_{\mathrm{o}}(z)=\frac{G_1(z)G_2(z)X_{\mathrm{i}}(z)}{1+G_1(z)G_2H(z)}$

8.5　线性离散系统的稳定性分析

对线性连续系统，要在[s]平面上研究其稳定性，因为系统是否稳定，要根据系统的全部特征根是否在[s]平面的左半部分而定。而对线性离散系统，则要在[z]平面上研究系统的稳定性。把线性连续系统稳定性研究从[s]平面转换到[z]平面上以后，稳定判据基本上也适用于线性离散系统，所以本节首先介绍[s]平面和[z]平面的映射关系，然后再介绍线性离散系统稳定的条件及稳定判据。

8.5.1　[s]平面和[z]平面的映射关系

由 Z 变换的定义知

$$z = e^{Ts} \tag{8.5.1}$$

式中：T 为采样周期。[s]平面上的任一点可以表示为

$$s = \sigma + j\omega$$

将点 s 的坐标代入式(8.5.1)，即可求出该点在[z]平面上的映射

$$z = e^{T(\sigma + j\omega)} = e^{T\sigma} \cdot e^{jT\omega}$$

即

$$|z| = e^{T\sigma} \qquad \angle z = \omega T$$

可见，当 $\sigma = 0$ 时 $|z| = 1$，即[s]平面的虚轴映射到[z]平面上是以原点为圆心的单位圆(以下简称单位圆)；当 $\sigma < 0$ 时，$|z| < 1$，即[s]平面的左半部分映射到[z]平面的单位圆内；当 $\sigma > 0$ 时，$|z| > 1$，即[s]平面的右半部分映射到[z]平面的单位圆外。[s]平面与[z]平面的映射关系如图8.5.1所示。

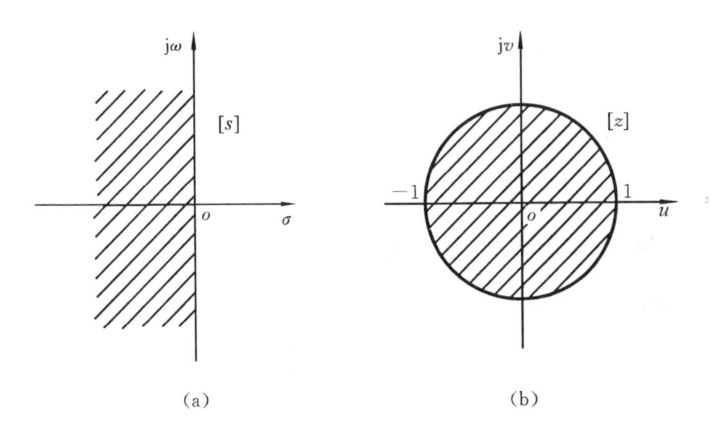

图 8.5.1　[s]平面与[z]平面的映射关系

应该注意的是，z 是采样角频率 $\omega_s\left(\omega_s = \dfrac{2\pi}{T}\right)$ 的周期函数。对于[s]平面上 σ 不变，而角频率 ω 从 $-\infty$ 到 $+\infty$ 变化的点，映射到[z]平面上以后，z 的模值不变，只是

相角做周期性变化。以[s]平面上的虚轴为例,其实部$\sigma=0$,映射到[z]平面上是$|z|=1$的单位圆。当[s]平面上的一点沿着虚轴从ω为$-\infty$移动到$+\infty$时,对应复变量z的辐角$\angle z$也从$-\infty$变到$+\infty$,实际上,[z]平面上的相应点是沿着单位圆逆时针重复了无穷多圈。因为当[s]平面上的一点沿虚轴从$-\omega_s/2$移到$+\omega_s/2$时,[z]平面的相应点则从$-\pi$变化到$+\pi$,即沿单位圆逆时针转了一圈。其对应关系见图 8.5.2。当[s]平面上的点沿虚轴从$-3\omega_s/2$移动到$-\omega_s/2$,以及从$\omega_s/2$移动到$3\omega_s/2$时,[z]平面上的相应点都会沿单位圆逆时针转一圈。依此类推。

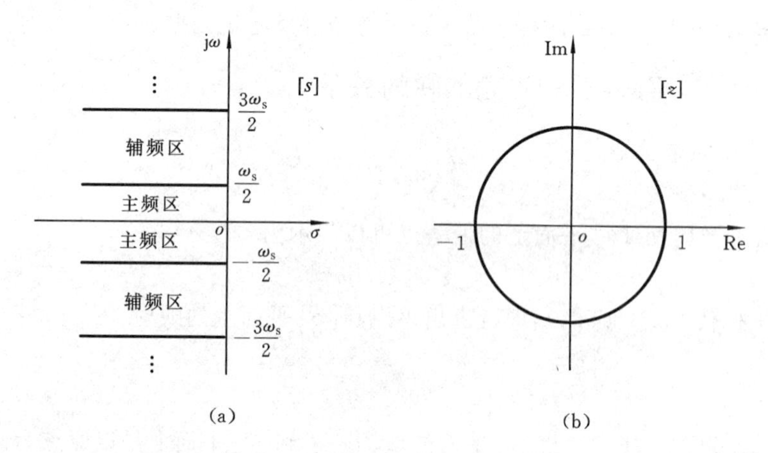

图 8.5.2　z-ω_s 变换的周期特性

[s]平面的左半部分平行于虚轴的直线映射到[z]平面上是单位圆内的一些同心圆,当ω从$-\infty$变到$+\infty$时,$\angle z$具有同样的周期性。因此可以把[s]平面左半部分分割为无穷多个带宽为$\mathrm{j}\omega_s$的频区,$-\omega_s/2$到$\omega_s/2$的频区称为主频区,其他频区称为辅频区。在实际系统中,由于带宽有限,截止频率远比采样频率f_s低,系统不可能工作在其他频区,因此需要讨论的主要是主频区。

从上述[s]平面与[z]平面的映射关系可知:在[z]平面中,单位圆内是稳定区域,单位圆外是不稳定区域,而单位圆的圆周是临界稳定的标定。

8.5.2　线性离散系统稳定的充分必要条件

对于线性离散控制系统的典型结构(见图 8.4.4(a)),其闭环脉冲传递函数为

$$\Phi(z)=\frac{G(z)}{1+GH(z)}$$

系统的特征方程为

$$1+GH(z)=0$$

设系统的特征根或闭环脉冲传递函数的极点为$z_1,z_2,\cdots,z_n$,根据[s]平面与[z]平面的映射关系,可得到线性离散系统稳定的充要条件是:线性离散系统的全部特征根$z_i(i=1,2,\cdots,n)$均分布在[z]平面的单位圆内,或全部特征根的模小于 1,即$|z_i|$

$<1\ (i=1,2,\cdots,n)$。

如果在上述特征根中，有一个位于单位圆之外，则系统不稳定；如果有特征根位于单位圆周上，则系统临界稳定。

8.5.3　线性离散系统的稳定判据

判断线性离散系统的稳定性，实质上是判断系统的特征根或闭环极点是否全在 $[z]$ 平面的单位圆之内。常用的判断方法有以下两种。

1. 直接求特征方程的根

当线性离散系统的阶数较低时，可直接求出系统的特征根，并加以判断。

例 8.5.1　判断图 8.5.3 所示系统的稳定性。

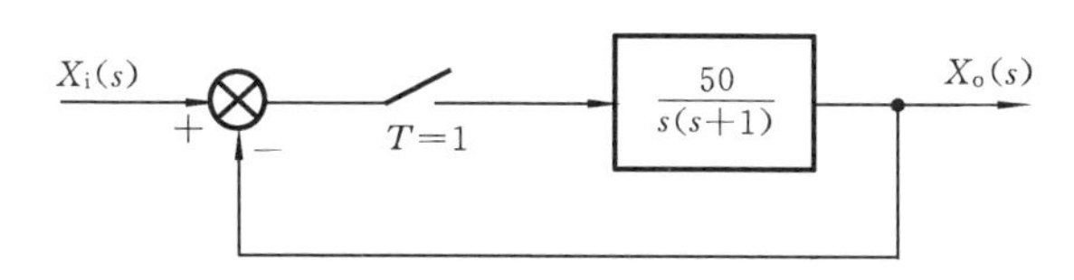

图 8.5.3　闭环离散系统

解

$$G(s)=\frac{50}{s(s+1)}$$

则

$$G(z)=\frac{50(1-e^{-1})z}{(z-1)(z-e^{-1})}$$

特征方程为

$$1+G(z)=0$$

即

$$(z-1)(z-e^{-1})+50(1-e^{-1})z=0$$

解得

$$z_1\approx -30.226 \qquad z_2\approx -0.0121$$

可见 $|z_1|>1$，故系统不稳定。

2. Routh 判据

当系统的阶数较高时，很难直接解出特征根，此时可用 Routh 判据来判断系统的稳定性。

线性连续系统中的 Routh 判据不能直接用于线性离散系统，因为 Routh 判据只能判断一个复变量代数方程的根是否全在复平面的左半部分，而无法判断这些根是否都在 $[z]$ 平面的单位圆内。为了应用 Routh 判据判断线性离散系统稳定性，需对 $[z]$ 平面再做一次线性变换，将 $[z]$ 平面中单位圆内部映射成为 $[w]$ 平面的左半部分，z 传递函数成为 w 传递函数。如果 w 传递函数的特征根均在 $[w]$ 的左半部分，相当于 z 传递函数的特征根都在 $[z]$ 平面的单位圆内部，那么，系统是稳定的，否则不稳定。由于经过 z-w 变换后，判断系统的稳定性变成判别 w 传递函数的特征根是否在 $[w]$ 面的左半部分，因而可用 Routh 判据来进行判别。

z-w 变换的表达式为

$$w = \frac{z-1}{z+1} \tag{8.5.2}$$

$$z = \frac{1+w}{1-w} \tag{8.5.3}$$

通过上述变换可将 $[z]$ 平面的单位圆内部映射成 $[w]$ 平面的左半部分。证明如下：

设
$$z = x + \mathrm{j}y \tag{8.5.4}$$

$$w = u + \mathrm{j}v \tag{8.5.5}$$

将式(8.5.4)代入式(8.5.2)得

$$\begin{aligned} w &= \frac{z-1}{z+1} = \frac{x+\mathrm{j}y-1}{x+\mathrm{j}y+1} \\ &= \frac{(x^2+y^2)-1}{(x+1)^2+y^2} + \mathrm{j}\frac{2y}{(x+1)^2+y^2} = u + \mathrm{j}v \end{aligned} \tag{8.5.6}$$

其中
$$u = \frac{x^2+y^2-1}{(x+1)^2+y^2} \qquad v = \frac{2y}{(x+1)^2+y^2}$$

当 $|z| = x^2+y^2 = 1$ 时，$u=0$，即 $[z]$ 平面的单位圆映射成 $[w]$ 平面的虚轴；

当 $|z| = x^2+y^2 < 1$ 时，$u<0$，即 $[z]$ 平面的单位圆内部映射成 $[w]$ 平面的左半部分；

当 $|z| = x^2+y^2 > 1$ 时，$u>0$，即 $[z]$ 平面的单位圆外部映射成 $[w]$ 平面的右半部分。

例 8.5.2 已知一离散系统的脉冲传递函数

$$\Phi(z) = \frac{z^2+4z+3}{z^3+2z^2-0.5z-1}$$

试判断其稳定性。

解 由 $\Phi(z)$ 知系统的特征方程为

$$z^3+2z^2-0.5z-1=0$$

将 $z=\dfrac{1+w}{1-w}$ 代入特征方程，有

$$\left(\frac{1+w}{1-w}\right)^3 + 2\left(\frac{1+w}{1-w}\right)^2 - 0.5\left(\frac{1+w}{1-w}\right) - 1 = 0$$

化简得
$$0.5w^3+1.5w^2-8.5w-1.5=0$$

因为上式的各项系数不同号，不满足系统稳定的必要条件，所以系统不稳定。列如下 Routh 表以了解不稳定的根的数目：

w^3	0.5	−8.5	0
w^2	1.5	−1.5	
w	−8	0	
w^0	−1.5		

因表中首列变号一次，可知系统有一个根在 $[z]$ 平面的单位圆之外，因此系统不

稳定。

从线性离散系统的稳定性分析可以看出，只要了解关于线性连续系统稳定性的概念，加上 Z 变换的数学方法，线性离散系统稳定性的问题就可迎刃而解。

8.6　线性离散系统的校正与设计

为了使系统能按给定的性能指标工作，例如要满足在一些典型控制信号作用下系统在采样时刻无稳态误差、过渡过程在最少几个采样周期内结束等项性能要求，必须对系统进行校正。在线性离散系统中，通常采用数字控制器 $D(z)$ 对系统进行数字校正，如图 8.6.1 所示。

8.6.1　数字控制器 $D(z)$ 的脉冲传递函数

在图 8.6.1 所示线性离散系统中，数字控制器（或数字计算机）$D(z)$ 将输入脉冲序列 $\varepsilon^*(t)$，旨在通过满足系统性能指标要求的处理后，输出新的脉冲序列 $m^*(t)$。如果数字控制器对脉冲序列的运算是线性的，那么，也可以确定一个联系输入脉冲序列 $\varepsilon^*(t)$ 与输出脉冲序列 $m^*(t)$ 的脉冲传递函数 $D(z)$。在确定数字控制器的脉冲传递函数 $D(z)$ 时，假设其前后两个采样开关的动作是同步的。

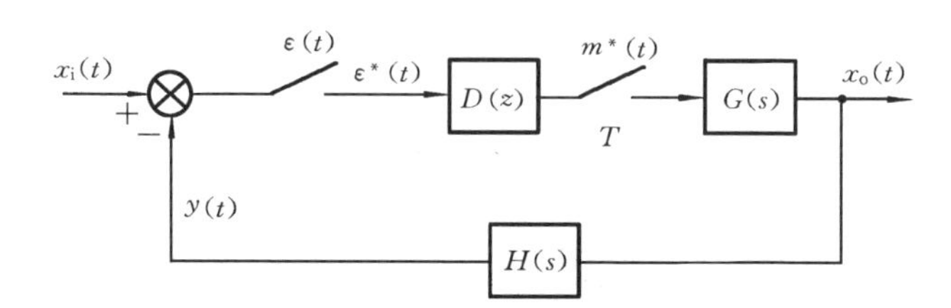

图 8.6.1　计算机控制系统等效方框图

设数字控制器脉冲传递函数的一般形式为

$$D(z)=\frac{b_0+b_1z^{-1}+b_2z^{-2}+\cdots+b_mz^{-m}}{1+a_1z^{-1}+a_2z^{-2}+\cdots+a_nz^{-n}} \tag{8.6.1}$$

式中：a_i $(i=1,2,\cdots,n)$ 及 b_j $(j=0,1,2,\cdots,m)$ 为常系数。为使数字控制器具有物理可实现性，一般要求 $n\geqslant m$。

在图 8.6.1 所示线性离散系统中，设反馈通道的传递函数 $H(s)=1$，以及连续部分（包括保持器）$G(s)$ 的 Z 变换为 $G(z)$，可求得单位反馈线性离散系统的闭环脉冲传递函数为

$$\Phi(z)=\frac{X_o(z)}{X_i(z)}=\frac{D(z)G(z)}{1+D(z)G(z)}$$

于是

$$D(z)=\frac{1}{G(z)}\cdot\frac{\Phi(z)}{[1-\Phi(z)]} \tag{8.6.2}$$

式(8.6.2)表明,根据线性离散系统连续部分的脉冲传递函数 $G(z)$ 及系统的闭环脉冲传递函数 $\Phi(z)$,便可确定 $D(z)$。这里,对系统控制性能的要求,由其闭环传递函数 $\Phi(z)$ 来反映。

8.6.2　最少拍系统的设计与校正

在典型控制信号作用下,通过最少的采样周期使稳态误差为零的离散系统,称为最少拍系统。在离散(数字)控制过程中,一个采样周期称为一拍。

单位阶跃控制信号 $x_i(t)=1(t)$,其 Z 变换为

$$X_i(z)=\frac{1}{1-z^{-1}} \tag{8.6.3}$$

单位速度控制信号 $x_i(t)=t$,其 Z 变换为

$$X_i(z)=\frac{Tz^{-1}}{(1-z^{-1})^2} \tag{8.6.4}$$

单位加速度控制信号 $x_i(t)=\frac{1}{2}t^2$,其 Z 变换为

$$X_i(z)=\frac{T^2z^{-1}(1+z^{-1})}{(1-z^{-1})^3} \tag{8.6.5}$$

式中:T 为采样周期。

可将式(8.6.3)、式(8.6.4)和式(8.6.5)归并成一个关于典型控制信号 Z 变换的通式,即

$$X_i(z)=\frac{A(z)}{(1-z^{-1})^\nu} \tag{8.6.6}$$

式中,$\nu=1,2,3$ 分别与单位阶跃输入、单位速度输入及单位加速度输入相对应,而 $A(z)$ 为不含 $1-z^{-1}$ 因式的 z^{-1} 的多项式。

对于最少拍系统,为使其响应典型输入时无稳态误差,即当

$$X_i(z)=\frac{A(z)}{(1-z^{-1})^\nu}$$

时,使

$$\lim_{t\to\infty}\varepsilon(t)=\lim_{t\to\infty}e(t)=0$$

对于图 8.6.1 所示系统,有

$$E(z)=X_i(z)-X_o(z)=X_i(z)[1-\Phi(z)]$$

$E(z)$ 为 $\varepsilon(t)$ 的 Z 变换。根据 Z 变换终值定理,有

$$\lim_{t\to\infty}\varepsilon(t)=\lim_{z\to1}[(z-1)E(z)]=\lim_{z\to1}\{(z-1)X_i(z)[1-\Phi(z)]\}$$

$$\varepsilon(\infty)=\lim_{z\to1}\left\{(z-1)\frac{A(z)}{(1-z^{-1})^\nu}[1-\Phi(z)]\right\}=0 \tag{8.6.7}$$

由式(8.6.7)可见,应有

$$1-\Phi(z)=(1-z^{-1})^\nu W(z)$$

根据最少拍要求,$W(z)=1$,则

$$\Phi(z)=1-(1-z^{-1})^\nu \tag{8.6.8}$$

(1) 当 $x_i(t)=1(t)$、$X_i(z)=\dfrac{1}{1-z^{-1}}$、$\nu=1$ 时，得

$$\Phi(z)=z^{-1}\qquad(\text{一拍})$$

$$X_o(z)=z^{-1}+z^{-2}+z^{-3}+\cdots+z^{-n}+\cdots \tag{8.6.9}$$

(2) 当 $x_i(t)=t$、$X_i(z)=\dfrac{Tz^{-1}}{(1-z^{-1})^2}$、$\nu=2$ 时，得

$$\Phi(z)=1-(1-z^{-1})^2=2z^{-1}-z^{-2}\quad(\text{二拍})$$

$$X_o(z)=2Tz^{-2}+3Tz^{-3}+\cdots+nTz^{-n}+\cdots \tag{8.6.10}$$

(3) 当 $x_i(t)=\dfrac{1}{2}t^2$、$X_i(z)=\dfrac{T^2z^{-1}(1+z^{-1})}{2(1-z^{-1})^3}$、$\nu=3$ 时，得

$$\Phi(z)=1-(1-z^{-1})^3=3z^{-1}-3z^{-2}+z^{-3}\quad(\text{三拍})$$

$$X_o(z)=1.5T^2z^{-2}+4.5T^2z^{-3}+8T^2z^{-4}+\cdots+\frac{n^2}{2}T^2z^{-n}+\cdots \tag{8.6.11}$$

对式(8.6.9)、式(8.6.10)和式(8.6.11)进行 Z 逆变换，便可分别求得最少拍系统的单位阶跃响应(见图 8.6.2)、单位速度响应(见图 8.6.3)和单位加速度响应时的过渡过程 $x_o^*(t)$(见图 8.6.4)。

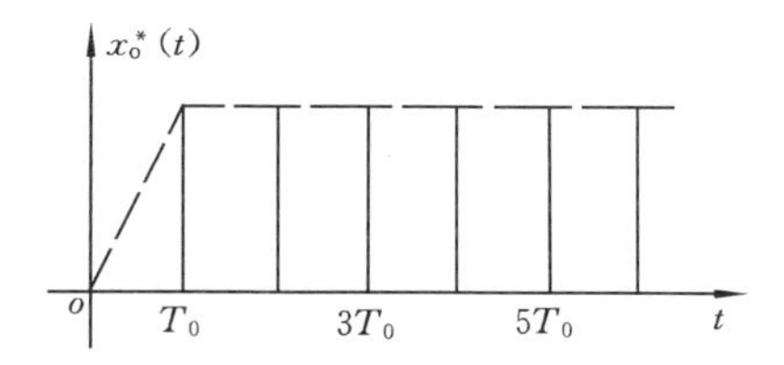

图 8.6.2　最少拍系统单位阶跃响应

从这三图可见，具有式(8.6.8)所示闭环脉冲传递函数的最少拍系统，响应单位阶跃输入、单位速度输入及单位加速度输入的过渡过程 $x_o^*(t)$ 分别在一拍、二拍及三拍内结束，并且均无稳态误差。

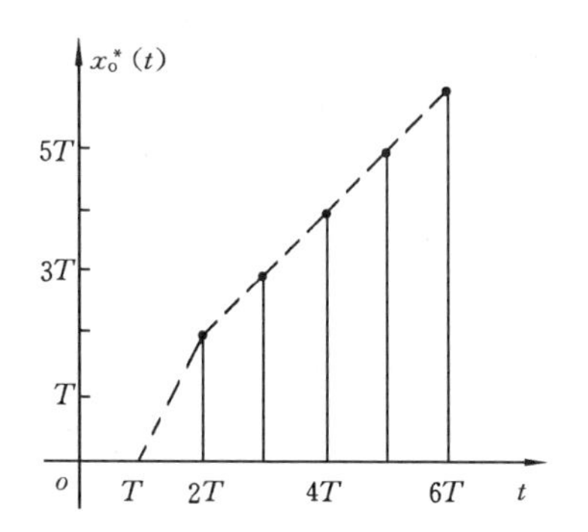

图 8.6.3　最少拍系统单位速度响应

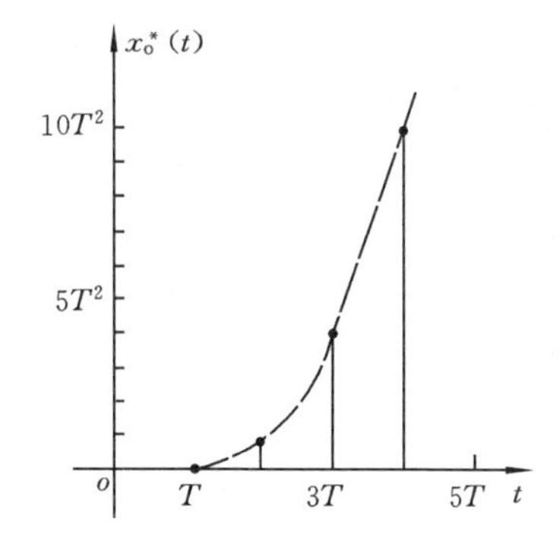

图 8.6.4　最少拍系统单位加速度响应

综上所述，当线性离散系统的典型输入信号的形式确定后，便可由式(8.6.8)选取相应的最少拍系统的闭环脉冲传递函数，再由式(8.6.2)求得确保线性离散系统成为最少拍系统的数字控制器的脉冲传递函数 $D(z)$。

例 8.6.1　单位反馈线性离散系统如图 8.6.5 所示。在单位速度输入信号 $x_i(t)=$

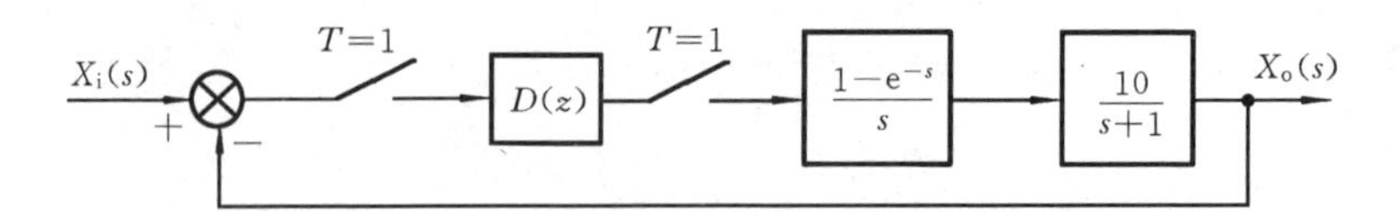

图 8.6.5　离散控制系统

t 作用下,试求能使该系统为最少拍系统的数字控制器的脉冲传递函数 $D(z)$。

解
$$G(z)=Z\left[\frac{1-e^{-s}}{s}\cdot\frac{10}{s+1}\right]=\frac{6.32z^{-1}}{1-0.368z^{-1}}$$

已知 $x_i(t)=t$,则

$$X_i(z)=\frac{Tz^{-1}}{(1-z^{-1})^2}$$

根据最少拍的要求(见式(8.6.8)),有

$$\Phi(z)=1-(1-z^{-1})^{\nu}$$
$$\Phi(z)=1-(1-z^{-1})^2=z^{-1}(2-z^{-1})$$

按式(8.6.2)有

$$D(z)=\frac{1}{G(z)}\cdot\frac{\Phi(z)}{1-\Phi(z)}=\frac{1-0.368z^{-1}}{6.32z^{-1}}\cdot\frac{2z^{-1}-z^{-2}}{1-2z^{-1}+z^{-2}}$$
$$=\frac{(1-0.368z^{-1})(2-z^{-1})}{6.32(1-z^{-1})^2}$$

8.7　设计示例:数控直线运动工作台位置控制系统

在现代数控机床中采用的数控直线运动工作台位置控制系统实际上是一个离散系统。本书的前几章将该系统简化成连续系统,分别对其中数学模型的建立方法、时域性能指标、频率特性以及系统的稳定性等问题进行了分析,且在此基础上,设计了相应的校正环节。实际上,这种简化只是在采样周期非常小的情况下,才能保证系统性能分析与校正环节设计具有足够的精度。因此,本节将从离散系统的分析与设计入手,为该系统设计一个最少拍的数字控制器。

设系统的采样周期为 T,采用零阶保持器,忽略电动机线圈的电感量,需要设计的数字控制器的脉冲传递函数为 $D(z)$,则当 $K_b=40$ 时,图 3.8.1 所示的数控直线运动工作台位置控制系统可以用图 8.7.1 表示。

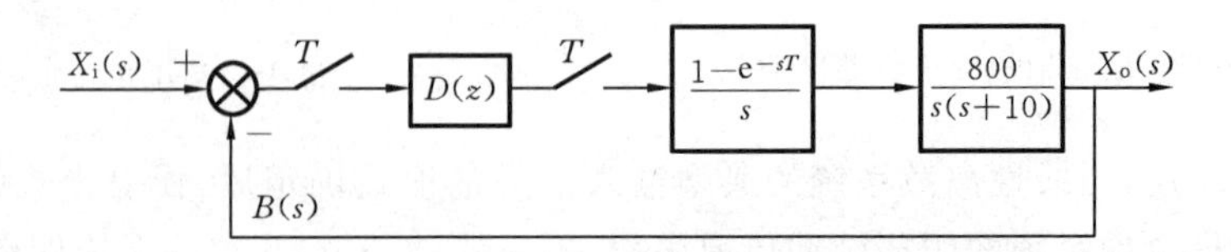

图 8.7.1　数控直线运动工作台位置控制系统传递函数方框图

由图可知该系统的广义被控对象的传递函数为

$$G(s)=\frac{1-e^{-sT}}{s}\cdot\frac{800}{s(s+10)}$$

设 $T=0.1$，则

$$G(z)=Z[G(s)]=Z\left[\frac{1-e^{-sT}}{s}\cdot\frac{800}{s(s+10)}\right]=\frac{16-2.94z^{-1}+2.11z^{-2}}{(1-z^{-1})(1-0.368z^{-1})}$$

若输入为位置输入，即 $x_i(t)=1(t)$，则

$$X_i(z)=\frac{1}{1-z^{-1}}$$

根据最少拍控制器设计要求，有

$$\varphi(z)=1-(1-z^{-1})^{\nu}=z^{-1}\qquad(一拍)$$

故

$$D(z)=\frac{1}{G(z)}\cdot\frac{\varphi(z)}{1-\varphi(z)}=\frac{(1-z^{-1})(1-0.368z^{-1})}{16-2.94z^{-1}+2.11z^{-2}}\cdot\frac{z^{-1}}{1-z^{-1}}$$

$$=\frac{z^{-1}-0.368z^{-2}}{16-2.94z^{-1}+2.11z^{-2}}$$

利用 MATLAB 分析线性离散系统

本章学习要点

在线自测

习　题

8.1　设模拟信号 x 的取值范围为 0～15 V，若 A/D 转换器的位数分别为 $n=4$ 和 $n=8$，试分别求其量化单位和量化噪声最大误差。

8.2　已知采样器的采样周期为 T，连续信号为

(1) $x(t)=1(t)$　(2) $x(t)=e^{-at}$　(3) $x(t)=e^{-t}-e^{-2t}$

试求采样后的输出信号 $x^*(t)$ 及其 Laplace 变换 $X^*(S)$。

8.3　求下列函数的 Z 变换：

(1) $x(t)=t$　(2) $x(t)=\sin(10t)\cdot 1(t)$　(3) $x(t)=a^n$

(4) $F(s)=\dfrac{1}{s^2(s+a)}$　(5) $x(t)=t\cdot\cos\omega t$　(6) $x(t)=(4+e^{-3t})\cdot 1(t)$

8.4　求下列函数的初值和终值：

(1) $X(z)=\dfrac{z^2}{(z-0.8)(z-0.1)}$　(2) $X(z)=\dfrac{2}{1-z^{-1}}$

(3) $X(z)=\dfrac{10z^{-1}}{(1-z^{-1})^2}$　(4) $X(z)=\dfrac{4z^2}{(z-1)(z-2)}$

8.5　求下列函数的 Z 逆变换：

(1) $X(z)=\dfrac{z}{(z-1)(5z-3)}$　　(2) $X(z)=\dfrac{2z^2}{(z+1)^2(z+2)}$

(3) $X(z)=\dfrac{z}{z-0.2}$　　(4) $X(z)=\dfrac{z}{(z-e^{-T})(z-e^{-3T})}$

8.6 零阶保持器的数学表达式为 $g(t)=u(t)-u(t-T)$,试求其传递函数和频率特性。

8.7 若某系统的差分方程为

$$2x_o(nT)+3x_o[(n-1)T]+5x_o[(n-2)T]+4x_o[(n-3)T]$$
$$=x_i(nT)+x_i[(n-1)T]+2x_i[(n-2)T]$$

试求其脉冲传递函数。

8.8 设如图(题 8.8)所示开环线性离散系统的传递函数为 $G(s)=\dfrac{a}{s(s+a)}$,试求其相应的脉冲传递函数,并求 $a=1$、$T=1$、$r(t)=\delta(t)$ 时,系统输出的 Z 变换 $C(z)$。

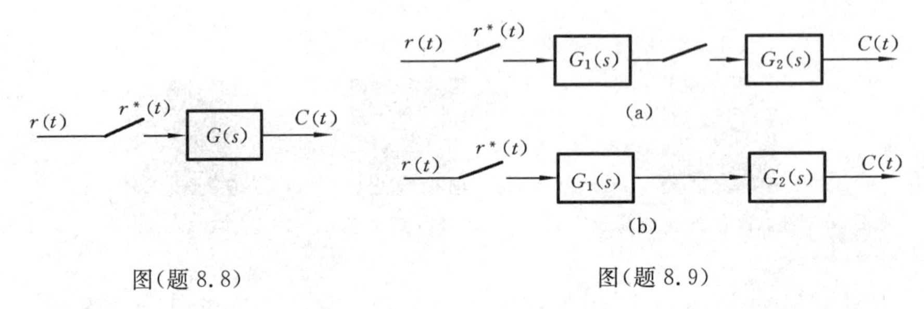

图(题 8.8)　　图(题 8.9)

8.9 设开环线性离散系统如图(题 8.9(a)、(b))所示,其中,$G_1(s)=\dfrac{2}{s+2}$,$G_2(s)=\dfrac{5}{s+5}$,输入信号 $r(t)=1(t)$,试求系统(a)和(b)的脉冲传递函数 $G(z)$ 和输出的 Z 变换 $C(z)$。

8.10 设闭环线性离散系统如图(题 8.10)所示,试求其闭环脉冲传递函数。

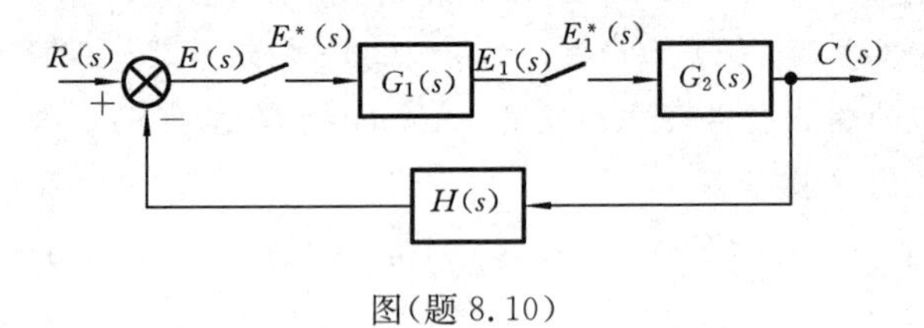

图(题 8.10)

8.11 设闭环线性离散系统如图(题 8.11)所示,试求其输出采样信号的 Z 变换 $C(z)$。

8.12 已知线性离散系统的闭环特征方程为 $z^2+3z+2=0$,试判断系统的稳定性。

8.13 设闭环线性离散系统如图(题 8.13)所示,其中 $G(s)=\dfrac{10}{s(s+1)}$,$H(s)=1$,试求其闭环脉冲传递函数。当 $T=0.01$、1 时,试判断其稳定性。

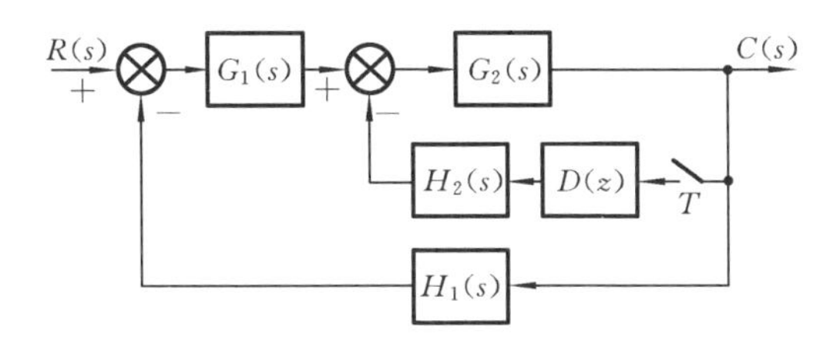

图(题 8.11)

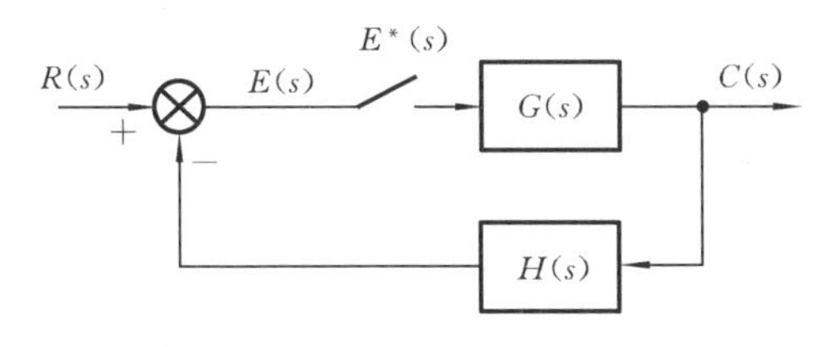

图(题 8.13)

8.14　已知线性离散系统的闭环特征方程为 $D(z)=z^4-1.368z^3+0.4z^2+0.08z+0.002=0$,试判断系统的稳定性。

8.15　设闭环线性离散系统如图(题 8.15)所示,试求系统稳定时 K 的取值范围。

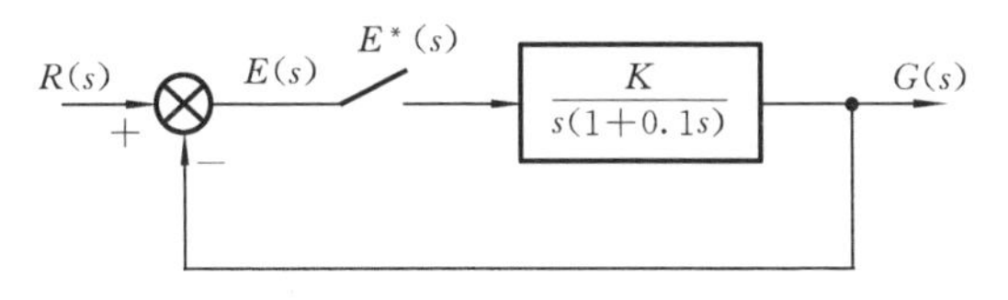

图(题 8.15)

8.16　设单位反馈线性定常离散系统如图(题 8.16)所示。若要求系统在单位斜坡输入下实现最小拍控制,试求数字控制器的脉冲传递函数 $D(z)$。

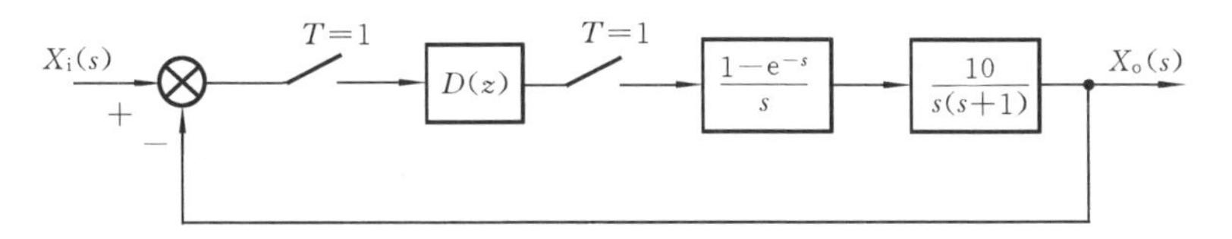

图(题 8.16)

本章习题参考答案与题解

第9章 系统辨识初步

系统的数学模型具有不同的形式，在控制工程中大致可以分为两类：非参数模型和参数模型。非参数模型包括单位脉冲响应，参数模型包括微分方程、差分方程、状态方程和传递函数。而频率特性是非参数模型还是参数模型取决于频率特性的表示形式。在以上各章的分析中，系统均可用已知的分析方法建立其数学模型，然后基于此模型进行相应的工作。但是，事实上在许多情况下，上述分析方法却无能为力，只能求助于系统辨识来建立系统的数学模型。

本章将首先介绍系统辨识的基本概念；其次介绍根据系统阶跃响应曲线，辨识已知系统参数的方法；接着介绍通过试验曲线求取系统的单位脉冲响应和频率特性，进而介绍求出系统的传递函数的方法；然后介绍现代控制理论中建立差分模型的方法以及时间序列理论中建立 ARMA 模型的方法，并举例介绍如何进行机械系统辨识；最后介绍设计示例——数控直线运动工作台位置控制系统的参数辨识。本章所讨论的系统仍然是线性定常系统。

9.1　系统辨识的基本概念

在以上各章的分析中都蕴涵着一个假设，即已经知道系统的数学模型。这就是说，只有知道了系统的数学模型，才可能对系统进行分析，改善系统的性能，预测系统的运动，进而对系统实施最佳控制。事实上，不仅在工程技术中需要建立有关系统（包括过程、设备等）的数学模型，而且在自然科学（天文学、地理学、物理学、化学、生物学等）、社会科学（经济学、人口学等）乃至思维科学领域中，都需要建立有关系统的数学模型。

建立物理系统的数学模型，最为人们熟知的方法是分析方法。这在第 2 章已讨论过，即利用各学科领域提出的物质和能量守恒性、连续性原理或其他有关物理定律或有关客观规律以及系统的结构与参数，推演出系统的数学模型，但是这种方法仅适用于很简单的系统，而且往往需做大量的假设。对复杂的系统，由于人们对其结构、参数和支配运动的机理不很了解，甚至根本不了解，所以就难以用甚至不可能用分析方法建立这类系统的数学模型。因此，通过试验，利用系统的输入-输出信号来建立系统数学模型的理论和方法——“系统辨识”(system identification)或称“系统识别”

就越来越引起人们的重视。目前,“系统辨识”已成为一门极其重要的学科。

图 9.1.1 所示为具有输入和输出的系统辨识问题的基本结构。对系统施加某种输入信号,并观测其响应,然后对输入、输出数据进行处理,便可得到被辨识系统的数学模型。

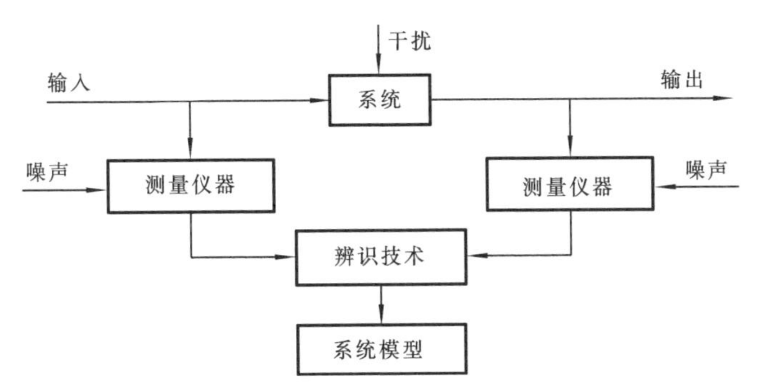

图 9.1.1　系统辨识问题基本结构

根据对系统的知识的预先了解程度,可将系统的辨识问题分为两大类。

(1) 全辨识问题。在这类问题中,人们对所辨识系统的特性一无所知,例如,对系统是否非线性、系统动态方程的阶次及相应参数如何等情况都不了解。这类问题通常称为“黑箱问题”,解决起来相当困难,有时需要做某些假设,才能得到有意义的解答。

(2) 部分辨识问题。在这类问题中,人们具有关于所辨识系统的某些先验知识,例如,系统的线性度、频宽等是已知的,但是系统动态方程的阶次及相应参数是未知的。这类问题通常称为“灰箱问题”。显然,它要比黑箱问题容易解决,而且先验知识愈丰富、愈精确,辨识工作也就愈省力、愈精确。

实际上,大多数工程系统和工业过程的辨识都属于部分辨识问题。人们对所研究的对象或多或少都有所了解,不会一无所知。在大多数情况下,对系统的结构比较清楚,可以推导出系统的动态方程,或者可以确定系统动态方程的类型,只是动态方程中的某些参数尚待确定。这样,系统辨识问题就简化为参数的估计问题。

因为大量的系统辨识问题都可以简化为参数估计问题,因此参数估计极其重要。目前进行的研究以及在这一领域的大多数研究成果,往往是针对这类问题的。

从理论上讲,如果能获得输入、输出数据的精确测量值,就能精确地确定系统的模型参数。然而,在实际观测中,系统会受到各种干扰,而且测量仪器的输出结果也包含噪声,这些干扰或噪声一般都是随机的。因此,系统辨识实际上是对系统参数的统计估计。根据对辨识结果的不同要求,可采用不同的辨识方法。

系统辨识一般可按以下步骤进行:

(1) 假定或预测被辨识系统的数学模型;

(2) 选择适当的激励信号作用于系统上,并记录输入、输出数据,如果是连续运行的系统,则不允许施加激励信号,而只能利用正常的运行数据进行辨识;

(3) 选择估计方法,由测量数据估计系统数学模型的参数;

(4) 进行实验验证,检查所确定的数学模型是否确切地描述了被辨识系统;

(5) 如不满意,则采取相应的适当的修改措施,再重复以上步骤,直至满意为止。

系统辨识可以以下两种方式进行。

(1) 离线辨识。这种辨识方式是先观测并记录全部输入、输出数据,然后再对这些数据进行集中处理,根据所记录的数据来估计模型参数。

(2) 在线辨识。在线辨识方式是对每一组数据进行递推计算,而新获取的数据被用来修正、刷新已有估计值。如果参数刷新过程能快速进行,就可以获得相当准确的系统的参数估计值。

9.2 系统辨识的阶跃响应法

第3章分析了典型系统在典型输入作用下的阶跃响应,本节将介绍应用第3章的有关知识,实现典型系统参数辨识的阶跃响应法。系统辨识的阶跃响应法的基本思路是:在系统的结构已知、需要辨识系统参数的情况下,在被辨识对象上施加阶跃输入信号,然后测定出该对象的阶跃响应曲线,根据该曲线,来求出被辨识对象的传递函数。

9.2.1 试验测取系统的阶跃响应曲线

测取系统阶跃响应曲线的试验系统组成如图9.2.1所示。该系统一般由激励源、被辨识系统、数据采集与波形分析装置等组成。激励源产生的阶跃信号作用在被辨识系统上,被辨识系统产生的输出信号与输入信号通过数据采集与波形分析装置采集与分析。激励源产生的激励作用一段时间后,被辨识系统过渡过程结束,进入稳态,试验即可结束,所得到的曲线就是系统的阶跃响应曲线。

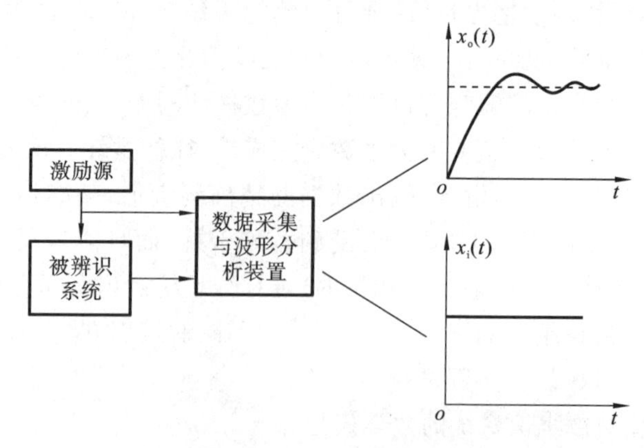

图9.2.1 试验测取系统的阶跃响应曲线示意图

9.2.2 一阶系统参数的辨识

设待辨识一阶系统的传递函数为 $G(s)=\frac{K}{Ts+1}$，则其在幅值为 A 的阶跃输入 $x_i(t)=A\cdot u(t)$ 作用下的响应为 $x_o(t)=AK(1-e^{-t/T})$，稳态值 $x_o(\infty)=AK$。其曲线如图 9.2.2 所示。

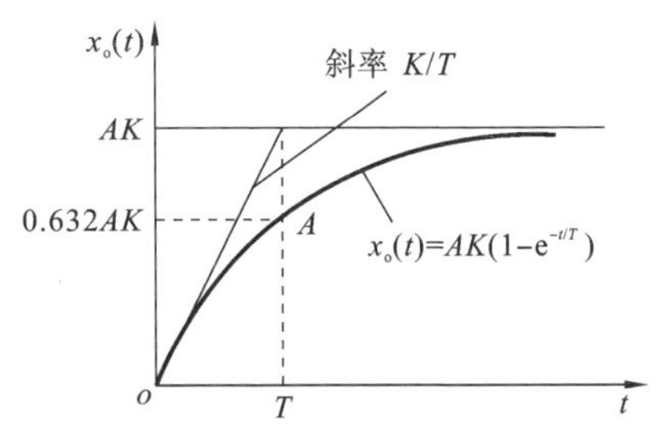

图 9.2.2 一阶系统的阶跃响应曲线

在 $t=0$ 的点，曲线 $x_o(t)$ 的斜率为 K/T，过该点作曲线 $x_o(t)$ 的切线，与 $x_o(t)=x_o(\infty)$ 相交于 $(T,\ x_o(\infty))$，则该交点的横坐标即为时间常数 T。待辨识系统的增益 K 为 $x_o(\infty)/A$。

9.2.3 含延迟环节的一阶系统参数辨识

在实际工程中，有些一阶系统往往包含延迟环节，其传递函数为 $G(s)=\frac{K}{Ts+1}e^{-\tau s}$，其在 $x_i(t)=A\cdot u(t)$ 作用下的响应为

$$x_o(t)=\begin{cases}0 & (t<\tau)\\ AK(1-e^{-\frac{t-\tau}{T}}) & (t\geqslant\tau)\end{cases}$$

其阶跃响应曲线如图 9.2.3 所示。

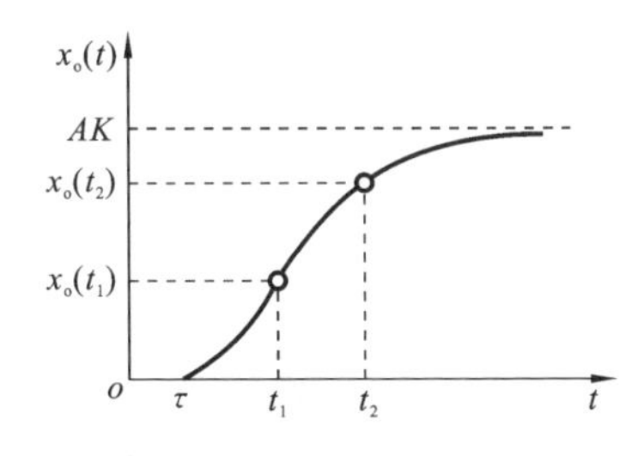

图 9.2.3 含延迟环节一阶系统的阶跃响应曲线

可以应用两点法进行辨识。由

$$x_o(t_1)=AK(1-e^{-\frac{t_1-\tau}{T}})$$

$$x_o(t_2)=AK(1-e^{-\frac{t_2-\tau}{T}})$$

得

$$T=\frac{t_2-t_1}{\ln[1-x_o(t_1)]-\ln[1-x_o(t_2)]}$$

$$\tau=\frac{t_2\ln[1-x_o(t_1)]-t_1\ln[1-x_o(t_2)]}{\ln[1-x_o(t_1)]-\ln[1-x_o(t_2)]}$$

待辨识系统的增益 K 亦为 $x_o(\infty)/A$。

9.2.4 二阶系统参数辨识

设待辨识二阶系统的传递函数为 $G(s)=\frac{K\omega_n^2}{s^2+2\xi\omega_n s+\omega_n^2}$，则其在幅值为 A 的阶跃输入 $x_i(t)=A\cdot u(t)$ 作用下的响应为

$$x_o(t)=AK\left[1-e^{-\xi\omega_n t}\cdot\frac{1}{\sqrt{1-\xi^2}}\sin\left(\omega_d t+\arctan\frac{\sqrt{1-\xi^2}}{\xi}\right)\right]$$

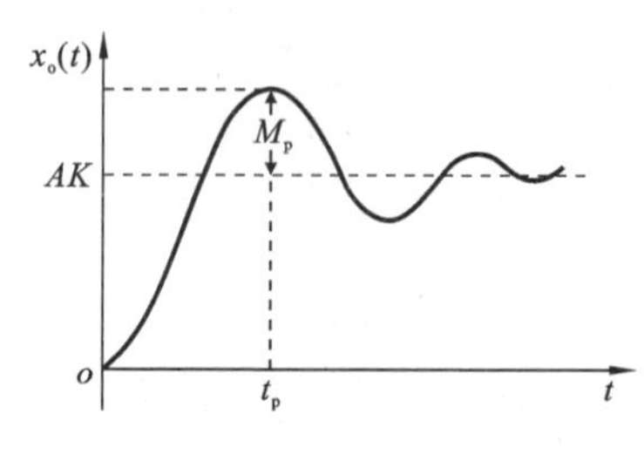

图 9.2.4　二阶系统阶跃响应曲线

稳态值 $x_o(\infty)=AK$。系统的阶跃响应曲线如图 9.2.4 所示。

根据该二阶系统的阶跃响应函数，得到该系统的峰值时间为 $t_p=\dfrac{\pi}{\omega_d}$，最大超调量为 $M_p=e^{-\xi\omega_n/\sqrt{1-\xi^2}}$。再从其阶跃响应曲线得到峰值时间与最大超调量试验数据，解得 ξ 和 ω_n。

待辨识系统的增益 K 为 $x_o(\infty)/A$。

9.3　单位脉冲响应估计

所谓单位脉冲响应估计，或称单位脉冲函数辨识，就是根据在单位脉冲试验信号作用下，对系统输出信号进行采样所得的一组记录数据，来正确估计系统的单位脉冲响应函数 $w(t)$。这也是一种非参数模型的辨识方法，该方法简单，且有一定的实用范围。这种方法的特点是不必事先知道系统的数学模型表达式。

在测试系统的动态特性时，经常会受到各种随机干扰，造成一系列的误差。如何减小误差，正确反映系统的真实性，这是“估计”所要解决的问题。如果将记录曲线的起点表示为 $t=0$，则有

$$x_o(t)=\int_0^{T_s}w(\tau)x_i(t-\tau)\mathrm{d}\tau+n(t) \tag{9.3.1}$$

写成离散形式，令 $t=k\Delta$，Δ 为采样时间间隔，$k=0,1,2,\cdots$，则有

$$x_o(k\Delta)=\sum_{j=0}^{N_s-1}w(j\Delta)x_i[(k-j)\Delta]\Delta+n(k\Delta) \tag{9.3.2}$$

式中：$n(k\Delta)$ 表示包括测量误差在内的随机干扰，以下简记为 n_k；N_s 表示相应测量数据或采样点的个数；$T_s=N_s\Delta$，表示单位脉冲响应实际上已达到稳态的时间，也可视为衰减到零的时间。

在式(9.3.1)中，当 $\tau>T_s$ 时，$w(\tau)=0$，当 $t<\tau$ 时，$x_i(t-\tau)=0$。显然，在式(9.3.2) 中，当 $j\geqslant N_s$ 时，$w(j\Delta)=0$，当 $k<j$ 时，$x_i[(k-j)\Delta]=0$。

将 $x_o(k\Delta)$、$w(\mathrm{j}\Delta)$、$x_i[(k-j)\Delta]$ 分别简记为 x_{ok}、w_j、$x_{i(k-j)}$，则式(9.3.2)可简化成

$$x_{ok}=\sum_{j=0}^{N_s-1}w_jx_{i(k-j)}\Delta+n_k \qquad (k=0,1,\cdots,N_m-1) \tag{9.3.3}$$

式中：N_m 表示相应的测量数据个数或采样点数。显然有 $N_m>N_s$，并记 T_m 为输出的测量时间，$T_m=N_m\Delta$。

由于 n_k 是一个随机变量，所以 x_{ok} 也是一个随机变量，测量中所得的 x_{ok} 只不过是一个样本值而已。

将式(9.3.3)写成矩阵形式,有

$$\begin{bmatrix} x_{o0} \\ x_{o1} \\ \vdots \\ x_{o(N_m-1)} \end{bmatrix} = \begin{bmatrix} x_{i0} & x_{i(-1)} & \cdots & x_{i(-N_s+1)} \\ x_{i1} & x_{i0} & \cdots & x_{i(-N_s+2)} \\ \vdots & \vdots & & \vdots \\ x_{i(N_m-1)} & x_{i(N_m-2)} & \cdots & x_{i(-N_s+N_m)} \end{bmatrix} \begin{bmatrix} w_0\Delta \\ w_1\Delta \\ \vdots \\ w_{N_s-1}\Delta \end{bmatrix} + \begin{bmatrix} n_0 \\ n_1 \\ \vdots \\ n_{N_m-1} \end{bmatrix} \tag{9.3.4}$$

或

$$\boldsymbol{X}_o = \boldsymbol{A}\boldsymbol{W} + \boldsymbol{N}$$

式中

$$\boldsymbol{X}_o = [x_{o0} \quad x_{o1} \quad \cdots \quad x_{o(N_m-1)}]^T$$

$$\boldsymbol{A} = \begin{bmatrix} x_{i0} & x_{i(-1)} & \cdots & x_{i(-N_s+1)} \\ x_{i1} & x_{i0} & \cdots & x_{i(-N_s+2)} \\ \vdots & \vdots & & \vdots \\ x_{i(N_m-1)} & x_{i(N_m-2)} & \cdots & x_{i(-N_s+N_m)} \end{bmatrix}$$

$$\boldsymbol{W} = [w_0\Delta \quad w_1\Delta \quad \cdots \quad w_{N_s-1}\Delta]^T$$

$$\boldsymbol{N} = [n_0 \quad n_1 \quad \cdots \quad n_{N_m-1}]^T$$

且当 $k < j$ 时,$x_{i(k-j)} = 0$。

令 $\boldsymbol{J} = \boldsymbol{N}^T\boldsymbol{N} = \sum_{j=0}^{N_m-1} n_j^2$,显然,$\boldsymbol{J}$ 是随机干扰平方之和,它越小,随机干扰对“估计”所引起的误差越小,所求得的 w_j 也就越精确。

又

$$\begin{aligned} \boldsymbol{J} &= \boldsymbol{N}^T\boldsymbol{N} = (\boldsymbol{X}_o - \boldsymbol{A}\boldsymbol{W})^T(\boldsymbol{X}_o - \boldsymbol{A}\boldsymbol{W}) \\ &= \boldsymbol{X}_o^T\boldsymbol{X}_o - \boldsymbol{W}^T\boldsymbol{A}^T\boldsymbol{X}_o - \boldsymbol{X}_o^T\boldsymbol{A}\boldsymbol{W} + \boldsymbol{W}^T\boldsymbol{A}^T\boldsymbol{A}\boldsymbol{W} \end{aligned} \tag{9.3.5}$$

若对式(9.3.5)取极小值来估计 $\boldsymbol{W}$,则此法称为最小二乘估计法,而此时取得的

$$\hat{\boldsymbol{W}} = [\hat{w}_0\Delta \quad \hat{w}_1\Delta \quad \cdots \quad \hat{w}_{N_s-1}\Delta]^T$$

则称为 $\boldsymbol{W}$ 的最小二乘估计(用符号“ ^ ”表示估计值)。

即令

$$\frac{\partial \boldsymbol{J}}{\partial \boldsymbol{W}} = \boldsymbol{0}$$

按矩阵求导理论,有

$$-2\boldsymbol{A}^T(\boldsymbol{X}_o - \boldsymbol{A}\hat{\boldsymbol{W}}) = \boldsymbol{0}$$

因此

$$\boldsymbol{A}^T\boldsymbol{A}\hat{\boldsymbol{W}} = \boldsymbol{A}^T\boldsymbol{X}_o$$

$$\hat{\boldsymbol{W}} = (\boldsymbol{A}^T\boldsymbol{A})^{-1}\boldsymbol{A}^T\boldsymbol{X}_o \tag{9.3.6}$$

将 $\hat{\boldsymbol{W}}$ 的各分量画出来,可得如图 9.3.1 所示的单位脉冲响应。

若系统的单位脉冲响应 $w(t)$ 已求出,则可根据第 4 章所讲的系统的单位脉冲响应与频率特性 $G(\mathrm{j}\omega)$ 之间的卷积关系求出系统的频率特性 $G(\mathrm{j}\omega)$,即

$$G(\mathrm{j}\omega) = \mathrm{F}[w(t)] \tag{9.3.7}$$

令 $t = k\Delta$,将式(9.3.7)写成离散形式,有

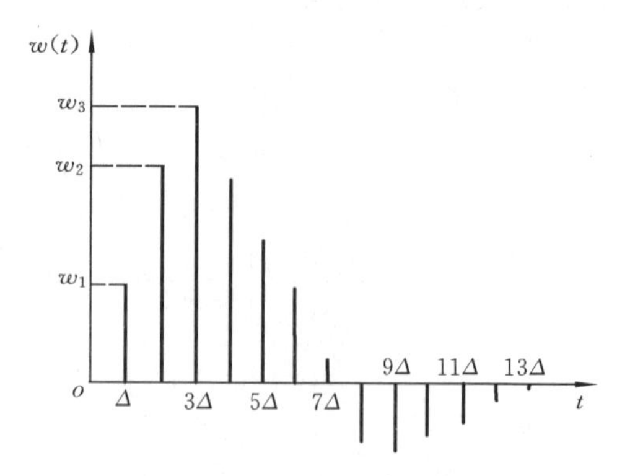

图 9.3.1　单位脉冲响应

$$
\begin{aligned}
G(\mathrm{j}\omega) &= \mathrm{F}[w(t)] \approx \Delta \sum_{k=0}^{\infty} w(k\Delta)\mathrm{e}^{-\mathrm{j}\omega(k\Delta)} \\
&= \Delta \sum_{k=0}^{\infty} w(k\Delta)\cos(k\omega\Delta) - \mathrm{j}\Delta \sum_{k=0}^{\infty} w(k\Delta)\sin(k\omega\Delta) \\
&= \mathrm{Re}\omega + \mathrm{Im}\omega
\end{aligned} \tag{9.3.8}
$$

由式(9.3.8)得到的是 $G(\mathrm{j}\omega)$ 的非参数模型。因为实际上当$(k\Delta)$取比较大的值时,$w(k\Delta)$必定近似衰减为零,所以上述求和公式可以只取到 $k=(N_s-1)$ 项,只要 $w[(N_s-1)\Delta]$ 近似等于零即可。

9.4　系统辨识的频率特性法

9.4.1　频率特性的非参数模型估计

1. 频率特性的谐波输入测试法

由试验观测数据确定系统的频率特性的方法较多,输入信号通常采用谐波信号。采用谐波输入信号,可以研究系统不同频率的谐波输入与其稳态输出的关系,从而建立频率特性的非参数模型。

在所需判明的频率范围内,对被辨识系统施加给定频率的谐波信号,并记录其相应的稳态输出,可以测得较精确的频率特性。由第 4 章内容可知,对于线性系统,当输入是谐波信号 $x_i(t)=X_i\sin\omega t$ 时,其稳态输出也是同频率的谐波信号 $x_o(t)=X_o\sin(\omega t+\varphi)$。如果示波器上已显示出在给定频率的谐波输入下系统的输入与输出的波形(见图 9.4.1),则可以根据输入、输出幅值 X_i、X_o,求得幅值比 X_o/X_i,而相位差 φ 则可以根据输出波峰滞后于输入波峰的时间 τ 求得,即

$$\varphi=-\frac{\tau}{T}\times 360^\circ$$

式中:T 为信号周期。

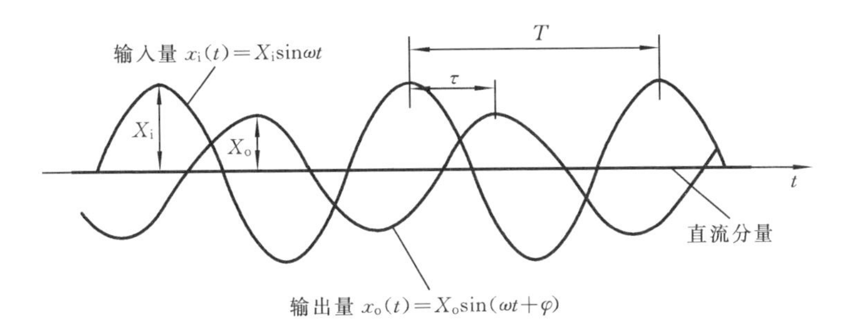

图 9.4.1　谐波输入下系统输入、输出波形

改变输入谐波的频率,可得出不同频率下的幅值比和相位差,即系统的幅频特性 $|G(j\omega)|$ 与相频特性 $\angle G(j\omega)$。当然,其也可采用频率分析仪直接进行扫频来得到。根据试验得到的各个频率下的幅值比和相位差,就可作出频率特性曲线。

以谐波信号作为输入,通过测量系统输入、稳态输出来识别系统的方法的优点是比较直观,对测量手段要求不高,但有如下缺点:

(1) 当测量频率范围较大时,试验次数太多,每改变一次频率就要测量一次,试验繁杂费时;

(2) 要有准确的谐波信号发生器,否则,不易获得准确的谐波输入与稳态输出,这常给试验结果带来误差;

(3) 输入、稳态输出之间的相位差(亦即相频特性)不易测准;

(4) 对机械结构做谐波输入(即谐波激振)时,激振器与结构之间的连接对被测结构的动态特性有影响。

2. 频率特性的离散 Fourier 变换求法

当噪声可以忽略不计时,被辨识系统的频率特性由下式表达:

$$G(j\omega)=\frac{X_o(j\omega)}{X_i(j\omega)}$$

这表明,若能根据观测得到输入信号 $x_i(t)$ 和输出信号 $x_o(t)$,并对其进行 Fourier 变换,得到 $X_i(j\omega)$ 和 $X_o(j\omega)$,就可求得系统的频率特性。

若输入任意时间函数 $x_i(t)$,其试验曲线如图 9.4.2(a)所示,则当其 Fourier 变换存在时,有

$$X_i(j\omega)=\int_{-\infty}^{+\infty}x_i(t)e^{-j\omega t}dt \tag{9.4.1}$$

由于 $t<0$ 时,输入 $x_i(t)=0$,所以积分区间只要从零开始即可,故上式变为

$$X_i(j\omega)=\int_{0}^{+\infty}x_i(t)e^{-j\omega t}dt \tag{9.4.2}$$

又由于 $x_i(t)$ 曲线为试验记录的任意曲线,其表达式未知,故无法按式(9.4.2)求出 $X_i(j\omega)$。为此,可将 $x_i(t)$ 离散化,分成 N 个区间,即对输入进行 N 次采样,时间间隔为 Δ,故可将式(9.4.2)的积分形式近似写成求和形式,即对 $x_i(t)$ 求离散 Fourier 变

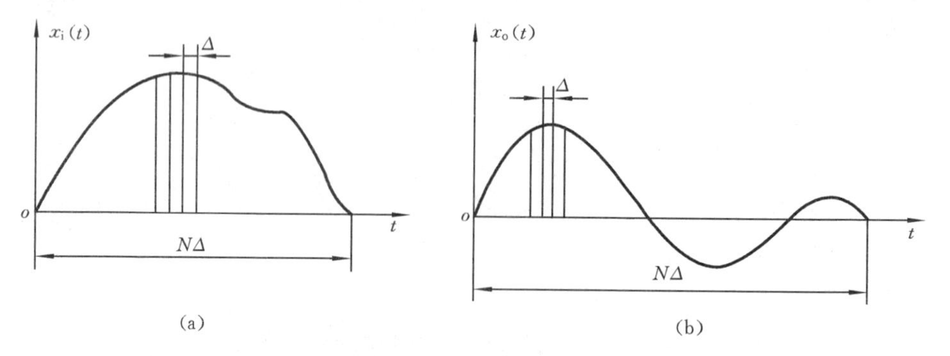

图 9.4.2　任意输入、输出的离散化

换，即

$$X_i(j\omega)=\sum_{n=0}^{N-1}x_i(n\Delta)e^{-j\omega n\Delta}\Delta \tag{9.4.3}$$

式中：n 为分格的序号，表示第 n 次采样。故对输入 $x_i(t)$ 第 n 次采样值为 $x_i(n\Delta)$，此时，$t=n\Delta$。

由式(9.4.3)得任意输入 $x_i(t)$ 的离散 Fourier 变换为

$$\begin{aligned}X_i(j\omega)&=\Delta\sum_{n=0}^{N-1}x_i(n\Delta)e^{-j\omega n\Delta}=\Delta\sum_{n=0}^{N-1}x_i(n\Delta)\cos(\omega n\Delta)-j\Delta\sum_{n=0}^{N-1}x_i(n\Delta)\sin(\omega n\Delta)\\&=\mathrm{Re}\omega+\mathrm{Im}\omega\end{aligned} \tag{9.4.4}$$

必须指出，采样间隔 Δ 不能太大，它要满足 Shannon 采样定理，即采样频率 f_s 应为对被测系统感兴趣的最高频率 f_{max} 的两倍以上，即

$$f_s\geqslant 2f_{max}\qquad f_s=\frac{1}{\Delta}$$

满足此条件，式(9.4.3)才能认为是近似成立的。当然，频率高于 f_{max} 的谐波均应滤去。

对于一般流体系统，f_{max} 至 100 Hz 已够，而机械系统的 f_{max} 较高，可至 500 Hz。

例如，一个机械敲击的脉冲输入往往在 $t=0.01$ s 已经完结，其间若取 10 次采样，即 $N=10$，则采样间隔为 $\Delta=t/N=0.001$ s，故采样频率为

$$f_s=\frac{1}{\Delta}=\frac{1}{0.001}\ \mathrm{Hz}=1\ 000\ \mathrm{Hz}$$

$$f_{max}\leqslant\frac{f_s}{2}=500\ \mathrm{Hz}$$

所以，若选择 Δ 为 0.001 s，则采样频率为 1 000 Hz。

若输出的波形亦由试验记录下来，如图 9.4.2(b)所示，仿照对任意输入的离散 Fourier 变换的求法，同样可求得输出 $x_o(t)$ 的离散 Fourier 变换为

$$X_o(j\omega)=\Delta\sum_{n=0}^{N-1}x_o(n\Delta)\cos(\omega n\Delta)-j\Delta\sum_{n=0}^{N-1}x_o(n\Delta)\sin(\omega n\Delta)=\mathrm{Re}\omega+\mathrm{Im}\omega \tag{9.4.5}$$

由式(9.4.4)、式(9.4.5)得

$$
\begin{aligned}
G(\mathrm{j}\omega) &= \frac{X_{\mathrm{o}}(\mathrm{j}\omega)}{X_{\mathrm{i}}(\mathrm{j}\omega)} \\
&= \frac{\Delta\sum_{n=0}^{N-1}x_{\mathrm{o}}(n\Delta)\cos(\omega n\Delta)-\mathrm{j}\Delta\sum_{n=0}^{N-1}x_{\mathrm{o}}(n\Delta)\sin(\omega n\Delta)}{\Delta\sum_{n=0}^{N-1}x_{\mathrm{i}}(n\Delta)\cos(\omega n\Delta)-\mathrm{j}\Delta\sum_{n=0}^{N-1}x_{\mathrm{i}}(n\Delta)\sin(\omega n\Delta)} \\
&= G_{\mathrm{R}}+\mathrm{j}G_{\mathrm{I}}
\end{aligned}
\tag{9.4.6}
$$

如前所述，由 $G(\mathrm{j}\omega)$ 可求出幅频特性 $|G(\mathrm{j}\omega)|$ 和相频特性 $\angle G(\mathrm{j}\omega)$，再作其 Bode 图或 Nyquist 图，在此基础上，可对系统进行分析。

应指出，一般地，对于输入、输出，采样时间间隔与采样次数(采样数据个数)都取相同值；如若不同，则式(9.4.6)中分母、分子中的 Δ 与 N 均应不同。

式(9.4.4)、式(9.4.5)和式(9.4.6)表明，$X_{\mathrm{i}}(\mathrm{j}\omega)$、$X_{\mathrm{o}}(\mathrm{j}\omega)$ 和频率特性 $G(\mathrm{j}\omega)$ 都是 ω 的函数，由 N 个离散的频率来确定。一般往往采用典型输入信号，其离散 Fourier 变换已知，故只需对输出信号进行处理，按式(9.4.6)得到被辨识系统的频率特性。

9.4.2　频率特性的参数模型估计

由试验作出系统的 Bode 图以后，根据 Bode 图幅频特性上各环节的渐近线特性与相频特性上各环节的相位特点，就可以估计出参数模型的频率特性，从而求得传递函数。

1. 系统的类型和增益 K 的估计

频率特性的一般形式为

$$
G(\mathrm{j}\omega)=\frac{K(1+\mathrm{j}\tau_1\omega)(1+\mathrm{j}\tau_2\omega)\cdots(1+\mathrm{j}\tau_m\omega)}{(\mathrm{j}\omega)^{\nu}(1+\mathrm{j}T_1\omega)(1+\mathrm{j}T_2\omega)\cdots(1+\mathrm{j}T_{n-\nu}\omega)}
$$

式中：ν 表示串联的积分环节的数目，在系统中，$\nu=0,1,2$。当 $\omega\to 0$ 时，由于各一阶环节因子趋于 1，所以

$$
\lim_{\omega\to 0}G(\mathrm{j}\omega)=\frac{K}{(\mathrm{j}\omega)^{\nu}}
$$

该式表示了系统在低频时的频率特性。

0 型系统的低频渐近线是一条 $20\lg K$ dB 的水平线，K 值可由这条水平线的分贝数的真数值求得。

Ⅰ型系统的低频渐近线是一条斜率为 -20 dB/dec 的直线，它与 0 dB 线交点处的频率(转角频率)在数值上就等于 K。

Ⅱ型系统的低频渐近线是一条斜率为 -40 dB/dec 的直线，它与 0 dB 线交点处的频率(转角频率)在数值上就等于 $\sqrt{K}$。

由此可知，当已知由试验作出的 Bode 图后，则可根据其低频渐近线的斜率是 0、

－20 dB/dec或－40 dB/dec来确定系统是0型、Ⅰ型还是Ⅱ型，并相应地由低频渐近线与纵轴的交点(0型)和与横轴的交点(Ⅰ、Ⅱ型)来确定增益K值。

2. 系统各环节的估计

为进一步求出$G(j\omega)$，必须先求出各环节与各转角频率。各转角频率的求法以下面的例子说明。

例9.4.1 如由试验已作出Bode图，如图9.4.3中实线所示，试求出系统的各环节和它的转角频率以及系统的传递函数。

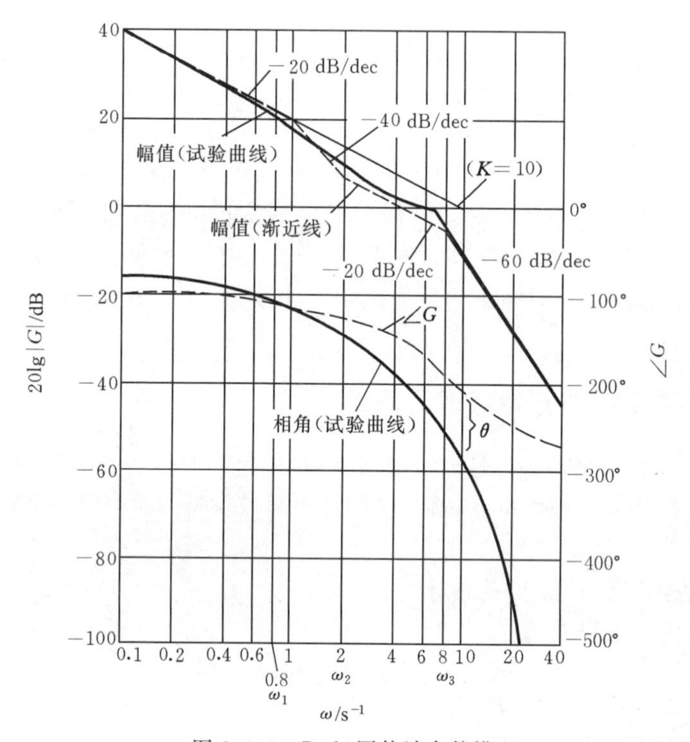

图9.4.3 Bode图估计参数模型

求取的方法是，在对数幅频特性图上，从低频段出发，往高频段延伸，利用图中曲线上从每一段到下一段的斜率变化来确定系统的组成环节，即将构成Bode图的分析法“倒”过来使用。具体地说，就是在作出的Bode图中，用斜率为0 dB/dec、－20 dB/dec、－40 dB/dec、－60 dB/dec的渐近线(虚线)由低频段到高频段来逼近试验曲线(实线)，并由各渐近线的交点找出转角频率，即

$$\omega_1 = 1\ s^{-1} \qquad \omega_2 = 2\ s^{-1} \qquad \omega_3 = 8\ s^{-1}$$

由典型环节的Bode图可知：

(1) 具有从低频段开始就以－20 dB/dec斜率下降的对数幅频特性的环节为一积分环节$1/(j\omega)$。

(2) 当$\omega = \omega_1$时，斜率增至－40 dB/dec，说明此时叠加了一个惯性环节

$\dfrac{1}{1+\mathrm{j}T_1\omega}$，此惯性环节的转角频率为 $\omega_1=1\ \mathrm{s}^{-1}$，$T_1=1/\omega_1=1\ \mathrm{s}$。

(3) 当 $\omega=\omega_2$ 时，斜率又减至 $-20\ \mathrm{dB/dec}$，说明又叠加了一个一阶微分环节 $1+\mathrm{j}T_2\omega$，其转角频率为 $\omega_2=2\ \mathrm{s}^{-1}$，$T_2=1/\omega_2=0.5\ \mathrm{s}$，在 $\omega<\omega_2$ 时，一阶微分环节的幅频特性曲线为 0 dB 线，在叠加时不起作用。

(4) 当 $\omega=\omega_3$ 时，斜率增加到 $-60\ \mathrm{dB/dec}$，说明又叠加了一个振荡环节 $\omega_n^2/(-\omega^2+\mathrm{j}2\xi\omega\omega_n+\omega_n^2)$，其转角频率为 $\omega_3=8\ \mathrm{s}^{-1}$，$T_3=1/\omega_3=0.125\ \mathrm{s}$。在 $\omega<\omega_3$ 时，振荡环节的对数幅频特性曲线的低频渐近线为零分贝水平，故只有当 $\omega\geqslant\omega_3$ 时才在叠加时起作用。

(5) 由(1)可知系统为 Ⅰ 型系统，由低频渐近线与零分贝线的交点 $\omega=10\ \mathrm{s}^{-1}$，可知增益 $K=10$。

(6) 阻尼 ξ 可由谐振峰值处 $\omega_r=6\ \mathrm{s}^{-1}$，及二阶振荡环节转角频率 $\omega_3=8\ \mathrm{s}^{-1}$，按第 4 章所讲的有关内容求得，$\xi=0.5$。

因此，根据各环节的对数幅频特性可初步估计出系统的频率特性为

$$G(\mathrm{j}\omega)=\frac{10(1+0.5\mathrm{j}\omega)}{\mathrm{j}\omega(1+\mathrm{j}\omega)\left[1+\mathrm{j}\dfrac{\omega}{8}+\left(\mathrm{j}\dfrac{\omega}{8}\right)^2\right]}$$

应指出，此时所得到的 $G(\mathrm{j}\omega)$ 为参数模型。显然，相应地，估计的传递函数为

$$G(s)=\frac{320(s+2)}{s(s+1)(s^2+8s+64)}$$

3. 非最小相位的修正

$G(s)$ 各项系数均为正，说明所估计出的系统为最小相位系统，但是实际系统不一定是最小相位系统，因此，要用试验得到的相频特性进行校验。

(1) 图 9.4.3 所示系统的对数相频特性说明，根据估计的 $G(s)$ 中各环节的对数相频特性的叠加计算所得出的对数相频曲线 $\angle G(\mathrm{j}\omega)$ 与试验曲线不符，随频率的增大，两者的相位差增大，其变化率为一常数。这一情况必定是由延时环节引起的。因此，可以确定完整的传递函数为

$$G(s)=\frac{320(s+2)\mathrm{e}^{-\tau s}}{s(s+1)(s^2+8s+64)}$$

由图 9.4.3 可知，当 $\omega=10\ \mathrm{s}^{-1}$ 时，试验曲线和计算曲线相差 $\theta=90°$，即延时环节使相位差增加了 $90°$，所以由 $\theta=\omega\tau$，得

$$\tau=\frac{90}{10\times57.3}\ \mathrm{s}\approx0.2\ \mathrm{s}$$

实际计算时，可以多取几个 ω 进行核算，以求得平均的 τ 值。所以，修正后的非最小相位系统的传递函数为

$$G(s)=\frac{320(s+2)\mathrm{e}^{-0.2s}}{s(s+1)(s^2+8s+64)}$$

(2) 若试验的对数相频特性如图9.4.4所示，当 $\omega\to\infty$ 时，试验曲线与计算曲线

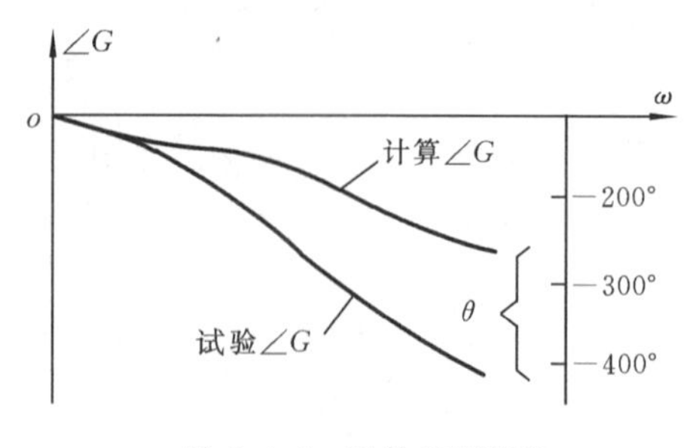

图 9.4.4　对数相频特性

的 θ 的差值不是越来越大,而是最终稳定在 $-180°$,这说明有一个一阶微分环节 $1+Ts$ 应改为 $1-Ts$。因为一阶微分环节的相位在 $\omega\to\infty$ 时本应为 $+90°$,改为 $1-Ts$ 后,就变成 $-90°$,即两者相差 $-180°$。

同理,当 $\omega\to\infty$ 时,对数相频特性的试验曲线与计算曲线的 θ 的差值如为 $-360°$,说明有两个一阶微分环节 $1+Ts$ 应改为 $1-Ts$。反之,如果对数相频特性的试验曲线与计算曲线一致,则说明系统是最小相位系统,无须修正。

一旦算出了近似传递函数,只要画出与它对应的频率特性曲线,并与原来由试验求得的曲线相对比,就可以算出估计精度。判别模型估计得是否合理的一种最常用的误差准则是误差平方积分最小准则。误差平方积分为

$$I=\frac{1}{\pi}\int_0^{\infty}|G_e(j\omega)-G^*(j\omega)|^2\mathrm{d}\omega \tag{9.4.7}$$

式中:$G_e(j\omega)$ 是试验所得的频率特性;$G^*(j\omega)$ 是计算所得的近似频率特性。

应用 Parseval 定理,可将式(9.4.7)转换为时域的公式,即可写成

$$I=\int_0^{\infty}|w_e(t)-w^*(t)|^2\mathrm{d}t$$

式中:$w_e(t)$ 是试验所得单位脉冲响应;$w^*(t)$ 是与近似传递函数对应的单位脉冲响应。这同 6.1 节中所讲的有关准则,即式(6.1.4),是相同的。

9.5　系统辨识的差分方程法*

9.5.1　系统辨识差分模型的建立

在工程技术领域中,描述系统动态特性的一般的模型是 n 阶微分方程。如何根据系统的输入、输出建立系统的微分方程这个问题正越来越多地引起人们的关注。但是,正如前面所述,当输入、输出为连续信号时,是不便于甚至很难应用微分方程的,需对连续信号进行采样,将其化为离散的数据序列,据此建立系统的差分方程。可以说,现代的系统辨识方法是同数字计算机的发展与应用紧密相连的。在数字计算机上处理信号时,先要对输入、输出的连续时间的信号进行采样处理,即将连续信号转化为离散的时间序列(或称动态数据)。数据的排列顺序与各自取值的大小,蕴涵着系统本身的固有特性及系统与外界的动态关系。

---

* 为了与现代控制理论和时间序列分析理论采用的符号相同,本节均采用这些理论中所用的符号。

这样，利用数字计算机就易于建立起差分方程形式的数学模型，如果需要，还可将差分方程转换为微分方程。

若分别记输出信号 $y(t)$ 和输入信号 $w(t)$ 的采样值为 y_t、w_t，采样间隔为 Δ，则原来用 n 阶微分方程描述的线性系统就可用相应的 n 阶差分方程

$$y_t + a_1 y_{t-1} + \cdots + a_n y_{t-n} = b_1 w_{t-1} + b_2 w_{t-2} + \cdots + b_m w_{t-m} \tag{9.5.1}$$

及其初始条件 $y_j\ (j=0,1,2,\cdots,n-1)$ 和 $w_j\ (j=0,1,2,\cdots,m-1)$ 来描述，$n>m$。

现代的系统辨识方法就是要讨论如何根据获得的输入-输出数据建立差分模型，即式(9.5.1)。系统辨识差分模型建立的一般步骤可用图 9.5.1 加以说明。

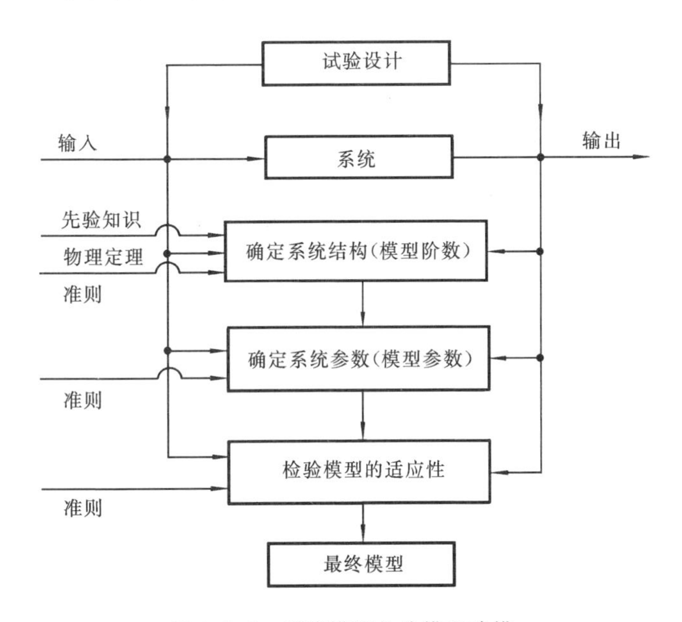

图 9.5.1　系统辨识差分模型建模

由于观测到的输入-输出数据都不可避免地带有噪声的干扰，如图 9.5.2 所示。这样，观测值应为

$$\left.\begin{aligned} x_t &= y_t + \xi_t \\ u_t &= w_t + \eta_t \end{aligned}\right\} \tag{9.5.2}$$

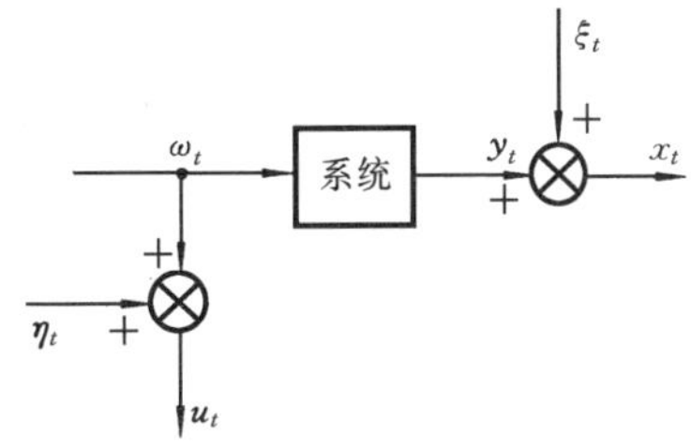

图 9.5.2　观测数据与噪声干扰

现希望通过观测数据 $\{x_t\}$ 和 $\{u_t\}$ 来辨识系统的参数

$$\boldsymbol{\Theta} = [a_1 \quad a_2 \quad \cdots \quad a_n \quad b_1 \quad b_2 \quad \cdots \quad b_m]^{\mathrm{T}}$$

此时，将式(9.5.2)代入式(9.5.1)，可得

$$x_t + a_1 x_{t-1} + \cdots + a_n x_{t-n} = b_1 u_{t-1} + b_2 u_{t-2} + \cdots + b_m u_{t-m} + \varepsilon_t \tag{9.5.3}$$

式中

$$\varepsilon_t = \sum_{i=0}^{n} a_i \xi_{t-i} - \sum_{j=0}^{m} b_j \eta_{t-j} \tag{9.5.4}$$

$$a_0 = 1 \qquad b_0 = 0$$

ε_t 称为残差。

一般地,采用最小二乘估计法,可以估计出模型参数 $\boldsymbol{\Theta}$。即通过观测值 x_t 和 u_t 确定 $\boldsymbol{\Theta}$,使残差平方和

$$Q = \sum_{t=n+1}^{N} \varepsilon_t^2 = \sum_{t=n+1}^{N} \left(\sum_{i=0}^{n} a_i x_{t-i} - \sum_{j=0}^{m} b_j u_{t-j} \right)^2 \tag{9.5.5}$$

达到极小。式中:N 为观测数据(x_t, u_t)的组数;Q 又称为目标函数(或代价函数、损耗函数)。给定 x_t、u_t 后,Q 是依赖于参数 $\boldsymbol{\Theta}$ 的一个二次函数。将使 Q 达到极小的参数记为

$$\hat{\boldsymbol{\Theta}} = [\hat{a}_1 \quad \hat{a}_2 \quad \cdots \quad \hat{a}_n \quad \hat{b}_1 \quad \hat{b}_2 \quad \cdots \quad \hat{b}_m]^{\mathrm{T}}$$

如前所述,符号"^"表示估计值,$\hat{\boldsymbol{\Theta}}$ 称为 $\boldsymbol{\Theta}$ 的最小二乘估计。

取 $t = n+1, n+2, \cdots, N$,将式(9.5.3)改写成矩阵形式:

$$\begin{bmatrix} x_{n+1} \\ x_{n+2} \\ \vdots \\ x_N \end{bmatrix} = \begin{bmatrix} -x_n & -x_{n-1} & \cdots & -x_1 & u_n & \cdots & u_{n+1-m} \\ -x_{n+1} & -x_n & \cdots & -x_2 & u_{n+1} & \cdots & u_{n+2-m} \\ \vdots & \vdots & & \vdots & \vdots & & \vdots \\ -x_{N-1} & -x_{N-2} & \cdots & -x_{N-n} & u_{N-1} & \cdots & u_{N-m} \end{bmatrix} \begin{bmatrix} a_1 \\ \vdots \\ a_n \\ b_1 \\ \vdots \\ b_m \end{bmatrix} + \begin{bmatrix} \varepsilon_{n+1} \\ \varepsilon_{n+2} \\ \vdots \\ \varepsilon_N \end{bmatrix} \tag{9.5.6}$$

与 9.3 节类似,可将式(9.5.6)所示的矩阵形式记为

$$\boldsymbol{X}_N = \boldsymbol{\Phi}_N \boldsymbol{\Theta} + \boldsymbol{E}_N \tag{9.5.7}$$

这样残差平方和就可以表示为

$$\begin{aligned} \boldsymbol{Q} &= \boldsymbol{E}_N^{\mathrm{T}} \boldsymbol{E}_N = (\boldsymbol{X}_N - \boldsymbol{\Phi}_N \boldsymbol{\Theta})^{\mathrm{T}} (\boldsymbol{X}_N - \boldsymbol{\Phi}_N \boldsymbol{\Theta}) \\ &= \boldsymbol{X}_N^{\mathrm{T}} \boldsymbol{X}_N - \boldsymbol{\Theta}^{\mathrm{T}} \boldsymbol{\Phi}_N^{\mathrm{T}} \boldsymbol{X}_N - \boldsymbol{X}_N^{\mathrm{T}} \boldsymbol{\Phi}_N \boldsymbol{\Theta} + \boldsymbol{\Theta}^{\mathrm{T}} \boldsymbol{\Phi}_N^{\mathrm{T}} \boldsymbol{\Phi}_N \boldsymbol{\Theta} \end{aligned} \tag{9.5.8}$$

令

$$\frac{\partial \boldsymbol{Q}}{\partial \boldsymbol{\Theta}} = 0$$

根据矩阵求导理论,可得

$$-2\boldsymbol{\Phi}_N^{\mathrm{T}} (\boldsymbol{X}_N - \boldsymbol{\Phi}_N \hat{\boldsymbol{\Theta}}) = 0 \tag{9.5.9}$$

这样,可求得 $\boldsymbol{\Theta}$ 的估计值为

$$\hat{\boldsymbol{\Theta}} = (\boldsymbol{\Phi}_N^{\mathrm{T}} \boldsymbol{\Phi}_N)^{-1} \boldsymbol{\Phi}_N^{\mathrm{T}} \boldsymbol{X}_N \tag{9.5.10}$$

可以证明,当$\{\varepsilon_t\}$是独立正态随机变量序列(也称为白噪声)时,$\hat{\boldsymbol{\Theta}}$是$\boldsymbol{\Theta}$的无偏估计;但当$\{\varepsilon_t\}$是形如式(9.5.4)所表示的相关序列时,$\hat{\boldsymbol{\Theta}}$不是$\boldsymbol{\Theta}$的无偏估计。所谓白噪声$\{\varepsilon_t\}$,是指各随机变量没有什么统计上的联系,即有

$$\mathrm{E}[\varepsilon_t^2] = 0$$

$$\mathrm{E}[\varepsilon_t \quad \varepsilon_{t-k}] = \begin{cases} \sigma_\varepsilon^2 & k = 0 \\ 0 & k \neq 0 \end{cases} \qquad (t = 1, 2, \cdots)$$

式中：σ_ε^2 为 ε_t 的方差。

显然，由式(9.5.4)可知，ε_t 一般不是白噪声，所求出的 ε_t 是满足不了上述条件的。但是，式(9.5.4) 的右边总可以化为白噪声的线性组合。今以 $\varepsilon_t, \varepsilon_{t-1}, \cdots$ 表示白噪声序列，因此，描述系统更一般的差分方程为

$$\begin{aligned} & x_t + a_1 x_{t-1} + \cdots + a_n x_{t-n} \\ & = b_1 u_{t-1} + \cdots + b_m u_{t-m} + \varepsilon_t + c_1 \varepsilon_{t-1} + \cdots + c_m \varepsilon_{t-m} \end{aligned} \tag{9.5.11}$$

式中：ε_t 为计及系统输入、输出的干扰而得的白噪声，也可理解为系统的一种输入。u_t 则是可测量的一部分输入量，而 ε_t 则是不可测量的一部分输入量。输出 x_t 是由于可测量的输入 u_t 与不可测量的输入 ε_t 同时作用而产生的。

由于 ε_t 是不可测量的量，只能由

$$\begin{aligned} \varepsilon_t = & x_t + a_1 x_{t-1} + \cdots + a_n x_{t-n} - b_1 u_{t-1} - \cdots \\ & - b_m u_{t-m} - c_1 \varepsilon_{t-1} - c_2 \varepsilon_{t-2} - \cdots - c_m \varepsilon_{t-m} \end{aligned} \tag{9.5.12}$$

递推算出，故不能用前面的估计方法求模型(9.5.11)的参数，而必须用其他的方法(例如非线性最小二乘估计方法或现代控制理论中介绍的估计方法)进行估计。

9.5.2　时间序列 ARMA (n,m) 模型的估计

对于一些复杂的系统，特别是在现场测试时，往往不便施加试验的输入信号，实际的输入信号也往往测量不到。例如：机床在实际加工过程中引起随机振动的因素很多，但究竟什么是输入，一般是很难精确地测量的；如果将长江在武汉关的水位看成是系统的输出，那么系统的输入是什么，也是难以讲完全的；将每年太阳黑子的活动数看成是系统的输出，究竟这个系统的输入是什么，可以说是未知的；将砂轮表面形状的起伏作为系统的输出，那么不仅不知道系统的输入是什么，连系统是什么也不知道，因为砂轮表面形状的起伏同整个砂轮制造过程以及砂轮在使用中的各种情况都有关系。总之，这类系统的输入是不可观测的，那么描述该类系统的差分方程中的可观测输入 $u_t = 0$，故有

$$x_t + a_1 x_{t-1} + \cdots + a_n x_{t-n} = \varepsilon_t + c_1 \varepsilon_{t-1} + \cdots + c_m \varepsilon_{t-m} \tag{9.5.13}$$

这种模型称为自回归滑动平均(autoregressive moving average)模型，简称 ARMA 模型，由于等号左边称为自回归部分，其阶数为 n，右边称为滑动平均部分，其阶数为 m，故常将该模型记为ARMA(n,m)，它仍然是描述线性系统的差分方程。对这种差分方程的建立与研究以及对用这种模型描述的系统的讨论主要是在统计学中"时间序列"这一分支中完成的，人们习惯沿用 ARMA 模型这种名称。为了便于参阅有关书籍，这里仍用时间序列分析中的符号，将式(9.5.13)改写成

$$x_t - \varphi_1 x_{t-1} - \cdots - \varphi_n x_{t-n} = a_t - \theta_1 a_{t-1} - \cdots - \theta_m a_{t-m} \tag{9.5.14}$$

式中：a_t 与 ε_t 一样是正态独立随机变量；$-\varphi_i = a_i$；$-\theta_i = c_i$。

比较式(9.5.14)与式(9.5.11)可知，用这种模型进行系统辨识，只要模型的输出与所测系统的输出相同，模型所描述的系统与所测系统就是在输出基础上等价的。

建立这种模型时,要求 $\{x_t\}$ 是平稳的、正态的、零均值的,即 $\{x_t\}$ 的统计特性均与统计时间起点 t 无关,且均值应为零;如不为零,可求出均值,再从 x_t 中减去均值。

当式(9.5.14)中的 $\theta_i = 0\ (i = 1,2,\cdots,m)$ 时,模型变为

$$x_t - \varphi_1 x_{t-1} - \cdots - \varphi_n x_{t-n} = a_t \tag{9.5.15}$$

该模型称为 n 阶自回归模型,记为 AR(n)模型。

当式(9.5.14)中的 $\varphi_i = 0\ (i = 1,2,\cdots,n)$ 时,模型变为

$$x_t = a_t - \theta_1 a_{t-1} - \cdots - \theta_m a_{t-m} \tag{9.5.16}$$

该模型称为 m 阶滑动平均模型,记为 MA(m)模型。

如用一个 n 阶自回归模型来描述系统,则估计其参数 φ_i 的方法同估计差分方程(9.5.3) 中参数的方法一样,只是取 $u_t = 0, b_i = 0, a_i = -\varphi_i$ 而已。现以 $\hat{\boldsymbol{\Phi}} = [\varphi_1\quad \varphi_2\quad \cdots\quad \varphi_n]^{\mathrm{T}}$ 表示参数估计值,有

$$\hat{\boldsymbol{\Phi}} = (\boldsymbol{X}_{\mathrm{M}}^{\mathrm{T}}\boldsymbol{X}_{\mathrm{M}})^{-1}\boldsymbol{X}_{\mathrm{M}}^{\mathrm{T}}\boldsymbol{X}_N$$

式中

$$\boldsymbol{X}_{\mathrm{M}} = \begin{bmatrix} x_n & x_{n-1} & \cdots & x_1 \\ x_{n+1} & x_n & \cdots & x_2 \\ \vdots & \vdots & & \vdots \\ x_{N-1} & x_{N-2} & \cdots & x_{N-n} \end{bmatrix} \qquad \boldsymbol{X}_N = \begin{bmatrix} x_{n+1} \\ x_{n+2} \\ \vdots \\ x_N \end{bmatrix}$$

AR(n)模型的参数估计方程是线性的,易于求解,因此,这种模型的用途十分广泛。但描述系统更一般的模型是 ARMA(n,m)模型。估计 ARMA 模型参数与估计 AR 模型参数不同,估计 ARMA 模型参数的过程要复杂得多。只要模型中有一个滑动平均参数,参数估计方程就是非线性的。比如,对于 ARMA(2,1)模型,有

$$x_t = \varphi_1 x_{t-1} + \varphi_2 x_{t-2} - \theta_1 a_{t-1} + a_t \tag{9.5.17}$$

由于 $\{a_t\}$ 不可测量,必须按式(9.5.17)递推计算残差的过去值,即

$$a_t = x_t - \varphi_1 x_{t-1} - \varphi_2 x_{t-2} + \theta_1 a_{t-1}$$

故有

$$a_{t-1} = x_{t-1} - \varphi_1 x_{t-2} - \varphi_2 x_{t-3} + \theta_1 a_{t-2} \tag{9.5.18}$$

再将 a_{t-1} 的表达式代入式(9.5.17),得

$$\begin{aligned} x_t &= \varphi_1 x_{t-1} + \varphi_2 x_{t-2} - \theta_1(x_{t-1} - \varphi_1 x_{t-2} - \varphi_2 x_{t-3} + \theta_1 a_{t-2}) + a_t \\ &= (\varphi_1 - \theta_1)x_{t-1} + (\varphi_2 + \theta_1\varphi_1)x_{t-2} + \theta_1\varphi_2 x_{t-3} - \theta_1^2 a_{t-2} + a_t \end{aligned} \tag{9.5.19}$$

式(9.5.19)中还包括 a_{t-2} 项,它必须以 x_{t-2}、x_{t-3}、x_{t-4} 和 a_{t-3} 表示,如此等等。但是只在式(9.5.19) 这一步就已看到,对所得方程未知参数 φ_1、φ_2、θ_1 的估计成为非线性问题,当然可用非线性最小二乘法做参数估计。对差分方程(9.5.11) 的参数估计更是一个非线性估计问题,也可用非线性最小二乘法做参数估计,其原因建议读者自己思考。与线性估计不同,非线性最小二乘法是以不断改变参数估计值、逐步逼近的方法达到残差平方和极小化的。残差 a_t 与残差平方和 Q 分别按下列公式计算:

$$a_t = x_t - \varphi_1 x_{t-1} - \cdots - \varphi_n x_{t-n} + \theta_1 a_{t-1} + \cdots + \theta_m a_{t-m} \tag{9.5.20}$$

$$Q = \sum_{t=n+1}^{N} a_t^2 = \sum_{t=n+1}^{N} \left(x_t - \sum_{i=1}^{n} \varphi_i x_{t-i} + \sum_{j=1}^{m} \theta_j a_{t-j}\right)^2 \tag{9.5.21}$$

式中：N 为观测数据(即采样数据)个数。

从被估参数 $\varphi_1, \varphi_2, \cdots, \varphi_n$ 和 $\theta_1, \theta_2, \cdots, \theta_m$ 的某一组初始值出发，沿着使残差平方和 Q 减小的方向，到达参数空间中使 Q 较小的另一点，然后以这一点为初值开始新的迭代，这种迭代一直持续至达到预先规定的某一精度要求，即前次迭代与后次迭代所得 Q 的差值在规定的某一范围内为止。可以用来将 Q 极小化的非线性最小二乘算法很多，常用的有 Marquardt 算法、Gauss 算法和 Powell 方法等。目前，这些算法已有标准程序可供选用。根据合适的参数初值，由这些标准程序可以计算出满足残差平方和为最小的一组参数。一般来说，当模型阶数不高、观测数不多时，用非线性最小二乘法估计参数还不算太烦琐。但是，在很多情况下残差平方和是以 φ_i、θ_j 作为自变量的，在 Q、φ_i、θ_j 的 $n+m+1$ 维空间中的“曲面”，不是凸面，而是很复杂的曲面，因此，不合理的初值可能使计算不收敛，或者收敛很慢，或者收敛不到合理的点。因而，如何选择初值是十分重要的。下面介绍一种求 ARMA (n,m) 模型参数初值的方法。

引入后移算子 B，定义 $B\nu_t = \nu_{t-1}$，因而有 $B(B\nu_t) = B\nu_{t-1} = \nu_{t-2}$。记 $B(B\nu_t) = B^2\nu_t$，故得 $B^2\nu_t = \nu_{t-2}$。一般地，$B^j\nu_t = \nu_{t-j}$，$\{\nu_t\}$ 是一时间序列。由此，ARMA (n,m) 模型式(9.5.14)就可表示为

$$(1 - \varphi_1 B - \varphi_2 B - \cdots - \varphi_n B^n) x_t = (1 - \theta_1 B - \theta_2 B - \cdots - \theta_m B^m) a_t \tag{9.5.22}$$

由此可得

$$a_t = \frac{1 - \varphi_1 B - \varphi_2 B^2 - \cdots - \varphi_n B^n}{1 - \theta_1 B - \theta_2 B^2 - \cdots - \theta_m B^m} x_t \tag{9.5.23}$$

记分子、分母分别为 $\varphi(B)$、$\theta(B)$，它们是 B 算子的多项式，如同微分方程一样，$\varphi(B)$ 反映了系统本身的固有特性，而 $\theta(B)$ 反映了与外界的关系。现将它们分别分解为

$$\varphi(B) = (1 - \lambda_1 B)(1 - \lambda_2 B)\cdots(1 - \lambda_n B)$$
$$\theta(B) = (1 - \eta_1 B)(1 - \eta_2 B)\cdots(1 - \eta_m B)$$

当 $|\eta_j| < 1, j = 1, 2, \cdots, m$ 时，可将此分式用长除法展开，得

$$a_t = (1 - I_1 B - I_2 B^2 - \cdots) x_t \tag{9.5.24}$$

然后代入式(9.5.22)，由于 x_t 的任意性，可以得到算子 B 的恒等式

$$1 - \varphi_1 B - \cdots - \varphi_n B^n \equiv (1 - \theta_1 B - \cdots - \theta_m B^m)(1 - I_1 B - I_2 B^2 - \cdots) \tag{9.5.25}$$

比较 B 的相同幂的系数，得

$$\left.\begin{aligned}
\varphi_1 &= \theta_1 + I_1 \\
\varphi_2 &= \theta_2 - \theta_1 I_1 + I_2 \\
&\vdots \\
\varphi_{n-1} &= \theta_{n-1} - \theta_{n-2} I_1 - \cdots - \theta_1 I_{n-2} + I_{n-1} \\
\varphi_n &= \theta_n - \theta_{n-1} I_1 - \cdots - \theta_1 I_{n-1} + I_n
\end{aligned}\right\} \tag{9.5.26}$$

$$\varphi_j = \theta_j - \theta_1 I_{j-1} - \theta_2 I_{j-2} - \cdots - \theta_{j-1} I_1 + I_j \qquad j > \max(n,m) \tag{9.5.27}$$

式中：当 $j > m$ 时，$\theta_j = 0$；当 $j > n$ 时，$\varphi_j = 0$。故当 $j > \max(n,m)$ 时，有

$$(1 - \theta_1 B - \cdots - \theta_m B^m) I_j = 0 \tag{9.5.28}$$

式中：$j = n+1, n+2, \cdots, n+m$。显然，如已知 I_j 的值，则可由式(9.5.26) 和式(9.5.27) 将 φ_i 和 $\theta_j (i = 1,2,\cdots,n; j = 1,2,\cdots,m)$ 的初值求出。为了求出 I_j，考察下式(即式(9.5.24))：

$$(1 - I_1 B - I_2 B^2 - \cdots) x_t = a_t$$

前面讨论的 n 阶自回归 AR(n)模型为

$$(1 - \varphi_1 B - \varphi_2 B^2 - \cdots - \varphi_n B^n) x_t = a_t$$

而模型(9.5.24)是由式(9.5.22)得到的，这说明一个无穷阶自回归模型等价于一个 ARMA(n,m) 模型，因此，可通过一个自回归模型来求 ARMA (n,m) 模型的参数估计值。现在，只是参考这一关系来求参数的初值，具体做法是：首先由数据拟合一个 p 阶自回归模型 AR(p)，其中 $p = n+m$，一般 $n \geqslant m$；然后将 AR (p) 模型的参数作为 I_j 代入式(9.5.27)，获得 m 个方程，求出 $\theta_j (j = 1,2,\cdots,m)$；再将 θ_j 与 I_1 至 I_n 代入式(9.5.26)，就可以得到 ARMA (n,m) 模型中的 $\varphi_i (i = 1,2,\cdots,n)$。将这样求出的 φ_i、θ_j 作为初值，进行非线性最小二乘估计。

当然，在式(9.5.21)中，还有 a_{t-j} 的初值问题，最简单的办法是，当 x 与 a 的下标为零或负时，令其取值均为零。

应当指出，在现代控制理论中有许多较好的参数估计方法用于对系统辨识的差分方程(9.5.11)的参数估计。这些方法一般都可用于对 ARMA 模型的参数做估计，这是因为 ARMA 模型也是一个差分方程的缘故。读者如有兴趣，可去参阅现代控制理论中的“系统辨识”，了解这些参数估计方法。当然，在时间序列分析理论中还有一系列方法用于估计 ARMA 模型与 AR 模型的参数。然而，这些已超出本书的范围了。

将系统的差分方程与微分方程对比，微分方程是通过函数与导函数(它们反映状态与状态变化趋势)的数学联系来体现系统的动力学特性的，而系统的差分方程则是通过动态数据(它们反映状态的动态历程)的历史联系来体现系统的动力学特性的。这两种方程有着密切的联系，例如，读者试比较一下式(1.1.3)与式(9.5.15)、式(9.5.22)，就可发现两种方程及其算子的表现形式有重要的一致之处。关于两种方程的互相联系，有兴趣的读者可参考有关文献。

9.5.3 模型适用性检验准则

无论是采用线性最小二乘估计 AR(n)模型的参数，还是采用非线性最小二乘估计 ARMA(n,m) 模型或差分方程(9.5.11)的参数，其目标都是使残差平方和 Q 为最小。但是，模型是否适用，即适用模型的阶数是多少，根据时间序列分析理论可知，

这取决于残差$\{a_t\}$或$\{\varepsilon_t\}$是否为白噪声。模型适用性的检验这一问题至今尚未得到最终的解决,目前,多采用以下几种适用性检验准则。

1. 最终预报误差准则

日本统计学者赤池弘次(H. Akaike)于 1967 年提出的最终预报误差准则(FPE)只适用于检验 AR(n)模型的适用性。

取

$$\mathrm{FPE}(p)=\frac{N+p}{N-p}\sigma_a^2 \tag{9.5.29}$$

式中:N为数据个数;σ_a^2为$\{a_t\}$的方差;p为待估计参数个数。使 FPE 为最小时的模型阶数就是适用的 AR 模型的阶数n。

2. 信息理论准则

赤池弘次于 1970 年提出的信息理论准则(AIC)可以用来检验 ARMA(n,m)模型与差分方程(9.5.11)的适用性,即取

$$\mathrm{AIC}(p)=N\ln\sigma_a^2+2p \tag{9.5.30}$$

使 AIC 为最小时的模型阶数就是适用的模型的阶数。当然,$m=0$时,该准则就可用于确定 AR 模型的阶数n,事实上,AR(n)模型只不过是 ARMA(n,m)模型的特例而已。

赤池弘次 1976 年在改进 AIC 准则基础上,提出了 BIC 准则,即取

$$\mathrm{BIC}(p)=N\ln\sigma_a^2+p\ln N \tag{9.5.31}$$

使 BIC 为最小的模型阶数就是适用的模型的阶数。

3. F-检验准则

采用统计学中的F-检验准则也可检验 ARMA(n,m)模型与差分方程(9.5.11)的适用性。当模型阶数增高时,模型参数个数增多,残差平方和减小。因此,要检验参数个数从阶数p_1增多到p_2时残差平方和的减小是否显著,可计算F分布的F值,即

$$F=\frac{Q_1-Q_2}{Q_2}\cdot\frac{N-p_2}{p_2-p_1}\sim F(p_2-p_1,N-p_2) \tag{9.5.32}$$

式中:Q_i是p_i $(i=1,2)$个参数的模型残差平方和的最小值;N是观测数据数。计算出的F值大于由“数理统计”中的F分布表中按自由度$(p_2-p_1,N-p_2)$查出的F值时,低阶模型是不适用的,因此,需进一步建立更高阶的模型,同现有的高阶模型一起,再计算一次F值;反之,计算出的F值小于查出的F值时,不但高阶模型适用,低阶模型也是适用的。

上述几种模型适用性检验准则均存在问题,仍然不成熟,对于同一模型,用不同准则可能会得出不同的结果。但实际应用中,可以同时应用几种准则进行适用性检验,再选择较好的模型为适用模型。

9.5.4　外圆切入磨削系统的差分模型辨识实例

为了建立外圆切入磨削的差分模型,对某一台外圆磨床进行切入磨削试验,测量

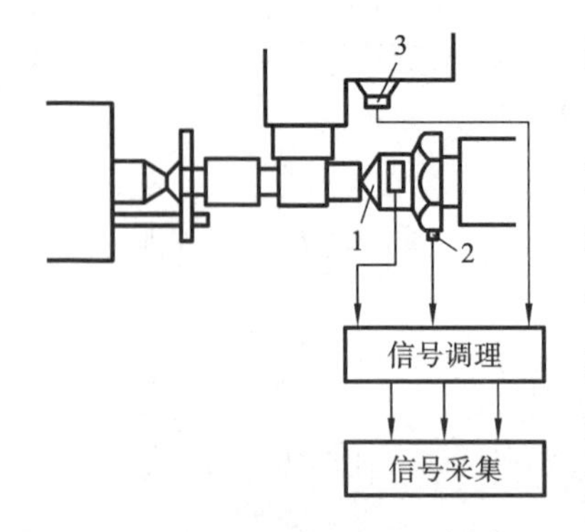

图 9.5.3 外圆切入磨削模型辨识

过程的方框图如图 9.5.3 所示。

考虑到磨削加工过程中许多参数的变化都会直接影响磨削力的变化,因此,选择磨削力作为系统的输入可以较全面地反映加工过程中的种种变化。但是,磨削力对磨削过程这一“系统”而言,是系统本身的内部因素,而不是外界作用。不过,若假设床身是一个刚性支承,将工件系统与砂轮架系统作为两个独立的彼此无负载效应的物理子系统,磨削力则可作为这两个子系统的输入,而相应的输出可取为这两个系统的有关位移。

图 9.5.3 中测力顶尖 1 用来测量加工过程中砂轮与工件之间的相互作用力。加速度计 2 水平固定在测力顶尖的螺母上,以其测出结果表示加工过程中工件的振动情况。加速度计 3 固定在砂轮架上靠近砂轮的地方,其方向与加速度计 2 完全一致,即水平放置,以测量出加工过程中砂轮架系统的绝对运动情况。加速度计 2 的输出作为工件系统的输出,而加速度计 3 的输出则作为所研究的砂轮架系统的输出。

试验参数:砂轮架线速度为 35 m/s,砂轮切入进给量为 0.25 mm/s,砂轮宽为 38 mm,工件直径为 36 mm,工件长为 96 mm,工件转速为 50 r/min。

系统的输入、输出波形如图 9.5.4 所示。图(a)、(b)及(c)分别描述工件系统输出、砂轮架系统输出及系统的输入。

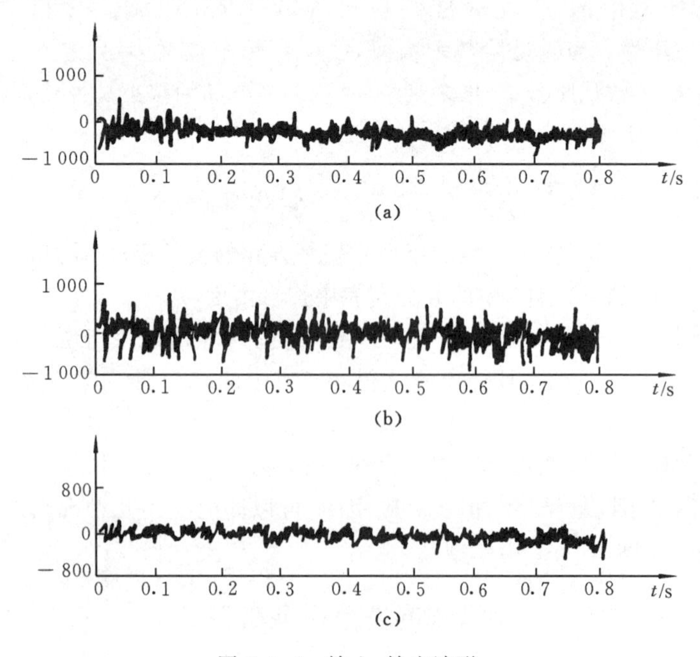

图 9.5.4 输入、输出波形

对这些信号进行采样处理，其采样频率为 2 000 Hz，即采样间隔 $\Delta=1/f=0.5$ ms，所取采样数目为 600 组。

按照本节中系统辨识差分模型的建立方法，将模型的阶数从 1 开始逐次加 1，以估计模型参数并计算残差平方和。对以磨削力为输入、工件振动为输出的一组数据共建立从 1 阶至 9 阶的 9 个模型。对以磨削力为输入、砂轮架系统的振动为输出的一组数据建立从 1 阶至 7 阶的 7 个模型。表 9.5.1 给出了计算机根据式(9.5.10)计算出的砂轮架系统的各阶模型(差分方程)的参数。

表 9.5.1　砂轮架系统各阶模型参数

参数	阶数 n						
	1	2	3	4	5	6	7
a_1	0.006	0.006	0.005	0.005	0.006	0.005	0.007
a_2	—	−0.013	−0.013	−0.013	−0.014	−0.014	−0.016
a_3	—	—	−0.010	−0.010	0	0	−0.008
a_4	—	—	—	0	−0.018	−0.019	−0.018
a_5	—	—	—	—	−0.040	0	−0.040
a_6	—	—	—	—	—	−0.024	0
a_7	—	—	—	—	—	—	−0.002
b_1	1.274	1.273	0.595	0.624	0.661	0.681	0.593
b_2	—	0.005	−0.140	−0.037	−0.008	−0.060	0
b_3	—	—	0.981	0.973	1.374	1.097	0.741
b_4	—	—	—	0.113	0	−0.467	−1.061
b_5	—	—	—	—	−0.658	−0.531	−1.278
b_6	—	—	—	—	—	0.693	0.936
b_7	—	—	—	—	—	—	1.586

对于砂轮架系统，各阶模型的残差平方和与根据式(9.5.32)计算出的 F 值如表 9.5.2 所示。由表可知，当模型阶数从 1 增至 2 时，残差平方和显著减小($F=3.508>3$)；当阶数再增高一阶时，残差平方和变化不大，故可用一个二阶模型来描述砂轮架系统的运动，即

$$x_t+0.006x_{t-1}-0.013x_{t-2}=1.273u_{t-1}+0.005u_{t-2}+\varepsilon_t$$

当然，更合理的辨识方法是将磨削过程这一系统的输入作为不可观测的，测取某处位移作为此系统的输出，以建立 ARMA 模型或 AR 模型来描述这一系统。

表 9.5.2　F 分布的 F 值

阶　数	Q 值($\times 10^5$)	F
1	0.652 97	—
2	0.645 14	3.508
3	0.643 81	0.578
4	0.644 26	—
5	0.642 68	0.574
6	0.642 67	0.004
7	0.639 55	—

9.6　设计示例:数控直线运动工作台位置控制系统

某数控直线运动工作台位置控制系统可以用一个典型的二阶系统的传递函数

$$G(s) = K\frac{\omega_n^2}{s^2 + 2\xi\omega_n s + \omega_n^2}$$

表示。当系统的参数未知时,可以通过系统时间响应和系统频率特性的 Bode 图来确定该系统的阻尼比和无阻尼固有频率。本节将分别介绍这两种系统参数辨识的方法。

9.6.1　根据时间响应曲线辨识

在第 3 章讨论了典型二阶系统的单位阶跃响应和时域的性能指标,建立了系统参数同系统稳态响应值、峰值时间和最大超调量之间的对应关系。现在,反过来,如果通过试验得到了这个二阶系统在单位阶跃输入下的响应曲线,并从中得到了稳态响应值 $x_{ou}(\infty)$、峰值时间 t_p 和最大超调量 M_p 等性能指标,根据系统性能指标与系统参数的对应关系就不难求出系统的阻尼比和无阻尼固有频率。

首先,根据稳态响应值,确定系统的放大系数 $K = x_{ou}(\infty)$,即放大系数 K 等于稳态值。

其次,根据最大超调量与阻尼比之间的对应关系,求系统的阻尼比。由 $M_p = e^{(-\xi\pi/\sqrt{1-\xi^2})}$ 有

$$\xi = \sqrt{\frac{(\ln M_p)^2}{\pi^2 + (\ln M_p)^2}} \tag{9.6.1}$$

再次,由 $t_s = \dfrac{4}{\xi\omega_n}$ 有

$$\omega_n = \frac{4}{t_s\xi} \tag{9.6.2}$$

现在，由试验得到的某数控直线运动工作台的单位阶跃响应曲线如图 9.6.1 所示。

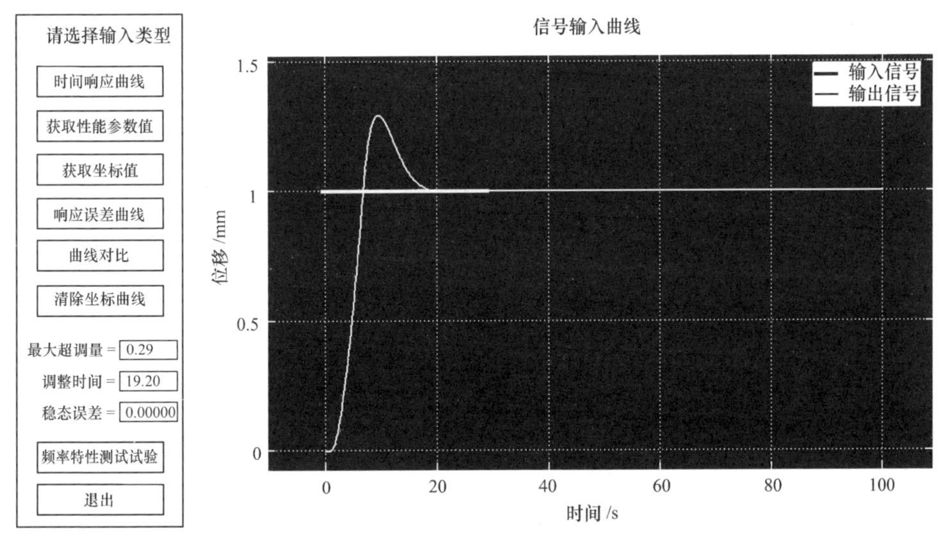

图 9.6.1　试验得到的单位阶跃响应曲线

从图中可知，系统放大系数 $K=1$，最大超调量 $M_p=29\%$，调整时间 $t_s=19.2$ s。由式(9.6.1)有

$$\xi=\sqrt{\frac{(\ln M_p)^2}{\pi^2+(\ln M_p)^2}}=0.367$$

由式(9.6.2)有

$$\omega_n=\frac{4}{t_s\xi}=0.568 \text{ rad/s}$$

因此，由时间响应法辨识出的系统传递函数为

$$G(s)=\frac{0.322\,624}{s^2+0.416\,912s+0.322\,624}$$

9.6.2　根据频率特性 Bode 图辨识

对于一个二阶系统，通过试验的方法不难得到系统频率特性的 Bode 图及其对数幅频特性曲线的渐近线。根据第 4 章的分析我们知道，该 Bode 图有如下特点：① 低频段渐近线为一过点(1，$20\lg K$)的水平线；② 高频段渐近线为一斜率为 -40 dB/dec，且过点 (ω_n，$20\lg K$) 的直线；③ 若系统阻尼比小于 0.707，则在 ω_r 处出现谐振峰值。由此，辨识系统的参数就变得简单了。

首先，根据低频段的对数幅频特性值 $A(0)$ 确定 K。由 $20\lg K=A(0)$，有 $K=10^{\frac{A(0)}{20}}$；其次，根据低频段渐近线与高频段渐近线相交点对应的频率值确定 ω_n；最后，若系统阻尼比小于 0.707，在 ω_r 处出现谐振峰值，求出系统阻尼比 ξ。

由试验得到的某数控直线运动工作台频率特性 Bode 图如图 9.6.2 所示。

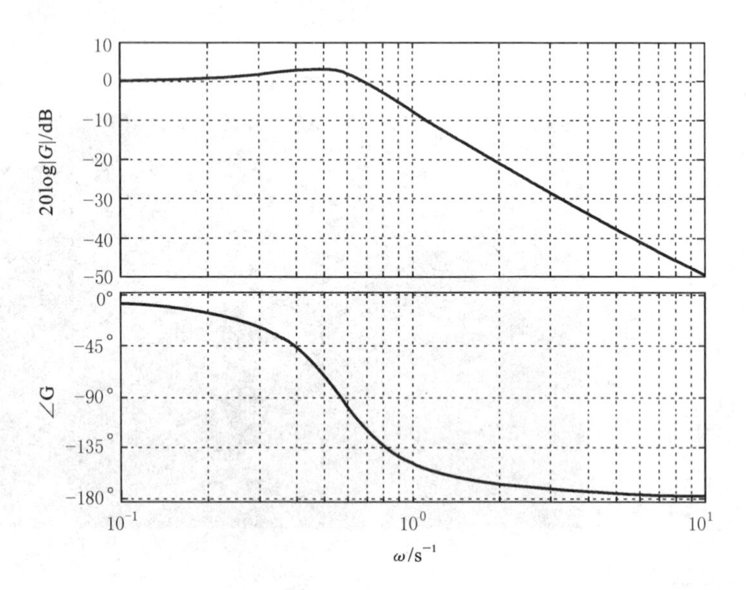

图 9.6.2　频率特性 Bode 图

从图中可以得出，系统放大系数 $K=1$，$\omega_n=0.6\ s^{-1}$，$\omega_r=0.54\ s^{-1}$，根据 $\omega_r=\omega_n\sqrt{1-2\xi^2}$ 有，$\xi=\sqrt{\dfrac{1-\left(\dfrac{\omega_r}{\omega_n}\right)^2}{2}}=0.308$。

因此，通过系统频率特性 Bode 图辨识得到的系统传递函数为

$$G(s)=\frac{0.36}{s^2+0.3696s+0.36}$$

结论：ξ、ω_n 是二阶系统的特征参数，两种辨识方法所得结果基本上是相同的。由于测量噪声等各种因素的影响，这种小的差异是正常的。

在结束本章之际，请有兴趣的读者注意与思考一个重要现象。

本书的 1.1 节开始就指出："工程控制论实质上是研究工程技术中广义系统的动力学问题。"事实上这就是研究广义系统的外因(输入)、内因(系统本身)与结果(输出)三者之间的动态关系。1.1 节结束时又指出，"工程控制论"的内容大致可归纳为如下五个方面：①系统分析问题；②最优控制问题；③最优设计问题；④滤波与预测问题；⑤系统辨识问题。仔细研究一下这五个方面的问题，就不难发现，第一个方面的问题是已知原因(外因、内因)寻找结果，即已知微(差)分方程求方程的解。显然，结果(解)是完全确定的，即不可能出现多个结果(解)。由原因到结果，是"正向"的，这种问题称为动力学的"正"问题。至于其他四个方面，即是已知结果与一种原因，寻找另一种原因，即已知微(差)分方程的解与输入函数或输出函数，反求微(差)分方程。

第二个方面的问题是求外因(输入),第三到第五个方面的问题是求内因(系统本身)。由结果到原因,是"逆向"("反向")。这种问题称为动力学的"逆"问题("反"问题)。显然:由原因求结果易,即解"正"问题易;由结果求原因难,即解"逆"问题难,难在原因往往不能完全确定,答案往往可有多个,甚至无穷多个。今以本章所讨论的系统辨识问题为例,来阐明这点及有关问题。

为阐明问题方便起见,就以下面的系统传递函数为例:

$$\frac{X_o(s)}{X_i(s)} = G(s) = \frac{K(s-z_1)(s-z_2)\cdots(s-z_m)}{(s-p_1)(s-p_2)\cdots(s-p_n)}$$

如已知 $X_o(s)$ 与 $X_i(s)$,则 $G(s)$ 可唯一确定。但是,传递函数 $G(s)$ 的分子与分母却有无穷多个解,因为只要在分子与分母上同乘一个公因子,$G(s)$ 不变,然而,将同乘一公因子后的传递函数

$$\frac{X_o(s)}{X_i(s)} = \frac{K(s-z_1)(s-z_2)\cdots(s-z_m)(s-a)}{(s-p_1)(s-p_2)\cdots(s-p_n)(s-a)}$$

转化为微分方程后,显然与原微分方程不同,分子与分母同增相同阶次。这一增阶后的物理系统绝非原实际系统,它与原系统是不同的系统,读者试做本章习题的第 6 题后,就可十分明了此点。既然分子与分母不唯一,解就不唯一,如何办?

依据 Zadeh 给系统辨识下的定义,所辨识(确定)出的系统是一个"等价"系统,即对实际系统与所辨识出的系统施加任意的但又相同的输入 $X_i(s)$ 时,两个系统必然有相同的输出 $X_o(s)$;因为 $G(s)$ 相同,所以 $X_i(s)G(s)$ 一定相同。因此,所谓等价,就是与实际系统比较,在输入与输出相同基础上的"等价"。人们所关心的往往是系统的行为(输出),即在系统工作条件(输入)相同时,所辨识出的系统能给出与实际系统相同的输出。何况,由上可知,增阶系统的极点、零点包含了原系统的极点、零点,即增阶系统的特性包含了原系统的特性。

至于在输入未知(即可观测输入为零),采用时间序列 ARMA (n,m) 模型辨识系统时,实际上已假设输入为白噪声。这样,情况就与以上相同。9.5 节中所讲的在输出基础上的等价就转化为在输入与输出基础上的等价。当然,这一输入为白噪声的假设是否正确,只能有待于通过 ARMA (n,m) 模型建立了系统的等价模型后,用实践去检验了。实践是检验真理的唯一标准。

在此应再进一步指出,在采用 ARMA (n,m) 模型进行系统辨识时,如在 9.5 节所举的例子中,模型(即所求的解)可以是任意多的。因此,如同所有辨识方法一样,一定要采用相应的适用性检验准则,检验辨识的结果,或确定模型阶次。所谓检验,首先是检验模型是否适用,其次是在适用模型中选取最简单的,或最实用的,或最低阶次的模型。

还应指出,还可从更广泛的意义来看"系统辨识",在人类社会中,在人们的日常生活中,大有此例。例如:如何了解一个人,"听其言,观其行",以此人的言与行这个输出,来了解,即来辨识此人的为人;假若还加上与此人试探性地打交道,这"交道"就

是输入,加上在此“输入”下此人的言行的“输出”,那就是以输入、输出来辨识此人的为人了。又如:有两个社会,一个社会的“输出”是生机勃勃、欣欣向荣,一个社会的“输出”是暮气沉沉、衰败混乱,尽管两个社会存在某些相同的问题,但通过这两个大不相同的“输出”对这两个社会进行辨识,就可以辨识出这两个社会有大不相同的实质。从某种意义上讲,这也体现了“实践是检验真理的唯一标准”。在这里,实践就是“输出”,检验是“辨识”,而真理就是“系统”或系统的真貌、系统的实质了。可以说,辨识系统就是认识系统,从本质上讲,也属于认识世界。

系统辨识是一个十分广阔的领域,是一个非常重要的学科,它研究对系统建立数学模型的方法,这对认识系统与分析系统是十分重要的。本章所阐述的仅仅是系统辨识最初步的知识。

利用 MATLAB 估计系统的数学模型

本章学习要点

在线自测

习　　题

9.1 求出具有图(题 9.1)所示对数幅频特性曲线渐近线的最小相位系统的传递函数。

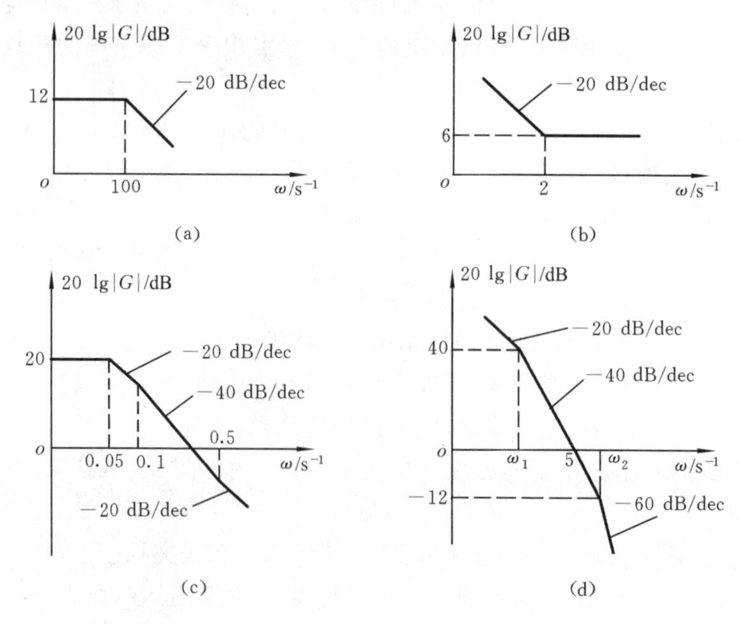

图(题 9.1)

9.2　已知最小相位系统的对数幅频特性曲线的渐近线如图(题 9.2)所示，求该系统的传递函数。

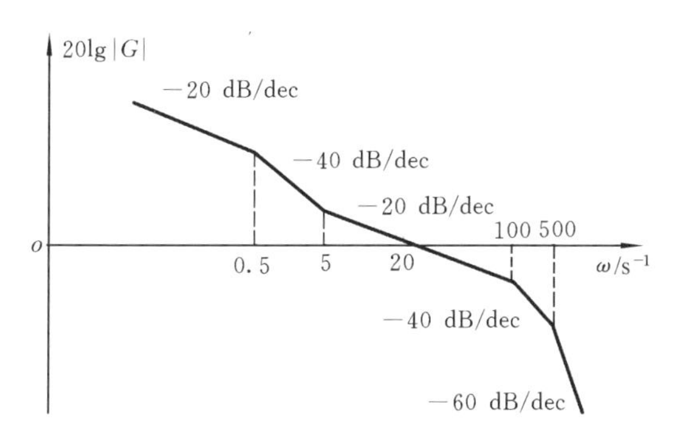

图(题 9.2)

9.3　图(题 9.3)所示系统的 Bode 图是由试验确定的，试求该系统的传递函数。

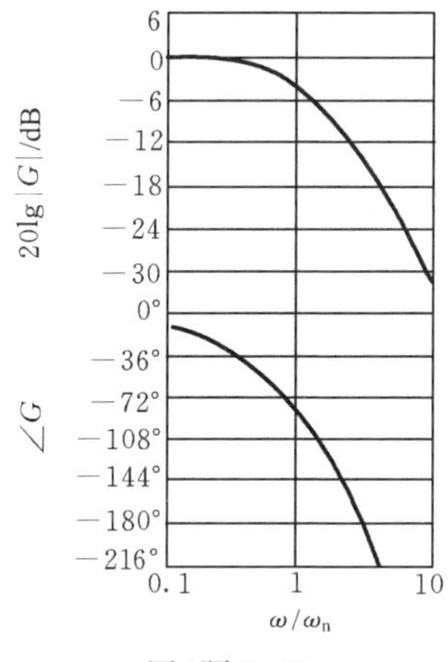

图(题 9.3)

9.4　根据表(题 9.4)所示数据估计出 AR(1) 模型的参数，即

$$x_t = \varphi_1 x_{t-1} + a_t \qquad a_t \sim \mathrm{NID}(0,\sigma_a^2)$$

表(题 9.4)

t	1	2	3	4	5	6	7	8
x_t	7.0	6.8	7.3	7.5	8.3	3.8	3.3	2.4

9.5　已知 $I_1 = 1.27, I_2 = -0.50, I_3 = -0.11$，求 ARMA(2,1) 模型的参数初值。

9.6　图(题 9.6)所示的两个机械系统，已知输入 $y(t)$ 为支座位移，输入 $f(t)$ 为作用力，试求出两系统的传递函数并进行比较，再做出有关结论。

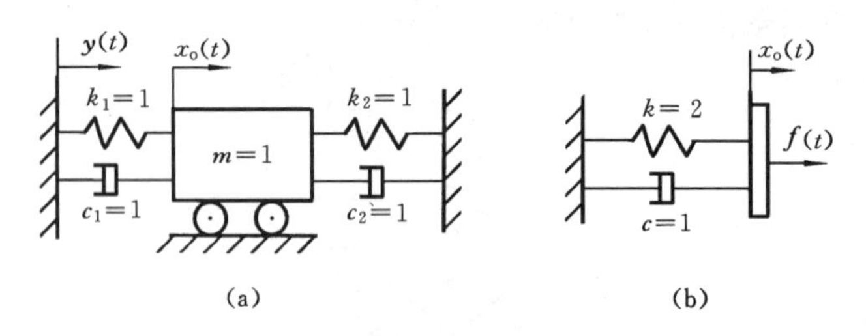

图(题 9.6)

本章习题参考答案与题解

参考文献

[1] 钱学森,宋健.工程控制论(修订本):上册[M].北京:科学出版社,1980.

[2] 杨叔子,师汉民.δ函数在机械制造中的应用[J].华中工学院学报,1980,8(4):146-154.

[3] 谢绪凯.现代控制理论基础[M].沈阳:辽宁人民出版社,1980.

[4] 张伯鹏.控制工程基础[M].北京:机械工业出版社,1982.

[5] 赵星.外圆切入磨削的系统辨识[J].华中工学院学报,1982,10(2):85-92.

[6] 阳含和.机械控制工程(上册)[M].北京:机械工业出版社,1986.

[7] 项静恬,杜金观,史久恩.动态数据处理[M].北京:气象出版社,1986.

[8] 杨叔子,余俊,丁洪,等.产品设计、制造、维护的智能技术[D].机械工程,1990(3):2-6.

[9] 杨克冲,司徒忠.机电工程控制基础[M].武汉:华中理工大学出版社,1997.

[10] 杨叔子.知识经济·高新技术·机械制造[J].中国机械工程,1999,10(3):241-246.

[11] 王敏.自动控制原理试题精选题解[M].武汉:华中科技大学出版社,2002.

[12] KATSUHIKO O.现代控制工程[M].4版.卢伯英,于海勋,译.北京:电子工业出版社,2003.

[13] 董景新,赵长德,熊沈蜀,等.控制工程基础[M].2版.北京:清华大学出版社,2003.

[14] 陈吉红,杨克冲.数控机床实验指南[M].武汉:华中科技大学出版社,2003.

[15] 胡寿松.自动控制原理习题集[M].2版.北京:科学出版社,2003.

[16] NORMAN S N. Control system engineering[M]. 4th ed. New York:John Wiley & Sons, Inc.,2004.

[17] 李友善.自动控制原理[M].3版.北京:国防工业出版社,2005.

[18] 杨克冲,陈吉红,郑小年.数控机床电气控制[M].武汉:华中科技大学出版社,2005.

[19] RICHARD C D. ROBERT H B. Modern control system[M]. 10th ed. Bergen Country: Pearson Prentice Hall,2005.

[20] 杨叔子,吴波,李斌.再论先进制造技术及其发展趋势[J].机械工程学报,2006,42(1):1-5.

[21] 柳洪义,宋伟刚,原所先,等.机械工程控制基础[M].北京:科学出版社,2006.

[22] 王显正,莫锦秋,王旭永.控制理论基础[M].2版.北京:科学出版社,2007.

[23] 胡寿松.自动控制原理[M].5版.北京:科学出版社,2007.

[24] 杨叔子,吴雅,轩建平.时间序列分析的工程应用[M].2版.武汉:华中科技大学出版社,2007.

[25] RICHARD C D, ROBERT H B. Modern control system[M]. 11th ed. Bergen Country: Pearson Prentice Hall,2008.

二维码资源使用说明

本书数字资源以二维码形式提供。读者可使用智能手机在微信端下扫描书中二维码，扫码成功时手机界面会出现登录提示。确认授权，进入注册页面。填写注册信息后，按照提示输入手机号，点击获取手机验证码。在提示位置输入4位验证码成功后，重复输入两遍设置密码，选择相应专业，点击"立即注册"，注册成功。（若手机已经注册，则在"注册"页面底部选择"已有账号？立即注册"，进入"账号绑定"页面，直接输入手机号和密码，系统提示登录成功。）接着刮开教材封底所贴学习码（正版图书拥有的一次性学习码）标签防伪涂层，按照提示输入13位学习码，输入正确后系统提示绑定成功，即可查看二维码数字资源。手机第一次登录查看资源成功，以后便可直接在微信端扫码登录，重复查看资源。

若遗忘密码，读者可以在PC端浏览器中输入地址 http://jixie.hustp.com/index.php?m=Login，然后在打开的页面中单击"忘记密码"，通过短信验证码重新设置密码。